国家科学技术学术著作出版基金资助出版

甘蓝夜蛾核型多角体病毒生物农药

张忠信　主编

科学出版社

北　京

内 容 简 介

　　昆虫病毒生物农药是用昆虫病毒制备的生物农药，具有对人类安全、对高等动物无害、对靶害虫杀虫效果好、不污染环境、不伤害天敌昆虫、不易导致害虫产生抗性、容易在害虫种群中形成流行性病毒疫病等优点，是正在迅速发展的生物农药类型。昆虫杆状病毒专一性很强，一种病毒一般只能防治一种害虫，具有高度安全性，但杆状病毒杀虫谱窄却成为限制昆虫杆状病毒生产和应用的主要障碍。甘蓝夜蛾核型多角体病毒是目前发现的三种杀虫范围较广的杆状病毒之一，可感染鳞翅目夜蛾科、菜蛾科、螟蛾科、尺蛾科的 30 多种昆虫，对蜜蜂、家蚕等益虫无害，对瓢虫、赤眼蜂等天敌昆虫安全。

　　本书既包括现代生物学的基础理论知识，又包括丰富的生产应用实践，是科学理论和先进技术应用于生产实践、促进我国生物农药产业发展的著作，适合生物学科研人员、农业科学研究人员、农技推广人员、高等院校生物科学专业师生阅读。

图书在版编目（CIP）数据

　　甘蓝夜蛾核型多角体病毒生物农药/张忠信主编. —北京：科学出版社，2021.2

　　ISBN 978-7-03-068037-2

　　Ⅰ. ①甘… Ⅱ. ①张… Ⅲ. ①甘蓝夜蛾–核型多角体病毒–微生物农药 Ⅳ. ①TQ458.1

　　中国版本图书馆 CIP 数据核字（2021）第 026454 号

责任编辑：罗　静　岳漫宇 / 责任校对：严　娜
责任印制：吴兆东 / 封面设计：无极书装

科 学 出 版 社 出版
北京东黄城根北街 16 号
邮政编码：100717
http://www.sciencep.com

北京建宏印刷有限公司 印刷

科学出版社发行　各地新华书店经销
*
2021 年 2 月第 一 版　开本：720×1000　1/16
2021 年 2 月第一次印刷　印张：20 1/2
字数：413 000

定价：198.00 元
（如有印装质量问题，我社负责调换）

主要编写人员

主　编：张忠信　中国科学院武汉病毒研究所

副主编：胡秀筠　江西新龙生物科技股份有限公司

　　　　李永平　全国农业技术推广服务中心

编　委（以姓名汉语拼音为序）：

　　　　程丹凝　中国科学院武汉病毒研究所

　　　　邓方坤　江西新龙生物科技股份有限公司

　　　　邓正安　江西新龙生物科技股份有限公司

　　　　丁　伟　江西新龙生物科技股份有限公司

　　　　侯典海　中国科学院武汉病毒研究所

　　　　黄国华　湖南农业大学

　　　　刘　柳　中国科学院武汉病毒研究所

　　　　舒宽义　江西省植保植检局

　　　　王春林　中国科学院武汉病毒研究所

　　　　吴俊清　江西新龙生物科技股份有限公司

　　　　吴柳柳　中国科学院武汉病毒研究所

　　　　肖衍华　江西新龙生物科技股份有限公司

　　　　杨莉霞　中国科学院武汉病毒研究所

　　　　占军平　江西新龙生物科技股份有限公司

　　　　张磊柯　中国科学院武汉病毒研究所

　　　　周　吟　中国科学院武汉病毒研究所

参加编写和参加试验人员

（以姓名汉语拼音为序）

高德君　山东省泰安市岱岳区康丰蔬菜专业合作社
郭年梅　江西省植保植检局
郭跃华　江西省植保植检局
刘方义　江西省南昌县植保植检站
欧阳承　安徽省宁国市种植业局植保植检站
彭　震　上海市植物保护植物检疫站
盛　琦　江西省植保植检局
舒平平　江西省靖安县植保植检站
王　希　江西省植保植检局
王崇灏　四川省兴丰农化有限公司
王旭明　江西省大余县植保植检站
肖瑜红　江西省泰和县植保植检站
张振峰　辽宁省植物保护站
钟　灵　江西省植保植检局
周代友　安徽省怀宁县植保技术咨询服务部

前　言

在长期的农业生产中，每当看到害虫猖獗，危害庄稼，农民一年劳作毁于一旦，人们总希望有一种自然物质，可使害虫患病而成片死亡，农民收成得到保障。昆虫杆状病毒正是这样一类"神秘"的生物。

昆虫杆状病毒是害虫的天然病原体，由蛋白质和双链 DNA 组成，进入害虫体内后，它成为"活"生物而进行系统感染，使害虫体内充满病毒粒子而液化死亡。在昆虫体外，该类病毒就是"死"蛋白质和核酸化合体，容易被阳光分解，来于自然，归于自然。杆状病毒对目标害虫有很强的杀虫活性，但具有宿主专一性，一种病毒一般只能感染一种昆虫。杀灭某种害虫的病毒只对这种害虫起作用，对益虫安全，对天敌昆虫安全，对人类和高等动物安全。杆状病毒生物农药对目标害虫杀虫效果好，对人类和高等动物安全，不污染环境，不伤害天敌，不易导致害虫产生抗性并容易在害虫种群中引发流行病，是联合国粮食及农业组织推荐使用的安全生物农药。

昆虫杆状病毒应用已有 100 多年，开始产业化也有 40 多年历史，但产业化和市场化程度较低。昆虫杆状病毒产业发展受到 4 个技术瓶颈限制，分别是杀虫谱窄、杀虫速度慢、对紫外光敏感和产品成本偏高，而杀虫谱单一是阻碍昆虫杆状病毒产业持续稳定发展的最大问题。

已报道杆状病毒 600 多种，甘蓝夜蛾核型多角体病毒是目前发现的三种杀虫范围较广的杆状病毒之一，可感染鳞翅目夜蛾科、菜蛾科、螟蛾科、尺蛾科的 30 多种昆虫，对蜜蜂、家蚕等益虫无害，对瓢虫、赤眼蜂等天敌昆虫安全。甘蓝夜蛾核型多角体病毒生物农药可有效防控甘蓝夜蛾、草地贪夜蛾、甜菜夜蛾、棉铃虫、烟青虫、黏虫、小地老虎、黄地老虎、小菜蛾、稻纵卷叶螟、豆野螟、茶尺蠖等农林害虫。中国科学院武汉病毒研究所发现并分离了该病毒，完成了该病毒的全基因组序列分析和其他基础研究，研制了甘蓝夜蛾核型多角体病毒杀虫剂，建成了全球最大的昆虫病毒生产线，使该杀虫剂成为国内外年应用面积最大的昆虫病毒生物农药。

本书共七章。第一章介绍用于生物防治的昆虫病毒分类，详细介绍了杆状病毒科、裸露病毒科、囊泡病毒科、痘病毒科痘病毒亚科、虹彩病毒科乙型虹彩病毒亚科、细小病毒科浓核病毒亚科和呼肠孤病毒科质型多角体病毒属的主要特征与分类。第二章介绍国内外昆虫病毒生物农药的研究和应用进展。第三章至第七章为本书的重点内容。第三章从病毒形态结构、生物活性、细胞嗜性、基因组与蛋白质组等方面对甘蓝夜蛾核型多角体病毒的生物学和分子生物学特性进行介绍。第四章通过对甘蓝夜蛾核型多角体病毒增效因子基因和凋亡抑制蛋白基因的功能研究结果的阐述，试图揭示甘蓝夜蛾核型多角体病毒广谱且高效的分子机制。第五章介绍了能在多种昆虫细胞上进行基因操作和高效表达的杆状病毒质粒（bacmid）的构建，这将为利用杆状病毒表达疫苗和其他外源蛋白提供新途径。第六章介绍甘蓝夜蛾核型多角体病毒生物农药的创新生产工艺和新型增效剂、光保护剂、诱食剂的研究，并对昆虫杆状病毒生物农药的标准化生产进行介绍，为生产高效、广谱、高抗紫外光的昆虫杆状病毒生物农药提供依据。第七章就病毒制剂对小菜蛾、棉铃虫、稻纵卷叶螟、豆野螟、小地老虎等多种害虫的田间防治效果进行评价。

本书既包括昆虫病毒生物学的基础理论知识，又包括丰富的生产应用实践，使科学理论和先进技术应用于生产实践，对我国生物农药产业发展具有促进作用。我们期待昆虫病毒生物农药产业能够迅速发展壮大，为践行绿水青山就是金山银山理念和建设美丽中国做出贡献。

感谢国家科学技术学术著作出版基金对本书的资助，感谢桂建芳院士、胡志红研究员和张润志研究员的鼎力推荐，感谢科学出版社罗静、岳漫宇编辑在本书出版过程中给予的大力支持。

张忠信

2020 年 11 月 5 日

目　录

第一章　用于生物防治的昆虫病毒分类

昆虫病毒是指能感染昆虫且能在昆虫宿主细胞内复制增殖的病毒。昆虫病毒类群涉及 20 多个病毒科，但能够用于生物防治的昆虫病毒主要包括杆状病毒科（*Baculoviridae*）、裸露病毒科（*Nudiviridae*）、囊泡病毒科（*Ascoviridae*）、痘病毒科（*Poxviridae*）、虹彩病毒科（*Iridoviridae*）、细小病毒科（*Parvoviridae*）、呼肠孤病毒科（*Reoviridae*）等科的成员，本章仅就这些病毒分类做一简介。

第一节　杆状病毒科

一、杆状病毒科的主要特征

用于生物防治的昆虫病毒大多数是杆状病毒科（*Baculoviridae*）的成员。杆状病毒具有杀虫谱专一、对靶昆虫致死率高、对人类安全、对高等动物无害、不污染环境、不伤害天敌、不易导致害虫产生抗药性、容易在害虫种群中产生流行性疫病等特性，在多种重要农林害虫的防治中广泛应用。杆状病毒科的成员通常都可称为杆状病毒。

杆状病毒具有双链 DNA 环状基因组，病毒核酸包装在棒状的病毒粒子或核衣壳（nucleocapsid）中。病毒粒子或核衣壳包埋在包涵体（occlusion body，OB）的晶体状蛋白质体中（Miller and Ball，1998；Harrison and Hoover，2012）。杆状病毒现在的分类是由 Jehle 等（2006a）提出的，随后被国际病毒分类委员会（International Committee on Taxonomy of Viruses，ICTV）第九次报告确认（Herniou et al.，2012；Harrison et al.，2018）。根据病毒基因组序列和感染宿主范围等特征，杆状病毒科现分为 4 个病毒属，取代了之前主要依赖形态特征的分类系统。这 4 个病毒属分别为甲型杆状病毒属（*Alphabaculovirus*）、乙型杆状病毒属（*Betabaculovirus*）、丙型杆状病毒属（*Gammabaculovirus*）和丁型杆状病毒属（*Deltabaculovirus*）。甲型杆状病毒是专一感染鳞翅目昆虫的核型多角体病毒（nucleopolyhedrovirus，NPV），它们的包涵体是典型的多面体（多角体，polyhedron）形状。该包涵体由称为多角体蛋白（polyhedrin）的 25～33kDa 多肽组成，形成一个 0.4～5μm 的晶态蛋白基质。该包涵体中存在多个病毒粒子。乙型杆状病毒是以前所称的颗粒体病毒（granulovirus，GV），都特异性地感染鳞翅目昆虫。乙型杆状病毒包涵体比甲型杆状病毒包涵体小，一般宽 0.13～0.25μm，长 0.30～0.50μm，每个包涵体仅含一个单一的病毒粒子（图 1-1c，d），粒子包埋在与多角体蛋白非常相似的多肽中，这种多肽称为颗粒体蛋白（granulin）。丙型杆状病毒是专一性感染膜翅目昆虫的 NPV，其包涵体是多角形，大小为 0.4～1.1μm，含有单个囊膜化核衣壳。丁型杆状病毒是专一性感染双翅目昆虫的 NPV，包涵体晶体大小为 0.5～1.5μm，其中含有多个病毒粒子。已发现的杆状病毒大多数属于甲型杆状病毒和乙型杆状病毒。已报道感染鳞翅目昆虫的杆状病毒种类超过 600 种（刘岱岳，1987a，1987b；吴燕和王贵成，1993a，1993b；Miller，1997；Eberle et al.，2012a，2012b）。

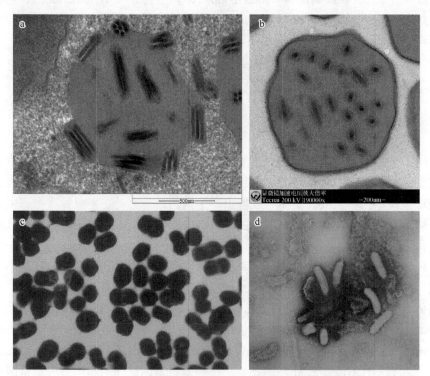

图 1-1　杆状病毒包涵体和病毒粒子电镜照片

a. 多核衣壳核型多角体病毒（MNPV）包涵体和其中的病毒粒子；b. 单核衣壳核型多角体病毒（SNPV）包涵体和其中的病毒粒子，显示每个粒子中只有 1 个核衣壳。c 和 d 为乙型杆状病毒粒子、病毒包涵体及纯化的病毒核衣壳。a 是苜蓿银纹夜蛾核型多角体病毒（AcMNPV）的包涵体；b 为棉铃虫核型多角体病毒（HearNPV）的包涵体。图片由中国科学院武汉病毒研究所电镜室高丁提供

杆状病毒最明显的特征是它们的包涵体，其个体大到足以在 400× 光学显微镜和相差显微镜下看到与识别。较小的颗粒体病毒包涵体需要更多在暗视野照度下鉴定和计数的技巧，而 NPV 能在普通显微镜下区别和计数。包涵体晶态蛋白基质为病毒粒子提供了在环境中的保护。包埋型病毒粒子（occlusion-derived virion，ODV）包埋在包涵体中，每个病毒粒子囊膜中含有感染性实体，实体是成套包装

DNA 基因组及与其相关的核蛋白的杆状核衣壳。这些核衣壳被囊膜化，每个 ODV 可能含有单个核衣壳［称单核衣壳核型多角体病毒（single nucleocapsid NPV，SNPV）（图 1-1b）］或多个核衣壳［称多核衣壳核型多角体病毒（multiple nucleocapsid NPV，MNPV）（图 1-1a）］。在 SNPV 和 GV 中，一个囊膜中只发现一个单独的核衣壳，而在 MNPV 中，一个 ODV 可能含有 1～29 个核衣壳（Adams and McClintock，1991；Herniou et al.，2012）。病毒核衣壳在电镜下观察呈杆棒状，无表面突起，直径 30～60nm，长度 250～300nm，核衣壳被包裹在囊膜中，病毒粒子包埋于大的蛋白质包涵体中（Fraser，1986）。包涵体由病毒囊膜或多糖组成的花萼状结构所包围，在维持包涵体完整性和感染性方面发挥作用。

甲型杆状病毒属、丙型杆状病毒属和丁型杆状病毒属的核衣壳囊膜化都发生在细胞核中，其病毒粒子形成也在细胞核中完成，这三个属的病毒称为 NPV。乙型杆状病毒的核衣壳囊膜化发生在核膜破裂后的核-质环境中，形成的包涵体形态与其他三个属不同，该属病毒称为颗粒体病毒（GV）。

杆状病毒粒子具有双相性。在有效感染的第一时相（接种后 0～24h），杆状核衣壳在细胞核内病毒发生基质上装配，核衣壳随后被转运并通过被病毒编码的糖蛋白修饰过的质膜出芽，获得囊膜。这种病毒粒子称为芽生型病毒（budded virus，BV），在宿主昆虫体内借继发感染使病毒从一个细胞扩展到其他许多组织的细胞，对体外培养细胞也有很高的感染性。杆状病毒复制周期中的第二时相，大约在感染后 20h 开始，一直延续到被感染的细胞解体为止（约在感染后 72h）。随着第二时相的开始，BV 释放量急剧减少，留在细胞核内的核衣壳被封入核内新装配的囊膜内，这些在细胞核内获得囊膜的病毒粒子被包埋进蛋白基质中，逐渐形成蛋白质包涵体。包涵体内的病毒粒子称为包埋型病毒粒子（ODV）。当宿主昆虫死亡或细胞解体时，病毒包涵体被释放进周围环境的土壤或植物表面，一旦包涵体被宿主昆虫摄食，在中肠碱性消化液作用下，包涵体被溶解，释放出 ODV，ODV 借囊膜与中肠上皮细胞微绒毛膜的融合作用脱去囊膜，核衣壳进入宿主细胞，开始原发感染。在中肠细胞质内，核衣壳被转运至细胞核，在核膜上或核内发生脱衣壳，随后，细胞核开始膨大并出现病毒发生基质，形成子代核衣壳，核衣壳通过质膜出芽，获得囊膜，在昆虫组织细胞间进行系统性感染（谢天恩和谢薇，2002；Au et al.，2013，2016）。

杆状病毒基因组大小为 80～180kb，编码 100～200 个蛋白质（Ayres et al.，1994），病毒粒子含有 12～20 种不同的多肽，核衣壳含有一个主要衣壳蛋白，一个基本 DNA 结合蛋白，DNA 结合蛋白与基因组形成复合体，还含有多个其他蛋白质。BV 粒子含有主要囊膜糖蛋白作为膜融合蛋白。病毒包涵体的主要蛋白质是多角体蛋白（polyhedrin）和颗粒体蛋白（granulin）。

杆状病毒 4 个病毒属的主要特性与成员如下。

二、甲型杆状病毒属

甲型杆状病毒属包括感染鳞翅目昆虫的所有 NPV。

甲型杆状病毒属病毒的包涵体又称为多角体。多角体的形状有三角形、四角形、五角形、六角形、立方形、近圆形和不规则形等（图 1-2a，b）。多角体的大小一般为 0.5～5μm，大多数为 0.6～2.5μm。

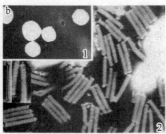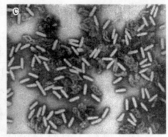

图 1-2　柞蚕 NPV 包涵体形态（a），家蚕 NPV 包涵体、粒子及核衣壳形态（b，c）
图片由中国科学院武汉病毒研究所电镜室高丁提供

多角体的表面具有多层结构的外膜，称多角体膜。膜内为多角体基质蛋白，由大分子的晶格组成，蛋白质分子呈立方形体系排列，该基质蛋白称多角体蛋白。多角体蛋白包埋着大量随机分布的病毒粒子，而并不干扰多角体蛋白的晶格图像。多角体不溶于水、甲醛、乙醇、二甲苯、乙醚、1mol/L 盐酸、0.75%胰蛋白酶，但 0.1mol/L 碳酸钠能使多角体溶解。

甲型杆状病毒属病毒粒子是由衣壳（capsid）包裹着的髓核（core）构成的核衣壳，核衣壳外被有囊膜（envelope）。病毒粒子呈杆状，其大小为（40～70）nm×（250～400）nm，而核衣壳一般长度为 250～300nm，直径 30～60nm（图 1-2b，c）。

从囊膜内包裹的核衣壳数量上看，可将甲型杆状病毒分为单核衣壳核型多角体病毒（SNPV）和多核衣壳核型多角体病毒（MNPV）。SNPV 在一个囊膜内只含有 1 个核衣壳，如油桐尺蠖核型多角体病毒（*Buzura suppressaria nucleopolyhedrovirus*，BusuNPV）、棉铃虫核型多角体病毒（*Helicoverpa armigera nucleopolyhedrovirus*，HearNPV）等；而 MNPV 的特点是，一个囊膜内含有 2 个及以上的核衣壳，由多个核衣壳成束地包被在同一个病毒囊膜内，又称病毒束（virus bundle）。不同的毒株，MNPV 囊膜内包被的核衣壳数目不同，如粉斑螟核型多角体病毒（Cadra cautella nucleopolyhedrovirus，CacaNPV）[①]每个囊膜内包含的核衣壳数为 2～23 个，苜蓿银纹夜蛾核型多角体病毒（*Autographa californica multiple*

① 病毒确定种名为斜体，可能种名为正体，分离株名为正体，全书同。

nucleopolyhedrovirus，AcMNPV）每个囊膜内包含的核衣壳数为 1～17 个，而桑毛虫核型多角体病毒（Euproctis similis nucleopolyhedrovirus，EusiNPV）每个囊膜包含的核衣壳数为 1～39 个。囊膜内的核衣壳大多数呈有规律的排列，如囊膜内含有 3 个核衣壳的，其排列图式呈三角形；囊内含有 4 个核衣壳的，其排列图式呈菱形；囊膜内含有 5 个核衣壳的，排列图式呈梯形或五角形。有时也观察到少数囊膜内核衣壳呈不规则排列的现象（甘运凯，1981；吕鸿声，1982，1998）。

甲型杆状病毒大多数宿主范围较窄，只感染 1 种或 2～3 种同属近缘种宿主昆虫。目前仅发现 3 种甲型杆状病毒的宿主范围较为广泛，第一种是苜蓿银纹夜蛾核型多角体病毒（AcMNPV），第二种为芹菜夜蛾核型多角体病毒（Anagrapha falcifera multiple nucleopolyhedrovirus，AnfaMNPV），第三种为甘蓝夜蛾核型多角体病毒（*Mamestra brassicae multiple nucleopolyhedrovirus*，MbMNPV）。

苜蓿银纹夜蛾核型多角体病毒是从苜蓿银纹夜蛾中分离得来的，20 世纪 70 年代，使用该病毒分别感染 39 种鳞翅目异体昆虫，结果有 30 种异体宿主昆虫致病，后来更深入的研究表明，该病毒的宿主范围达 100 多种，但对大多数异体昆虫的毒力并不强（Adams et al.，1991；Thiem and Cheng，2009）。

芹菜夜蛾核型多角体病毒是从芹菜夜蛾中分离而得，用此病毒分别感染 42 种异体宿主（其中包括鳞翅目、鞘翅目和双翅目昆虫），结果有 31 种异体昆虫对芹菜夜蛾核型多角体病毒是敏感的，该病毒具有致病性。这 31 种宿主均为鳞翅目 10 个科中的昆虫，该病毒对鞘翅目和双翅目宿主昆虫都不致病（Hostetter and Puttler，1991）。由于芹菜夜蛾核型多角体病毒株在 1991 年就申请了专利保护，在其后的 20 多年，该病毒的基础研究和应用研究都少有报道。2003 年，Harrison 和 Bonning 完成了薄荷灰夜蛾核型多角体病毒（*Rachiplusia ou nucleopolyhedrovirus*，RaouNPV）全基因组序列分析，通过部分基因序列的对比分析，认为芹菜叶蛾核型多角体病毒和薄荷灰夜蛾核型多角体病毒可能为同一种病毒。

甘蓝夜蛾核型多角体病毒是从甘蓝夜蛾中分离得到的，用这一病毒分别感染 66 种鳞翅目异体昆虫，结果有 38 种昆虫发病（Doyle et al.，1990）。该病毒感染的宿主集中在鳞翅目昆虫中，对膜翅目、鞘翅目昆虫没有感染性。值得重视的是，甘蓝夜蛾核型多角体病毒不仅有较宽的杀虫谱，而且对多种重要害虫有较高的杀虫活性，对棉铃虫的生物测定活性甚至高于对甘蓝夜蛾本身的活性，对鳞翅目夜蛾科的幼虫杀虫活性较高。相对于其他两种宽杀虫谱杆状病毒，甘蓝夜蛾核型多角体病毒具有更好的应用前景。

杆状病毒"种"的传统分类标准主要依据宿主范围、宿主特异性、DNA 内切核酸酶图谱、基因组变异区 DNA 序列及预测蛋白质序列的相似性。近来提出新的甲型和乙型杆状病毒属"种"的分类标准，依据三个杆状病毒保守基因部分序列模型的 Kimura-2 参数计算替代核苷酸对距离。这三个保守基因分别为晚期表达因子 8（late expression factor 8，*lef8*）和晚期表达因子 9（late expression factor 9，*lef9*）及多角体蛋白或颗粒体蛋白基因（polyhedrin/granulin，*polh/gran*），其中 *lef8* 和 *lef9* 编码杆状病毒 RNA 聚合酶亚单位，*polh/gran* 编码病毒包涵体基质蛋白（Jehle et al.，2006b）。在这一区域，如果两个病毒核酸序列变化小于 0.015 置换/位，就认定这两个病毒为同种病毒；若大于 0.050 置换/位，则认定属于不同的种；若核酸序列变化位于 0.015 置换/位和 0.050 置换/位之间，决定两个病毒分类地位时必须考虑它们的其他特征（如宿主范围等特性）。这一标准的提出最初基于来自 117 个分离的杆状病毒分离株的序列比对及从这种比对推断出的系统发育树。研究人员将这一标准应用于其他分离株，以鉴定许多新的杆状病毒种和当前公认种的变异株。

全世界各地从昆虫中分离出的甲型杆状病毒种类超过455种（张忠信和梅小伟，2006；Murphy et al.，1995；Eberle et al.，2012a，2012b），其中只有部分作为确定种，大多数都还只能作为可能种。确定种一般都需要有一个或多个分离株作为支撑（表 1-1，表 1-2）。甲型杆状病毒属代表种：苜蓿银纹夜蛾核型多角体病毒（*Autographa californica multiple nucleopolyhedrovirus*，AcMNPV）。

表1-1　甲型杆状病毒属确定成员表

病毒中文名称	病毒学名及基因组序列登记号	缩写名称
褐带卷蛾核型多角体病毒	*Adoxophyes honmai nucleopolyhedrovirus*	
褐带卷蛾核型多角体病毒 ADN001 株	Adoxophyes honmai nucleopolyhedrovirus（ADN001），[NC004690]	AdhoNPV
小地老虎核型多角体病毒	*Agrotis ipsilon multiple nucleopolyhedrovirus*	
小地老虎核型多角体病毒 Illinois 株	Agrotis ipsilon multiple nucleopolyhedrovirus（Illinois），[EU839994]	AgipNPV
黄地老虎核型多角体病毒 A 型	*Agrotis segetum nucleopolyhedrovirus A*	
黄地老虎核型多角体病毒 A 型 Polish 株	Agrotis segetum nucleopolyhedrovirus A（Polish），[DQ123841]	AgseNPV-A
黄地老虎核型多角体病毒 B 型	*Agrotis segetum nucleopolyhedrovirus B*	
黄地老虎核型多角体病毒 B 型 English 株	Agrotis segetum nucleopolyhedrovirus B（English），[KM102981]	AgseNPV-B
柞蚕核型多角体病毒	*Antheraea pernyi nucleopolyhedrovirus*	
柞蚕核型多角体病毒 L2 株	Antheraea pernyi nucleopolyhedrovirus（L2），[DQ486030]	AnpeNPV
黎豆夜蛾核型多角体病毒	*Anticarsia gemmatalis multiple nucleopolyhedrovirus*	
黎豆夜蛾核型多角体病毒 2D 株	Anticarsia gemmatalis multiple nucleopolyhedrovirus（2D），[DQ813662]	AgMNPV
黎豆夜蛾核型多角体病毒 37 株	Anticarsia gemmatalis multiple nucleopolyhedrovirus（37），[KR815466]	AgMNPV
苜蓿银纹夜蛾核型多角体病毒	*Autographa californica multiple nucleopolyhedrovirus*	
苜蓿银纹夜蛾核型多角体病毒 C6 株	Autographa californica multiple nucleopolyhedrovirus（C6），[L22858]	AcMNPV
小菜蛾核型多角体病毒 CL3 株	Plutella xylostella multiple nucleopolyhedrovirus（CL3），[DQ457003]	PlxyMNPV

病毒中文名称	病毒学名及基因组序列登记号	缩写名称
家蚕核型多角体病毒	*Bombyx mori nucleopolyhedrovirus*	
家蚕核型多角体病毒 T3 株	Bombyx mori nucleopolyhedrovirus（T3），[L33180]	BmNPV
野蚕核型多角体病毒 S1 株	Bombyx mandarina nucleopolyhedrovirus（S1），[FJ882854]	BomaNPV
油桐尺蠖核型多角体病毒	*Buzura suppressaria nucleopolyhedrovirus*	
油桐尺蠖核型多角体病毒 Hubei 株	Buzura suppressaria nucleopolyhedrovirus（Hubei），[KF611977]	BusuNPV
铁刀木粉蝶核型多角体病毒	*Catopsilia pomona nucleopolyhedrovirus*	
铁刀木粉蝶核型多角体病毒 416 株	Catopsilia pomona nucleopolyhedrovirus（416），[KU565883]	CapoNPV
云杉卷蛾缺陷型核型多角体病毒	*Choristoneura fumiferana DEF multiple nucleopolyhedrovirus*	
云杉卷蛾缺陷型核型多角体病毒	Choristoneura fumiferana DEF multiple nucleopolyhedrovirus，[AY327402]	CfDefNPV
云杉卷蛾核型多角体病毒	*Choristoneura fumiferana multiple nucleopolyhedrovirus*	
云杉卷蛾核型多角体病毒 Ireland 株	Choristoneura fumiferana multiple nucleopolyhedrovirus（Ireland），[AF512031]	CfMNPV
紫色卷蛾核型多角体病毒	*Choristoneura murinana nucleopolyhedrovirus*	
紫色卷蛾核型多角体病毒 Darmstadt 株	Choristoneura murinana nucleopolyhedrovirus（Darmstadt），[KF894742]	ChmuNPV
玫瑰色卷蛾核型多角体病毒	*Choristoneura rosaceana nucleopolyhedrovirus*	
玫瑰色卷蛾核型多角体病毒 NB1 株	Choristoneura rosaceana nucleopolyhedrovirus（NB1），[KC961304]	ChroNPV
锞纹夜蛾核型多角体病毒	*Chrysodeixis chalcites nucleopolyhedrovirus*	
锞纹夜蛾核型多角体病毒	Chrysodeixis chalcites nucleopolyhedrovirus，[AY864330]	ChchNPV
大豆锞纹夜蛾核型多角体病毒	*Chrysodeixis includens nucleopolyhedrovirus*	
大豆夜蛾核型多角体病毒 IE 株	Pseudoplusia includens single nucleopolyhedrovirus（IE），[KJ631622]	PsinNPV
南方豆天蛾核型多角体病毒	*Clanis bilineata nucleopolyhedrovirus*	
南方豆天蛾核型多角体病毒 DZ1 株	Clanis bilineata nucleopolyhedrovirus（DZ1），[DQ504428]	ClbiNPV
茶尺蠖核型多角体病毒	*Ecotropis obliqua nucleopolyhedrovirus*	
茶尺蠖核型多角体病毒 A1 株	Ecotropis obliqua nucleopolyhedrovirus（A1），[DQ837165]	EcobNPV
苹淡褐卷蛾核型多角体病毒	*Epiphyas postvittana nucleopolyhedrovirus*	
苹淡褐卷蛾核型多角体病毒	Epiphyas postvittana nucleopolyhedrovirus，[AY043265]	EppoNPV
茶黄毒蛾核型多角体病毒	*Euproctis pseudoconspersa nucleopolyhedrovirus*	
茶黄毒蛾核型多角体病毒 Hangzhou 株	Euproctis pseudoconspersa nucleopolyhedrovirus（Hangzhou），[FJ227128]	EupsNPV
棉铃虫核型多角体病毒	*Helicoverpa armigera nucleopolyhedrovirus*	
棉铃虫核型多角体病毒 C1 株	Helicoverpa armigera nucleopolyhedrovirus（C1），[AF303045]	HearNPV
棉铃虫核型多角体病毒 NNG1 株	Helicoverpa armigera nucleopolyhedrovirus（NNG1），[AP010907]	HearNPV

病毒中文名称	病毒学名及基因组序列登记号	缩写名称
棉铃虫核型多角体病毒 G4 株	Helicoverpa armigera nucleopolyhedrovirus（G4），[AF271059]	HearNPV
美洲棉铃虫核型多角体病毒	*Helicoverpa zea single nucleopolyhedrovirus*	
美洲棉铃虫核型多角体病毒	Helicoverpa zea single nucleopolyhedrovirus，[AF334030]	HzNPV
鹿纹天蚕蛾属昆虫核型多角体病毒	*Hemileuca species nucleopolyhedrovirus*	
一种鹿纹天蚕蛾核型多角体病毒 MEM 株	Hemileuca sp. nucleopolyhedrovirus（MEM），[KF158713]	HespNPV
美国白蛾核型多角体病毒	*Hyphantria cunea nucleopolyhedrovirus*	
美国白蛾核型多角体病毒 N9 株	Hyphantria cunea nucleopolyhedrovirus（N9），[AP009046]	HycuNPV
东方铁杉尺蠖核型多角体病毒	*Lambdina fiscellaria nucleopolyhedrovirus*	
东方铁杉尺蠖核型多角体病毒 GR15 株	Lambdina fiscellaria nucleopolyhedrovirus（GR15），[KP752043]	LafiNPV
黏虫核型多角体病毒	*Leucania separate nucleopolyhedrovirus*	
黏虫核型多角体病毒 AH1 株	Leucania separate nucleopolyhedrovirus（AH1），[AY394490]	LeseNPV
罗奴霉素毛虫核型多角体病毒	*Lonomia obliqua nucleopolyhedrovirus*	
罗奴霉素毛虫核型多角体病毒 SP/2000 株	Lonomia obliqua multiple nucleopolyhedrovirus（SP/2000），[KP763670]	LoobNPV
舞毒蛾核型多角体病毒	*Lymantria dispar multiple nucleopolyhedrovirus*	
舞毒蛾核型多角体病毒 5/6 株	Lymantria dispar multiple nucleopolyhedrovirus（5/6），[AF081810]	LdMNPV
木毒蛾核型多角体病毒	*Lymantria xylina nucleopolyhedrovirus*	
木毒蛾核型多角体病毒 5 株	Lymantria xylina nucleopolyhedrovirus（5），[GQ202541]	LyxyNPV
甘蓝夜蛾核型多角体病毒	*Mamestra brassicae multiple nucleopolyhedrovirus*	
甘蓝夜蛾核型多角体病毒 CHb1 株	Mamestra brassicae multiple nucleopolyhedrovirus（CHb1），[JX138237]	MbMNPV
甘蓝夜蛾核型多角体病毒 CTa 株	Mamestra brassicae multiple nucleopolyhedrovirus（CTa），[KJ871680]	MbMNPV
甘蓝夜蛾核型多角体病毒 K1 株	Mamestra brassicae nucleopolyhedrovirus（K1），[JQ798165]	MbMNPV
蓓带夜蛾 A 型核型多角体病毒	*Mamestra configurata nucleopolyhedrovirus* A	
蓓带夜蛾 A 型核型多角体病毒 90/2 株	Mamestra configurata nucleopolyhedrovirus A（90/2），[U59461]	MacoNPV-A
蓓带夜蛾 A 型核型多角体病毒 90/4 株	Mamestra configurata nucleopolyhedrovirus A（90/4），[AF539999]	MacoNPV-A
蓓带夜蛾 B 型核型多角体病毒	*Mamestra configurata* nucleopolyhedrovirus B	
蓓带夜蛾 B 型核型多角体病毒 96B 株	Mamestra configurata nucleopolyhedrovirus B（96B），[AY126275]	MacoNPV-B
豆野螟核型多角体病毒	*Maruca vitrata nucleopolyhedrovirus*	
豆野螟核型多角体病毒 MV-8 株	Maruca vitrata nucleopolyhedrovirus（MV-8），[EF125867]	MaviNPV
大豆黏虫核型多角体病毒	*Mythimna unipuncta nucleopolyhedrovirus*	
大豆黏虫核型多角体病毒 7 株	Mythimna unipuncta nucleopolyhedrovirus（7）	MyunNPV

续表

病毒中文名称	病毒学名及基因组序列登记号	缩写名称
幽波尺蛾核型多角体病毒	*Operophtera brumata nucleopolyhedrovirus*	
幽波尺蛾核型多角体病毒 MA 株	Operophtera brumata nucleopolyhedrovirus（MA），[KY064005，KY064007]	OpbrNPV
白斑毒蛾核型多角体病毒	*Orgyia leucostigma nucleopolyhedrovirus*	
白斑毒蛾核型多角体病毒 CFS 株	Orgyia leucostigma nucleopolyhedrovirus（CFS），[EU309041]	OrleNPV
黄杉毒蛾核型多角体病毒	*Orgyia pseudotsugata multiple nucleopolyhedrovirus*	
黄杉毒蛾核型多角体病毒	Orgyia pseudotsugata multiple nucleopolyhedrovirus，[U75930]	OpMNPV
斜纹刺蛾核型多角体病毒	*Oxyplax ochracea nucleopolyhedrovirus*	
斜纹刺蛾核型多角体病毒 435 株	Oxyplax ochracea nucleopolyhedrovirus（435），[MF143631]	OxocNPV
杂色地老虎核型多角体病毒	*Peridroma saucia nucleopolyhedrovirus*	
一种杂色地老虎核型多角体病毒 GR167 株	Peridroma species nucleopolyhedrovirus（GR167），[KM009991]	PespNPV
咖啡蛾核型多角体病毒	*Perigonia lusca nucleopolyhedrovirus*	
咖啡蛾核型多角体病毒	Perigonia lusca single nucleopolyhedrovirus，[KM596836]	PeluSNPV
甜菜夜蛾核型多角体病毒	*Spodoptera exigua multiple nucleopolyhedrovirus*	
甜菜夜蛾核型多角体病毒 US1 株	Spodoptera exigua multiple nucleopolyhedrovirus（US1），[AF169823]	SeMNPV
草地贪夜蛾核型多角体病毒	*Spodoptera frugiperda multiple nucleopolyhedrovirus*	
草地贪夜蛾核型多角体病毒 3AP2 株	Spodoptera frugiperda multiple nucleopolyhedrovirus（3AP2），[EF035042]	SfMNPV
海灰翅夜蛾核型多角体病毒	*Spodoptera littoralis nucleopolyhedrovirus*	
海灰翅夜蛾核型多角体病毒 AN1956 株	Spodoptera littoralis nucleopolyhedrovirus（AN1956），[JX454574]	SpliNPV
斜纹夜蛾核型多角体病毒	*Spodoptera litura nucleopolyhedrovirus*	
斜纹夜蛾核型多角体病毒 G2 株	Spodoptera litura nucleopolyhedrovirus（G2），[AF325155]	SpltNPV
枣尺蠖核型多角体病毒	*Sucra jujuba nucleopolyhedrovirus*	
枣尺蠖核型多角体病毒 473 株	Sucra jujuba nucleopolyhedrovirus（473），[KJ676450]	SujuNPV
埃塞克斯弄蝶核型多角体病毒	*Thymelicus lineola nucleopolyhedrovirus*	
埃塞克斯弄蝶核型多角体病毒 p2 株	Thymelicus lineola nucleopolyhedrovirus（p2），[JX467702]	ThliNPV
粉纹夜蛾核型多角体病毒	*Trichoplusia ni single nucleopolyhedrovirus*	
粉纹夜蛾核型多角体病毒	Trichoplusia ni single nucleopolyhedrovirus，[DQ017380]	TnSNPV
蝙蝠蛾核型多角体病毒	*Wiseana signata nucleopolyhedrovirus*	
蝙蝠蛾核型多角体病毒	Wiseana signata nucleopolyhedrovirus，[AF016916]	WisiNPV

注：确定种名为斜体，分离株名为正体，GenBank 序列号放在[ ]中

表 1-2　甲型杆状病毒属可能成员表

病毒中文名称	病毒学名及基因序列登记号	缩写名称
棉褐带卷叶蛾核型多角体病毒	Adoxophyes orana nucleopolyhedrovirus，[EU591746]	AdorNPV
杨尺蠖核型多角体病毒	Apocheima cinerarius nucleopolyhedrovirus，[FJ914221]	ApciNPV
芹菜夜蛾核型多角体病毒	Anagrapha falcifera multiple nucleopolyhedrovirus	AnfaNPV
翎夜蛾核型多角体病毒	Cerapteryx graminis nucleopolyhedrovirus，[HQ603182，HQ603183，HQ603184]	CegrNPV
巴西杨树网蝽核型多角体病毒	Condylorrhiza vestigialis multiple nucleopolyhedrovirus，[KJ631623]	CoveMNPV
茸毒蛾核型多角体病毒	Dasychira pudibunda nucleopolyhedrovirus，[KP747440]	DapuNPV
草安夜蛾核型多角体病毒	Lacanobia oleracea nucleopolyhedrovirus	LaolNPV
柳毒蛾核型多角体病毒	Leucoma salicis multiple nucleopolyhedrovirus，[AY729808，AY729809，AY729810]	LesaMNPV
加州天幕毛虫核型多角体病毒	Malacosoma californicum nucleopolyhedrovirus，[AF535137]	MacaNPV
天幕毛虫核型多角体病毒	Malacosoma neustria nucleopolyhedrovirus，[AY519243，AY519244，AY519245]	ManeNPV
黄杉毒蛾单衣壳型核型多角体病毒	Orgyia pseudotsugata single nucleopolyhedrovirus，[AY895150，AY895151，AY895152，AY895153]	OpSNPV
松小眼夜蛾核型多角体病毒	Panolis japonica nucleopolyhedrovirus，[D00437]	PaflNPV
萼蚕核型多角体病毒	Philosamia cynthia nucleopolyhedrovirus，[JX404026]	PhcyNPV
薄荷灰夜蛾多衣壳核型多角体病毒	Rachiplusia ou multiple nucleopolyhedrovirus，[AY145471]	RoMNPV
斜纹夜蛾 II 型核型多角体病毒	Spodoptera litura nucleopolyhedrovirus II，[EU780426]	SpltNPV-II
豆复形卷蛾核型多角体病毒	Urbanus proteus nucleopolyhedrovirus，[KR011717]	UrprNPV
醋栗尺蠖核型多角体病毒	Abraxas grossulariata nucleopolyhedrovirus	AbgrNPV
蓖麻红褐夜蛾核型多角体病毒	Achaea janata nucleopolyhedrovirus	AcjaNPV
小蜡螟核型多角体病毒	Achroia grisella nucleopolyhedrovirus	AcgrNPV
白尺蠖核型多角体病毒	Acidalia carticcaria nucleopolyhedrovirus	AccaNPV
西部黑头长翅卷蛾核型多角体病毒	Acleris gloverana nucleopolyhedrovirus	AcglNPV
东部黑头长翅卷蛾核型多角体病毒	Acleris variana nucleopolyhedrovirus	AcvaNPV
锐剑纹夜蛾核型多角体病毒	Acronycta aceris nucleopolyhedrovirus	AcaoNPV
黑行军虫核型多角体病毒	Actebia fennica nucleopolyhedrovirus	AcfeNPV
短尾大蚕蛾核型多角体病毒	Actias artemis nucleopolyhedrovirus	AcarNPV
柳大蚕蛾核型多角体病毒	Actias selene nucleopolyhedrovirus	AcseNPV
曙夜蛾核型多角体病毒	Adisura atkinsoni nucleopolyhedrovirus	AdatNPV
白斑烦夜蛾核型多角体病毒	Aedia leucomelas nucleopolyhedrovirus	AeleNPV
荨麻蛱蝶核型多角体病毒	Aglais urticae nucleopolyhedrovirus	AgurNPV
香子兰蛱蝶核型多角体病毒	Agraulis vanillae nucleopolyhedrovirus	AgvaNPV
警纹地老虎核型多角体病毒	Agrotis exclamationis nucleopolyhedrovirus	AgexNPV
棉叶波纹夜蛾核型多角体病毒	Alabama argillacea nucleopolyhedrovirus	AlarNPV
小壁板夜蛾核型多角体病毒	Aletia oxygala nucleopolyhedrovirus	AloxNPV

续表

病毒中文名称	病毒学名及基因序列登记号	缩写名称
粉白灯蛾核型多角体病毒	Alphaea phasma nucleopolyhedrovirus	AlphNPV
秋尺蠖核型多角体病毒	Alsophila pometaria nucleopolyhedrovirus	AlpoNPV
杨天蛾核型多角体病毒	Amorpha populi nucleopolyhedrovirus	AmpoNPV
葡萄天蛾核型多角体病毒	Amphelophaga rubiginosa nucleopolyhedrovirus	AmruNPV
裂尺蛾核型多角体病毒	Amphidasis cognataria nucleopolyhedrovirus	AmcoNPV
花生黄缘灯蛾核型多角体病毒	Amsacta albistriga nucleopolyhedrovirus	AmalNPV
红缘灯蛾核型多角体病毒	Amsacta lactinea nucleopolyhedrovirus	AmlaNPV
桑红缘灯蛾核型多角体病毒	Amsacta moorei nucleopolyhedrovirus	AmmoNPV
脐橙螟核型多角体病毒	Amyelois transitella nucleopolyhedrovirus	AmtrNPV
葫芦夜蛾核型多角体病毒	Anadevidia peponis nucleopolyhedrovirus	AnpeNPV
地中海粉螟核型多角体病毒	Anagasta kuehniella nucleopolyhedrovirus	AnkuNPV
斜波纹尺蠖核型多角体病毒	Anaitis plaguata nucleopolyhedrovirus	AnplNPV
栎黄条大蚕蛾核型多角体病毒	Anisota senatoria nucleopolyhedrovirus	AnseNPV
棉小造桥虫核型多角体病毒	Anomis flava nucleopolyhedrovirus	AnflNPV
印黄檀造桥虫核型多角体病毒	Anomis sabulifera nucleopolyhedrovirus	AnsaNPV
八字夜蛾核型多角体病毒	Anomogyna elimata nucleopolyhedrovirus	AnelNPV
软羽澳蛾核型多角体病毒	Anthela varia nucleopolyhedrovirus	AnvaNPV
蛀澳蛾核型多角体病毒	Anthelia hyperborea nucleopolyhedrovirus	AnhyNPV
塔萨大蚕蛾核型多角体病毒	Antheraea paphia nucleopolyhedrovirus	AnpaNPV
北美天蚕蛾核型多角体病毒	Antheraea polyphemus nucleopolyhedrovirus	AnpoNPV
日本柞蚕核型多角体病毒	Antheraea yamamai nucleopolyhedrovirus	AnyaNPV
污秀夜蛾核型多角体病毒	Apamea anceps nucleopolyhedrovirus	ApanNPV
灰雀尺蠖核型多角体病毒	Apocheima pilosaria nucleopolyhedrovirus	AppiNPV
山茶绢粉蝶核型多角体病毒	Aporia crataegi nucleopolyhedrovirus	ApcrNPV
钩麦蛾核型多角体病毒	Aproaerema modicella nucleopolyhedrovirus	ApmoNPV
赤斑蛱蝶核型多角体病毒	Araschnia levana nucleopolyhedrovirus	ArleNPV
巢黄卷蛾核型多角体病毒	Archips cerasivoranus nucleopolyhedrovirus	ArceNPV
豹灯蛾核型多角体病毒	Arctia caja nucleopolyhedrovirus	ArcaNPV
绒灯蛾核型多角体病毒	Arctia villica nucleopolyhedrovirus	ArviNPV
茶白毒蛾核型多角体病毒	Arctornis alba nucleopolyhedrovirus	AralNPV
黑白纹灯蛾核型多角体病毒	Ardices glatignyi nucleopolyhedrovirus	ArglNPV
绿豹蛱蝶核型多角体病毒	Argynnis paphia nucleopolyhedrovirus	ArpaNPV
基纹银纹夜蛾核型多角体病毒	Argyrogramma basigera nucleopolyhedrovirus	ArbaNPV
北美星纹蛱蝶核型多角体病毒	Asterocampa celtis nucleopolyhedrovirus	AscaNPV
比洛哈银纹夜蛾核型多角体病毒	Autographa biloha nucleopolyhedrovirus	AubiNPV

病毒中文名称	病毒学名及基因序列登记号	缩写名称
双斑夜蛾核型多角体病毒	Autographa bimaculata nucleopolyhedrovirus	AubmNPV
汉马夜蛾核型多角体病毒	Autographa gamma nucleopolyhedrovirus	AugaNPV
黑点银纹夜蛾核型多角体病毒	Autographa nigrisigna nucleopolyhedrovirus	AuniNPV
分脉夜蛾核型多角体病毒	Autographa precationis nucleopolyhedrovirus	AuprNPV
白尾螟蛾核型多角体病毒	Bellura gortynoides nucleopolyhedrovirus	BegoNPV
柳枯叶蛾核型多角体病毒	Bhima undulosa nucleopolyhedrovirus	BhunNPV
桦尺蠖核型多角体病毒	Biston betularia nucleopolyhedrovirus	BibeNPV
斑尺蠖核型多角体病毒	Biston hirtaria nucleopolyhedrovirus	BihiNPV
黄角尺蠖核型多角体病毒	Biston hispidaria nucleopolyhedrovirus	BihsNPV
油茶尺蠖核型多角体病毒	Biston marginata nucleopolyhedrovirus	BimaNPV
褐纹大尺蠖核型多角体病毒	Biston robustum nucleopolyhedrovirus	BiroNPV
越橘尺蠖核型多角体病毒	Boarmia bistortata nucleopolyhedrovirus	BobiNPV
棉潜蛾核型多角体病毒	Bucculatrix thurbeliella nucleopolyhedrovirus	ButhNPV
松尺蠖核型多角体病毒	Bupalus piniarius nucleopolyhedrovirus	BupiNPV
云尺蠖核型多角体病毒	Buzura thibtaria nucleopolyhedrovirus	ButiNPV
粉斑螟核型多角体病毒	Cadra cautella nucleopolyhedrovirus	CacaNPV
葡萄干果斑螟核型多角体病毒	Cadra figulilella nucleopolyhedrovirus	CafiNPV
标冬夜蛾核型多角体病毒	Calophasia lunula nucleopolyhedrovirus	CaluNPV
桑蓑蛾核型多角体病毒	Canephora asiatica nucleopolyhedrovirus	CaasNPV
云杉灰尺蠖核型多角体病毒	Caripeta divisata nucleopolyhedrovirus	CadiNPV
桃小食心虫核型多角体病毒	Carposina niponensis nucleopolyhedrovirus	CaniNPV
乳夜蛾核型多角体病毒	Catabena esula nucleopolyhedrovirus	CaesNPV
连裳夜蛾核型多角体病毒	Catocala juncta nucleopolyhedrovirus	CacoNPV
宁裳夜蛾核型多角体病毒	Catocala nymphaeoides nucleopolyhedrovirus	CanyNPV
阿戈裳夜蛾核型多角体病毒	Catocala nymphagoga nucleopolyhedrovirus	CanmNPV
斑条夜蛾核型多角体病毒	Ceramica picta nucleopolyhedrovirus	CepiNPV
豆叶行军虫核型多角体病毒	Ceramica pisi nucleopolyhedrovirus	CepsNPV
杨二尾舟蛾核型多角体病毒	Cerura menciana nucleopolyhedrovirus	CemeNPV
二化螟核型多角体病毒	Chilo suppressalis nucleopolyhedrovirus	ChsuNPV
柳色卷蛾核型多角体病毒	Choristoneura conflictana nucleopolyhedrovirus	ChocNPV
异色卷蛾核型多角体病毒	Choristoneura diversana nucleopolyhedrovirus	ChdiNPV
西枞色卷蛾核型多角体病毒	Choristoneura occidentalis nucleopolyhedrovirus	ChocNPV
松色卷蛾核型多角体病毒	Choristoneura pinus nucleopolyhedrovirus	ChpiNPV
南方锞纹夜蛾核型多角体病毒	Chrysodeixis eriosoma nucleopolyhedrovirus	CherNPV
肾毒蛾核型多角体病毒	Cifuna locuples nucleopolyhedrovirus	CiloNPV

病毒中文名称	病毒学名及基因序列登记号	缩写名称
链斑尺蠖核型多角体病毒	Cingilia caternaria nucleopolyhedrovirus	CicaNPV
小袋蛾核型多角体病毒	Clania minuscula nucleopolyhedrovirus	ClmiNPV
黄刺蛾核型多角体病毒	Cnidocampa flavescens nucleopolyhedrovirus	CnflNPV
落叶松鞘蛾核型多角体病毒	Coleophora laricella nucleopolyhedrovirus	ColaNPV
橙黄豆粉蝶核型多角体病毒	Colias fieldii nucleopolyhedrovirus	CoelNPV
美洲苜蓿粉蝶核型多角体病毒	Colias eurytheme nucleopolyhedrovirus	CoeuNPV
雷斯波豆粉蝶核型多角体病毒	Colias lesbia nucleopolyhedrovirus	ColeNPV
云纹粉蝶核型多角体病毒	Colias philodice nucleopolyhedrovirus	CophNPV
粉花凌霄大蚕蛾核型多角体病毒	Coloradia pandora nucleopolyhedrovirus	CopaNPV
米蛾核型多角体病毒	Corcyra cephalonica nucleopolyhedrovirus	CophNPV
牧草枯叶蛾核型多角体病毒	Euthrix potatoria nucleopolyhedrovirus	CopoNPV
松小枯叶蛾核型多角体病毒	Cosmotriche inexperta nucleopolyhedrovirus	CoruNPV
柳木蠹蛾核型多角体病毒	Cossus cossus nucleopolyhedrovirus	CocoNPV
八点灰灯蛾核型多角体病毒	Creatonotus transiens nucleopolyhedrovirus	CrtrNPV
落叶松隐斑螟核型多角体病毒	Cryptoblabes lariciana nucleopolyhedrovirus	CrlaNPV
金合欢蓑蛾核型多角体病毒	Cryptothelea junodi nucleopolyhedrovirus	CrjuNPV
大蓑蛾核型多角体病毒	Cryptothelea variegata nucleopolyhedrovirus	CrvaNPV
木橑尺蠖核型多角体病毒	Culcula panterinaria nucleopolyhedrovirus	CupaNPV
波纹杂毛虫核型多角体病毒	Cyclophragma undans nucleopolyhedrovirus	CyunNPV
双斑杂毛虫核型多角体病毒	Cyclophrama yamadai nucleopolyhedrovirus	CyyaNPV
苹果蠹蛾核型多角体病毒	Cydia pomonella nucleopolyhedrovirus	CypoNPV
黛袋蛾核型多角体病毒	Dappula tertia nucleopolyhedrovirus	DateNPV
杉茸毒蛾核型多角体病毒	Dasychira abietis nucleopolyhedrovirus	DaabNPV
柳茸毒蛾核型多角体病毒	Dasychira argentata nucleopolyhedrovirus	DaarNPV
松茸毒蛾核型多角体病毒	Dasychira axutha nucleopolyhedrovirus	DaaxNPV
茶茸毒蛾核型多角体病毒	Dasychira baibarana nucleopolyhedrovirus	DabaNPV
暗色毒蛾核型多角体病毒	Dasychira basiflava nucleopolyhedrovirus	DabsNPV
茶斑毒蛾核型多角体病毒	Dasychira confusa nucleopolyhedrovirus	DacoNPV
蔚茸毒蛾核型多角体病毒	Dasychira glaucinoptera nucleopolyhedrovirus	DaglNPV
富毒蛾核型多角体病毒	Dasychira locuples nucleopolyhedrovirus	DaloNPV
沁茸毒蛾核型多角体病毒	Dasychira mendosa nucleopolyhedrovirus	DameNPV
美沁茸毒蛾核型多角体病毒	Dasychira plagiata nucleopolyhedrovirus	DaplNPV
拟杉茸毒蛾核型多角体病毒	Dasychira pseudabietis nucleopolyhedrovirus	DapsNPV
大茸毒蛾核型多角体病毒	Dasychira thwaitesi nucleopolyhedrovirus	DathNPV
白腰天蛾核型多角体病毒	Deilephiila elpenor nucleopolyhedrovirus	DeelNPV

病毒中文名称	病毒学名及基因序列登记号	缩写名称
枞灰尺蠖核型多角体病毒	Deileptenia ribeata nucleopolyhedrovirus	DariNPV
思茅松毛虫核型多角体病毒	Dendrolimus kikuchii nucleopolyhedrovirus	DekiNPV
云南松毛虫核型多角体病毒	Dendrolimus latipennis nucleopolyhedrovirus	DelaNPV
欧洲松毛虫核型多角体病毒	Dendrolimus pini nucleopolyhedrovirus	DepiNPV
马尾松毛虫核型多角体病毒	Dendrolimus punctatus nucleopolyhedrovirus	DepuNPV
赤松毛虫核型多角体病毒	Dendrolimus spectabilis nucleopolyhedrovirus	DespNPV
侧柏松毛虫核型多角体病毒	Dendrolimus suffuscus suffuscus nucleopolyhedrovirus	DesuNPV
落叶松毛虫核型多角体病毒	Dendrolimus superans nucleopolyhedrovirus	DeseNPV
金翅夜蛾核型多角体病毒	Diachrysia orichalcea nucleopolyhedrovirus	DiorNPV
尘污灯蛾核型多角体病毒	Spilarctia obliqua nucleopolyhedrovirus	SpobNPV
紫红污灯蛾核型多角体病毒	Spilarctia purpurata nucleopolyhedrovirus	SppuNPV
黄毛污灯蛾核型多角体病毒	Spilarctia virginica nucleopolyhedrovirus	SpviNPV
小玻灯蛾核型多角体病毒	Diaphora mendica nucleopolyhedrovirus	DimeNPV
西南玉米螟核型多角体病毒	Diatraea grandiosella nucleopolyhedrovirus	DigrNPV
小蔗螟核型多角体病毒	Diatraea saccharalis nucleopolyhedrovirus	DisaNPV
桃蛀螟核型多角体病毒	Dichocrosis punctiferalis nucleopolyhedrovirus	DipuNPV
银杏大蚕蛾核型多角体病毒	Dictyoploca japonica nucleopolyhedrovirus	DijaNPV
巢大蚕蛾核型多角体病毒	Dicycla oo nucleopolyhedrovirus	DiooNPV
伪节梢斑螟核型多角体病毒	Dioryctria pseudotsugella nucleopolyhedrovirus	DipsNPV
赤棉铃虫核型多角体病毒	Diparopsis watersi nucleopolyhedrovirus	DiwaNPV
蚕蛾核型多角体病毒	Dirphia gragatus nucleopolyhedrovirus	DigrNPV
栎刺蛾核型多角体病毒	Doratifera casta nucleopolyhedrovirus	DocaNPV
黑色毒蛾核型多角体病毒	Dryobota furva nucleopolyhedrovirus	DrfuNPV
山龙眼毒蛾核型多角体病毒	Dryobota protea nucleopolyhedrovirus	DrprNPV
单色卓夜蛾核型多角体病毒	Dryobotodes monochroma nucleopolyhedrovirus	DrmoNPV
埃及金刚钻核型多角体病毒	Earias insulana nucleopolyhedrovirus	EainNPV
伊卡西亚依灯蛾核型多角体病毒	Ecpantheria icasia nucleopolyhedrovirus	EcicNPV
鞍形埃尺蛾核型多角体病毒	Ectropis crepuscularia nucleopolyhedrovirus	EccrNPV
刺槐外斑尺蠖核型多角体病毒	Ectropis excellens nucleopolyhedrovirus	EcexNPV
灰茶尺蠖核型多角体病毒	Ectropis gisceens nucleopolyhedrovirus	EcgiNPV
栎尺蠖核型多角体病毒	Ennomos quercinaria nucleopolyhedrovirus	EnquNPV
榆角尺蠖核型多角体病毒	Ennomos subsignarius nucleopolyhedrovirus	EnsuNPV
南加拿大尺蠖核型多角体病毒	Enypia venata nucleopolyhedrovirus	EnveNPV
美洲银星弄蝶核型多角体病毒	Epargyreus clarus nucleopolyhedrovirus	EpclNPV
烟草粉斑螟核型多角体病毒	Ephestia elutella nucleopolyhedrovirus	EpelNPV

续表

病毒中文名称	病毒学名及基因序列登记号	缩写名称
落叶松尺蠖核型多角体病毒	Erannis ankeraria nucleopolyhedrovirus	EranNPV
暗点褚蛾核型多角体病毒	Erannis defoliaria nucleopolyhedrovirus	ErdeNPV
菩提尺蛾核型多角体病毒	Erannis tiliaria nucleopolyhedrovirus	ErtiNPV
大白带尺蠖核型多角体病毒	Erannis vanconverensis nucleopolyhedrovirus	ErvaNPV
木薯天蛾核型多角体病毒	Erinnyis ello nucleopolyhedrovirus	ErelNPV
樟蚕核型多角体病毒	Eriogyna pyretorum nucleopolyhedrovirus	ErpyNPV
盐泽枝灯蛾核型多角体病毒	Estigmene acrea nucleopolyhedrovirus	EsacNPV
乌桕金带蛾核型多角体病毒	Euperote sapivora nucleopolyhedrovirus	EusaMNPV
环纹尺蛾核型多角体病毒	Eupithecia annulata nucleopolyhedrovirus	EuanNPV
长须尺蠖核型多角体病毒	Eupithecia longipalpata nucleopolyhedrovirus	EuloNPV
叉带黄毒蛾核型多角体病毒	Euproctis angulata nucleopolyhedrovirus	EuanNPV
乌桕黄毒蛾核型多角体病毒	Euproctis bipunctapex nucleopolyhedrovirus	EubiNPV
黄毒蛾核型多角体病毒	Euproctis chrysorrhoea nucleopolyhedrovirus	EuchNPV
半带黄毒蛾核型多角体病毒	Euproctis digramma nucleopolyhedrovirus	EudiNPV
折带黄毒蛾核型多角体病毒	Euproctis flava multiple nucleopolyhedrovirus	EuflMNPV
星黄毒蛾核型多角体病毒	Euproctis flavinata nucleopolyhedrovirus	EufvNPV
缀黄毒蛾核型多角体病毒	Euproctis karghalica nucleopolyhedrovirus	EukaNPV
桑毛虫核型多角体病毒	Euproctis similis nucleopolyhedrovirus	EusiNPV
幻带黄毒蛾核型多角体病毒	Euproctis vatians nucleopolyhedrovirus	EuvaNPV
纬黄毒蛾核型多角体病毒	Euproctis vitellina nucleopolyhedrovirus	EuviNPV
瑞木波纹蛾核型多角体病毒	Euthyatira pudens nucleopolyhedrovirus	EupuNPV
增切根虫核型多角体病毒	Euxoa auxiliaris nucleopolyhedrovirus	EuauNPV
暗缘地老虎核型多角体病毒	Euxoa messoria nucleopolyhedrovirus	EumeNPV
红背地老虎核型多角体病毒	Euxoa ochrogaster nucleopolyhedrovirus	EuocNPV
野冬夜蛾核型多角体病毒	Feralia jacosa nucleopolyhedrovirus	FejaNPV
杨枯叶蛾核型多角体病毒	Gastropacha populifolia nucleopolyhedrovirus	GapoNPV
李枯叶蛾核型多角体病毒	Gastropacha quercifolia nucleopolyhedrovirus	GaquNPV
麦穗夜蛾核型多角体病毒	Hadena sordida nucleopolyhedrovirus	HasoNPV
银点灯蛾核型多角体病毒	Halisidota argentata nucleopolyhedrovirus	HaarNPV
胡桃点灯蛾核型多角体病毒	Halisidota caryae nucleopolyhedrovirus	HacaNPV
烟青虫核型多角体病毒	Heliothis assulta nucleopolyhedrovirus	HeasNPV
菜豆夜蛾核型多角体病毒	Helicoverpa obtectus nucleopolyhedrovirus	HeobNPV
奇异夜蛾核型多角体病毒	Helicoverpa paradoxa nucleopolyhedrovirus	HepaNPV
大棉铃虫核型多角体病毒	Helicoverpa peltigera nucleopolyhedrovirus	HepeNPV
红蚀斑夜蛾核型多角体病毒	Helicoverpa phloxiphaga nucleopolyhedrovirus	HephNPV
澳大利亚棉铃虫核型多角体病毒	Helicoverpa punctigera nucleopolyhedrovirus	HepuNPV

续表

病毒中文名称	病毒学名及基因序列登记号	缩写名称
红毒扁豆夜蛾核型多角体病毒	Helicoverpa rubrescens nucleopolyhedrovirus	HeruNPV
亚曲夜蛾核型多角体病毒	Helicoverpa subflexa nucleopolyhedrovirus	HesuNPV
烟芽夜蛾核型多角体病毒	Heliothis virescens nucleopolyhedrovirus	HeviNPV
普通鹿纹天蚕蛾核型多角体病毒	Hemileuca eglanterina nucleopolyhedrovirus	HeegNPV
雄鹿大蚕蛾核型多角体病毒	Hemileuca maia nucleopolyhedrovirus	HemaNPV
行列大蚕蛾核型多角体病毒	Hemileuca oliviae nucleopolyhedrovirus	HeolNPV
三色鹿纹天蚕蛾核型多角体病毒	Hemileuca tricolor nucleopolyhedrovirus	HetrNPV
硫堇粉蝶核型多角体病毒	Hesperumia sulphuraria nucleopolyhedrovirus	HesuNPV
伊氏天蛾核型多角体病毒	Hippotion eson nucleopolyhedrovirus	HiesNPV
茶长卷蛾核型多角体病毒	Homona magnanima nucleopolyhedrovirus	HomaNPV
安比瓜莜夜蛾核型多角体病毒	Hoplodrina ambigua nucleopolyhedrovirus	HoamNPV
惜古比天蚕蛾核型多角体病毒	Hyalophora cecropia nucleopolyhedrovirus	HyceNPV
杉树花尺蠖核型多角体病毒	Hydriomena irata nucleopolyhedrovirus	HyirNPV
橡树冬花尺蠖核型多角体病毒	Hydriomena nubilofasciata nucleopolyhedrovirus	HynuNPV
大戟天蛾核型多角体病毒	Hyles euphorbiae nucleopolyhedrovirus	HyeuNPV
五倍子天蛾核型多角体病毒	Hyles gallii nucleopolyhedrovirus	HygaNPV
白条天蛾核型多角体病毒	Hyles lineata nucleopolyhedrovirus	HyliNPV
黑棘天蛾核型多角体病毒	Hylesia nigricans nucleopolyhedrovirus	HyniNPV
松针天蛾核型多角体病毒	Hyloicus pinastri nucleopolyhedrovirus	HypiNPV
美洲蜾核型多角体病毒	Hyperetis amicaria nucleopolyhedrovirus	HyamNPV
长须刺蛾核型多角体病毒	Hyphorma minax nucleopolyhedrovirus	HymiNPV
雅各比亚艳苔蛾核型多角体病毒	Hypocrita jacobeae nucleopolyhedrovirus	HyjaNPV
孔雀翎蛱蝶核型多角体病毒	Inachis io nucleopolyhedrovirus	InioNPV
茶奕刺蛾核型多角体病毒	Iragoides fasciata nucleopolyhedrovirus	IrfaNPV
黄足毒蛾核型多角体病毒	Ivela auripes nucleopolyhedrovirus	IvauNPV
榆黄足毒蛾核型多角体病毒	Ivela ochropoda nucleopolyhedrovirus	IvocNPV
茶纹尺蛾核型多角体病毒	Jankowskia athleta nucleopolyhedrovirus	JaatNPV
鹿眼蛱蝶核型多角体病毒	Junonia coenia nucleopolyhedrovirus	JucoNPV
栎枯叶蛾核型多角体病毒	Lasiocampa quercus nucleopolyhedrovirus	LaquNPV
三叶枯叶蛾核型多角体病毒	Lasiocampa trifolii nucleopolyhedrovirus	LatrNPV
双齿绿刺蛾核型多角体病毒	Latoia hilarat nucleopolyhedrovirus	LahiNPV
油茶毛虫核型多角体病毒	Lebeda nobilis nucleopolyhedrovirus	LenoNPV
巴斯鲁法枯叶蛾核型多角体病毒	Lechriolepis basirufa nucleopolyhedrovirus	LebaNPV
杨毒蛾核型多角体病毒	Leucoma candida nucleopolyhedrovirus	LecaNPV
桦羽翅舟蛾核型多角体病毒	Lophopteryx camelina nucleopolyhedrovirus	LocaNPV

续表

病毒中文名称	病毒学名及基因序列登记号	缩写名称
草地螟核型多角体病毒	Loxostege sticticalis nucleopolyhedrovirus	LostNPV
日本虎凤蝶核型多角体病毒	Luehdorfia japonica nucleopolyhedrovirus	LujaNPV
条毒蛾核型多角体病毒	Lymantria dissoluta nucleopolyhedrovirus	LydsNPV
红腹毒蛾核型多角体病毒	Lymantria fumida nucleopolyhedrovirus	LyfuNPV
榄仁树毒蛾核型多角体病毒	Lymantria incerta nucleopolyhedrovirus	LyinNPV
栎毒蛾核型多角体病毒	Lymantria mathura nucleopolyhedrovirus	LymaNPV
模毒蛾核型多角体病毒	Lymantria monacha nucleopolyhedrovirus	LymoNPV
尼纳伊舞毒蛾核型多角体病毒	Lymantria ninayi nucleopolyhedrovirus	LyniNPV
苹舞毒蛾核型多角体病毒	Lymantria obfuscata nucleopolyhedrovirus	LyobNPV
珊毒蛾核型多角体病毒	Lymantria violas nucleopolyhedrovirus	LyviNPV
灰袋枯叶蛾核型多角体病毒	Macrothylacia rubi nucleopolyhedrovirus	MaruNPV
茶褐蓑蛾核型多角体病毒	Mahasena colona nucleopolyhedrovirus	MacoNPV
茶褐蓑蛾核型多角体病毒	Mahasena minuscula nucleopolyhedrovirus	MamiNPV
欧洲天幕毛虫核型多角体病毒	Malacosoma alpicola nucleopolyhedrovirus	MaalNPV
苹果天幕毛虫核型多角体病毒	Malacosoma americanum nucleopolyhedrovirus	MaamNPV
加州天幕毛虫核型多角体病毒	Malacosoma californicum nucleopolyhedrovirus	MacaNPV
太平洋天幕毛虫核型多角体病毒	Malacosoma constrictum nucleopolyhedrovirus	MacnNPV
森林天幕毛虫核型多角体病毒	Malacosoma disstria nucleopolyhedrovirus	MadiNPV
大盆地天幕毛虫核型多角体病毒	Malacosoma fragile nucleopolyhedrovirus	MafrNPV
草原天幕毛虫核型多角体病毒	Malacosoma lutescens nucleopolyhedrovirus	MaluNPV
天幕毛虫核型多角体病毒	Malacosoma neustria nucleopolyhedrovirus	ManeNPV
西部天幕毛虫核型多角体病毒	Malacosoma pluviale nucleopolyhedrovirus	MaplNPV
绵山天幕毛虫核型多角体病毒	Malacosoma rectifascia nucleopolyhedrovirus	MareNPV
俗灰夜蛾核型多角体病毒	Mamestra suasa nucleopolyhedrovirus	MasuNPV
烟草天蛾核型多角体病毒	Manduca sexta nucleopolyhedrovirus	MaseNPV
绿纹森林尺蛾核型多角体病毒	Melanolophia imitata nucleopolyhedrovirus	MeimNPV
狄网蛱蝶核型多角体病毒	Melitaea didyma nucleopolyhedrovirus	MediNPV
苜蓿卷蛾核型多角体病毒	Merophyas divulsana nucleopolyhedrovirus	MediNPV
小白尺蠖核型多角体病毒	Myrteta tinagmaria nucleopolyhedrovirus	MytiNPV
香蕉蚀叶野螟核型多角体病毒	Nacoleia octosema nucleopolyhedrovirus	NaocNPV
栎绿刺蛾核型多角体病毒	Nadata gibbosa nucleopolyhedrovirus	NagiNPV
美洲松粉蝶核型多角体病毒	Neophasia menapia nucleopolyhedrovirus	NemeNPV
柚木云舟蛾核型多角体病毒	Neopheosia excurvata nucleopolyhedrovirus	NeexNPV
青铜地老虎核型多角体病毒	Nephelodes emmedonia nucleopolyhedrovirus	NeemNPV
花旗松尺蛾核型多角体病毒	Nepytia freemani nucleopolyhedrovirus	NefrNPV

病毒中文名称	病毒学名及基因序列登记号	缩写名称
铁杉绿尺蛾核型多角体病毒	Nepytia phantasmaria nucleopolyhedrovirus	NephNPV
模夜蛾核型多角体病毒	Noctua pronuba nucleopolyhedrovirus	NoprNPV
绿线森林尺蠖核型多角体病毒	Nyctobia limitaria nucleopolyhedrovirus	NyliNPV
黄缘蛱蝶核型多角体病毒	Nymphalis antiopa nucleopolyhedrovirus	NyanNPV
杂色蛱蝶核型多角体病毒	Nymphalis polycholoros nucleopolyhedrovirus	NypoNPV
稻三点水螟核型多角体病毒	Nymphula depunctalis nucleopolyhedrovirus	NydeNPV
灰白蚕蛾核型多角体病毒	Ocinara varians nucleopolyhedrovirus	OcvaNPV
椰子织蛾核型多角体病毒	Opisina arenosella nucleopolyhedrovirus	OparNPV
黄尺蛾核型多角体病毒	Opisthograpus luteolata nucleopolyhedrovirus	OpluNPV
秋峦冬夜蛾核型多角体病毒	Oporinia autumnata nucleopolyhedrovirus	OpauNPV
冬青环蝶核型多角体病毒	Opsiphanes cassina nucleopolyhedrovirus	OpcaNPV
嘴壶夜蛾核型多角体病毒	Oraesia emarginata nucleopolyhedrovirus	OremNPV
澳金合欢古毒蛾核型多角体病毒	Orgyia anartoides nucleopolyhedrovirus	OranNPV
古毒蛾核型多角体病毒	Orgyia antiqua nucleopolyhedrovirus	OratNPV
松古毒蛾核型多角体病毒	Orgyia australis nucleopolyhedrovirus	OrauNPV
栗古毒蛾核型多角体病毒	Orgyia badia nucleopolyhedrovirus	OrbaNPV
角斑古毒蛾核型多角体病毒	Orgyia gonostigma nucleopolyhedrovirus	OrgoNPV
白斑毒蛾核型多角体病毒	Orgyia leucostigma nucleopolyhedrovirus，[NC_010276]	OrleNPV
棉古毒蛾核型多角体病毒	Orgyia postica nucleopolyhedrovirus	OrpoNPV
瘤胸毒蛾核型多角体病毒	Orgyia turbata nucleopolyhedrovirus	OrtuNPV
西部栎柳古毒蛾核型多角体病毒	Orgyia vetusta nucleopolyhedrovirus	OrveNPV
多毛梦尼夜蛾核型多角体病毒	Orthosia hibisci nucleopolyhedrovirus	OrhiNPV
梦尼夜蛾核型多角体病毒	Orthosia incerta nucleopolyhedrovirus	OrinNPV
玉米螟核型多角体病毒	Ostrinia nubilalis nucleopolyhedrovirus	OsnuNPV
佛得角枯叶蛾核型多角体病毒	Pachypasa capensis nucleopolyhedrovirus	PacaNPV
奥特斯枯叶蛾核型多角体病毒	Pachypasa otus nucleopolyhedrovirus	PaotNPV
春尺蠖核型多角体病毒	Paleacrita vernata nucleopolyhedrovirus	PaveNPV
苹褐卷蛾核型多角体病毒	Pandemis heparana nucleopolyhedrovirus	PaheNPV
栎褐卷蛾核型多角体病毒	Pandemis lamprosana nucleopolyhedrovirus	PalaNPV
松小眼夜蛾核型多角体病毒	Panolis flammea nucleopolyhedrovirus	Pafl NPV
刚竹毒蛾核型多角体病毒	Pantana phyllostachysae nucleopolyhedrovirus	PaphNPV
黑星剑纹夜蛾核型多角体病毒	Panthea portlandia nucleopolyhedrovirus	PapoNPV
道尼斯凤蝶核型多角体病毒	Papilio daunis nucleopolyhedrovirus	PadaNPV
达摩翠凤蝶核型多角体病毒	Papilio demoleus nucleopolyhedrovirus	PadeNPV
欧洲杏凤蝶核型多角体病毒	Papilio podalirius nucleopolyhedrovirus	PapoNPV

续表

病毒中文名称	病毒学名及基因序列登记号	缩写名称
北美黑凤蝶核型多角体病毒	Papilio polyxenes nucleopolyhedrovirus	PaplNPV
柑橘凤蝶核型多角体病毒	Papilio xuthus nucleopolyhedrovirus	PaxuNPV
大褐斑枯叶蛾核型多角体病毒	Paralebada plagifera nucleopolyhedrovirus	PapaNPV
褐边绿刺蛾核型多角体病毒	Parasa consocia nucleopolyhedrovirus	PacoNPV
丽绿刺蛾核型多角体病毒	Parasa lepida nucleopolyhedrovirus	PaleNPV
中国绿刺蛾核型多角体病毒	Parasa sinica nucleopolyhedrovirus	PasiNPV
稻苞虫核型多角体病毒	Parnara guttata nucleopolyhedrovirus	PaguNPV
蜀柏毒蛾核型多角体病毒	Parocneria orienta nucleopolyhedrovirus	PaorNPV
棉红铃虫核型多角体病毒	Pectinophora gossypiella nucleopolyhedrovirus	PegoNPV
隐纹稻苞虫核型多角体病毒	Pelopidas mathias nucleopolyhedrovirus	PemaNPV
折钉枝尺蛾核型多角体病毒	Peribatoides simpliciaria nucleopolyhedrovirus	PesiNPV
蓖麻斑灯蛾核型多角体病毒	Pericallia cynthiaricini nucleopolyhedrovirus	PeriNPV
榕透翅毒蛾核型多角体病毒	Perina nuda nucleopolyhedrovirus	PenuNPV
巴西尺蠖核型多角体病毒	Pero behiensarius nucleopolyhedrovirus	PebeNPV
米宙尺蠖核型多角体病毒	Pero mizon nucleopolyhedrovirus	PemiNPV
栎掌舟蛾核型多角体病毒	Phalera assimilis nucleopolyhedrovirus	PhasNPV
圆掌舟蛾核型多角体病毒	Phalera bucephala nucleopolyhedrovirus	PhbuNPV
苹掌舟蛾核型多角体病毒	Phalera flavescens nucleopolyhedrovirus	PhflNPV
朱红毛斑蛾核型多角体病毒	Phauda flammans nucleopolyhedrovirus	PhfaNPV
白桦尺蛾核型多角体病毒	Phigalia titea nucleopolyhedrovirus	PhtiNPV
赤荫夜蛾核型多角体病毒	Phlogophora meticulosa nucleopolyhedrovirus	PhmeNPV
加州槲蛾核型多角体病毒	Phryganidia californica nucleopolyhedrovirus	PhcaNPV
烟草尺蛾核型多角体病毒	Phthonosema tendinosaria nucleopolyhedrovirus	PhteNPV
马铃薯块茎蛾核型多角体病毒	Phthorimaea operculella nucleopolyhedrovirus	PhopNPV
菜粉蝶核型多角体病毒	Pieris rapae nucleopolyhedrovirus	PiraNPV
苜蓿绿夜蛾核型多角体病毒	Plathypena scabra nucleopolyhedrovirus	PlscNPV
爱得赛小卷蛾核型多角体病毒	Platynota idaesalis nucleopolyhedrovirus	PlidNPV
银纹夜蛾核型多角体病毒	Plusia agnate nucleopolyhedrovirus	PlagNPV
澳大利亚银纹夜蛾核型多角体病毒	Plusia argentifera nucleopolyhedrovirus	PlarNPV
金翅夜蛾核型多角体病毒	Plusia balluca nucleopolyhedrovirus	PlbaNPV
南方银纹夜蛾核型多角体病毒	Plusia eriosoma nucleopolyhedrovirus	PlerNPV
大豆金斑蛾核型多角体病毒	Plusia signata nucleopolyhedrovirus	PlsiNPV
银纹多角蛱蝶核型多角体病毒	Polygonia c-album nucleopolyhedrovirus	Poc-aNPV
黄纹多角蛱蝶核型多角体病毒	Polygonia saturus nucleopolyhedrovirus	PosaNPV
黑褐盗毒蛾核型多角体病毒	Porthesia atereta nucleopolyhedrovirus	PoatNPV

续表

病毒中文名称	病毒学名及基因序列登记号	缩写名称
双线盗毒蛾核型多角体病毒	Porthesia scintillans nucleopolyhedrovirus	PoscNPV
桑褐斑盗毒蛾核型多角体病毒	Porthesia xanthocampa nucleopolyhedrovirus	PoxaNPV
立陶宛斜纹夜蛾核型多角体病毒	Prodenia litosia nucleopolyhedrovirus	PrliNPV
西方斜纹夜蛾核型多角体病毒	Prodenia praefica nucleopolyhedrovirus	PrprNPV
高原斜纹夜蛾核型多角体病毒	Prodenia terricola nucleopolyhedrovirus	PrteNPV
虚线尺蛾核型多角体病毒	Protoboarmia porcelaria nucleopolyhedrovirus	PrpoNPV
变异拟黏夜蛾核型多角体病毒	Pseudaletia convecta nucleopolyhedrovirus	PscoNPV
大豆夜蛾核型多角体病毒	Pseudoplusia includens nucleopolyhedrovirus	PsinNPV
澳大利亚草原毛虫核型多角体病毒	Pterolocera amplicornis nucleopolyhedrovirus	PtamNPV
落叶松卷蛾核型多角体病毒	Ptycholomoides aeriferana nucleopolyhedrovirus	PtaeNPV
小白尺蠖核型多角体病毒	Sterrha seriata nucleopolyhedrovirus	PtseNPV
分月扇舟蛾核型多角体病毒	Clostera anastomosis nucleopolyhedrovirus	PyanNPV
影扇舟蛾核型多角体病毒	Clostera fulgurita nucleopolyhedrovirus	PyfuNPV
杨卷叶野螟核型多角体病毒	Pyrausta diniasalis nucleopolyhedrovirus	PydiNPV
夏梢小卷蛾核型多角体病毒	Rhyacionia duplana nucleopolyhedrovirus	RhduNPV
桑蟥核型多角体病毒	Rondotia menciana nucleopolyhedrovirus	RomeNPV
樟树大蚕核型多角体病毒	Samia cynthia nucleopolyhedrovirus	SacyNPV
樗天蚕核型多角体病毒	Samia pryeri nucleopolyhedrovirus	SaprNPV
蓖麻蚕核型多角体病毒	Samia ricini nucleopolyhedrovirus	SariNPV
红棕灰夜蛾核型多角体病毒	Sarcopolia illoba nucleopolyhedrovirus	SailNPV
大天蚕蛾核型多角体病毒	Saturnia pyri nucleopolyhedrovirus	SapyNPV
澳大利亚茄茎螟核型多角体病毒	Sceliodes cordalis nucleopolyhedrovirus	SccoNPV
三化螟核型多角体病毒	Scirpophaga incertulas nucleopolyhedrovirus	ScinNPV
棘翅夜蛾核型多角体病毒	Scoliopteryx libatrix nucleopolyhedrovirus	ScliNPV
纵带球须刺蛾核型多角体病毒	Scopelodes contracta nucleopolyhedrovirus	SccoNPV
显脉球须刺蛾核型多角体病毒	Scopelodes venosa nucleopolyhedrovirus	ScveNPV
茶银尺蠖核型多角体病毒	Scopula subpunctaria nucleopolyhedrovirus	ScsuNPV
旋幽夜蛾核型多角体病毒	Scotogramma trifolii nucleopolyhedrovirus	SctrNPV
杉小枯叶蛾核型多角体病毒	Cosmotriche lunigera nucleopolyhedrovirus	SeluNPV
萨维斯丛枝尺蠖核型多角体病毒	Selidosema suavis nucleopolyhedrovirus	SesuNPV
半齿舟蛾核型多角体病毒	Semidonta biloba nucleopolyhedrovirus	SebiNPV
非洲大螟核型多角体病毒	Sesamia calamistis nucleopolyhedrovirus	SecaNPV
大螟核型多角体病毒	Sesamia inferens nucleopolyhedrovirus	SeinNPV
桑褐刺蛾核型多角体病毒	Setora postornata nucleopolyhedrovirus	SepoNPV
条斑褐刺蛾核型多角体病毒	Setora suberecta nucleopolyhedrovirus	SesuNPV

续表

病毒中文名称	病毒学名及基因序列登记号	缩写名称
灰目天蛾核型多角体病毒	Smerinthus ocellatus nucleopolyhedrovirus	SmocNPV
美加椴卷蛾核型多角体病毒	Cenopis pettitana nucleopolyhedrovirus	CepeNPV
丁香天蛾核型多角体病毒	Sphinx ligustri nucleopolyhedrovirus	SplgNPV
尘污灯蛾核型多角体病毒	Spilarctia obliqua nucleopolyhedrovirus	SpobNPV
桑红腹灯蛾核型多角体病毒	Spilarctia subcarnea nucleopolyhedrovirus	SpsuNPV
苹白小卷蛾核型多角体病毒	Spilonota ocellata nucleopolyhedrovirus	SpocNPV
桑斑污灯蛾核型多角体病毒	Spilarctia lubricipeda nucleopolyhedrovirus	SpluNPV
星白灯蛾核型多角体病毒	Spilosoma menthrastri nucleopolyhedrovirus	SpmeNPV
线纹行军虫核型多角体病毒	Spodoptera latifascia nucleopolyhedrovirus	SplaNPV
禾灰翅夜蛾核型多角体病毒	Spodoptera mauritia nucleopolyhedrovirus	SpmaNPV
鸟灰夜蛾核型多角体病毒	Spodoptera ornithogalli nucleopolyhedrovirus	SporNPV
缘毛尺蠖核型多角体病毒	Synaxis jubararia nucleopolyhedrovirus	SyjuNPV
深斑尺蠖核型多角体病毒	Synaxis pallulata nucleopolyhedrovirus	SypaNPV
锌纹夜蛾核型多角体病毒	Syngrapha selecta nucleopolyhedrovirus	SyseNPV
四川垂耳尺蠖核型多角体病毒	Terpan erionomc nucleopolyhedrovirus	TeerNPV
胡枝子丛螟核型多角体病毒	Tetralopha scortealis nucleopolyhedrovirus	TescNPV
松异舟蛾核型多角体病毒	Thaumetopoea pityocampa nucleopolyhedrovirus	ThpiNPV
栎异舟蛾核型多角体病毒	Thaumetopoea processionea nucleopolyhedrovirus	ThprNPV
日本葡萄天蛾核型多角体病毒	Theretra japonice nucleopolyhedrovirus	ThjaNPV
褐刺蛾核型多角体病毒	Thosea baibarana nucleopolyhedrovirus	ThbaNPV
扁刺蛾核型多角体病毒	Thosea sinensis nucleopolyhedrovirus	ThsiNPV
顿袋蛾核型多角体病毒	Thyridolpteryx ephemeraeformis nucleopolyhedrovirus	ThepNPV
木麻黄枯叶蛾核型多角体病毒	Ticeva castanea nucleopolyhedrovirus	TicaNPV
袋谷蛾核型多角体病毒	Tinea pellionella nucleopolyhedrovirus	TipeNPV
幕谷蛾核型多角体病毒	Tineola bisselliella nucleopolyhedrovirus	TihiNPV
掌夜蛾核型多角体病毒	Tiracola plagiata nucleopolyhedrovirus	TiplNPV
栎黄卷蛾核型多角体病毒	Tortrix loeflingiana nucleopolyhedrovirus	ToloNPV
栎绿卷蛾核型多角体病毒	Tortrix viridana nucleopolyhedrovirus	ToviNPV
栗黄枯叶蛾核型多角体病毒	Trabala vishnou nucleopolyhedrovirus	TrviNPV
镶缤夜蛾核型多角体病毒	Moma champa nucleopolyhedrovirus	TrchNPV
大西洋赤蛱蝶核型多角体病毒	Vanessa atalanta nucleopolyhedrovirus	VaatNPV
姬红蛱蝶核型多角体病毒	Vanessa cardui nucleopolyhedrovirus	VacaNPV
赤蛱蝶核型多角体病毒	Vanessa prorsa nucleopolyhedrovirus	VaprNPV
鹿纹蝙蝠蛾核型多角体病毒	Wiseana cervinata nucleopolyhedrovirus	WiceNPV
沼泽蝙蝠蛾核型多角体病毒	Wiseana umbraculata nucleopolyhedrovirus	WiumNPV

续表

病毒中文名称	病毒学名及基因序列登记号	缩写名称
八字地老虎核型多角体病毒	Xestia c-nigrum nucleopolyhedrovirus	Xec-nNPV
虚线纹木冬蛾核型多角体病毒	Xylena curvimacula nucleopolyhedrovirus	Xycu NPV
卫矛巢蛾核型多角体病毒	Yponomeuta cognatella nucleopolyhedrovirus	Ypco NPV
稠李巢蛾核型多角体病毒	Yponomeuta evonymella nucleopolyhedrovirus	Ypev NPV
苹果巢蛾核型多角体病毒	Yponomeuta padella nucleopolyhedrovirus	Yppa NPV
松线小卷蛾核型多角体病毒	Zeiraphera diniana nucleopolyhedrovirus	Zedi NPV

注：可能成员用正体，GenBank 序列号放在[ ]中

三、乙型杆状病毒属

乙型杆状病毒属（*Betabaculovirus*）包括感染鳞翅目昆虫的颗粒体病毒。

乙型杆状病毒的包涵体一般呈卵圆形或椭圆形（图 1-3）。但有时观察到一些异常形状，如立方形、异常长形、多角形及不规则形状等。包涵体的大小因种类有所变化，但一般长约 120nm×500nm（Tanada and Hess，1991；刘年翠等，1981）。通常一个包涵体只包埋一个病毒粒子。ODV 含有一个核衣壳，具有单一囊膜。ODV 在感染细胞核膜破裂后的核-质介质中形成。病毒脱壳的发生机制是病毒 DNA 通过核孔进入细胞核，而衣壳则保留在细胞质中（Summers，1971；Au et al.，2013）。核衣壳杆形，大小（30～60）nm×（250～300）nm。病毒基因组为单分子环状超螺旋双链 DNA，分子大小为 110～180kb，占病毒粒子总质量的 8%～15%，G＋C 含量为 28%～59%。

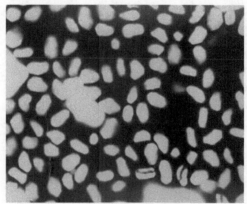

图 1-3　菜粉蝶颗粒体病毒的包涵体
图片由中国科学院武汉病毒研究所电镜室高丁提供

乙型杆状病毒包涵体蛋白的基质由大分子的晶格组成，蛋白质分子呈立方形体系排列。病毒包涵体蛋白由单一的颗粒体蛋白（granulin）组成，颗粒体蛋白与

甲型和丙型杆状病毒的多角体蛋白直系同源。包涵体周围似乎没有真正的颗粒体膜，但存在一层电子密度较浓的物质。乙型杆状病毒包涵体不溶于水、乙醇、乙醚、二甲苯和丙酮，但能溶于弱碱溶液。包涵体对外界环境条件的作用有较强的抵抗力，菜青虫颗粒体病毒在室温下保存 16 个月后，对菜粉蝶幼虫进行接种试验，可得 100%的发病死亡率。提纯的菜粉蝶颗粒体病毒，在 70℃高温下处理 10min，活性完全丧失；但在低温-20℃下，保存 6 个月仍有感染力。阳光辐射和紫外线对颗粒体病毒有灭活作用。提纯的颗粒体病毒比未经提纯的颗粒体病毒容易失活，纯化病毒悬液在阳光直射下放置 3h，感染力显著下降。

乙型杆状病毒通过化学处理，DNA 从病毒粒子中释放出来后，在电镜下观察，往往出现三种构造类型：超螺旋 DNA、开环 DNA 和双链线性 DNA，其沉降系数分别为：超螺旋（共价闭环）DNA 的为 90～95S，开环 DNA 的为 78～80S，而双链线性 DNA 的为 60S。

乙型杆状病毒仅鳞翅目昆虫中可分离到，病征变化与许多因素有关，如毒株不同、毒力差异、感染剂量、宿主幼虫龄期，特别是病毒侵袭的靶组织。颗粒体病毒的致病可分为以下三种病征类型。

Ⅰ型病征：病毒主要感染幼虫的脂肪体。幼虫发病初期，食欲不振，皮肤的颜色从正常的色泽变成淡白色或乳黄色，特别是在腹面，进而皮肤出现白色斑点，因虫体而异。病虫呆滞，行动迟缓，发育期延长，病虫的血淋巴呈乳白色且混浊，濒死或死亡幼虫的皮肤仍坚韧，不易破裂，死亡幼虫体色很快变成黑色。粉纹夜蛾颗粒体病毒（*Trichoplusia ni granulovirus*，TnGV）感染引起的病征属于此类型病征。

Ⅱ型病征：病毒感染的靶组织除脂肪体外，还可侵袭真皮组织、气管内膜等多种组织。其病征与核型多角体病毒感染鳞翅目昆虫幼虫时的症状十分相似。发病初期幼虫食欲减退，行动迟缓，虫体腹面皮肤变得比健康幼虫更加发紫，背面变得更加不透明，体节膨胀，皮肤脆弱易破，常流出脓汁，脓汁内含有大量颗粒体。苹果蠹蛾颗粒体病毒（*Cydia pomonella granulovirus*，CpGV）感染的幼虫病征是典型的Ⅱ型病征。

Ⅲ型病征：病毒主要感染中肠组织，如西方葡萄叶烟翅斑蛾颗粒体病毒（*Harrisina brillinea granulovirus*，HabrGV）感染病征。幼虫患病早期，食欲衰退，虫体显得软弱，而且逐渐缩小，体色由柠檬黄色变成褐色或黑色，常有腹泻，排泄物呈褐色，有时濒死幼虫连粪便一起黏附于叶片上。大多数死虫落于地上，虫尸呈黑色，虫体完整不破裂，表皮坚硬。

乙型杆状病毒"种"的传统分类标准也是主要依据宿主范围、宿主特异性、DNA 内切核酸酶图谱、基因组变异区 DNA 序列、预测蛋白质序列的相似性。目前，甲型和乙型杆状病毒属"种"的分类依据 Jehle 等（2006a）提出的标准。依

据杆状病毒 *lef8*、*lef9* 和 *polh/gran* 三个保守基因部分序列模型的 **Kimura-2** 参数计算替代核苷酸对距离，若两个病毒核苷酸对演化距离小于 0.015 置换/位，就认定这两个病毒为同种病毒；若大于 0.050 置换/位，则认定属于不同的种；若核苷酸对演化距离位于 0.015 置换/位和 0.050 置换/位之间，决定两个病毒分类地位时必须考虑它们的其他特征（如宿主范围等特性）。这一标准的提出最初是基于来自 117 个分离的杆状病毒分离株的序列比对及从这种比对推断出的系统发育树。目前这一标准已应用于其他杆状病毒分离株，以鉴定许多新的杆状病毒种和当前公认种的变异株。

迄今为止，已分离记录的乙型杆状病毒种类超过 150 种（张忠信和梅小伟，2006；Murphy et al.，1995；Eberle et al.，2012a，2012b）。乙型杆状病毒的寄主特异性较高，与甲型杆状病毒相比较，其寄主范围一般较窄。乙型杆状病毒属确定种见表 1-3，可能种类见表 1-4。乙型杆状病毒属代表种：苹果蠹蛾颗粒体病毒（*Cydia pomonella granulovirus*，CpGV）。

表 1-3 乙型杆状病毒属确定成员表

病毒中文名称	病毒学名及基因序列登记号	缩写名称
棉褐带卷叶蛾颗粒体病毒	*Adoxophyes orana granulovirus*	
棉褐带卷叶蛾颗粒体病毒 English 株	Adoxophyes orana granulovirus（English），[AF547984]	AdorGV
黄地老虎颗粒体病毒	*Agrotis segetum granulovirus*	
黄地老虎颗粒体病毒 DA 株	Agrotis segetum granulovirus（DA），[KR584663]	AgseGV
菜粉蝶颗粒体病毒	*Artogeia rapae granulovirus*	
菜粉蝶颗粒体病毒 Wuhan 株	Pieris rapae granulovirus（Wuhan），[GQ884143]	PrGV
云杉卷蛾颗粒体病毒	*Choristoneura fumiferana granulovirus*	
云杉卷蛾颗粒体病毒 Bonaventure 株	Choristoneura fumiferana granulovirus（Bonaventure）	ChfuGV
杨扇舟蛾颗粒体病毒	*Clostera anachoreta granulovirus*	
杨扇舟蛾颗粒体病毒 HBHN 株	Clostera anachoreta granulovirus（HBHN），[HQ116624]	ClanGV
分月扇舟蛾 A 型颗粒体病毒	*Clostera anastomosis granulovirus* A	
分月扇舟蛾 A 型颗粒体病毒 Henan 株	Clostera anastomosis granulovirus A（Henan），[KC179784]	ClaaGV-A
分月扇舟蛾 B 型颗粒体病毒	*Clostera anastomosis granulovirus* B	
分月扇舟蛾 B 型颗粒体病毒	Clostera anastomosis granulovirus B，[KR091910]	ClaaGV-B
稻纵卷叶螟颗粒体病毒	*Cnaphalocrocis medinalis granulovirus*	
稻纵卷叶螟颗粒体病毒 Enping 株	Cnaphalocrocis medinalis granulovirus（Enping），[KU593505]	CnmeGV
苹果异形小卷蛾颗粒体病毒	*Cryptophlebia leucotreta granulovirus*	
苹果异形小卷蛾颗粒体病毒 CV3 株	Cryptophlebia leucotreta granulovirus（CV3），[AY229987]	CrleGV
苹果蠹蛾颗粒体病毒	*Cydia pomonella granulovirus*	

续表

病毒中文名称	病毒学名及基因序列登记号	缩写名称
苹果蠹蛾颗粒体病毒 M1 株	Cydia pomonella granulovirus（M1），[U53466]	CpGV
小蔗螟颗粒体病毒	*Diatraea saccharalis granulovirus*	
小蔗螟颗粒体病毒 Parana 株	Diatraea saccharalis granulovirus（Parana），[KP296186]	DisaGV
豆叶小卷蛾颗粒体病毒	*Epinotia aporema granulovirus*	
豆叶小卷蛾颗粒体病毒	Epinotia aporema granulovirus，[JN408834]	EpapGV
埃罗天蛾颗粒体病毒	*Erinnyis ello granulovirus*	
埃罗天蛾颗粒体病毒 S86 株	Erinnyis ello granulovirus（S86），[KJ406702]	ErelGV
西方葡萄叶烟翅斑蛾颗粒体病毒	*Harrisina brillinea granulovirus*	
西方葡萄叶烟翅斑蛾颗粒体病毒 M2 株	Harrisina brillinea granulovirus（M2），[AF142425]	HabrGV
棉铃虫颗粒体病毒	*Helicoverpa armigera granulovirus*	
棉铃虫颗粒体病毒	Helicoverpa armigera granulovirus，[EU255577]	HearGV
草安夜蛾颗粒体病毒	*Lacanobia oleracea granulovirus*	
草安夜蛾颗粒体病毒 S1 株	Lacanobia oleracea granulovirus（S1），[Y08294]	LaolGV
南美毛胫夜蛾颗粒体病毒	*Mocis latipes granulovirus*	
南美毛胫夜蛾颗粒体病毒 Southern Brazil 株	Mocis latipes granulovirus（Southern Brazil），[KR011718]	MolaGV
大豆黏虫 A 型颗粒体病毒	*Mythimna unipuncta granulovirus* A	
美洲黏虫颗粒体病毒 Hawaiian 株	Pseudaletis unipuncta granulovirus（Hawaiian），[EU678671]	PsunGV
大豆黏虫 B 型颗粒体病毒	*Mythimna unipuncta granulovirus* B	
大豆黏虫颗粒体病毒 8 株	Mythimna unipuncta granulovirus（8），[KX855660]	MyunGV
马铃薯块茎蛾颗粒体病毒	*Phthorimaea operculella granulovirus*	
马铃薯块茎蛾颗粒体病毒 T 株	Phthorimaea operculella granulovirus（T），[AF499596]	PhopGV
印度谷螟颗粒体病毒	*Plodia interpunctella granulovirus*	
印度谷螟颗粒体病毒 Cambridge 株	Plodia interpunctella granulovirus（Cambridge），[KX151395]	PiGV
小菜蛾颗粒体病毒	*Plutella xylostella granulovirus*	
小菜蛾颗粒体病毒 K1 株	Plutella xylostella granulovirus（K1），[AF270937]	PlxyGV
草地贪夜蛾颗粒体病毒	*Spodoptera frugiperda granulovirus*	
草地贪夜蛾颗粒体病毒 VG008 株	Spodoptera frugiperda granulovirus（VG008），[KM371112]	SpfrGV
斜纹夜蛾颗粒体病毒	*Spodoptera litura granulovirus*	
斜纹夜蛾颗粒体病毒 K1 株	Spodoptera litura granulovirus（K1），[DQ288858]	SpliGV
粉纹夜蛾颗粒体病毒	*Trichoplusia ni granulovirus*	
粉纹夜蛾颗粒体病毒 LBIV-12 株	Trichoplusia ni granulovirus（LBIV-12），[KU752557]	TnGV
八字地老虎颗粒体病毒	*Xestia c-nigrum granulovirus*	
八字地老虎颗粒体病毒 alpha 4 株	Xestia c-nigrum granulovirus（alpha 4），[AF162221]	XecnGV

注：确定种名用斜体，分离株名用正体，GenBank 序列号放在 [ ] 中

表1-4 乙型杆状病毒属可能成员表

病毒中文名称	病毒学名及基因序列登记号	缩写名称
柳大蚕蛾颗粒体病毒	Actias selene granulovirus	Acse GV
褐带卷蛾颗粒体病毒	Adoxophyes honmai granulovirus	AdhoGV
大地老虎颗粒体病毒	Agrotis tokionis granulovirus	AgtoGV
蓖麻红褐夜蛾颗粒体病毒	Achaea janata granulovirus	AcjaGV
红缘灯蛾颗粒体病毒	Amsacta lactinea granulovirus	Amla GV
茶蚕颗粒体病毒	Andraca bipunctata granulovirus	Anbi GV
污秀夜蛾颗粒体病毒	Apamea anceps granulovirus	ApanGV
秀夜蛾颗粒体病毒	Apamea sordens granulovirus	ApsoGV
梨黄卷蛾颗粒体病毒	Archips breviplicana granulovirus	ArbrGV
冷杉卷蛾颗粒体病毒	Archippus packardianus granulovirus	ArpaGV
果树黄卷蛾颗粒体病毒	Archips argyrospila granulovirus	ArarGV
苹大卷蛾颗粒体病毒	Archips longicellana granulovirus	ArloGV
红带卷蛾颗粒体病毒	Argyrotaenia velutinana granulovirus	ArveGV
竹斑蛾颗粒体病毒	Artona funeralis granulovirus	ArfuGV
白点逸夜蛾颗粒体病毒	Caradrina albina granulovirus	AtalGV
苜蓿银纹夜蛾颗粒体病毒	Autographa californica granulovirus	AucaGV
粉斑螟颗粒体病毒	Cadra cautella granulovirus	CacaGV
葡萄干果斑螟颗粒体病毒	Cadra figulilella granulovirus	CafiGV
桃小食心虫颗粒体病毒	Carposina niponensis granulovirus	CaniGV
杨二尾舟蛾颗粒体病毒	Cerura menciana granulovirus	CemeGV
甘蔗二点螟颗粒体病毒	Chilo infuscatellus granulovirus	ChinGV
甘蔗条螟颗粒体病毒	Chilo sacchariphagus granulovirus	ChsaGV
二化螟颗粒体病毒	Chilo suppressalis granulovirus	ChsuGV
柳色卷蛾颗粒体病毒	Choristoneura conflictana granulovirus	ChcoGV
云杉卷蛾颗粒体病毒	Choristoneura fumiferana granulovirus	ChfuGV
紫色卷蛾颗粒体病毒	Choristoneura murinana granulovirus	ChmuGV
西枞色卷蛾颗粒体病毒	Choristoneura occidentalis granulovirus，[DQ333335]	ChocGV
松色卷蛾颗粒体病毒	Choristoneura pinus granulovirus	ChpiGV
栎绿色卷蛾颗粒体病毒	Choristoneura viridis granulovirus	ChviGV
大袋蛾颗粒体病毒	Clania variegata granulovirus	ClvaGV
双斜卷蛾颗粒体病毒	Clepsis persicana granulovirus	ClpeGV
满月扇舟蛾颗粒体病毒	Clostera reatitura granulovirus	ClreGV
黄刺蛾颗粒体病毒	Cnidocampa flavescens granulovirus	CnflGV
针叶麦蛾颗粒体病毒	Coleotechnites milleri granulovirus	ComiGV
豆荚小卷蛾颗粒体病毒	Cydia nigricana granulovirus	CyniGV

续表

病毒中文名称	病毒学名及基因序列登记号	缩写名称
茶刺蛾颗粒体病毒	Darna trima granulovirus	DatrGV
茶茸毒蛾颗粒体病毒	Dasychira baibarana granulovirus	DabaGV
落叶松毛虫颗粒体病毒	Dendrolimus superans granulovirus	DesiGV
赤松毛虫颗粒体病毒	Dendrolimus spectabilis granulovirus	DespGV
尘污灯蛾颗粒体病毒	Spilarctia obliqua granulovirus	SpobGV
黄毛污灯蛾颗粒体病毒	Spilarctia virginica granulovirus	SpviGV
峦雪灯蛾颗粒体病毒	Dionychouus amasis granulovirus	DiamGV
松梢斑螟颗粒体病毒	Dioryctria abietatella granulovirus	DiabGV
黑色毒蛾颗粒体病毒	Dryobota furva granulovirus	DrfuGV
伊卡西亚依灯蛾颗粒体病毒	Ecpantheria icisia granulovirus	EcicGV
灰茶尺蛾颗粒体病毒	Ectropis griscens granulovirus	EcgrGV
茶尺蠖颗粒体病毒	Ecotropis obliqua granulovirus	EcobGV
盐泽枝灯蛾颗粒体病毒	Estigmene acrea granulovirus	EsacGV
茶斑蛾颗粒体病毒	Eterusia aedea granulovirus	EtaeGV
白肾锦夜蛾颗粒体病毒	Euplexia lucipara granulovirus	EuluGV
槲犹冬夜蛾颗粒体病毒	Eupsilia satellitia granulovirus	EusaGV
普通黄粉蝶颗粒体病毒	Eurema hecabe granulovirus	EuheGV
增切根虫颗粒体病毒	Euxoa auxiliaris granulovirus	EuauGV
暗缘地老虎颗粒体病毒	Euxoa messoria granulovirus	EumeGV
红背地老虎颗粒体病毒	Euxoa ochrogaster granulovirus	EuocGV
桑小卷蛾颗粒体病毒	Exartema appendiceum granulovirus	ExapGV
粒肤地老虎颗粒体病毒	Feltia subterranea granulovirus	FesuGV
梨小食心虫颗粒体病毒	Grapholitha molesta granulovirus	GrmoGV
云杉尖小卷蛾颗粒体病毒	Griselda radicana granulovirus	GrraGV
麦穗夜蛾颗粒体病毒	Hadena sordida granulovirus	HasoGV
澳大利亚棉铃虫颗粒体病毒	Helicoverpa punctigera granulovirus	HepuGV
美洲棉铃虫颗粒体病毒	Helicoverpa zea granulovirus	HezeGV
普通鹿纹天蚕蛾颗粒体病毒	Hemileuca eglanterina granulovirus	HeegGV
行列大蚕蛾颗粒体病毒	Hemileuca oliviae granulovirus	HeolGV
柑橘长卷蛾颗粒体病毒	Homona coffearia granulovirus	HocoGV
茶长卷蛾颗粒体病毒	Homona magnanima granulovirus	HomaGV
樱桃扇贝尺蛾颗粒体病毒	Hydria prunivora granulovirus	HyprGV
美国白蛾颗粒体病毒	Hyphantria cunea granulovirus	HycuGV
长须刺蛾颗粒体病毒	Hyphorma minax granulovirus	HymiGV
枣奕刺蛾颗粒体病毒	Iragoides conjuncta granulovirus	IrcoGV
茶奕刺蛾颗粒体病毒	Iragoides fascita granulovirus	IrfaGV

病毒中文名称	病毒学名及基因序列登记号	缩写名称
鹿眼蛱蝶颗粒体病毒	Junonia coenia granulovirus	JucoGV
东方铁杉尺蠖颗粒体病毒	Lambdina fiscellaria granulovirus	LafiGV
豆小卷蛾颗粒体病毒	Matsumuraeses phaseoli granulovirus	LaphGV
双齿绿刺蛾颗粒体病毒	Latoia hilarat granulovirus	LahiGV
葡萄花翅小卷蛾颗粒体病毒	Lobesia botrana granulovirus	LoboGV
草地螟颗粒体病毒	Loxostege stictcalis granulovirus	LostGV
木毒蛾颗粒体病毒	Lymantria xylina granulovirus	LyxyGV
青背长喙天蛾颗粒体病毒	Macroglossum bombylans granulovirus	MaboGV
西部天幕毛虫颗粒体病毒	Malacosoma pluvia granulovirus	MaplGV
甘蓝夜蛾颗粒体病毒	Mamestra brassicae granulovirus	MabrGV
蓓带夜蛾颗粒体病毒	Mamestra configurata granulovirus	MacoGV
番茄天蛾颗粒体病毒	Manduca quinquemaculata granulovirus	MaquGV
烟草天蛾颗粒体病毒	Manduca Sexta granulovirus	MaseGV
豆野螟颗粒体病毒	Maruca vitrata granulovirus	MaviGV
美绒蛾颗粒体病毒	Megalopyge opercularis granulovirus	MeopGV
乌夜蛾颗粒体病毒	Melanchra persicariae granulovirus	MepeGV
花生蚀叶野螟颗粒体病毒	Nacoleia diemenalis granulovirus	NadiGV
黑点刺蛾颗粒体病毒	Natada nararia granulovirus	NanaGV
丝尺蠖颗粒体病毒	Nematocampa filamentaria granulovirus	NefiGV
青铜地老虎颗粒体病毒	Nephelodes emmedonia granulovirus	NeemGV
黄缘蛱蝶颗粒体病毒	Nymphalis antiopa granulovirus	NyanGV
楼斗菜紫带夜蛾颗粒体病毒	Papaipema purpurifascia granulovirus	PapuGV
两色绿刺蛾颗粒体病毒	Parasa bicolor granulovirus	PabiGV
褐边绿刺蛾颗粒体病毒	Parasa consocia granulovirus	PacoGV
丽绿刺蛾颗粒体病毒	Parasa lepida granulovirus	PaleGV
中国绿刺蛾颗粒体病毒	Parasa sinica granulovirus	PasiGV
蜀柏毒蛾颗粒体病毒	Parocneria orienta granulovirus	PaorGV
蓖麻斑灯蛾颗粒体病毒	Pericallia ricini granulovirus	PeriGV
杂色地老虎颗粒体病毒	Peridroma saucia granulovirus	PesaGV
南方黏虫颗粒体病毒	Persectania ewingii granulovirus	PeewGV
亚麻灯蛾颗粒体病毒	Phragmatobia fuliginosa granulovirus	PhfuGV
黑脉菜粉蝶颗粒体病毒	Pieris melete granulovirus	PimeGV
绿脉菜粉蝶颗粒体病毒	Pieris napi granulovirus	PinaGV
弗吉尼亚菜粉蝶颗粒体病毒	Pieris virginiensis granulovirus	PiviGV
苜蓿绿夜蛾颗粒体病毒	Plathypena scabra granulovirus	PlscGV
曲纹金翅夜蛾颗粒体病毒	Plusia circumflexa granulovirus	PlciGV

续表

病毒中文名称	病毒学名及基因序列登记号	缩写名称
花粉蝶颗粒体病毒	Pontia daplidice granulovirus	PodaGV
花蕊斜纹夜蛾颗粒体病毒	Prodenia androgea granulovirus	PranGV
变异黏虫颗粒体病毒	Pseudaletis convecta granulovirus	PscoGV
黏虫颗粒体病毒	Leucania separate granulovirus	PsseGV
灰白天蛾颗粒体病毒	Psilogramma increta granulovirus	PsinGV
霜天蛾颗粒体病毒	Psilogramma menephron granulovirus	PsmeGV
矛刺尺蛾颗粒体病毒	Rheumaptera hastata granulovirus	RhhaGV
欧洲松梢小卷蛾颗粒体病毒	Rhyacionia buoliana granulovirus	RhbuGV
夏梢小卷蛾颗粒体病毒	Rhyacionia duplana granulovirus	RhduGV
美松梢小卷蛾颗粒体病毒	Rhyacionia frustrana granulovirus	RhfrGV
杂食尺蠖颗粒体病毒	Sabulodes caberata granulovirus	SacaGV
灰小卷蛾颗粒体病毒	Sciaphila duplex granulovirus	ScduGV
旋幽夜蛾颗粒体病毒	Scotogramma trifolii granulovirus	SctrGV
细皮夜蛾颗粒体病毒	Selepa celtis granulovirus	SeceGV
落叶松绿尺蛾颗粒体病毒	Semiothisa sexmaculata granulovirus	SeseGV
高粱蛀茎夜蛾颗粒体病毒	Sesamia cretica granulovirus	SecrGV
玉米蛀茎夜蛾颗粒体病毒	Sesamia nonagrioides granulovirus	SenoGV
桑褐刺蛾颗粒体病毒	Setora postornata granulovirus	SepoGV
条斑褐刺蛾颗粒体病毒	Setora suberecta granulovirus	SesuGV
甜菜夜蛾颗粒体病毒	Spodoptera exigua granulovirus	SpexiGV
草地贪夜蛾颗粒体病毒	Spodoptera frugiperda granulovirus	SpfrGV
海灰翅夜蛾颗粒体病毒	Spodoptera littoralis granulovirus	SpltGV
松异舟蛾颗粒体病毒	Thaumetopoea pityocampa granulovirus	ThpiGV
栎异舟蛾颗粒体病毒	Thaumetopoea processionea granulovirus	ThprGV
扁刺蛾颗粒体病毒	Thosea sinensis granulovirus	ThsiGV
鹿纹蝙蝠蛾颗粒体病毒	Wiseana cervinata granulovirus	WiceGV
沼泽蝙蝠蛾颗粒体病毒	Wiseana umbraculata granulovirus	WiunGV
松线小卷蛾颗粒体病毒	Zeiraphera diniana granulovirus	ZediGV

注：可能成员用正体，GenBank 序列号放在[ ]中

四、丙型杆状病毒属

丙型杆状病毒属（*Gammabaculovirus*）包括感染膜翅目的所有核型多角体病毒，核衣壳单独包裹于囊膜中，每个包涵体包埋多个病毒粒子。病毒仅局限于感染宿主中肠组织细胞，引起以前文献记载的感染性腹泻症（infectious diarrhea）。

已有红头松叶蜂核型多角体病毒（*Neodiprion lecontei nucleopolyhedrovirus*，NeleNPV）、松柏叶蜂核型多角体病毒（*Neodiprion sertifer nucleopolyhedrovirus*，NeseNPV）和香脂冷杉叶蜂核型多角体病毒（*Neodiprion abietis nucleopolyhedrovirus*，NeabNPV）等三种以上的丙型杆状病毒完成全基因组序列分析。病毒基因组分析结果显示，它们不编码其他杆状病毒所具有的典型囊膜融合蛋白基因，使人怀疑丙型杆状病毒是否有出芽病毒表型（Arif et al.，2011）。同时，与其他杆状病毒属相比较，丙型杆状病毒属成员基因组的 G+C 含量较低，为 33%左右。丙型杆状病毒基因组中除从 DNA 聚合酶基因到多角体蛋白基因的区域外，其他基因在不同种类中具有共线性。而这个区域是非线性区，编码的基因和可读框（ORF）没有共性，具中特异性。

目前记录报道的丙型杆状病毒种类共 30 种（表 1-5，表 1-6），主要集中在膜翅目叶蜂类害虫中，在传统的益虫膜翅目蜜蜂中并未发现该属病毒，在天敌昆虫寄生蜂类中也未见报道。

表 1-5　丙型杆状病毒属确定成员表

病毒中文名称	病毒学名及基因序列登记号	缩写名称
红头松叶蜂核型多角体病毒	*Neodiprion lecontei nucleopolyhedrovirus*	
红头松叶蜂核型多角体病毒	Neodiprion lecontei nucleopolyhedrovirus，[AY349019]	NeleNPV
松黄叶蜂核型多角体病毒	*Neodiprion sertifer nucleopolyhedrovirus*	
松黄叶蜂核型多角体病毒	Neodiprion sertifer nucleopolyhedrovirus，[AY430810]	NeseNPV

注：确定种名用斜体，分离株名用正体，GenBank 序列号放在[ ]中

表 1-6　丙型杆状病毒属可能成员表

病毒中文名称	病毒学名及基因序列登记号	缩写名称
欧洲云杉叶蜂核型多角体病毒	Gilpinia hercyniae nucleopolyhedrovirus	GiheNPV
香脂冷杉叶蜂核型多角体病毒	Neodiprion abietis nucleopolyhedrovirus，[DQ317692]	NeabNPV
红头阿扁叶蜂核型多角体病毒	Acantholyda erythrocephala nucleopolyhedrovirus	AcerNPV
桦三节叶蜂核型多角体病毒	Arge pectoralis nucleopolyhedrovirus	ArpeNPV
云杉扁叶蜂核型多角体病毒	Cephalcia abietis nucleopolyhedrovirus	CeabNPV
六万松叶蜂核型多角体病毒	Diprion liuwanensis nucleopolyhedrovirus	DileNPV
南华松叶蜂核型多角体病毒	Diprion nanhuaensis nucleopolyhedrovirus	DinaNPV
松黑点叶蜂核型多角体病毒	Diprion nipponica nucleopolyhedrovirus	DiniNPV
北美赤松叶蜂核型多角体病毒	Gilpinia pallida nucleopolyhedrovirus	DipaNPV
阿氏松叶蜂核型多角体病毒	Diprion pindrowi nucleopolyhedrovirus	DipdNPV
松大叶蜂核型多角体病毒	Diprion pini nucleopolyhedrovirus	DipiNPV
云杉叶蜂核型多角体病毒	Diprion polytoma nucleopolyhedrovirus	DipoNPV

续表

病毒中文名称	病毒学名及基因序列登记号	缩写名称
五针松叶蜂核型多角体病毒	Diprion similis nucleopolyhedrovirus	DisiNPV
赤杨条纹叶蜂核型多角体病毒	Hemichroa crocea nucleopolyhedrovirus	HecrNPV
樟叶蜂核型多角体病毒	Mesoneura rufonota nucleopolyhedrovirus	MeruNPV
香叶蜂核型多角体病毒	Nematus olfaciens nucleopolyhedrovirus	NeolNPV
黑头松叶蜂核型多角体病毒	Neodiprion excitans nucleopolyhedrovirus	NeexNPV
美加红松叶蜂核型多角体病毒	Neodiprion nanultus nucleopolyhedrovirus	NenaNPV
北美松叶蜂核型多角体病毒	Neodiprion pratti nucleopolyhedrovirus	NeprNPV
斯温氏松叶蜂核型多角体病毒	Neodiprion swainei nucleopolyhedrovirus	NeswNPV
火炬松叶蜂核型多角体病毒	Neodiprion taedae nucleopolyhedrovirus	NetaNPV
铁杉叶蜂核型多角体病毒	Neodiprion tsugae nucleopolyhedrovirus	NetsNPV
弗吉尼亚叶蜂核型多角体病毒	Neodiprion virginiana nucleopolyhedrovirus	NeviNPV
云杉褐头叶蜂核型多角体病毒	Pachynematus dimmockii nucleopolyhedrovirus	PidiNPV
落叶松红腹叶蜂核型多角体病毒	Pristiphora erichsonii nucleopolyhedrovirus	PrerNPV
桦叶蜂核型多角体病毒	Pristiphora geniculata nucleopolyhedrovirus	PrgeNPV
异纹毛叶蜂核型多角体病毒	Trichiocampus irregularis nucleopolyhedrovirus	Trir NPV
青杨毛叶蜂核型多角体病毒	Trichiocampus viminalis nucleopolyhedrovirus	TrvmNPV

注：可能成员用正体，GenBank 序列号放在[ ]中

叶蜂是北美针叶林的重大害虫，加拿大欧洲云杉叶蜂和红头松叶蜂对森林造成重大危害。加拿大科学家很早就对欧洲云杉叶蜂核型多角体病毒（Gilpinia hercyniae nucleopolyhedrovirus，GiheNPV）和红头松叶蜂核型多角体病毒（*Neodiprion lecontei nucleopolyhedrovirus*，NeleNPV）进行了研究（图1-4，图1-5），并对其进行利用（见本书第二章）。丙型杆状病毒属代表种：红头松叶蜂核型多角体病毒（*Neodiprion lecontei nucleopolyhedrovirus*，NeleNPV）。

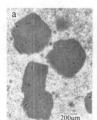

图 1-4 欧洲云杉叶蜂核型多角体病毒（a）和病毒感染致死的幼虫（b，c）

图片由加拿大北美五大湖森林研究中心 Arif M. Basil 提供

图 1-5　红头松叶蜂（*Neodiprion lecontei*）幼虫
图片由加拿大北美五大湖森林研究中心 Arif M. Basil 提供

五、丁型杆状病毒属

丁型杆状病毒属（*Deltabaculovirus*）包括感染双翅目的所有核型多角体病毒，已有记录的超过 24 种，已确定种为黑斑库蚊核型多角体病毒（*Culex nigripalpus nucleopolyhedrovirus*，CuniNPV）（表 1-7，表 1-8）。该病毒主要感染幼虫中肠上皮细胞，很少感染成虫（Becnel et al.，2001；Becnel and White，2007）。丁型杆状病毒的病毒粒子也具有 ODV 和 BV 两种表型，ODV 包埋在包涵体中，包涵体由单一病毒蛋白的晶体基质组成，包涵体蛋白与其他杆状病毒属成员的多角体蛋白及颗粒体蛋白都没有同源性（Perera et al.，2006；Moser et al.，2001）。包涵体大小为 0.5～15μm，根据病毒株系不同，包涵体中包含少（1～4）单粒包埋病毒粒子，或多（50 以上）单粒包埋病毒粒子。该属病毒缺少其他杆状病毒属成员所具有的多角体膜，病毒在感染细胞的细胞核中成熟。病毒核衣壳杆状，大小为（30～60）nm×（200～250）nm（Federici，1980，1985）。

表 1-7　丁型杆状病毒属确定成员表

病毒中文名称	病毒学名及基因序列登记号	缩写名称
黑斑库蚊核型多角体病毒	*Culex nigripalpus nucleopolyhedrovirus*	
黑斑库蚊核型多角体病毒 Florida 1997 株	Culex nigripalpus nucleopolyhedrovirus（Florida 1997），[AF403738]	CuniNPV

注：确定种名用斜体，分离株名用正体，GenBank 序列号放在[ ]中

表1-8 丁型杆状病毒属可能成员表

病毒中文名称	病毒学名及基因序列登记号	缩写名称
烦扰伊蚊核型多角体病毒	Aedes sollicitans nucleopolyhedrovirus，[JQ582836，JQ582837]	AesoNPV
青玉蓝带蚊核型多角体病毒	Uranotaenia sapphirina nucleopolyhedrovirus，[JQ582838，JQ582839]	UrsaNPV
埃及伊蚊核型多角体病毒	Aedes aegypti nucleopolyhedrovirus	AeaeNPV
圆斑伊蚊核型多角体病毒	Aedes annandalei nucleopolyhedrovirus	AeanNPV
黑须伊蚊核型多角体病毒	Aedes atropalpus nucleopolyhedrovirus	AeatNPV
无瓣伊蚊核型多角体病毒	Aedes epactius nucleopolyhedrovirus	AeepNPV
黑斑伊蚊核型多角体病毒	Aedes nigromaculis nucleopolyhedrovirus	AeniNPV
马来伊蚊核型多角体病毒	Aedes scutellaris nucleopolyhedrovirus	AescNPV
带喙伊蚊核型多角体病毒	Aedes taeniorhynchus nucleopolyhedrovirus	AetaNPV
长叉伊蚊核型多角体病毒	Aedes tormentor nucleopolyhedrovirus	AetoNPV
三带伊蚊核型多角体病毒	Aedes triseriatus nucleopolyhedrovirus	AetrNPV
灾难按蚊核型多角体病毒	Anopheles crucians nucleopolyhedrovirus	AncrNPV
黑颊丽蝇核型多角体病毒	Calliphora vomiloria nucleopolyhedrovirus	CavoNPV
伸展摇蚊核型多角体病毒	Chironomus tentans nucleopolyhedrovirus	ChteNPV
尖音库蚊核型多角体病毒	Culex pipiens nucleopolyhedrovirus	CupiNPV
康菲尼斯鳞蚊核型多角体病毒	Psorophora confinnis nucleopolyhedrovirus	PscnNPV
费洛克斯鳞蚊核型多角体病毒	Psorophora ferox nucleopolyhedrovirus	PsfeNPV
法利佩斯鳞蚊核型多角体病毒	Psorophora varipes nucleopolyhedrovirus	PsvaNPV
安哥拉长喙眼蕈蚊核型多角体病毒	Rhynchosciara angelae nucleopolyhedrovirus	RhanNPV
铜色长喙眼蕈蚊核型多角体病毒	Rhynchosciara hollaenderi nucleopolyhedrovirus	RhhoNPV
米勒长喙眼蕈蚊核型多角体病毒	Rhynchosciara milleri nucleopolyhedrovirus	RhmiNPV
海泽大蚊核型多角体病毒	Tipula paludosa nucleopolyhedrovirus	TipaNPV
家蚕追寄蝇核型多角体病毒	Ugymyia sericariae nucleopolyhedrovirus	UgseNPV
猪笼草长足蚊核型多角体病毒	Wyeomyia smithii nucleopolyhedrovirus	WysmNPV

注：可能成员用正体，GenBank 序列号放在[ ]中

丁型杆状病毒基因组为单分子环状超螺旋双链 DNA。病毒对蚊幼虫的传染受二价阳离子的强烈影响，二价钙离子（Ca^{2+}）可强烈抑制传染，而二价镁离子（Mg^{2+}）能增强传染（Becnel et al.，2001）。黑斑库蚊核型多角体病毒基因组大小为 108 252bp，编码 109 个推测蛋白质，其中部分与其他杆状病毒属成员有序列同源性（Afonso et al.，2001）。同源蛋白参与早期和晚期基因表达、DNA 复制、结构形成及辅助功能。黑斑库蚊核型多角体病毒基因组的基因方向和基因排列顺序与其他杆状病毒属成员不同，它缺少其他杆状病毒属成员中存在的与 DNA 复制、转录相关的一些必需基因，也缺少其他杆状病毒属成员形成核衣壳和包涵体保守结构的同源物。在 109 个推测蛋白质中，只有 36 个预测与其他杆状病毒属蛋白质有明显的同源性，

72 个 ORF 与其他任何已知杆状病毒的 ORF 都没有同源性。病毒宿主至少包括双翅目的三个属成员，也可能包括双翅目的其他属成员。

丁型杆状病毒属目前仅确定了一个种，报道的其他双翅目杆状病毒仍未确定（Becnel and White，2007；Clark et al.，1969；Clark and Fukuda，1971），只能作为可能成员。基于保守基因序列比对的标准或许能确定更多的新种（de Araujo et al.，2012）。

丁型杆状病毒属代表种：黑斑库蚊核型多角体病毒（*Culex nigripalpus nucleopolyhedrovirus*，CuniNPV）。

第二节　裸露病毒科

一、裸露病毒科的主要特征

椰子独角仙（*Oryctes rhinoceros*）又称椰蛀犀金龟，是一种具有单个大触角的甲虫（图 1-6）。其广泛分布于亚洲和西太平洋地区，主要为害椰子、油棕、棕榈、剑麻、香蕉等（EPPO，2014）。椰子独角仙成虫钻入棕榈、椰树等植物的顶梢聚集，取食未展开的心叶，致使心叶展开后呈扇状或波状缺刻。更严重的是，其从心叶直下为害，破坏生长点，使植株停止生长，枯萎死亡。

图 1-6　椰子独角仙成虫（a）及由该虫取食造成椰子树叶的严重损害（b）

椰子独角仙雄虫产生聚集素，吸引其他雄虫和雌虫聚集，从而在棕榈林中呈片状分布。成虫交配后，雌成虫飞到死亡生物体、棕榈叶堆、死亡原木及死亡棕榈树桩上聚集产卵，每头雌虫产卵 60 粒左右。2 周后幼虫孵出，初孵幼虫开始取食周围的有机物质。在热带地区，幼虫经 3 个龄期约 6 个月的生长发育化蛹，蛹历经 1 个月羽化成新的成虫。成虫可生存 6 个月，在较短的距离内具有强飞翔能力。椰子独角仙有一个近缘种为非洲蛀犀金龟甲（*Oryctes monoceros*），原来主要分布在非洲和印度洋岛屿，但在亚洲和巴布亚新几内亚，它能占据与椰子独角仙相同的生态位，成为可可树和油棕榈的重要害虫，当具有丰富的腐化生物物质供幼虫取食时尤为严重，再植点小棕榈树更易遭到这类甲虫的危害。

20 世纪早期，太平洋群岛的主要经济活动是在天然和人工农场中生产椰子肉。椰子独角仙被认为是 1909 年随橡胶种子从斯里兰卡隐蔽进入太平洋。该昆虫迅速在萨摩亚（Samoa）建立种群，1921 年扩散到汤加（Tonga），随后又在汤加消失。1931 年，椰子独角仙进入瓦利斯岛（Wallis Island），1942 年扩散到帕劳（Palau）、新不列颠岛（New Britain Island）、新几内亚岛西部（West New Guinea Island），1952 年到汤加和新爱尔兰岛（New Ireland Island），1960 年到帕克岛（Pak Island）和马努斯岛（Manus Island）、新几内亚岛（New Guinea Island），1961 年再扩散进入汤加和汤加塔布岛（Tongatapu Iseland），1963 年扩散到托克劳群岛（Tokelau Islands）。在斐济（Fiji），这种害虫于 1953 年首次被报道，尽管实行了严格的检疫制度，但到 1971 年，椰子独角仙在整个斐济群岛的大多数岛屿上流行。开始时，害虫的暴发是毁灭性的，帕劳在害虫侵入的 10 年间，50%的椰子树和棕榈树死亡。通过建立严格的检疫制度，配合使用防治方法降低害虫种群数量，1970 年以来，害虫新暴发的报道频率似乎下降。但 2009 年前后的报道显示，关岛（Guam）又发现了椰子独角仙（Bedford，1980；Jackson，2009）。

椰子独角仙严重影响当地居民的生活方式，威胁太平洋群岛居民的经济生存能力，因而迫切需要研究这一地区该害虫的解决方案。一开始当地采用定点清除已受危害椰子树的农业防治方法和使用化学农药处理椰子树的化学防治方法，但收效甚微。1965 年，生物防治椰子独角仙的行动开始获得联合国开发计划署 UNDP/SPC 研究项目的支持，在太平洋群岛上释放大量椰子独角仙的自然天敌来控制害虫。释放的寄生性天敌和捕食性天敌几乎没有起到作用，但当地来源于害虫病原体的证据证明其比较有效。德国达姆施塔特工业大学生物防治研究所 Hüger 博士在 UNDP/SPC 研究项目中主要负责椰子独角仙病原体研究课题，他集中精力研究了马来半岛油棕榈农场的相似工作，在那里，大量甲虫在新种植区域的腐烂木堆中被发现，鉴定发现不正常幼虫呈现昏睡状，半透明情况显示脂肪体溶解。实验室中健康种群的幼虫取食患病幼虫浸渍液后产生相同症状，说明存在传染性病原体，通过组织切片和电子显微镜观察，揭示出这种病原体为一种昆虫病毒（Hüger，1966，2005）。

椰子独角仙病毒是一种无包涵体的双链 DNA 病毒，早期被认为是一种弹状病毒，后来 ICTV 第五次报告曾将其作为杆状病毒成员，由于该病毒的分子生物学研究资料缺乏，ICTV 第六次报告又将其排除出杆状病毒。2006 年建议确立裸露病毒属，但直到 2014 年，该病毒才被正式命名为椰子独角仙裸露病毒（*Oryctes rhinoceros nudivirus*，OrNV），作为裸露病毒科甲型裸露病毒属的代表种。

OrNV 被幼虫取食后，病毒侵染其中肠上皮细胞，然后转移进入其他组织细胞。幼虫腹部逐渐肿胀和透明，腹部肿胀加重可能引起中肠脱出。OrNV 也可感染甲虫成虫，开始时侵染成虫中肠表皮细胞引起细胞过度生长，中肠肿大，感染细胞核被释放进入中肠腔内。感染早期，感染成虫将大量病毒排出，污染其周围生存环境，感染导致成虫取食量减少、产卵量下降和生命周期缩短。

裸露病毒科（*Nudiviridae*）分为两个属，目前确定成员有 3 个。该科病毒无包涵体，病毒粒子杆棒状，具核衣壳囊膜，病毒基因组为环状双链 DNA，分子大小 97～230kb。该科病毒在感染宿主细胞的细胞核中复制，引起细胞核肿大。裸露病毒科成员感染的宿主包括鞘翅目、直翅目、鳞翅目害虫，且对害虫成虫也有感染致死作用，在生物防治中具有很大的应用价值。

二、甲型裸露病毒属

甲型裸露病毒属（*Alphanudivirus*）成员包括椰子独角仙裸露病毒（*Oryctes rhinoceros nudivirus*，OrNV）和咖啡两点蟋裸露病毒（*Gryllus bimaculatus nudivirus*，GbNV）（表 1-9）。

表 1-9　甲型裸露病毒属确定成员

病毒中文名称	病毒学名及基因序列登记号	缩写名称
椰子独角仙裸露病毒	*Oryctes rhinoceros nudivirus*	
椰子独角仙裸露病毒	Oryctes rhinoceros nudivirus，[EU747721]	OrNV
咖啡两点蟋裸露病毒	*Gryllus bimaculatus nudivirus*	
咖啡两点蟋裸露病毒	Gryllus bimaculatus nudivirus，[EF203088]	GbNV

注：确定种名用斜体，分离株名用正体，GenBank 序列号放在[ ]中

OrNV 是从椰子独角仙中分离出来的裸露病毒，1963 年 Hüger 首次在马来西亚发现（Hüger，1966）。它可感染多种鞘翅目金龟子科的昆虫，成熟病毒粒子棒状，大小 120nm×220nm。病毒粒子由囊膜、杆形核衣壳和一端的独特尾样结构突起组成。成熟病毒粒子由质膜出芽产生。病毒首先是在感染的椰子独角仙幼虫脂肪体细胞的细胞核中观察到，后来在幼虫和成虫的中肠上皮细胞中都有发现。病毒感染引起的病毒病对幼虫、蛹和成虫都是致死性的，尽管成虫经常发病缓慢。中肠细胞是病毒复制的初始位点，从这里开始随后扩散到包括脂肪体在内的其他组织。随着病程进展，感染幼虫腹部肿胀呈玻璃样，或者呈珍珠样，脂肪体分解，幼虫呈半透明状。随着病毒在中肠上皮细胞复制的进展，腹节下出现垩白色体，随后感染幼虫死亡（Burand，1998）。

被 OrNV 感染的成虫没有明显的病症，但感染后成虫取食和产卵很快就停止。病毒在成虫中肠细胞中复制，引起实体包块的肿瘤样生长，病毒充满中肠细胞，表现为特征性的肿大和颜色发白。随着病毒复制发展，感染甲虫整个中肠充满病

毒粒子，最后排出病毒粒子。在病毒感染早期阶段，成虫可飞翔和交配，这样就可以把病毒扩散到其他宿主害虫的生境中，引起病毒病的扩散流行。感染甲虫通常在感染后 30d 内死亡。

OrNV 基因组为单分子超螺旋环状双链 DNA，分子大小 127 615bp，编码 139 个 ORF，G+C 含量 42%。

咖啡两点蟋裸露病毒（*Gryllus bimaculatus nudivirus*，GbNV）是从直翅目昆虫中分离出来的裸露病毒。与 OrNV 相似，GbNV 感染直翅目宿主的幼虫和成虫，对幼虫致死性感染，对成虫慢性感染。病毒粒子棒状，大小 200nm×100nm。

GbNV 病毒基因组也为单分子超螺旋环状双链 DNA，分子大小为 96 944bp，G+C 含量 28%，含 98 个 ORF，其中 58% 为顺时针方向，42% 为逆时针方向。GbNV 编码的基因中，有 66 个是 GbNV 和 OrNV 的共有同源基因（Wang and Jehle，2009）。

甲型裸露病毒属代表种：椰子独角仙裸露病毒（*Oryctes rhinoceros nudivirus*，OrNV）。

三、乙型裸露病毒属

乙型裸露病毒属（*Betanudivirus*）目前仅有一种成员，即美洲棉铃虫裸露病毒（*Helicoverpa zea nudivirus*，HzNV）（表 1-10）。

表 1-10　乙型裸露病毒属确定成员

病毒中文名称	病毒学名	缩写名称
美洲棉铃虫裸露病毒	*Helicoverpa zea nudivirus*	
美洲棉铃虫裸露病毒 1 株	Helicoverpa zea nudivirus 1	HzNV

注：确定种名用斜体，分离株名用正体

HzNV 是作为棉铃虫细胞系中的潜伏感染病毒而被分离出来的（Burand，1998）。该病毒能感染多种鳞翅目昆虫细胞系，通过细胞裂解，病毒粒子从感染的昆虫细胞中释放。病毒对昆虫幼虫和成虫没有感染性，不论是口服感染还是注射到血淋巴腔感染，都没有病毒的复制。HzNV 病毒粒子由具囊膜的杆形核衣壳组成，病毒粒子比甲型裸露病毒稍长和稍细，大小为（300～400）nm×80nm。病毒基因组是单分子环状双链 DNA，分子长度约 228 089bp，编码 154 个 ORF，G+C 含量 42%。ORF 在基因组的两条 DNA 链上随意分布，顺时针方向链上有 45%，逆时针方向链上有 55%。HzNV 与甲型裸露病毒属有 33 个以上的同源基因（Burand，1998）。

乙型裸露病毒属代表种：美洲棉铃虫裸露病毒（*Helicoverpa zea nudivirus*，HzNV）。

第三节 囊泡病毒科

一、囊泡病毒科的主要特征

囊泡病毒是囊泡病毒科（*Ascoviridae*）所有毒株的统称，是一类昆虫专性寄生的病毒，最早于 1976 年分离自美国加利福尼亚州的旋幽夜蛾（*Scotogramma trifolii*）幼虫体内（Federici，1978），并于 20 世纪 80 年代初被正式命名（Federici，1983），Asco 在拉丁文中意为"出泡"，来源于其感染宿主细胞时的独特病理学反应。囊泡直径为 2～10μm，内含大量成熟的病毒粒子，病毒粒子呈肾形、尿囊状或卵圆形，复合对称，具囊膜，长度 200～400nm，直径约 130nm，由内部颗粒与外部囊膜组成，对有机溶剂和去污剂敏感（Bigot et al.，2012；Federici and Govindarajan，1990）。负染后电镜观察可见，病毒粒子具有明显的网状表象，可能是内部颗粒表面蛋白亚单位与外部囊膜蛋白亚单位重叠的结果（Federici，1983）。其内含环状双链 DNA 基因组，大小为 110～200kb，G+C 含量 42%～60%，基因组中含 117～195 个 ORF，病毒粒子含有 21 个以上的多肽，蛋白质分子大小为 6～200kDa（Federici，1983；Bigot et al.，2009；Huang et al.，2012b，2017；Wei et al.，2014；Arai et al.，2018；Chen et al.，2018）。

目前，囊泡病毒科在全世界仅记录 2 属 6 种，主要分布在美国、澳大利亚、法国、印度尼西亚、中国、日本等国家（Bigot et al.，2012；Huang et al.，2012a；Asgari et al.，2017；Arai et al.，2018；Wang et al.，2019）。草地贪夜蛾囊泡病毒（*Spodoptera frugiperda ascovirus*）1a 株、1b 株和 1c 株（分别简称为 SfAV 1a、SfAV 1b、SfAV 1c），粉纹夜蛾囊泡病毒（*Trichoplusia ni ascovirus*）2a 株、2b 株、6a 株和 6b 株[分别简称为 TnAV 2a、TnAV 2b、TnAV 6a（原始记载名称为 TnAV 2c）、TnAV 6b（原始记载名称 TnAV 2d）]，烟芽夜蛾囊泡病毒（*Heliothis virescens ascovirus*）3a 株、3b 株、3c 株、3d 株和 3f 株（分别简称为 HvAV 3a、HvAV 3b、HvAV 3c、HvAV 3d 和 HvAV 3f）等毒株是分别从草地贪夜蛾（*Spodoptera frugiperda*）（Hamm et al.，1986）、美洲棉铃虫（*Helicoverpa zea*）（Adams et al.，1979）和烟芽夜蛾（*Heliothis virescens*）（Hudson and Carner，1981）等夜蛾科重要害虫幼虫体内分离得到的。HvAV 3g 毒株和 HvAV 3e 毒株分别在印度尼西亚（Cheng et al.，2000）与澳大利亚（Newton，2004）分离得到。HvAV 3h 毒株于 2011 年由黄国华等在中国分离得到（Huang et al.，2012a）。2018 年，Arai 等报道了在日本分离到的 HvAV 3j 毒株。尽管目前分离得到的囊泡病毒种类甚少，但从其宿主范围及其地理分布信息分析来看，囊泡病毒是一种广泛分布的世界性病毒（Cheng and Huang，2011），且随着研究的深入，更多的毒株将被逐渐发现。

囊泡病毒主要感染夜蛾科和邻菜蛾科昆虫（Bigot et al.，1997a；Hamm et al.，1998）。宿主幼虫感染病毒后，主要表现为行动迟缓、生长缓慢，随着包含病毒粒子的囊泡（virion-containing vesicle）释放，血淋巴由澄清透亮逐渐呈现为乳白色混浊状，具有"急性致病、慢性致死"的典型特征（Federici and Govindarajan，1990；Bigot et al.，2012；Li et al.，2013）。病虫间歇取食，发育受阻，存活时间可延长 2～5 周，直至最终死亡。一般宿主幼虫感染病毒后 2～3d，幼虫血淋巴中开始出现囊泡，在感染后 9d，血淋巴中含有病毒囊泡数量可达 10^8 个/mL。该病毒感染宿主细胞，始于细胞核的溶胀（swell），伴随一系列的细胞核膜内陷（invagination），细胞逐渐增大（一般会增大到健康细胞的 5～10 倍）（Asgari，2006）。随着细胞核的继续增大、内陷，细胞膜、质膜等宿主细胞原有结构增大，内陷的部分逐渐相互连接，将原宿主细胞割裂形成 20～30 个封闭的小室，成熟的病毒粒子被包含在这些小室中，形成直径为 5～10μm 的包埋有病毒粒子的囊泡。囊泡在被感染的宿主组织器官中大量积累，随着病毒感染的深入，这些组织器官大量瓦解，组织器官基质膜开始被破坏甚至破裂，使得囊泡从这些组织器官中释放出来，进入血淋巴。当囊泡进入血淋巴后，病毒在血淋巴中仍进行一系列复制及扩增，囊泡大量积累，在感染后 3～4d，浓度可达 10^7～10^8 个囊泡/mL（Federici and Govindarajan，1990；Hamm et al.，1998）。

囊泡病毒的细胞病理学反应在不同病毒之间大致相似，但不同病毒感染鳞翅目宿主范围和感染程度均不相同。草地贪夜蛾囊泡病毒 1 型（*Spodoptera frugiperda ascovirus* 1，SfAV 1）只引起灰翅夜蛾属（*Spodoptera* spp.）的一些幼虫死亡（Hamm et al.，1998）。粉纹夜蛾囊泡病毒 2 型（*Trichoplusia ni ascovirus* 2，TnAV 2）和烟芽夜蛾囊泡病毒 3 型（*Heliothis virescens ascovirus* 3，HvAV 3）感染多属种幼虫，包括灰翅夜蛾属（*Spodoptera* spp.）、实夜蛾属（*Heliothis* spp.）、粉夜蛾属（*Trichoplusia* spp.）等（Federici and Govindarajan，1990；Hamm et al.，1998）。对于病毒的敏感度，不同宿主组织器官之间表现的差异同样巨大。例如，TnAV 2 和 HvAV 3 具有相对较广的组织噬性（tissue tropism），包括气管内膜组织、表皮组织、脂肪体及一些连接组织（Hamm et al.，1998）。这两种病毒组织嗜性的不同在于，HvAV 3 更大范围地感染幼虫表皮组织；TnAV 2 则主要感染幼虫脂肪体细胞，且仅发生在幼虫感染前期；而 SfAV 组织嗜性范围较窄，仅感染宿主脂肪体细胞（Hudson and Carner，1981；Federici and Govindarajan，1990）。美双缘姬蜂图尔病毒 1（*Diadromus pulchellus toursvirus* 1，DpTV 1）在其媒介宿主组织中，只在蜂卵巢器官细胞核中大量复制；在其感染鳞翅目宿主葱邻菜蛾（*Acrolepia assectella*）蛹时，DpTV 1a 几乎感染所有组织（Bigot et al.，1997a）。

囊泡病毒口服感染率极低，即使宿主用浓度为 $1×10^5$ 个囊泡/mL 的病毒感染，口服试验的感染率也低于 15%（Federici et al.，2009），而针刺模拟感染率通常达到 90%以上（Tillman et al.，2004；Li et al.，2016）。在野外环境下，作为极度依赖寄生蜂传播的慢性致死性病毒，囊泡病毒通常由雌性寄生蜂携带，通过雌蜂产卵行为在鳞翅目幼虫个体间传播（Tillman et al.，2004；Stasiak et al.，2005；Bigot et al.，2012）。寄生蜂传毒试验结果表明，囊泡病毒通过寄生蜂产卵行为在宿主幼虫间传播流行的效率很高，被病毒感染的概率高达 94%～100%（Tillman et al.，2004；Stasiak et al.，2005）。雌蜂在感病宿主体内产卵时，产卵器被病毒污染，再次寄生健康宿主时，则导致大部分健康幼虫感病（Smede et al.，2008）。黑头折脉茧蜂（*Cardiochiles nigriceps*）、红足侧沟茧蜂（*Microplitis croceipes*）、黑唇姬蜂（*Campoletis sonorensis*）等寄生蜂能在烟芽夜蛾幼虫个体间传播 HvAV 3b 毒株，其中黑头折脉茧蜂与黑唇姬蜂的传毒效率略大于红足侧沟茧蜂（分别为 94.7%、97.8%及 80.8%）。边室盘绒茧蜂（*Cotesia marginiventris*）能传播 SfAV 1a 毒株（Hamm et al.，1986）。毁侧沟茧蜂（*Microplitis demolitor*）作为 HvAV 3e 毒株的传播媒介在棉铃虫种群中传播病毒（Newton，2004）。寄生蜂的寄生行为维持着囊泡病毒较高的传播效率，为病毒在害虫种群中的流行创造了较好的条件。

对图尔病毒属的美双缘姬蜂图尔病毒 1a（DpTV 1a）而言，病毒、寄生蜂作为媒介与鳞翅目昆虫宿主的关系更为密切，病毒可在美双缘姬蜂体内扩增并在子代中垂直传播，但不影响幼蜂的生长发育，与媒介宿主寄生蜂间维持着稳定的互利关系（Bigot et al.，1997a，1997b），寄生蜂一旦在鳞翅目昆虫蛹中产卵，病毒粒子也伴随寄生蜂卵进入宿主。这些病毒迅速侵入鳞翅目宿主的组织，然后大量复制，并很快摧毁宿主的组织器官。与此同时，寄生蜂的卵在宿主体内孵化，孵化后的幼蜂以解体的宿主组织器官为养料供自身生长发育；寄生蜂的雄蜂与雌蜂都是 DpTV 1a 基因的携带者，具有明显的种群垂直传播现象（Bigot et al.，1997b，2009）。

囊泡病毒科（*Ascoviridae*）下设两个病毒属：一个为囊泡病毒属（*Ascovirus*），另一个为图尔病毒属（*Toursvirus*）（Asgari et al.，2017）。

二、囊泡病毒属

囊泡病毒属（*Ascovirus*）迄今仅包含 4 种已确定的病毒，均是从鳞翅目夜蛾科病虫中分离而得，代表种为草地贪夜蛾囊泡病毒 1 型（*Spodoptera frugiperda ascovirus 1*，模式毒株 SfAV 1a），另外三种分别为粉纹夜蛾囊泡病毒 2 型（*Trichoplusia ni ascovirus 2*，模式毒株 TnAV 2a）、烟芽夜蛾囊泡病毒 3 型（*Heliothis virescens ascovirus 3*，模式毒株 HvAV 3a）和粉纹夜蛾囊泡病毒 6 型（*Trichoplusia ni ascovirus 6*，模式毒株 TnAV 6a），每个种包含有若干个病毒株，基因组大小为 150～200kb（Wang et al.，2006；Bideshi et al.，2006）（表 1-11）。囊泡病毒属可能成员见表 1-12。

表 1-11 囊泡病毒属确定成员

病毒种中文名称及学名	病毒株中/英文名称及全基因组序列登记号	缩写名称
草地贪夜蛾囊泡病毒 1 型 *Spodoptera frugiperda ascovirus* 1	草地贪夜蛾囊泡病毒 1a Spodoptera frugiperda ascovirus 1a，[NC_008361]	SfAV 1a
	草地贪夜蛾囊泡病毒 1b Spodoptera frugiperda ascovirus 1b	SfAV 1b
	草地贪夜蛾囊泡病毒 1c Spodoptera frugiperda ascovirus 1c	SfAV 1c
粉纹夜蛾囊泡病毒 2 型 *Trichoplusia ni ascovirus* 2	粉纹夜蛾囊泡病毒 2a Trichoplusia ni ascovirus 2a	TnAV 2a
	粉纹夜蛾囊泡病毒 2b Trichoplusia ni ascovirus 2b	TnAV 2b
烟芽夜蛾囊泡病毒 3 型 *Heliothis virescens ascovirus* 3	烟芽夜蛾囊泡病毒 3a Heliothis virescens ascovirus 3a	HvAV 3a
	烟芽夜蛾囊泡病毒 3b Heliothis virescens ascovirus 3b	HvAV 3b
	烟芽夜蛾囊泡病毒 3c Heliothis virescens ascovirus 3c	HvAV 3c
	烟芽夜蛾囊泡病毒 3d Heliothis virescens ascovirus 3d	HvAV 3d
	烟芽夜蛾囊泡病毒 3e Heliothis virescens ascovirus 3e，[NC_009233]	HvAV 3e
	烟芽夜蛾囊泡病毒 3f Heliothis virescens ascovirus 3f，[KJ755191]	HvAV 3f
	烟芽夜蛾囊泡病毒 3g （甜菜夜蛾囊泡病毒 5a） Heliothis virescens ascovirus 3g，[JX491653] （Spodoptera exigua ascovirus 5a）	HvAV 3g
	烟芽夜蛾囊泡病毒 3h Heliothis virescens ascovirus 3h，[KU170628]	HvAV 3h
	烟芽夜蛾囊泡病毒 3i Heliothis virescens ascovirus 3i，[MF781070]	HvAV 3i
	烟芽夜蛾囊泡病毒 3j Heliothis virescens ascovirus 3j，[LC332918]	HvAV 3j
粉纹夜蛾囊泡病毒 6 型 *Trichoplusia ni ascovirus* 6	粉纹夜蛾囊泡病毒 6a Trichoplusia ni ascovirus 6a，[NC_008518] （Trichoplusia ni ascovirus 2c）	TnAV 6a
	粉纹夜蛾囊泡病毒 6b Trichoplusia ni ascovirus 6b，[KY434117] （Trichoplusia ni ascovirus 2d）	TnAV 6b

注：确定种名用斜体，分离株名用正体，GenBank 序列号放在[ ]中

表 1-12 囊泡病毒属可能成员

病毒种中文名称及学名	病毒株中/英文名称	缩写名称
棉铃虫囊泡病毒 7 型 Helicoverpa armigera ascovirus 7	棉铃虫囊泡病毒 7a Helicoverpa armigera ascovirus 7a	HaAV 7a
澳大利亚棉铃虫囊泡病毒 8 型 Helicoverpa punctigera ascovirus 8	澳大利亚棉铃虫囊泡病毒 8a Helicoverpa punctigera ascovirus 8a	HpAV 8a
甜菜夜蛾囊泡病毒 9 型 Spodoptera exigua ascovirus 9	甜菜夜蛾囊泡病毒 9a Spodoptera exigua ascovirus 9a	SeAV 9a

注：可能种名用正体，分离株名用正体

烟芽夜蛾囊泡病毒 3 是已报道的囊泡病毒中包含毒株数量最多的种，广泛分布于美洲、亚洲和大洋洲，目前已发现 10 个毒株（Hamm et al.，1998；Huang et al.，2012a；Arai et al.，2018；Chen et al.，2018）。其中分离自澳大利亚的 HvAV 3e 毒株、美国的 HvAV 3f 毒株和 HvAV 3i 毒株、印度尼西亚的 HvAV 3g 毒株、中国的 HvAV 3h 毒株与日本的 HvAV 3j 毒株已经完成了全基因组测序分析（Asgari et al.，2007；Huang et al.，2012b，2017；Wei et al.，2014；Arai et al.，2018；Chen et al.，2018）。

我国首次发现的烟芽夜蛾囊泡病毒 3h 株（Heliothis virescens ascovirus 3h，HvAV 3h），最初从采自棉田的甜菜夜蛾幼虫体内分离获得，对甜菜夜蛾（*Spodoptera exigua*）、斜纹夜蛾（*Spodoptera litura*）、棉铃虫（*Helicoverpa armigera*）、烟青虫（*Heliothis assulta*）等宿主幼虫具有高致病性。被囊泡病毒感染的甜菜夜蛾幼虫体色发黄，取食能力急剧下降，无法将叶片啃食成虫洞，仅在叶背面取食形成缺刻痕（图 1-7a，b）。分别提取健康宿主幼虫的血淋巴和感染 HvAV 3h 后 7d 的感病幼虫血淋巴可见，健康血淋巴清亮透明，略带绿色，在倒置显微镜（400 倍）下可清晰观察到血细胞，3～10 个成簇或单个独立；而感病血淋巴呈现乳白色，在显微镜下不能观察到典型的血细胞，而是呈现数量巨大的圆形或椭圆形发亮小体，分散分布或聚集成簇（图 1-7c～f）。

组织感染病理学研究发现，宿主幼虫感染 HvAV 3h 后 8h 内脂肪体组织即呈现明显病变。收集感病血淋巴，经固定、染色、切片，透射电镜下观察显示，在宿主细胞感染前期，可见细胞中形成病毒包涵体，这些包涵体或未包埋有病毒粒子（空的）或包埋有少量病毒粒子，宿主细胞线粒体及细胞核则被挤到细胞一侧（图 1-8a）；感染中后期，细胞破裂，包涵体中包埋了大量的成熟病毒粒子，病毒粒子呈棒状、椭圆状，长 50～300nm，直径约 100nm（图 1-8b）。培养的 Sf9 细胞系感染病毒的病理学结果显示，病毒感染能阻止细胞复制并抑制细胞凋亡。系列研究表明，HvAV 3h 具有较强的基因组稳定性和持续致病性，其媒介载体为常见的广谱性单寄生性斯氏侧沟茧蜂（*Microplitis similis*），具有应用于害虫生物防治领域的潜力（Li et al.，2016）。

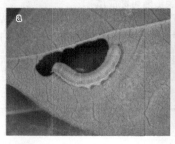

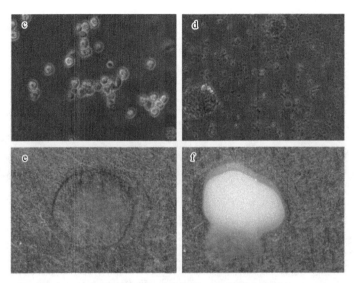

图 1-7　HvAV 3h 感染宿主幼虫的取食症状及其血淋巴显微形态和颜色（Huang et al.，2012a）

a. 健康幼虫体色正常及取食叶片留下的洞状；b. 感病幼虫体色发黄及取食叶片留下的缺刻痕；c. 健康幼虫血淋巴（倒置显微镜下血细胞清晰可见）；d. 感病幼虫血淋巴（倒置显微镜下血细胞不明显，并呈现数量巨大的圆形或椭圆形发亮小体）；e. 健康幼虫澄清血淋巴；f. 感病幼虫乳白色血淋巴

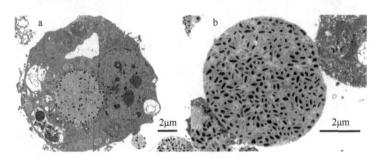

图 1-8　HvAV 3h 病毒感染细胞后的电子显微镜观察（Huang，2015）

（彩图请扫封底二维码）

a. 病毒包涵体在细胞中的形成；b. 释放的病毒包涵体。红色箭头所示分别为病毒包涵体（a）、成熟的病毒粒子（b）

　　烟芽夜蛾囊泡病毒 3h 株（HvAV 3h）基因组为环状双链 DNA，大小为 190 519bp，G+C 含量为 45.5%，预测包含编码长于 50 个氨基酸（aa）的 ORF 共 185 个，其中 181 个 ORF 与 HvAV 3 的其他分离株的 ORF 同源，4 个 ORF 为该分离株所特有（图 1-9）。基因同源性和基因对等分布图（gene-parity plot）分析结果表明，在基因排序上，HvAV 3h 与 HvAV 3g、HvAV 3f、HvAV 3e 间有很强的共线性关系，但与 SfAV 1a、TnAV 6a 间共线性关系较弱，与 DpTV 1a 间共线性关系不明显；系统发育关系分析结果显示，HvAV 3h 与 HvAV 3g、HvAV 3f、HvAV 3e 形成了一个单系群。HvAV 3h 和已报道的囊泡病毒株共有 44 个保守基因，主要参

与 DNA/RNA 复制/转录/代谢、病毒包装和装配、糖和脂质代谢等，但大多数的功能仍未知。HvAV 3h 基因组中包含 24 个 *bro* 基因及 4 个 *aro* 基因（*orf83*、*orf84*、*orf157*、*orf158*），但其功能均有待确认。

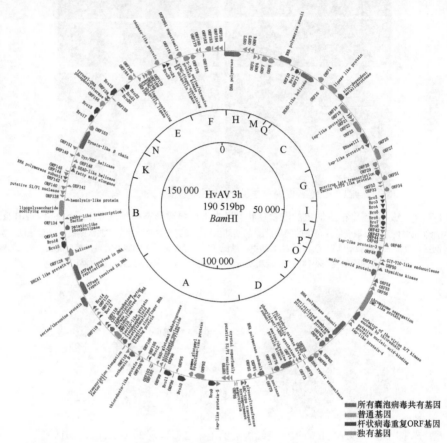

图 1-9　烟芽夜蛾囊泡病毒 3h 株基因组示意图（Huang et al.，2017）

（彩图请扫封底二维码）

红色表示所有囊泡病毒核心基因，灰色表示普通基因；蓝色表示杆状病毒重复 ORF 基因；绿色表示独有基因

蛋白质组学分析发现，HvAV 3h 病毒粒子携带 78 个病毒蛋白，其中 9 种高丰度蛋白包括主要衣壳蛋白（ORF50）、主要病毒粒子 DNA 结合蛋白（ORF58）、DNA 代谢蛋白（ORF57）、DEAD-box 解旋酶（ORF13）、丝氨酸/苏氨酸蛋白激酶（ORF75）、ORF27、ORF55、ORF48 和 ORF152。在病毒粒子携带的 78 个病毒蛋白中，其中 28 个蛋白具有注释功能，推测它们参与了病毒复制和/或细胞感染过程，包括病毒装配、DNA/RNA 代谢、糖和脂质代谢、细胞信号转导、细胞内稳态和细胞裂解等。使用预测跨膜区软件 TMHMM 分析，显示 19 种病毒蛋白

含有跨膜区（TM），被预测为膜蛋白，其中组织蛋白酶 B、乙酰转移酶、ORF48
和 ORF64 这 4 种蛋白质是具有 300 个以上氨基酸的大蛋白质。基于鳞翅目昆虫蛋
白序列数据库，总共鉴定出 87 个 HvAV 3h 病毒粒子携带的宿主蛋白，但其在病
毒粒子侵入和感染过程中的作用还有待于进一步验证。

三、图尔病毒属

图尔病毒属（*Toursvirus*）目前仅报道两种：美双缘姬蜂图尔病毒 1（*Diadromus
pulchellus toursvirus* 1，模式毒株 DpTV 1a）和枣叶瘿蚊图尔病毒 2（*Dasineura
jujubifolia toursvirus* 2，模式毒株 DjTV 2a）。DpTV 1a 是 20 世纪 90 年代后期由
Bigot 等在法国图尔从美双缘姬蜂（*Diadromus pulchellus*）体内分离得到的（Bigot
et al.，1997a），其在野外主要感染鳞翅目害虫葱邻菜蛾（*Acrolepiopsis assectella*）
的蛹；该病毒长期以来一直归属于囊泡病毒属，由于该病毒与囊泡病毒属成员从
基因组结构和生物学特征都有明显差异，2017 年才根据其被发现地名称改为现
名，并以该病毒为代表种设立新的图尔病毒属。2018 年，通过高通量测序方法测
定采自中国新疆阿拉尔市的枣瘿蚊的线粒体基因组时发现 DjTV 2a（Wang et al.，
2019），目前该病毒尚未实现在实验室扩繁。

图尔病毒形状如扁平稻谷（flattened rice-grain shape），病毒粒子长约 220nm，
宽约 150nm。DpTV 1a 基因组为环状双链 DNA，分子大小 119 343 bp（Bigot et al.，
2009），病毒基因组中的 9 个核心基因在囊泡病毒科、虹彩病毒科（*Iridoviridae*）
和马赛病毒科（*Marseilleviridae*）成员中共有，寄生蜂美双缘姬蜂（*Diadromus
pulchellus*）和颈双缘姬蜂（*Diadromus collaris*）都可成为病毒宿主。DjTV 2a 基
因组为环状双链 DNA，分子大小约为 142 600bp（Wang et al.，2020），与所有囊
泡病毒科成员共有 37 个核心基因，其宿主范围尚不清晰。

DpTV 1a 毒株与寄生蜂媒介和鳞翅目昆虫宿主之间具有密切的关系，其基因
组可以像游离环状 DNA 一样保留于一些寄生蜂的细胞核内，病毒可在美双缘姬
蜂中垂直传播到子代，并可在寄生蜂的卵巢内少量复制，但不引起致病效应。图
尔病毒属目前仅确定了两个种（表 1-13），该属代表种：美双缘姬蜂图尔病毒 1
（*Diadromus pulchellus toursvirus* 1，模式毒株 DpTV 1a）。

表 1-13 图尔病毒属确定成员

病毒种中文名称及学名	病毒株中/英文名称及全基因组序列登记号	缩写名称
美双缘姬蜂图尔病毒 1 *Diadromus pulchellus toursvirus* 1 （*Diadromus pulchellus ascovirus* 4a）	美双缘姬蜂图尔病毒 1a Diadromus pulchellus toursvirus 1a， [CU469068] （Diadromus pulchellus ascovirus 4a）	DpTV 1a
枣叶瘿蚊图尔病毒 2 *Dasineura jujubifolia toursvirus* 2	枣叶瘿蚊图尔病毒 2a Dasineura jujubifolia toursvirus 2a	DjTV 2a

注：确定种名用斜体，分离株名用正体，GenBank 序列号放在[ ]中

第四节　痘病毒科昆虫痘病毒亚科

一、昆虫痘病毒亚科的主要特性

痘病毒科（*Poxviridae*）成员是双链 DNA 病毒，该科分为两个亚科，一个是脊椎动物痘病毒亚科（*Chordopoxvirinae*），其成员的宿主主要是脊椎动物，一些脊椎动物痘病毒也能通过蚊子等无脊椎动物媒介进行扩散传播。痘病毒科的另一个亚科是昆虫痘病毒亚科（*Entomopoxvirinae*），该亚科成员仅感染无脊椎动物昆虫（Skinner et al.，2012）。昆虫痘病毒亚科成员具有宿主专一性，基因组是双链 DNA，比较稳定，不易变异，因此昆虫痘病毒亚科成员可用于生物防治，对一些重要害虫进行生态控制。

昆虫痘病毒亚科成员一般又称为昆虫痘病毒（entomopoxvirus，EPV），它的研究发端于 1963 年。病毒形态多样，有卵圆形或砖形等形态，病毒大小为（70～250）nm×350nm。病毒粒子中至少含有 4 种酶，与在痘苗病毒中发现的相对应，分别为三磷酸核苷水解酶、DNA 依赖性 RNA 聚合酶、中性 DNA 酶及酸性 DNA 酶。病毒粒子由球状表面单位形成桑葚样（mulberry-like）的形状，具有一个侧体（lateral body），或两个侧体。病毒粒子含双链 DNA 基因组，分子大小 220～380kb，G+C 含量约 20%。本亚科成员核心基因普遍具有共进化谱系，而与哺乳动物痘病毒亚科成员明显不同，具有亚科的特征性。两个病毒亚科成员间没有血清学关系，昆虫痘病毒在昆虫细胞（血淋巴细胞和脂肪组织细胞）的细胞质中复制，成熟病毒粒子通常包埋在球状体（spheroid）中，球状体由主要晶格包涵体蛋白组成，这种蛋白称为球状体蛋白（spheroidin）。

昆虫痘病毒包涵体有两种形态，一种为球状体，另一种为纺锤体（spindles）。

球状体包涵体较大，呈球形或椭圆形，直径为 10～20μm。球状体中包埋许多病毒粒子，在不同的宿主中，甚至在同一宿主的不同细胞中形成的球状体，其包埋病毒粒子的数量差别很大；病毒粒子在球状体蛋白晶格中的排列，有的呈辐射状，有的随机排列（Skinner et al.，2012）。

纺锤体比球状体小，直径为 5～10μm。纺锤体与球状体最主要的区别是：球状体内含有许多病毒粒子，而纺锤体内不含有病毒粒子。此外，纺锤体蛋白与球状体蛋白，在抗原性质上是不同的。纺锤体蛋白的起源、功能和重要性还不大清楚。

昆虫痘病毒是 Vago 首次从鞘翅目的西方五月鳃角金龟（*Melolontha melolontha*）中分离而得。此后，世界各地相继在鳞翅目、直翅目、双翅目和膜翅目的昆虫中报道了昆虫痘病毒的发现，其地理分布相当广泛。

　　昆虫痘病毒的病理特征各属成员有所不同。

　　昆虫痘病毒亚科依据病毒形态、宿主范围和基因组大小的不同分为三个病毒属，分别为甲型昆虫痘病毒属（*Alphaentomopoxvirus*）、乙型昆虫痘病毒属（*Betaentomopoxvirus*）和丙型昆虫痘病毒属（*Gammaentomopoxvirus*）（表 1-14～表 1-16），另外有两个种未确定归属（表 1-17）。

表 1-14　甲型昆虫痘病毒属确定成员

病毒中文名称	病毒学名及基因序列登记号	缩写名称
大绿丽金龟痘病毒	*Anomala cuprea entomopoxvirus*	
大绿丽金龟痘病毒	Anomala cuprea entomopoxvirus	ACEV
蜉金龟痘病毒	*Aphodius tasmaniae entomopoxvirus*	
蜉金龟痘病毒	Aphodius tasmaniae entomopoxvirus	ATEV
毛颚犀鳃金龟痘病毒	*Demodema boranensis entomopoxvirus*	
毛颚犀鳃金龟痘病毒	Demodema boranensis entomopoxvirus	DBEV
白毛革鳞鳃金龟痘病毒	*Dermolepida albohirtum entomopoxvirus*	
白毛革鳞鳃金龟痘病毒	Dermolepida albohirtum entomopoxvirus	DAEV
隐金龟痘病毒	*Figulus subleavis entomopoxvirus*	
隐金龟痘病毒	Figulus subleavis entomopoxvirus	FSEV
粪金龟痘病毒	*Geotrupes sylvaticus entomopoxvirus*	
粪金龟痘病毒	Geotrupes sylvaticus entomopoxvirus	GSEV
西方五月鳃角金龟痘病毒	*Melolontha melolontha entomopoxvirus*	
西方五月鳃角金龟痘病毒	Melolontha melolontha entomopoxvirus，[509284，987084]	MMEV

　　注：确定种名用斜体，分离株名用正体，GenBank 序列号放在[ ]中

表 1-15　乙型昆虫痘病毒属确定成员

病毒中文名称	病毒学名及基因序列登记号	缩写名称
峰斑螟痘病毒	*Acrobasis zeller entomopoxvirus*	
峰斑螟痘病毒	Acrobasis zeller entomopoxvirus	AZEV
褐带卷蛾痘病毒	*Adoxophyes honmai entomopoxvirus*	
褐带卷蛾痘病毒	Adoxophyes honmai entomopoxvirus	AHEV
桑红缘灯蛾痘病毒	*Amsacta moorei entomopoxvirus*	
桑红缘灯蛾痘病毒	Amsacta moorei entomopoxvirus，[AF250284]	AMEV
迁徙蚱蜢痘病毒	*Arphia conspersa entomopoxvirus*	
迁徙蚱蜢痘病毒	Arphia conspersa entomopoxvirus	ACOEV
双色卷蛾痘病毒	*Choristoneura biennis entomopoxvirus*	

病毒中文名称	病毒学名及基因序列登记号	缩写名称
双色卷蛾痘病毒	Choristoneura biennis entomopoxvirus, [M34140，D10680]	CBEV
柳色卷蛾痘病毒	*Choristoneura conflictana entomopoxvirus*	
柳色卷蛾痘病毒	Choristoneura conflictana entomopoxvirus	CCEV
异色卷蛾痘病毒	*Choristoneura diversana entomopoxvirus*	
异色卷蛾痘病毒	Choristoneura diversana entomopoxvirus	CDEV
云杉卷蛾痘病毒	*Choristoneura fumiferana entomopoxvirus*	
云杉卷蛾痘病毒	Choristoneura fumiferana entomopoxvirus，[D10681，U10476]	CFEV
玫瑰色卷蛾痘病毒	*Choristoneura rosaceana entomopoxvirus*	
玫瑰色卷蛾痘病毒	Choristoneura rosaceana entomopoxvirus	CREV
增切根虫痘病毒	*Euxoa auxiliaris entomopoxvirus*	
美国行军虫痘病毒	Chorizagrotis auxiliars entomopoxvirus	CXEV
棉铃虫痘病毒	*Helicoverpa armigera entomopoxvirus*	
棉铃虫痘病毒	Helicoverpa armigera entomopoxvirus，[AF019224，L08077]	HAVE
飞蝗痘病毒	*Locusta migratoria entomopoxvirus*	
飞蝗痘病毒	Locusta migratoria entomopoxvirus	LMEV
黏虫痘病毒	*Leucania separate entomopoxvirus*	
黏虫痘病毒	Leucania separate entomopoxvirus	LSEV
车蝗痘病毒	*Oedaleus senigalensis entomopoxvirus*	
车蝗痘病毒	Oedaleus senigalensis entomopoxvirus	OSEV
幽波尺蛾痘病毒	*Operophtera brumata entomopoxvirus*	
幽波尺蛾痘病毒	Operophtera brumata entomopoxvirus	OBEV
沙漠蝗痘病毒	*Schistocera gregaria entomopoxvirus*	
沙漠蝗痘病毒	Schistocera gregaria entomopoxvirus	SGEV

注：确定种名用斜体，分离株名用正体，GenBank 序列号放在[ ]中

表 1-16 丙型昆虫痘病毒属确定成员

病毒中文名称	病毒学名	缩写名称
埃及伊蚊痘病毒	*Aedes aegypti entomopoxvirus*	
埃及伊蚊痘病毒	Aedes aegypti entomopoxvirus	AAEV
伸展摇蚊痘病毒	*Camptochironomus tentans entomopoxvirus*	
伸展摇蚊痘病毒	Camptochironomus tentans entomopoxvirus	CTEV

续表

病毒中文名称	病毒学名	缩写名称
细摇蚊痘病毒	*Chironomus attenuatus entomopoxvirus*	
细摇蚊痘病毒	Chironomus attenuatus entomopoxvirus	CAEV
淡黄摇蚊痘病毒	*Chironomus luridus entomopoxvirus*	
淡黄摇蚊痘病毒	Chironomus luridus entomopoxvirus	CLEV
羽摇蚊痘病毒	*Chironomus plumosus entomopoxvirus*	
羽摇蚊痘病毒	Chironomus plumosus entomopoxvirus	CPEV
绿盐摇蚊痘病毒	*Goeldichironomus haloprasimus entomopoxvirus*	
绿盐摇蚊痘病毒	Goeldichironomus haloprasimus entomopoxvirus	GHEV

注：确定种名用斜体，分离株名用正体

表 1-17　昆虫痘病毒亚科未确定归属成员

病毒中文名称	病毒学名及基因序列登记号	缩写名称
全裂茧蜂痘病毒	Diachasmimorpha entomopoxvirus	DIEV
蚱蜢痘病毒	Melanoplus sanguinipes entomopoxvirus，[AF063866]	MSEV

注：未确定归属种名用正体，GenBank 序列号放在[ ]中

二、甲型昆虫痘病毒属

甲型昆虫痘病毒属（*Alphaentomopoxvirus*）成员是感染鞘翅目昆虫的昆虫痘病毒。病毒粒子卵圆形，大小约为 450nm×250nm，具有一个侧体和一个单侧凹陷的髓核，表面球状体单位直径 22nm。病毒基因组为双链 DNA，分子大小为 260～370kb。

甲型昆虫痘病毒属的分类主要依据病毒的宿主进行，只有少数种类进行了基因序列分析，该属代表种西方五月鳃角金龟痘病毒（*Melolontha melolontha entomopoxvirus*，MMEV）的形态呈卵圆形，大小约 450nm×250nm，具有一个侧体和一个单面凹陷的髓核，髓核有一条索状构造，弯曲折成 4～5 段，其直径约 20nm，并按粒子的纵轴平行排列。外被三层结构的膜所包围，病毒粒子的外表面呈桑葚状，负染时可见许多直径 22nm 的球状体单位。

甲型昆虫痘病毒属成员致病过程极为缓慢，幼虫被病毒感染后，于 20℃情况下，经 5～6 个月才出现死亡。感病幼虫的外部症状不明显，但行动迟缓，外壳失去原有的弹性，虫体软弱，体色发白。蛹和成虫期也能被病毒感染。病毒在幼虫脂肪体和血细胞的细胞质中增殖，形成两种不同形态的包涵体：球状体和纺锤体。

本属病毒种分类标准主要依据病毒感染宿主范围，随着基因信息的增加，不同病毒之间的基因组大小、基因排列顺序、基因组特定区域限制性片段长度多态

性（RFLP）分析和交叉杂交分析可能成为将来种分类的标准，病毒种分类血清学标准使用噬斑和病毒中和试验。

甲型昆虫痘病毒属代表种：西方五月鳃角金龟痘病毒（*Melolontha melolontha entomopoxvirus*，MMEV）。

三、乙型昆虫痘病毒属

乙型昆虫痘病毒属（*Betaentomopoxvirus*）成员主要感染鳞翅目（Lepidoptera）和直翅目（Orthoptera）昆虫。病毒粒子卵圆形，大小 350nm×250nm，具有一个套袋状侧体和一个圆柱状髓核。病毒基因组 DNA 的分子大小约为 225kb，具有共价连接末端和倒置末端重复，基因组的 G+C 含量约为 18.5%。病毒由球状体蛋白基因（spheroidin gene）编码产生一个 115kDa 包涵体蛋白。

乙型昆虫痘病毒属成员感染宿主后发病过程比甲型昆虫痘病毒属的快，一般感染后 16～18d 死亡。死虫体软、肥大，体色变白，化蛹常受阻。病毒主要在病虫的脂肪体与血细胞的细胞质中复制和形成包涵体。桑红缘灯蛾痘病毒（*Amsacta moorei entomopoxvirus*，AMEV）包涵体曾在中肠细胞、真皮组织、肌肉细胞、气管内膜细胞的细胞质内发现。

病毒种分类标准现在主要依赖宿主范围与基于噬斑和中和反应的血清学标准。病毒基因组大小、基因排列顺序、基因组特定区域 RFLP 分析和交叉杂交分析在种分类标准中的重要性正在增加。西方五月鳃角金龟痘病毒分类地位由乙型昆虫痘病毒属改为甲型昆虫痘病毒属，就是根据基因组序列分析结果所确定。这预示着根据以形态和宿主范围标准确定的现有乙型昆虫痘病毒属成员，将来可能依据基因组序列重新确定分类地位。

乙型昆虫痘病毒属代表种：桑红缘灯蛾痘病毒（*Amsacta moorei entomopoxvirus*，AMEV）。

四、丙型昆虫痘病毒属

丙型昆虫痘病毒属（*Gammaentomopoxvirus*）成员主要感染双翅目昆虫，该属代表种淡黄摇蚊痘病毒的形态呈方砖形，大小为 320nm×230nm×110nm，具有两个侧体和两侧内凹呈哑铃形的髓核，病毒外膜具珠泡状表面。

丙型昆虫痘病毒感染寄主后，虫体出现不规则的白色斑点，经 2 个月发病死亡。病虫一般不能羽化。病毒主要在血细胞中增殖，但有的寄主还在脂肪体及其他组织细胞中形成包涵体，但不形成纺锤体。

病毒种的分类标准现在主要依赖宿主范围，然而，基因组大小、基因组成等分子生物学特征在种分类标准中的重要性不断增加，血清学标准仍需考虑。

丙型昆虫痘病毒属代表种：淡黄摇蚊痘病毒（*Chironomus luridus entomopoxvirus*，CLEV）。

五、昆虫痘病毒亚科未确定归属成员

昆虫痘病毒亚科中有两个种未确定归属（表 1-17）。

第五节　虹彩病毒科乙型虹彩病毒亚科

虹彩病毒科（*Iridoviridae*）分为两个病毒亚科 6 个病毒属，其中感染昆虫和其他无脊椎动物的是乙型虹彩病毒亚科（*Betairidovirinae*）的虹彩病毒属（*Iridovirus*）、绿虹彩病毒属（*Chloriridovirus*）和十足目动物虹彩病毒属（*Decapodiridovirus*）三个属的成员（Chinchar et al.，2017；Xu et al. 2016），下面分别讲述。

一、虹彩病毒属

虹彩病毒粒子为正二十面体，每面呈等边三角形，在超微切片中，病毒粒子直径为 120～130nm，罹病幼虫和离心沉淀的毒粒产生蓝虹色光彩。病毒粒子由两层单位膜包围髓核而形成（Wrigley，1969；Yan et al.，2009），组成衣壳的外层单位膜上，具有许多等距离排列的形态亚单位（壳粒），无脊椎动物虹彩病毒（Invertebrate iridescent virus）1 型、2 型（分别简称为 IIV-1、IIV-2）推测含有 1472 个壳粒，排列成 20 个三连体和 12 个五邻体。病毒粒子相对分子质量约为 1.28×10^9，浮力密度 1.30～1.33g/cm^3。无脊椎虹彩病毒 6 型（IIV-6）对氯仿、乙醇、十二烷基硫酸钠（SDS）、脱氧胆酸钠、pH 3 和 pH 11 敏感，但对胰蛋白酶（trypsin）、脂肪酶（lipase）、磷脂酶 A2（phospholipase A2）或乙二胺四乙酸（EDTA）不敏感。

病毒基因组为单分子线性双链 DNA，IIV-6 基因组大小约 212 482bp，G+C 含量 29%～32%，编码 212 个 ORF。比较 IIV-6 和 IIV-3 两个病毒分离株基因组，不显示共线性（Eaton et al.，2007）。病毒粒子中含有多种酶类，包括蛋白激酶、依赖于单链或双链 RNA 特异的 RNA 酶、核苷酸磷酸化酶、pH 5 和 pH 7.5 的 DNA 酶及蛋白磷酸酶等（Ince et al.，2015）。病毒粒子含有 5%～9%的脂类（主要是磷脂）。病毒对乙醚有抵抗性，在 pH 3～10 时稳定，在 4℃下可以存活数年，但在 55℃下经 15～30min 可丧失活性。

虹彩病毒是一种非包涵体病毒。目前已从鞘翅目、鳞翅目、膜翅目、半翅目、双翅目昆虫中发现无脊椎动物虹彩病毒病。这些病毒感染寄主后，最突出的外部病症是体色的变化，病毒感染二化螟幼虫后，体色为灰紫色，而节间膜及腹足呈蓝紫色。病毒粒子经血腔内接种容易发病，而经口接种则感染率较低。尤其是血腔注射感染，有较广的宿主范围。病毒粒子主要在脂肪体的细胞质中增殖，但也能感染其他许多组织细胞。大蚊虹彩病毒感染寄主后，于受感染的组织细胞的细胞质中形成大量子代病毒，病毒粒子呈有规律的结晶排列。幼虫发病后期，病毒质量约占虫体干重的 25%，这个产量是罕见的。

虹彩病毒的增殖适温范围为 20～25℃，在超过这个范围的高温中不能复制。目前，已建立一些昆虫细胞系，对虹彩病毒在细胞中的复制机制研究，将会有重要的促进作用。

虹彩病毒属（*Iridovirus*）种的分类标准（Chinchar et al.，2017）依据主要衣壳蛋白（major capsid protein，*mcp*）基因序列一致性进行，属内成员之间 *mcp* 核酸序列一致性达到 50%以上。一个种内不同分离株的 *mcp* 基因或一组核心基因的核酸序列一致性≥90%。

虹彩病毒属的确定成员和可能成员见表 1-18 和表 1-19。虹彩病毒属代表种：无脊椎动物虹彩病毒 6 型（*Invertebrate iridescent virus* 6，IIV-6）。

表 1-18　虹彩病毒属确定成员

病毒中文名称	病毒学名及基因序列登记号	缩写名称
无脊椎动物虹彩病毒 6 型	*Invertebrate iridescent virus 6*	
无脊椎动物虹彩病毒 6 型（二化螟虹彩病毒）	Invertebrate iridescent virus 6（Chilo iridescent virus），[AF003534，M99395]	IIV-6
无脊椎动物虹彩病毒 31 型	*Invertebrate iridescent virus 31*	
无脊椎动物虹彩病毒 31 型（鼠妇虫虹彩病毒）	Invertebrate iridescent virus 31（Isopod iridescent virus）[AF042337]	IIV-31

注：确定种名用斜体，分离株名用正体，GenBank 序列号放在[ ]中，病毒别名放在（）中

表 1-19　虹彩病毒属可能成员

病毒中文名称	病毒学名及基因序列登记号	缩写名称
黎豆夜蛾虹彩病毒	Anticarsia gemmatalis iridescent virus，[AF042343]	AGIV
无脊椎动物虹彩病毒 2 型（白粉金龟虹彩病毒）	Invertebrate iridescent virus 2（Sericesthis iridescent virus），[AF042335]	IIV-2
无脊椎动物虹彩病毒 9 型（蝙蝠蛾虹彩病毒）	Invertebrate iridescent virus 9（Wiseana iridescent virus），[AF025774]	IIV-9
无脊椎动物虹彩病毒 16 型（草地金龟甲虹彩病毒）	Invertebrate iridescent virus 16（Costelytra zealandica iridescent virus），[AF025775]	IIV-16
无脊椎动物虹彩病毒 21 型（棉铃虫虹彩病毒）	Invertebrate iridescent virus 21（Helicoverpa armigera iridescent virus）	IIV-21

病毒中文名称	病毒学名及基因序列登记号	缩写名称
无脊椎动物虹彩病毒 23 型 （阿拉托异爪犀金龟虹彩病毒）	Invertebrate iridescent virus 23（Heteronychus arator iridescent virus），[AF042342]	IIV-23
无脊椎动物虹彩病毒 24 型 （中华蜜蜂虹彩病毒）	Invertebrate iridescent virus 24（Apis iridescent viru），[AF042340]	IIV-24
无脊椎动物虹彩病毒 29 型 （黄粉虫虹彩病毒）	Invertebrate iridescent virus 29 （Tenebrio molitor iridescent virus），[AF042339]	IIV-29
无脊椎动物虹彩病毒 30 型 （美洲棉铃虫虹彩病毒）	Invertebrate iridescent virus 30 （Helicoverpa zea iridescent virus），[AF042336]	IIV-30

注：可能种名用正体，GenBank 序列号放在 [ ] 中，病毒别名放在（）中

二、绿虹彩病毒属

超微切片中，绿虹彩病毒属（*Chloriridovirus*）病毒粒子直径为 180nm，IIV-3 病毒粒子的三连体和五邻体结构比虹彩病毒属成员三连体和五邻体的结构要大。三邻体的每个角由 14 个壳粒组成。病毒粒子大小已用于鉴定是否是本属的成员，但特征的稳定性还不确定。病毒粒子相对分子质量为 $2.49 \times 10^9 \sim 2.75 \times 10^9$，氯化铯浮力密度为 1.354g/cm^3。病毒可能对乙醚不敏感。感病幼虫和离心沉淀的毒粒呈黄绿色虹彩，尽管也有橘红色虹彩（Chinchar et al.，2017）。

IIV-3 病毒基因组大小 190 132bp，G+C 含量 48%，预测的 126 个基因中，26 个与其他虹彩病毒序列具有同源性。IIV-3 和 IIV-6 中预测的 52 个基因在脊椎动物虹彩病毒中都没有发现，包括 DNA 拓扑异构酶 II、依赖 DNA 的 DNA 连接酶、SF1 解旋酶、凋亡抑制蛋白（IAP）和同源重复蛋白（BRO）等。IIV-3 的 33 个基因与其他虹彩病毒缺少同源性。

在带喙伊蚊幼虫中分离的虹彩病毒 3 型是本属的代表种，目前已从微小按蚊和蚋（black fly）幼虫中分离到绿虹彩病毒。绿虹彩病毒寄主主要是双翅目幼虫。病毒通过其他种类感染蚊的同类在残杀或捕食水平传播。绿虹彩病毒属确定成员和可能成员列于表 1-20 和表 1-21。绿虹彩病毒属代表种：无脊椎动物虹彩病毒 3 型（*Invertebrate iridescent virus* 3，IIV-3）。

表 1-20　绿虹彩病毒属确定成员

病毒中文名称	病毒学名及基因序列登记号	缩写名称
微小按蚊虹彩病毒	*Anopheles minimus iridovirus*	
微小按蚊虹彩病毒	Anopheles minimus iridovirus，[KF938901]	AMIV
无脊椎动物虹彩病毒 3 型	*Invertebrate iridescent virus* 3	
无脊椎动物虹彩病毒 3 型（佛罗里达蚊虹彩病毒）	Invertebrate iridescent virus 3（Mosquito florida iridescent virus），[DQ643392]	IIV-3
无脊椎动物虹彩病毒 9 型	*Invertebrate iridescent virus* 9	
无脊椎动物虹彩病毒 9 型（蝙蝠蛾虹彩病毒）	Invertebrate iridescent virus 9（Wiseana iridescent virus）[GQ918152]	IIV-9

续表

病毒中文名称	病毒学名及基因序列登记号	缩写名称
无脊椎动物虹彩病毒 22 型	*Invertebrate iridescent virus* 22	
无脊椎动物虹彩病毒 22 型	Invertebrate iridescent virus 22, [HF920633]	IIV-22
无脊椎动物虹彩病毒 25 型	*Invertebrate iridescent virus* 25	
无脊椎动物虹彩病毒 25 型	Invertebrate iridescent virus 25, [HF920635]	IIV-25

注：确定种名用斜体，分离株名用正体，GenBank 序列号放在[ ]中，病毒别名放在（）中

表 1-21　绿虹彩病毒可能成员

病毒中文名称	病毒学名及基因序列登记号	缩写名称
无脊椎动物虹彩病毒 22A 型	invertebrate iridescent virus 22A, [HF920634]	IIV-22A
无脊椎动物虹彩病毒 30 型	invertebrate iridescent virus 30, [HF920636]	IIV-30

注：可能种名用正体，GenBank 序列号放在[ ]中

三、十足目动物虹彩病毒属

2016 年，Xu 等从患病红螯光壳螯虾中发现了一种新型虹彩病毒，并命名为红螯光壳螯虾虹彩病毒 1 型（*Cherax quadricarinatus iridovirus* 1，CQIV-1）。通过人工感染实验，发现 CQIV-1 可感染螯虾和对虾，致死率接近 100%。根据 2017～2018 年对福建、广东、浙江等地养殖对虾的流行病学调查结果显示，这些地区养殖对虾中 CQIV 的感染率在 12%左右，对虾类养殖业具有很大威胁。目前，该病毒已列为十足目动物虹彩病毒属（*Decapodiridovirus*）（表 1-22）。十足目动物虹彩病毒属代表种：红螯光壳螯虾虹彩病毒 1 型（*Cherax quadricarinatus iridovirus* 1）。

表 1-22　十足目动物虹彩病毒属确定成员

病毒中文名称	病毒学名及基因序列登记号	缩写名称
红螯光壳螯虾虹彩病毒 1 型	*Cherax quadricarinatus iridovirus* 1	
红螯光壳螯虾虹彩病毒 1 型	Cherax quadricarinatus iridovirus 1, [MF197913]	CQIV-1

注：确定种名用斜体，分离株名用正体，GenBank 序列号放在[ ]中

第六节　细小病毒科浓核病毒亚科

一、浓核病毒亚科的主要特性

细小病毒科（*Parvoviridae*）分为两个亚科，其中细小病毒亚科（*Parvovirinae*）成员感染脊椎动物，浓核病毒亚科（*Densovirinae*）成员专一性感染无脊椎动物（Cotmore et al.，2019；Tijssen and Bergoin，1995；Tijssen et al.，2016），因而可用于害虫的防治。

　　浓核病毒粒子呈正二十面体结构，表面由 42 个壳粒构成，外面没有囊膜包被，直径 18～30nm。浓核病毒基因组都是单链的 DNA 病毒正链或为负链，在体外提取时，彼此相辅，碰在一起形成双股。沉淀系数 17S，长度 1.69nm，相对分子质量 $1.6×10^6$～$2.2×10^6$。病毒基因组大小 4～6kb，G+C 含量 37%，双链 DNA 解链温度（Tm）= 84.5℃（Chao et al.，1985）。像脊椎动物细小病毒一样，浓核病毒也拥有两套 ORF，分别能编码结构蛋白和非结构蛋白（Berns and Parrish，2013）。家蚕浓核病毒至少有三个 ORF，其中 ORF2 编码病毒的结构蛋白，它相当于细小病毒亚科（Parvovirinae）腺联病毒 2 型和小鼠细小病毒的右侧 ORF（ORF-R）；而家蚕浓核病毒的 ORF1 相当于腺联病毒 2 型和小鼠细小病毒的左侧 ORF（ORF-L），编码非结构蛋白；家蚕浓核病毒与腺联病毒 2 型和小鼠细小病毒不同的是，它还有一个 ORF3，由基因组的另一条链编码 167 个氨基酸，可能是非结构蛋白，这一 ORF3 是昆虫浓核病毒和哺乳动物细小病毒之间的明显差异。此外，比较小鼠细小病毒、腺联病毒 2 型和家蚕浓核病毒的 DNA 序列，发现病毒有很高的同源性，这一同源性位于家蚕浓核病毒的 ORF2 中。

　　浓核病毒最早在大蜡螟幼虫中被发现，主要感染节肢动物（Max and Peter，2010）。感染浓核病毒的鳞翅目昆虫通常会表现出一些共同的症状，如表皮色素脱失、肌肉松弛、瘫痪（Chao et al.，1985）。感染浓核病毒后的细胞核会变肥大，成为强嗜酸性细胞，在酸性条件下用吖啶橙染色后再用甲基绿或者福尔根试剂能把核染成浓重暗色，是浓核病毒感染后最显著的组织病理学特征。浓核病毒往往呈现出广的组织嗜性，如大蜡螟浓核病毒（Galleria mellonella densovirus，GmDV）能感染大蜡螟除中肠上皮外几乎所有的幼虫组织（Tijssen and Bergoin，1995）。

　　浓核病毒亚科的 5 个病毒属，其成员均从昆虫中分离而得，是无脊椎动物病毒。这 5 个病毒属分别为双义浓核病毒属（Ambidensovirus）、短浓核病毒属（Brevidensovirus）、肝胰浓核病毒属（Hepandensovirus）、埃特拉浓核病毒属（Iteravirus）和南美对虾浓核病毒属（Penstyldensovirus）。

二、双义浓核病毒属

　　病毒基因组大小为 5.5kb，双义链。病毒蛋白（VP）基因在互补链的 5′端，分成大、小两个 ORF。双义浓核病毒属（Ambidensovirus）成员与浓核病毒亚科其他属的区别是：它没有完整的磷脂酶 A2（PLA2）蛋白，其 PLA2 编码区位于编码病毒蛋白（VP）的小 ORF 的 C 端部分。烟色大蠊浓核病毒中 3 个编码非结构蛋白基因的排列方式与浓核病毒属成员一样，大小相似。

　　浓核病毒属成员的主要特征是，单链 DNA 基因组大小约 6kb。包被正链的病毒粒子与包被负链的病毒粒子在数量上相等。在一条链上有 3 个 ORF 编码非结构蛋白使用一个 mRNA 启动子[距末端基因 7 分子单位（mu）]。其互补链编码 4 个结构蛋白，使用该链末端 9mu 的一个 mRNA 启动子。鹿眼蛱蝶浓核病毒具有一个 517 个碱基的末端反向重复序列，其前面的 96 个碱基可形成 T 形结构。双义浓核病毒属确定成员见表 1-23。双义浓核病毒属代表种：鳞翅目昆虫双义浓核病毒 1 型（*Lepidopteran ambidensovirus* 1）。

表 1-23 双义浓核病毒属确定成员

病毒中文名称	病毒学名及基因序列登记号	缩写名称
蜚蠊目昆虫双义浓核病毒 1 型	*Blattodean ambidensovirus* 1	
烟色大蠊双义浓核病毒	Periplaneta fuliginosa densovirus，[AF192260]	PfDV
蜚蠊目昆虫双义浓核病毒 2 型	*Blattodean ambidensovirus* 2	
德国蠊浓核病毒	Blattella germanica densovirus 1，[AY189948]	BgDV1
双翅目昆虫双义浓核病毒	*Dipteran ambidensovirus*	
尖音库蚊浓核病毒	Culex pipens densovirus，[FJ810126]	CpDV
同翅目昆虫双义浓核病毒 1 型	*Hemipteran ambidensovirus* 1	
橘粉蚧浓核病毒	Planococcus citri densovirus，[AY032882]	PcDV
鳞翅目昆虫双义浓核病毒 1 型	*Lepidopteran ambidensovirus* 1	
小蔗螟浓核病毒	Diatraea saccharalis densovirus，[AF036333]	DsDV
大蜡螟浓核病毒	Galleria mellonella densovirus，[L32896]	GmDV
棉铃虫浓核病毒	Helicoverpa armigera densovirus，[JQ894784]	HaDV
鹿眼蛱蝶浓核病毒	Junonia coenia densovirus，[S47266]	JcDV
条纹黏虫浓核病毒	Mythimna loreyi densovirus，[AY461507]	MlDV
大豆夜蛾浓核病毒	Pseudoplusia includens densovirus，[JX645046]	PiDV
直翅目昆虫双义浓核病毒	*Orthopteran ambidensovirus*	
家蟋浓核病毒	Gryllus domesticus densovirus，[HQ827781]	AdDV

注：确定种名用斜体，分离株名用正体，GenBank 序列号放在 [ ]中

三、短浓核病毒属

短浓核病毒属（*Brevidensovirus*）的主要特征是，单链 DNA 基因组大小约为 4kb。病毒粒子分成正链与负链两类，大部分（85%）的病毒粒子包被负极性的单链 DNA；编码结构蛋白与非结构蛋白的 ORF 均位于同一链上，在基因 7 分子单位（mu）与 60 分子单位（mu）处都有 mRNA 启动子，在互补链上有一未知功能的小 ORF，在基因组 3′端有一个 146 个碱基的回文序列，而在 5′端则有一个不同的 164 个碱基的回文序列，两个末端序列均能折叠成 T 形结构。短浓核病毒主要感染宿主是埃及伊蚊、白纹伊蚊、尖音库蚊等双翅目昆虫（Cotmore et al.，2019）（表 1-24，表 1-25）。短浓核病毒属代表种：双翅目昆虫短浓核病毒 1 型（*Dipteran brevidensovirus* 1）。

表 1-24 短浓核病毒属确定成员

病毒中文名称	病毒学名及基因序列登记号	缩写名称
双翅目昆虫短浓核病毒 1 型	*Dipteran brevidensovirus 1*	
埃及伊蚊浓核病毒 1 株	Aedes aegypti densovirus 1，[M37899]	AaeDV-1
白纹伊蚊浓核病毒 1 株	Aedes albopictus densovirus 1，[AY095351]	AalDV-1
尖音库蚊浓核病毒	Culex pipiens pallens densovirus，[EF579756]	CppDV
冈比亚按蚊浓核病毒	Anopheles gambiae densovirus，[EU233812]	AgDV
埃及伊蚊浓核病毒 2 株	Aedes aegypti densovirus 2，[FJ360744]	AaeDV-2
双翅目昆虫短浓核病毒 2 型	*Dipteran brevidensovirus 2*	
白纹伊蚊浓核病毒 2 株	Aedes albopictus densovirus 2，[X74945]	AalDV-2
白纹伊蚊浓核病毒 3 株	Aedes albopictus densovirus 3，[AY310877]	AalDV-3
趋血蚊浓核病毒	Haemagogus equinus densovirus，[AY605055]	HeDV

注：确定种名用斜体，分离株名用正体，GenBank 序列号放在[ ]中

表 1-25 短浓核病毒属可能成员

带蚋浓核病毒	Simulium vittatum densovirus	SvDNV
巨蚊浓核病毒	Toxorhynchites amboinensis densovirus	TaDNA
华丽巨蚊浓核病毒	Toxorhynchites splendens densovirus，[AF395903]	TsDNV

注：可能种名用正体，GenBank 序列号放在[ ]中

四、肝胰浓核病毒属

肝胰浓核病毒属（*Hepandensovirus*）病毒基因组为单分子单链 DNA，分子大小约 6.5kb，具有末端发夹，但没有末端反向重复（ITR）结构。编码病毒结构蛋白和非结构蛋白的 ORF 都在相同链上，基因组序列与浓核病毒亚科其他属的序列不同。病毒粒子包裹的 DNA 链几乎全是负链，病毒基因组中没有 ITR，不含任何 PLA2 识别序列。在基因 5 分子单位和基因 50 分子单位处有两个 mRNA 的启动子。病毒编码单一 54kDa 衣壳蛋白，衣壳蛋白上缺少 PLA2 基元。基因组左右发夹长度分别为 136bp 和 170bp。

肝胰浓核病毒属成员主要感染对象是无脊椎动物对虾，包括中国明对虾、斑节对虾和墨吉明对虾等（表 1-26），引起肝和胰腺疾病（Cotmore et al.，2019），可给对虾养殖业造成重大损失。肝胰浓核病毒属代表种：虾类肝胰浓核病毒 1 型（*Decapod hepandensovirus* 1）。

表 1-26 肝胰浓核病毒属确定成员

病毒中文名称	病毒学名及基因序列登记号	缩写名称
虾类肝胰浓核病毒 1 型	*Decapod hepandensovirus 1*	
中国明对虾肝胰浓核病毒	Fenneropenaeus chinensis hepandensovirus，[AY008257，JN082231]	FchDV

病毒中文名称	病毒学名及基因序列登记号	缩写名称
墨吉明对虾肝胰浓核病毒	Fenneropenaeus merguiensis hepandensovirus，[DQ458781]	FmeDV
斑节对虾肝胰浓核病毒 1 株	Penaeus monodon hepandensovirus 1，[DQ002873]	PmoHDV-1
斑节对虾肝胰浓核病毒 2 株	Penaeus monodon hepandensovirus 2，[EU247528]	PmoHDV-2
斑节对虾肝胰浓核病毒 3 株	Penaeus monodon hepandensovirus 3，[EU588991]	PmoHDV-3
斑节对虾肝胰浓核病毒 4 株	Penaeus monodon hepandensovirus 4，[FJ410797]	PmoHDV-4

注：确定种名用斜体，分离株名用正体，GenBank 序列号放在[ ]中

五、埃特拉浓核病毒属

埃特拉浓核病毒属（*Iteravirus*）成员的主要特征是，病毒粒子呈正二十面体，直径 20~25nm，粒子的表面由 42 个壳粒构成，没有囊膜。病毒核酸为单链 DNA 或为正链或为负链，基因组的大小约 5kb；包被正链病毒粒子与负链病毒粒子的数量相等。在体外抽取时，正链和负链彼此相辅，碰在一起形成双链。沉淀系数 17S，长度 1.69nm，相对分子质量 1.6×10^6~2.2×10^6，G+C 含量 37%，Tm=84.5℃。家蚕浓核病毒至少有三个 ORF，其中 ORF2 编码病毒的结构蛋白。编码结构蛋白与非结构蛋白的 ORF 均位于同一条链上。在每个 ORF 的上游均有一个 mRNA 启动子。在互补链上有一个小的 ORF，其功能尚不清楚。DNA 具有 225 个碱基的末端反向重复序列，其前面的 175 个碱基是回文序列，但折叠时并不形成 T 形结构。埃特拉浓核病毒属的宿主是鳞翅目昆虫（表 1-27）。埃特拉浓核病毒属代表种：鳞翅目昆虫埃特拉浓核病毒 1 型（*Lepidopteran iteradensovirus* 1）。

表 1-27　埃特拉浓核病毒属确定成员

病毒中文名称	病毒学名及基因序列登记号	缩写名称
鳞翅目埃特拉浓核病毒 1 型	*Lepidopteran iteradensovirus* 1	
家蚕浓核病毒	Bombyx mori densovirus，[AY033435]	BmDV
鳞翅目埃特拉浓核病毒 2 型	*Lepidopteran iteradensovirus* 2	
新刺蛾浓核病毒	Casphalia extranea densovirus，[AF375296]	CeDV
暗色茅刺蛾浓核病毒	Sibine fusca densovirus，[JX020762]	SfDV
鳞翅目埃特拉浓核病毒 3 型	*Lepidopteran iteradensovirus* 3	
马尾松毛虫浓核病毒	Dendrolimus punctatus densovirus，[AY665654]	DpDV
鳞翅目埃特拉浓核病毒 4 型	*Lepidopteran iteradensovirus* 4	
北美黑凤蝶浓核病毒	Papilio polyxenes densovirus，[JX110122]	PpDV
鳞翅目埃特拉浓核病毒 5 型	*Lepidopteran iteradensovirus* 5	
棉铃虫浓核病毒	Helicoverpa armigera densovirus，[HQ613271]	HaDV2

注：确定种名用斜体，分离株名用正体，GenBank 序列号放在[ ]中

六、蓝对虾浓核病毒属

蓝对虾浓核病毒属（*Penstyldensovirus*）病毒为单链 DNA 基因组，分子大小约 4kb，单链，基因组缺少明显的 PLA2 基元。

该病毒以前称为虾蟹的传染性皮下组织和造血组织坏死病毒（infectious hypodermal and hematopoietic necrosis virus，IHHNV），作为养殖对虾重要病原而被鉴定发现。该病毒病是可传播的对虾致死性病原体，严重影响对虾取食速率，并与名为"慢性矮小残缺综合征"（runt deformity syndrome，RDS）的慢性疾病相关联，病虾顶鞘表皮畸形，生长缓慢。蓝对虾浓核病毒可对养殖业造成重大经济损失（Cotmore et al.，2019）。蓝对虾浓核病毒属成员见表 1-28。

表 1-28　蓝对虾浓核病毒属确定成员

病毒中文名称	病毒学名及基因序列登记号	缩写名称
虾类蓝对虾浓核病毒 1 型	*Decapod penstyldensovirus* 1	
蓝对虾浓核病毒 1 株	Penaeus stylirostris penstyldensovirus 1，[AF273215]	PstDV-1
斑节对虾蓝对虾浓核病毒 1 株	Penaeus monodon penstyldensovirus 1，[GQ411199]	PmoPDV-1
斑节对虾蓝对虾浓核病毒 2 株	Penaeus monodon penstyldensovirus 2，[AY124937]	PmoPDV-2
蓝对虾浓核病毒 2 株	Penaeus stylirostris penstyldensovirus 2，[GQ475529]	PstDV-2

注：确定种名用斜体，分离株名用正体，GenBank 序列号放在[ ]中

蓝对虾浓核病毒可通过卵巢垂直传播，并降低雌虾产卵量，感病存活虾终生都是病毒的携带者和传播者。

蓝对虾浓核病毒在自然界广泛分布，但由于成功开发出了抗性品系种群，这一病毒病不再成为养殖业的主要问题，不再造成经济损失。

蓝对虾浓核病毒属代表种：虾类蓝对虾浓核病毒 1 型（*Decapod penstyldensovirus* 1）。

七、浓核病毒亚科未确定归属的成员

浓核病毒亚科还有部分成员未归入已设立的属，直翅目昆虫浓核病毒 1 型就为未确定归属成员（表 1-29）。

表 1-29　浓核病毒亚科未确定归属成员

病毒中文名称	病毒学名	缩写名称
直翅目昆虫浓核病毒 1 型	Orthopteran densovirus 1	

注：可能种名用正体

第七节　呼肠孤病毒科质型多角体病毒属

呼肠孤病毒科（*Reoviridae*）属于 RNA 病毒域（*Riboviria*）（Gorbalenya，2018），该病毒科分为两个亚科 15 个属，其中刺突呼肠孤病毒亚科（*Spinareovirinae*）质型多角体病毒属（*Cypovirus*）、迪诺维纳病毒属（*Dinovernavirus*）、昆虫非包裹呼肠孤病毒属（*Idnoreovirus*）成员能专一性感染昆虫（Attoui et al.，2012），但用于生物防治的主要是质型多角体病毒属成员（刘润忠等，1992）。质型多角体病毒属成员在宿主范围、病毒粒子形态学及其在感染细胞中产生多角体的特性，都与呼肠孤病毒科的其他病毒属成员不同。

一、质型多角体病毒属主要特征

质型多角体病毒属（*Cypovirus*）成员专一性感染昆虫和其他节肢动物，病毒粒子可包埋在蛋白质包涵体中，包涵体形状有三角形、四角形、五角形、六角形、球形及立方形，由于病毒包涵体在感染宿主细胞质中形成，通常称为质型多角体。多角体直径 0.1～10μm，可在光学显微镜下观察到（图 1-10）。在不同的宿主昆虫中，质型多角体的形状与大小有很大的差别。多角体主要是由多角体蛋白质（polyhedrin）组成，分子量为 25～30kDa。

图 1-10　家蚕质型多角体病毒形态结构示意图（a、b）和多角体（c）、粒子（d）电镜图片
图片由中国科学院武汉病毒研究所电镜室高丁提供

质型多角体病毒粒子为二十面体，近球形；直径 50～65nm，位于二十面体的顶端有 12 根突起物或钉状物，突起物长达 20nm，似乎是空心的，每根突起物的顶部附着一个球状结构，直径约 12nm，推测这些突起物，特别是其顶端球状结构，可能是病毒感染细胞时的吸附部位。致密的髓核区为一层外壳所包裹，无囊膜。病毒粒子含双链 RNA，线性，有 10 个节段，总分子量为 19.3～22kDa，核酸质量占粒子全重的 25%～30%，G＋C 含量为 36%～42%。病毒粒子 RNA 的正链 5′端戴帽和甲基化（Belloncik et al.，1996）。粒子中的蛋白质含 3～5 个多肽，分子量为 30～151kDa，占粒子全重的 70%～75%。病毒粒子中的转录酶不需蛋白水解酶类处理便可激活。粒子中还有核苷酸磷酸水解酶、戴帽酶、外切酶，并有能凝集

鸡、绵羊和小鼠红细胞的凝集素。病毒感染力在 pH 3 时稳定，在 80～85℃下 10min 后丧失感染力，耐乙醚，对紫外线照射相对稳定，衣壳对蛋白水解酶有抵抗（Attoui et al.，2012）。表 1-30 列出家蚕质型多角体病毒 1 型基因组编码的蛋白质及其大小和功能。

表 1-30　家蚕 CPV-1 型 10 个基因组节段及其编码蛋白

序号	RNA大小（bp）	编码蛋白	蛋白质分子大小（kDa）	蛋白质功能和位置
1	4190	VP1	148	主要核心衣壳蛋白（CP），位于病毒粒子
2	3854	VP2	136	聚合酶，位于病毒粒子
3	3846	VP3	140	位于病毒粒子
4	3262	VP3（VP4）	120	可能形态转化区（Mtr），位于病毒粒子
5	2852	NS1（NS5） NS2（NS5a） NS6（NS5b）	101 80 23	非结构蛋白，包含自动切割氨基酸序列，与口蹄疫病毒 2A 启动子（FMDV 2A^{pro}）相似
6	1796	VP4（VP6）	64	亮氨酸拉链，ATP/GTP 结合蛋白，位于病毒粒子
7	1501	NS3 NS4（VP7）	50 8，31	非结构蛋白，具有"结构"切割产物
8	1328	VP8 或 P44（NSP8）	44	未知
9	1186	NS5（NSP9）	36	非结构蛋白，结合双链 RNA
10	944	Polyhedrin（Pod）	28.5	包涵体蛋白

　　质型多角体病毒基因组片段的大小在不同的病毒种之间存在很大差异［如最小的双链 RNA（dsRNA）的大小为 530～1440bp］，该属病毒种的区分以病毒基因组双链 RNA 节段电泳图谱作为标准。根据这种标准，质型多角体病毒分成 20 多个型。电泳型之间至少有 3 个基因节段的迁移率不同。基因组双链 RNA 片段交叉杂交分析与病毒结构蛋白血清学比较，证明这一分类标准是可行的。在不同电泳型之间迄今未发现 RNA 序列的同源性，而血清学交叉反应的水平也很低。质型多角体病毒 1～20 型各基因组片段和大小如表 1-31 所示。

　　质型多角体病毒 1 型中每个病毒株不同基因组片段编码链的末端序列都是共同的或非常密切相关的，但与其他种质型多角体病毒的不同（表 1-32）。当与 *Cypovirus* 1、*Cypovirus* 2、*Cypovirus* 5、*Cypovirus* 14 或 *Cypovirus* 15 的病毒株相比较时，云杉卷蛾质型多角体病毒 16 型（Choristoneura fumiferana cypovirus 16，CfCPV-16）在整个序列上显示序列高度变异，因此认为 *Cypovirus* 16 是一个独立的种，尽管 CfCPV-16 的 3′端序列和 5′端序列与 *Cypovirus* 5 各病毒株的末端序列相似。这些数据也表明，不同的质型多角体电泳型可能（但并非总是）具有不同的保守 RNA 末端序列。

表 1-31 质型多角体病毒 1～20 型各片段的分子大小（kb）

基因片段序号	1 型	2 型	3 型	4 型	5 型	6 型	7 型	8 型	9 型	10 型	11 型	12 型	13 型	14 型	15 型	16 型	17 型	18 型	19 型	20 型
总基因组	24.8	25.5	26.7	27.5	26.3	27.2	25.6	27.0	24.1	27.6	25.5	26.1	25.2	25.3	24.9	—	24.6	24.7	23.9	22.0
1	4.19	4.06	4.29	4.17	4.17	4.17	4.32	4.54	4.32	4.31	4.60	4.43	4.26	4.33	4.36	—	3.87	4.17	4.17	3.70
2	3.86	4.06	4.12	4.17	4.17	4.06	4.15	4.54	4.18	4.31	4.40	4.12	4.26	4.06	4.19	—	3.75	3.79	3.76	3.65
3	3.85	3.83	4.12	4.17	4.17	4.00	4.02	4.40	4.07	4.02	4.40	4.12	4.03	3.92	3.88	—	3.58	3.79	3.64	3.60
4	3.26	3.65	3.69	3.90	3.69	3.72	3.81	3.92	3.62	4.02	3.83	3.67	3.60	3.34	3.31	—	3.30	3.25	3.27	3.10
5	2.85	2.21	3.60	2.43	3.22	2.73	2.54	3.69	2.34	2.50	1.98	3.30	3.20	3.16	2.26	—	2.40	2.88	2.11	2.20
6	1.80	1.93	2.29	2.17	2.17	2.36	2.27	1.90	1.72	2.29	1.98	2.00	1.60	1.78	1.86	—	1.90	1.80	1.89	1.75
7	1.50	1.79	2.15	1.95	2.06	2.23	2.02	1.30	1.72	2.29	1.35	1.44	1.40	1.39	1.78	—	1.85	1.47	1.70	1.40
8	1.33	1.56	1.08	1.72	1.21	1.63	1.08	1.19	0.78	1.69	1.27	1.27	1.14	1.25	1.23	—	1.50	1.42	1.28	1.40
9	1.19	1.38	0.83	1.47	0.88	1.40	0.85	0.88	0.69	1.21	0.98	1.13	0.98	1.14	1.16	—	1.50	1.18	1.18	1.25
10	0.99	0.98	0.60	1.44	0.88	0.90	0.53	0.65	0.69	0.99	0.71	0.64	0.78	0.96	0.90	1.17	0.90	0.93	0.87	0.85
11															0.20*					

注:"—"为没有确定

* 质型多角体病毒 15 型确定有 11 个基因片段

表 1-32　质型多角体病毒不同株基因组片段末端保守序列（正链）

病毒种	病毒株	5′端	3′端
Cypovirus 1	BmCPV-1	5′-AGUAA	GUUAGCC-3′
	DpCPV-1	5′-AGUAA	GUUAGCC-3′
	LdCPV-1	5′-AGU^A/$_G$^{A}/$_G$	G^U/$_C$UAGCC-3′
Cypovirus 2	IiCPV-2	5′-AGUUUA	UAGGUC-3′
Cypovirus 4[*]	ApCPV-4	5′-AAUCGACG	GUCGUAUG-3′
Cypovirus 5	OpCPV-5	5′-AGUU	UUGC-3′
Cypovirus 14	LdCPV-14	5′-AGAA	CAGCU-3′
Cypovirus 15	TnCPV-15	5′-AUUAAAAA	GC-3′
Cypovirus 16[**]	CfCPV-16	5′-AGUUUUU	UUUGUGC-3′
（未确定分类）	UsCPV-17	5′-AGAACAAA	UACACU-3′
（未确定分类）	ObCPV-18	5′-AGUAAA^G/$_U$/A^C/$_U$	^{U}/$_C$A^A/$_G$GUUAGCU-3′
（未确定分类）	ObCPV-19	5′AACAAA^A/$_U$A^A/$_U$	^{A}/$_U$G^A/$_U$UUUGC-3′
（未确定分类）	SuCPV-20	5′-AGAAAAC	CAUGGC-3′
（未确定分类）	MvCPV-21	5′-AUAUAAUU	ΛGUUAGU-3′

[*] 仅依据第 9 基因片段
[**] 仅依据第 10 基因片段

二、质型多角体病毒属主要成员

质型多角体病毒属（*Cypovirus*）目前确定的病毒种有 16 个，另外还有几个电泳型病毒和几个病毒株还没有确定，称为质型多角体病毒属的可能成员（表 1-33，表 1-34）。质型多角体病毒属代表种：质型多角体病毒 1 型（*Cypovirus 1*）。

表 1-33　质型多角体病毒属确定成员

病毒中文名称	病毒学名及基因序列登记号	缩写名称
质型多角体病毒 1 型	*Cypovirus 1*	
家蚕质型多角体病毒 1 型	Bombyx mori cypovirus 1，[S1：SF323781，S2：AF322782，S3：AF323783，S4：AF323784，S5：A035733，S6：AB030014，S7：AB030015，S8：AB016436，S9：AF061199，S10：D37768]	BmCPV-1
马尾松毛虫质型多角体病毒 1 型	Dendrolimus punctatus cypovirus 1，[S1：AY163247，S2：AY147187，S3：AY167578，S4：AF542082，S5：AY163248，S6：AY163249，S7：AY211091，S8：AF513912，S9：AY310312，S10：AF541985]	DpCPV-1
赤松毛虫质型多角体病毒 1 型	Dendrolimus spectabilis CPV 1	DsCPV-1
舞毒蛾质型多角体病毒 1 型	Lymantria dispar cypovirus 1，[S1：AF389462，S2：AF389463，S3：AF389464，S4：AF389465，S5：AF389466，S6：AF389467，S7：AF389468，S8：AF389469，S9：AF389470，S10：AF389471]	LdCPV-1

续表

病毒中文名称	病毒学名及基因序列登记号	缩写名称
质型多角体病毒 2 型	*Cypovirus 2*	
荨麻蛱蝶质型多角体病毒 2 型	Aglais urticae cypovirus 2	AuCPV-2
香子兰蛱蝶质型多角体病毒 2 型	Agraulis vanillae cypovirus 2	AvaCPV-2
豹灯蛾质型多角体病毒 2 型	Arctia caja cypovirus 2	AcCPV-2
绒灯蛾质型多角体病毒 2 型	Arctia villica cypovirus 2	AviCPV-2
宝蛱蝶质型多角体病毒 2 型	Boloria dia cypovirus 2	BdCPV-2
茸毒蛾质型多角体病毒 2 型	Dasychira pudibunda cypovirus 2	DpCPV-2
桦枯叶蛾质型多角体病毒 2 型	Eriogaster lanestris cypovirus 2	ElCPV-2
松针天蛾质型多角体病毒 2 型	Hyloicus pinastri cypovirus 2	HpCPV-2
孔雀翎蛱蝶质型多角体病毒 2 型	Inachis io cypovirus 2	IiCPV-2
草安夜蛾质型多角体病毒 2 型	Lacanobia oleracea cypovirus 2	LoCPV-2
天幕毛虫质型多角体病毒 2 型	Malacosoma neustria cypovirus 2	MnCPV-2
甘蓝夜蛾质型多角体病毒 2 型	Mamestra brassicae cypovirus 2	MbCPV-2
幽波尺蛾质型多角体病毒 2 型	Operophtera brumata cypovirus 2	ObCPV-2
黄凤蝶质型多角体病毒 2 型	Papilio machaon cypovirus 2	PmCPV-2
圆掌舟蛾质型多角体病毒 2 型	Phalera bucephala cypovirus 2	PbCPV-2
菜粉蝶质型多角体病毒 2 型	Pieris rapae cypovirus 2	PrCPV-2
质型多角体病毒 3 型	*Cypovirus 3*	
纵纹尺蠖质型多角体病毒 3 型	Anaitis plagiata cypovirus 3	ApCPV-3
豹灯蛾质型多角体病毒 3 型	Arctia caja cypovirus 3	AcCPV-3
黑脉金斑蝶质型多角体病毒 3 型	Danaus plexippus cypovirus 3	DpCPV-3
红枯叶蛾质型多角体病毒 3 型	Gonometa rufibrunnea cypovirus 3	GrCPV-3
天幕毛虫质型多角体病毒 3 型	Malacosoma neustria cypovirus 3	MnCPV-3
幽波尺蛾质型多角体病毒 3 型	Operophtera brumata cypovirus 3	ObCPV-3
赤荫夜蛾质型多角体病毒 3 型	Phlogophera meticulosa cypovirus 3	PmCPV-3
菜粉蝶质型多角体病毒 3 型	Pieris rapae cypovirus 3	PrCPV-3
莎草黏虫质型多角体病毒 3 型	Spodoptera exempta cypovirus 3	SexmCPV-3
质型多角体病毒 4 型	*Cypovirus 4*	
姆珈大蚕蛾质型多角体病毒 4 型	Antheraea assamensis cypovirus 4, [S9: AF374299]	AaCPV-4
印度柞蚕质型多角体病毒 4 型	Antheraea mylitta cypovirus 4, [S9: AF374298]	AmCPV-4
柞蚕质型多角体病毒 4 型	Antheraea pernyi cypovirus 4	ApCPV-4
普利柞蚕质型多角体病毒 4 型	Antheraea proylei cypovirus 4, [S9: AF374300]	AprCPV-4
质型多角体病毒 5 型	*Cypovirus 5*	
白地老虎质型多角体病毒 5 型	Euxoa scandens cypovirus 5, [S10: J04338]	EsCPV-5
棉铃虫质型多角体病毒 5 型	Heliothis armigera cypovirus 5, [S10: U06196]	HaCPV-5
黄杉毒蛾质型多角体病毒 5 型	Orgyia pseudotsugata cypovirus 5, [S10: U06194]	OpCPV-5

续表

病毒中文名称	病毒学名及基因序列登记号	缩写名称
莎草黏虫质型多角体病毒 5 型	Spodoptera exempta cypovirus 5	SexmCPV-5
粉纹夜蛾质型多角体病毒 5 型	Trichoplusia ni cypovirus 5	TnCPV-5
质型多角体病毒 6 型	*Cypovirus 6*	
荨麻蛱蝶质型多角体病毒 6 型	Aglais urticae cypovirus 6	AuCPV-6
荷叶边板栗夜蛾质型多角体病毒 6 型	Agrochola helvolva cypovirus 6	AhCPV-6
珠板栗夜蛾质型多角体病毒 6 型	Agrochola lychnidis cypovirus 6	AlCPV-6
纵纹尺蠖质型多角体病毒 6 型	Anaitis plagiata cypovirus 6	ApCPV-6
黄幕毛虫质型多角体病毒 6 型	Antitype xanthomista cypovirus 6	AxCPV-6
桦尺蠖质型多角体病毒 6 型	Biston betularia cypovirus 6	BbCPV-6
桦枯叶蛾质型多角体病毒 6 型	Eriogaster lanestris cypovirus 6	E1CPV-6
栎枯叶蛾质型多角体病毒 6 型	Lasiocampa quercus cypovirus 6	LqCPV-6
质型多角体病毒 7 型	*Cypovirus 7*	
甘蓝夜蛾质型多角体病毒 7 型	Mamestra brassicae cypovirus 7	MbCPV-7
模夜蛾质型多角体病毒 7 型	Noctua pronuba cypovirus 7	NpCPV-7
质型多角体病毒 8 型	*Cypovirus 8*	
醋栗尺蠖质型多角体病毒 8 型	Abraxas grossulariata cypovirus 8	AgCPV-8
棉铃虫质型多角体病毒 8 型	Helicoverpa armigera cypovirus 8	HaCPV-8
森林天幕毛虫质型多角体病毒 8 型	Malacosoma disstria cypovirus 8	MdCPV-8
松大蚕蛾质型多角体病毒 8 型	Nudaurelia cytherea cypovirus 8	NcCPV-8
赤荫夜蛾质型多角体病毒 8 型	Phlogophora meticulosa cypovirus 8	PmCPV-8
莎草黏虫质型多角体病毒 8 型	Spodoptera exempta cypovirus 8	SexmCPV-8
质型多角体病毒 9 型	*Cypovirus 9*	
黄地老虎质型多角体病毒 9 型	Agrotis segetum cypovirus 9	AsCPV-9
质型多角体病毒 10 型	*Cypovirus 10*	
深褐警纹夜蛾质型多角体病毒 10 型	Aporophyla lutulenta cypovirus 10	AlCPV-10
质型多角体病毒 11 型	*Cypovirus 11*	
棉铃虫质型多角体病毒 11 型	Helicoverpa armigera cypovirus 11	HaCPV-11
美洲棉铃虫质型多角体病毒 11 型	Helicoverpa zea cypovirus 11	HzCPV-11
舞毒蛾质型多角体病毒 11 型	Lymantria dispar cypovirus 11	LdCPV-11
甘蓝夜蛾质型多角体病毒 11 型	Mamestra brassicae cypovirus 11	MbCPV-11
棉红铃虫质型多角体病毒 11 型	Pectinophora gossypiella cypovirus 11	PgCPV-11
一点黏虫质型多角体病毒 11 型	Pseudaletia unipuncta cypovirus 11	PuCPV-11
莎草黏虫质型多角体病毒 11 型	Spodoptera exempta cypovirus 11	SexmCPV-11
甜菜夜蛾质型多角体病毒 11 型	Spodoptera exigua cypovirus 11	SexgCPV-11
质型多角体病毒 12 型	*Cypovirus 12*	
汉马夜蛾质型多角体病毒 12 型	Autographa gamma cypovirus 12	AgCPV-12

续表

病毒中文名称	病毒学名及基因序列登记号	缩写名称
甘蓝夜蛾质型多角体病毒 12 型	Mamestra brassicae cypovirus 12	MbCPV-12
菜粉蝶质型多角体病毒 12 型	Pieris rapae cypovirus 12	PrCPV-12
莎草黏虫质型多角体病毒 12	Spodoptera exempta cypovirus 12	SexmCPV-12
质型多角体病毒 13 型	*Cypovirus* 13	
亚非马蜂质型多角体病毒 13 型	Polistes hebraeus cypovirus 13	PhCPV-13
质型多角体病毒 14 型	*Cypovirus* 14	
舞毒蛾质型多角体病毒 14 型	Lymantria dispar cypovirus 14, [S1: NC_003006, S2: NC_003007, S3: NC_003008, S4: NC_003009, S5: NC_003010, S6: NC_003011, S7: NC_003012, S8: C_003013, S9: NC_003014, S10: NC_003015]	LdCPV-14
质型多角体病毒 15 型	*Cypovirus* 15	
粉纹夜蛾质型多角体病毒 15 型	Trichoplusia ni cypovirus 15, [S1: NC_002557, S2: NC_002558, S3: NC_002559, S4: NC_002567, S5: NC_002560, S6: NC_002561, S7: NC_002562, S8: NC_002563, S9: NC_002564, S10: NC_002565, S11: NC_002566]	TnCPV-15
棉铃虫质型多角体病毒 15 型 A 株	Helicoverpa armigera cypovirus 15 A（strain）	HaCPV-15
质型多角体病毒 16 型	*Cypovirus* 16	
云杉卷蛾质型多角体病毒 16 型	Choristoneura fumiferana cypovirus 16, [S10: U95954]	CfCPV-16

注：确定种名用斜体，分离株名用正体，GenBank 序列号放在 [ ] 中

表 1-34　质型多角体病毒属可能成员

蓝带蚊质型多角体病毒 17 型	Uranotaenia sapphirina cypovirus 17, [S10: AY876384]	UsCPV-17
雷斯坦斯库蚊质型多角体病毒 17 型	Culex restuans cypovirus 17, [S10: DQ212785]	CrCPV-17
幽波尺蛾质型多角体病毒 18 型	Operophtera brumata cypovirus 18, [S5-10: DQ192245-50]	ObCPV-18
幽波尺蛾质型多角体病毒 19 型	Operophtera brumata cypovirus 19, [S2: DQ192251, S5: DQ192252, S9-10: DQ192253-4]	ObCPV-19
乌比基图姆蚋质型多角体病毒 20 型	Simulium ubiquitum cypovirus 20, [S10: DQ834386]	SuCPV-20
豆野螟质型多角体病毒 21 型	Maruca vitrata cypovirus 21	MvCPV-21
棉铃虫质型多角体病毒 B 株	Helicoverpa armigera cypovirus（B strain）	HaCPV-B
小菜蛾质型多角体病毒 B 株	Plutella xylostella cypovirus（B strain）	PxCPV
豆野螟质型多角体病毒 A 株	Maruca vitrata cypovirus（A strain）	MvCPV-A
豆野螟质型多角体病毒 B 株	Maruca vitrata cypovirus（B strain）	MvCPV-B

注：可能种名用正体，GenBank 序列号放在 [ ] 中

（编写人：张忠信、黄国华、吴柳柳）

参 考 文 献

甘运凯. 1981. 大尺蠖核型多角体病毒的研究. 昆虫学报, 24(4): 372-379.

刘岱岳. 1987a. 世界上昆虫病毒的种类. 西北林学院学报, 2(1): 134-153.

刘岱岳. 1987b. 世界上昆虫病毒的种类(续). 西北林学院学报, 2(2): 79-100.

刘年翠, 梁东瑞, 张起麟. 1981. 菜粉蝶颗粒体病毒的分离/提纯/鉴定/超微结构和应用. 武汉大学学报（自然科学版）, 2: 49-60.

刘润忠, 谢天恩, 彭辉银, 等. 1992. 文山松毛虫质型多角体病毒形态结构及理化性质的研究. 中国病毒学, 7(1): 69-79.

吕鸿声. 1982. 昆虫病毒与昆虫病毒病. 北京: 科学出版社.

吕鸿声. 1998. 昆虫病毒分子生物学. 北京: 中国农业科学技术出版社.

吴燕, 王贵成. 1993a. 我国发现的森林昆虫病毒名录. 林业科技通讯, (2): 24-26.

吴燕, 王贵成. 1993b. 我国发现的森林昆虫病毒名录(续). 林业科技通讯, (3): 28-30.

谢天恩, 谢薇. 2002. 昆虫病毒与宿主之间的相互关系. In: 谢天恩, 胡志红. 普通病毒学. 北京: 科学出版社: 233-291.

张忠信, 梅小伟. 2006. 昆虫 DNA 病毒. In: 张忠信. 病毒分类学. 北京: 高等教育出版社: 265-307.

Adams J, Stadelbacher E, Tompkins G. 1979. A new virus-like particle isolated from the cotton bollworm, *Heliothis zea*. 37th Annual Proceedings of the Electron Microscopy Society of America, 238-249.

Adams J R, McClintock J T. 1991. *Baculoviridae*. Nuclear polyhedrosis viruses. Part 1 Nuclear polyhedrosis viruses of insects. In: Adams J R, Bonami J R. Atlas of Invertebrate Viruses. Boca Raton: CRC Press: 87-204.

Afonso C L, Tulman E R, Lu Z, et al. 2001. Genome sequence of a baculovirus pathogenic for *Culex nigripalpus*. J Virol, 75(22): 11157-11165.

Arai E, Ishii K, Ishii H, et al. 2018. An ascovirus isolated from *Spodoptera litura* (Noctuidae: Lepidoptera) transmitted by the generalist endoparasitoid *Meteorus pulchricornis* (Braconidae: Hymenoptera). Journal of General Virology, 99: 574-584.

Arif B, Escasa S, Pavlik L. 2011. Biology and genomics of viruses within the genus *Gammabaculovirus*. Viruses, 3: 2214-2222.

Asgari S, Bideshi D K, Bigot Y, et al. 2017. ICTV virus taxonomy profile: *Ascoviridae*. Journal of General Virology, 98: 4-5.

Asgari S, Davis J, Wood D, et al. 2007. Sequence and organization of the Heliothis virescens ascovirus genome. Journal of General Virology, 88: 1120-1132.

Asgari S. 2006. Replication of Heliothis virescens ascovirus in insect cell lines. Archives of Virology, 151(9): 1689-1699.

Attoui H, Mertens P P C, Becnel J, et al. 2012. Family: *Reoviridae*. In: King A M Q, Adams M J, Carstens E B, et al. Virus Taxonomy, Classification and Nomenclature of Viruses, Ninth Report of the International Committee on Taxonomy of Viruses. Amsterdam: Elsevier Academic Press: 541-637.

Au S, Wu W, Pante N. 2013. Baculovirus nuclear import: open, nuclear pore complex (NPC) sesame. Viruses, 5: 1885-1900.

Au S, Wu W, Zhou L, et al. 2016. A new mechanism for nuclear import by actin-based propulsion used by a baculovirus nucleocapsid. J Cell Sci, 129: 2905-2911.

Ayres M D, Howard S C, Kuzio J, et al. 1994. The complete DNA sequence of Autographa californica nuclear polyhedrosis virus. Virology, 202: 586-605.

Becnel J J, White S E, Moser B A, et al. 2001. Epizootiology and transmission of newly discovered baculovirus from the mosquito *Culex nigripalpus* and *C. quinquefasciatus*. J Gen Virol, 82: 275-282.

Becnel J J, White S E. 2007. Mosquito pathogenic viruses - the last 20 years. J Am Mosq Control Assoc, 23: 36-49.

Bedford G O. 1980. Biology, ecology, and control of palm rhinoceros beetles. Annu Rev Entomol, 25: 309-339.

Belloncik S, Liu J, Su D, et al. 1996. Identification and characterisation of a new *Cypovirus* type 14, isolated from *Heliothis armigera*. J Invertebr Pathol, 67: 41-47.

Berns K I, Parrish C R. 2013. *Parvoviridae*. In: Knipe D M, Howley P. Fields Virology. 6th. Philadelphia: Lippincott Williams & Wilkins: 1768-1791.

Bideshi D K, Bigot Y, Federici B A, et al. 2010. Ascoviruses. In: Asgari S, Johnson K N. Insect Virology. Norfolk: Caister Academic Press: 3-34.

Bideshi D K, Demattei M V, Rouleux-Bonnin F, et al. 2006. Genomic sequence of Spodoptera frugiperda ascovirus 1a, an enveloped, double-stranded DNA insect virus that manipulates apoptosis for viral reproduction. Journal of Virology, 80: 11791-11805.

Bigot Y, Asgari S, Bideshi D K, et al. 2012. Family *Ascoviridae*. In: King A M Q, Adams M J, Carstens E B, et al. Virus Taxonomy: Ninth Report on Taxonomy of Viruses. Amsterdam: Elsevier Academic Press: 147-152.

Bigot Y, Rabouille A, Doury G, et al. 1997a. Biological and molecular features of the relationship between Diadromus pulchellus ascovirus, a parasitoid hymenopteran wasp (*Diadromus pulchellus*) and its lepidopteran host, *Acrolepiopsis assectella*. J Gen Virol, 78: 1140-1163.

Bigot Y, Rabouille A, Sizaret P Y, et al. 1997b. Particle and genomic characteristics of a new member of the *Ascoviridae*:

Diadromus pulchellus ascovirus. J Gen Virol, 78: 1139-1147.

Bigot Y, Renault S, Nicolas J, et al. 2009. Symbiotic virus at the evolutionary intersection of three types of large DNA viruses; iridoviruses, ascoviruses, and ichnoviruses. PLoS ONE, 4(7): e6397.

Burand J. 1998. Nudiviruses. *In*: Lois K Miller, L Andrew Ball. The Insect Viruses. New York: Plenum Press: 69-90.

Chao Y C, Young III S Y, Kim K S, et al. 1985. A newly isolated densonucleosis virus from *Pseudoplusia includens* (Lepidoptera: Noctuidae). Journal of Invertebrate Pathology, 46(1) : 70-82.

Chen Z S, Hou D H, Cheng X W, et al. 2018. Genomic analysis of a novel isolate Heliothis virescens ascovirus 3i (HvAV-3i) and identification of ascoviral repeat ORFs (aros). Archives of Virology, 163: 2849-2853.

Cheng X W, Huang G H. 2011. World distribution, diagnosis and identification of ascoviruses. Journal of Environmental Entomology, 33(4): 534-539.

Cheng X W, Carner G R, Arif B M. 2000. A new ascovirus from *Spodoptera exigua* and its relatedness to the isolate from *Spodoptera frugiperda*. Journal of General Virology, 81(12): 3083-3092.

Chinchar V G, Hick P, Ince I A, et al. 2017. ICTV virus taxonomy profile: *Iridoviridae*. Journal of General Virology, 98: 890-891.

Christian P D, Scotti P D. 1998. The picorna-like viruses of insects. *In*: Lois K Miller, L Andrew Ball. The Insect Viruses. New York: Plenum Press: 301-336.

Clark T B, Chapman H C, Fukuda T. 1969. Nuclear-polyhedrosis virus infections in Louisiana mosquitoes. J Invertebr Pathol, 14: 284-286.

Clark T B, Fukuda T. 1971. Field and laboratory observations of two viral deseases in *Aedes sollicitans* (Walker) in southeastern Louisiana. Mosq News, 31(2): 193-199.

Cotmore S F, Agbandje-McKenna M, Canuti M, et al. 2019. ICTV virus taxonomy profile: *Parvoviridae*. Journal of General Virology, 100: 367-368.

Darai G. 1990. Molecular Biology of Iridoviruses. Boston: Kluwer Academic Publications: 305.

de Araujo C J, Alves R, Sanscrainte N D, et al. 2012. Occurrence and phylogenetic characterization of a baculovirus isolated from *Culex quinquefasciatus* in Sao Paulo State, Brazil. Arch Virol, 157: 1741-1745.

Doyle C J, Hirst M L, Cory J S, et al. 1990. Risk assessment studies: detailed host range testing of wild-type cabbage moth, *Mamestra brassicae* (Lepidoptera: Noctuidae), nuclear polyhedrosis virus . Applied and Environmental Microbiology, 56(9): 2704-2710.

Eaton H E, Metcalf J, Penny E, et al. 2007. Comparative genomic analysis of the family *Iridoviridae*: re-annotating and defining the core set of iridovirus genes. Virol J, 4: 11.

Eberle K E, Jehle J A, Hüber J. 2012b. Microbial control of crop pests using insect viruses. *In*: Abrol D P, Shankar U. Integrated Pest Management: Principles and Practice. Wallingford: CABI Publishing: 281-298.

Eberle K E, Wennmann J T, Kleespies R G, et al. 2012a. Basic techniques in insect virology. *In*: Lacey L A. Manual of Techniques in Invertebrate Pathology. 2nd. San Diego: Academic Press: 15-74.

EPPO. 2014. PQR Database. European and Mediterranean Plant Protection Organization, Paris, France. http://www.eppo. int/DATABASES/[2019-3-25].

Federici B A, Bideshi D K, Tan Y, et al. 2009. Ascoviruses: superb manipulators of apoptosis for viral replication and transmission. *In*: James L, van Etten. Lesser Known Large dsDNA Viruses. Current Topics in Microbiology and Immunology, 328: 171-196.

Federici B A, Govindarajan R. 1990. Comparative histopathology of three ascovirus isolates in larval noctuids. Journal of Invertebrate Pathology, 56: 300-311.

Federici B A, Lowe R E. 1972. Studies on the pathology of a baculovirus in *Aedes triseriatus*. J Invertebr Pathol, 20: 14-21.

Federici B A, Vlak J M, Hamm J J. 1990. Comparison of virion structure, protein composition, and genomic DNA of three Ascovirus isolates. J Gen Virol, 71: 1661-1668.

Federici B A. 1978. Baculovirus epizootic in a larval population of the clover cutworm, *Scotogramma trifolii* in southern California. Environmental Entomology, 7: 423-427.

Federici B A. 1980. Mosquito baculovirus: sequence of morphogenesis and ultrastructure of the virion. Virology, 100: 1-9.

Federici B A. 1983. Enveloped doublestranded DNA insect virus with novel structure and cytopathology. Proceedings of the National Academy of Sciences of the United States of America, 80: 7664-7668.

Federici B A. 1985. Viral pathogens of mosquito larvae. Bulletin of the American Mosquito Control Association, 6: 62-74.

Fenner F. 1996. Poxviruses. *In*: Fields B N, Knipe D M, Howley P M. Virology. 3rd. Vol 2. New York: Lippincott-Raven Press: 2673-2702.

Fraser M J. 1986. Ultrastructural observations of virion maturation in Autographa californica nuclear polyhedrosis virus infected *Spodoptera frugiperda* cell cultures. J Ultrastruct Mol Struct Res, 95: 189-195.

Galinski M S, Yu Y, Heminway B R, et al. 1994. Analysis of the c-polyhedrin genes from different geographical isolates of a type 5 cytoplasmic polyhedrosis virus. J Gen Virol, 75: 1969-1974.

Gorbalenya A E. 2018. Increasing the number of available ranks in virus taxonomy from five to ten and adopting the Baltimore classes as taxa at the basal rank. Arch Virol, 163: 2933-2936.

Govindarajan R, Federici B A. 1990. Ascovirus infectivity and the effects of infection on the growth and development of Noctuid larvae. J Invert Pathol, 56: 291-299.

Granados R R, Federici B A. 1986. The Biology of Baculoviruses. Boca Raton: CRC Press: 1-258.

Granados R R. 1981. Entomopoxvirus infections in insects. *In*: Davidson I. Pathogenesis of Invertebrate Microbial. Diseases. Totowa New Jersey: Allenheld Osmu: 101-129.

Hall D W, Fish D D. 1974. A baculovirus from the mosquito *Wyeomyia smithii*. J Invertebr Pathol, 23: 383-388.

Hamm J J, Pair S D, Marti O G. 1986. Incidence and host range of a new ascovirus isolated from fall armyworm, *Spodoptera frugiperda* (Lepidoptera: Noctuidae). Fla Entomol, 69: 525-531.

Hamm J J, Styer E L, Federici B A. 1998. Comparison of field-collected ascovirus isolates by DNA hybridization, host range, and histopathology. Journal of Invertebrate Pathology, 72: 138-146.

Harrison R, Hoover K. 2012. Baculoviruses and other occluded insect viruses. *In*: Vega F, Kaya H. Insect Pathology. Amsterdam: Elsevier: 73-131.

Harrison R L, Herniou E A, Jelhe J A, et al. 2018. ICTV virus taxonomy profile: *Baculoviridae*. J Gen Virol, 99: 1185-1186.

Herniou E A, Arif B M, Becnel J J, et al. 2012. Family *Baculoviridae*. *In*: King A M Q, Adams M J, Carstens E B, et al. Virus Taxonomy, Classification and Nomenclature of Viruses, Ninth Report of the International Committee on Taxonomy of Viruses. Amsterdam: Elsevier Academic Press: 163-173.

Hill C L, Booth T F, Prasad B V V, et al. 1999. The structure of a cypovirus and the functional organization of dsRNA viruses. Nature Structural Biology, 6: 565-568.

Hostetter D, Puttler B. 1991. A new broad host spectrum nuclear polyhedrosis virus isolated from a celery looper, *Anagrapha falcifera* (Kirby), (Lepidoptera: Noctuidae) . Environmental Entomology, 20(5): 1480-1488.

Huang G H, Garretson T A, Cheng X H, et al. 2012a. Phylogenetic position and replication kinetics of Heliothis virescens ascovirus 3h (HvAV-3h) isolated from *Spodoptera exigua*. PLoS ONE, 7(7): e40225.

Huang G H, Hou D H, Wang M, et al. 2017. Genome analysis of Heliothis virescens ascovirus 3h isolated from China. Virologica Sinica, 32: 147-154.

Huang G H, Wang Y S, Wang X, et al. 2012b. Genomic sequence of Heliothis virescens ascovirus 3g isolated from *Spodoptera exigua*. Journal of Virology, 86(22): 12467-12468.

Huang G H. 2015. Applied prospect of ascoviruses and ecological regulation. China Youth Plant Protection Technology Innovation from Chinese Youth. Beijing: China Agricultural Science and Technology Press: 89-92.

Hudson J, Carner G. 1981. Histopathology of an unidentified virus of *Heliothis zea* and *Heliothis virescens*. Proceedings of the Southeast Electron Microscopy Society, 4: 27.

Hüger A M. 1966. A virus disease of the Indian rhinoceros beetle, *Oryctes rhinoceros* (Linnaeus), caused by a new type of insect virus, *Rhabdionvirus oryctes* gen. n., sp. n. J Invertebr Pathol, 8: 38-51.

Hüger A M. 2005. The Oryctes virus: its detection, identification, and implementation in biological control of the coconut palm rhinoceros beetle, *Oryctes rhinoceros* (Coleoptera: Scarabaeidae). J Invertebr Pathol, 89: 78-84.

Ince I A, Boeren S, van Oers M M, et al. 2015. Temporal proteomic analysis and label-free quantification of viral proteins of an invertebrate iridovirus. J Gen Virol, 96: 196-205.

Jackson T A. 2009. The use of Oryctes virus for control of rhinoceros beetle in the Pacific Islands. *In*: Hajek A E, Glare T R, O'Callaghan M. Use of Microbes for Control and Eradication of Invasive Arthropods. Dordrecht: Springer: 133-140.

Jehle J A, Blissard G W, Bonning B C, et al. 2006a. On the classification and nomenclature of baculoviruses: a proposal for revision. Arch Virol, 151: 1257-1266.

Jehle J A, Lange M, Wang H, et al. 2006b. Molecular identification and phylogenetic analysis of baculoviruses from Lepidoptera. Virology, 346: 180-193.

Li S J, Hopkins R J, ZhaoY P, et al. 2016. Imperfection works: survival, transmission and persistence in the system of Heliothis virescens ascovirus 3h (HvAV-3h), Microplitis similis and *Spodoptera exigua*. Scientific Reports, 6: 21296.

Li S J, Wang X, Zhou Z S, et al. 2013. A comparison of growth and development of three major agricultural insect pests infected with Heliothis virescens ascovirus 3h (HvAV-3h). PLoS ONE, 8(12): e85704.

Mao J, Tham T N, Gentry G A, et al. 1996. Cloning, sequence analysis and expression of the major capsid protein of the iridovirus frog virus 3. Virology, 216: 431-436.

Max B, Peter T. 2010. Densoviruses: a highly diverse group of arthropod parvoviruses. *In*: Asgari S, Johnson K. Insect Virology. Norfolk: Caister Academic Press: 59-78.

Mertens P P C, Crook N E, Rubinstein R, et al. 1989. Cytoplasmic polyhedrosis virus classification by electropherotype: validation by serological analyses and agarose gel electrophoresis. J Gen Virol, 70: 173-185.

Mertens P P C, Pedley S, Crook N E, et al. 1999. A comparison of six cypovirus isolates by cross-hybridisation of their dsRNA genome segments. Arch Virol, 144: 561-566.

Miller L, Ball L A. 1998. The Insect Viruses. New York: Plenum Press: 411.

Miller L K. 1997. The Baculoviruses. New York: Plenum Press: 477.

Moser B A, Becnel J J, White S E, et al. 2001. Morphological and molecular evidence that Culex nigripalpus baculovirus is an unusual member of the family *Baculoviridae*. J Gen Virol, 82: 283-297.

Murphy F A, Fauquet C M, Bishop D H L, et al. 1995. Virus Taxonomy. Sixth Report of the International Committee on Taxonomy of Viruses. New York: Springler-Verlag.

Newton I R. 2004. The biology and characterisation of the ascoviruses (*Ascoviridae*: *Ascovirus*) of *Helicoverpa armigera* Hubner and *Helicoverpa punctigera* Wallengren (Lepidoptera: Noctuidae) in Australia. Queensland: Queensland University: 197.

Payne C C, Mertens P P C. 1983. Cytoplasmic polyhedrosis viruses. *In:* Joklik W K. *Reoviridae*. New York: Plenum Press: 425-504.

Perera O P, Valles S M, Green T B, et al. 2006. Molecular analysis of an occlusion body protein from Culex nigripalpus nucleopolyhedrovirus (CuniNPV). J Invertebr Pathol, 91: 35-42.

Rohrmann G F. 1992. Baculovirus structural proteins. J Gen Virol, 73: 749-761.

Skinner M A, Buller R M, Damon I K, et al. 2012. The family: *Poxviridae*. *In:* King A M Q, Admas M J, Carstens E B, et al. Virus Taxonomy: Classification and Nomenclature of Viruses, Ninth Report of the International Committee on Taxonomy of Viruses. London: Academic Press: 297-310.

Smede M, Furlong M J, Asgari S. 2008. Effects of Heliothis virescens ascovirus (HvAV-3e) on a novel host, *Crocidolomia pavonana* (Lepidoptera: Crambidae). Journal of Invertebrate Pathology, 99(3): 281-285.

Stasiak K, Renault S, Federici B A, et al. 2005. Characteristics of pathogenic and mutalistic relationships of ascoviruses in field populations of parasitoid wasps. Journal of Insect Physiology, 51(2): 103-115.

Stiles B, Dunn P E, Paschke J D. 1983. Histopathology of a nuclear polyhedrosis infection in *Aedes epactius* with observations in four additional mosquito speices. J Invertebr Pathol, 41: 191-202.

Summers M D. 1971. Electron microscopic observations on granulosis virus entry, uncoating and replication processes during infection of the midgut cells of *Trichoplusia ni*. J Ultrastruct Res, 35: 606-625.

Tanada Y, Hess R T. 1991. *Baculoviridae* : Granulosis viruses. *In:* Adama J R, Bonami J R. Atlas of Invertebrate viruses. Boca Raton: CRC Press, Inc.: 227-257.

Thiem S M, Cheng X W. 2009. Baculovirus host-range . Virologica Sinica, 24(5): 436-457.

Tidona C A, Schnitzler P, Kehm R, et al. 1998. Is the major capsid protein of iridoviruses a suitable target for the study of viral evolution? Virus Genes, 16: 59-66.

Tijssen P, Bergoin M. 1995. Densonucleosis viruses constitute an increasingly diversified subfamily among the parvoviruses. Semin Virol, 6(5) : 347-355.

Tijssen P, Pénzes J J, Yu Q, et al. 2016. Diversity of small, single-stranded DNA viruses of invertebrates and their chaotic evolutionary past. J Invertebr Pathol, 140: 83-96.

Tillman P G, Hamm J J, Styer E L, et al. 2004. Transmission of ascovirus from *Heliothis virescens* (Lepidoptera: Noctuidae) by three parasitoids and effects of virus on survival of parasitoid *Cardiochiles nigriceps* (Hymenoptera: Braconidae). Environmental Entomology, 33(3): 633-643.

Volkman L E. 1997. Nucleopolyhedrovirus interactions with their insect hosts. Adv Virus Res, 48: 313-348.

Wang J, Yang M, Xiao H, et al. 2020. Genome analysis of a novel ascovirus DjTV-2a belonging to genus *Toursvirus* from *Dasineura jujubifolia*. Virologica Sinica, 35: 134-142.

Wang L H, Xue J L, Seaborn C P, et al. 2006. Sequence and organization of the Trichoplusia ni ascovirus 2c (*Ascoviridae*) genome. Virology, 354 (1): 167-177.

Wang Y, Jehle J A. 2009. Nudiviruses and other large, double-stranded circular DNA viruses of invertebrates: new insights on an old topic. J Invertebr Pathol, 101: 187-193.

Webby R, Kalmakoff J. 1998. Sequence comparison of the major capsid protein gene from 18 diverse iridoviruses. Arch Virol, 143: 1949-1966.

Wei Y L, Hu J, Li S J, et al. 2014. Genome sequence and organization analysis of Heliothis virescens ascovirus 3f isolated from a Helicoverpa zea larva. Journal of Invertebrate Pathology, 122: 40-43.

Williams T, Ward V K. 2010. Iridoviruses. *In:* Asgari S K, Johnson K. Insect Virology. Caister: Academic Press: 123-152.

Williamson C, von Wechmar M B, Rybicki E P. 1989. Further characterisation of *Rhopalosiphum padi* virus of aphids and comparison of isolates from South Africa and Illinois. J Invertebr Pathol, 54: 85-96.

Wrigley N G. 1969. An electron microscope study of the structure of Sericesthis iridescent virus. J Gen Virol, 5: 123-134.

Wu A Z, Sun Y K. 1986. Isolation and reconstitution of the RNA replicase of the cytoplasmic polyhedrosis virus of silkworm, *Bombyx mori*. TAG, 72: 662-664.

Xu L M, Wang T T, Li F, et al. 2016. Isolation and preliminary characterization of a new pathogenic iridovirus from red clawcray fish Cherax quadricarinatus. Diseases of Aquatic Organisms, 120(1): 17-26.

Yan X, Yu Z, Zhang P, et al. 2009. The capsid proteins of a large, icosahedral dsDNA virus. J Mol Biol, 385: 1287-1299.

第二章　昆虫病毒生物农药研究和应用进展

昆虫病毒是许多无脊椎动物种类的重要病原，病毒与其宿主的关系有很长的历史，也许可能超过 2 亿年。已报道的感染昆虫病毒有 1600 多种，分属 20 多个病毒科（Miller and Ball，1998），可能还有数千种病毒会从昆虫中被识别出来（Federici，1997）。然而，尽管发现报道的昆虫病毒很多，但大部分病毒对昆虫的侵染率和致病力并不高，不具备作为生物农药进行害虫控制的能力。如本书第一章所述，能够作为生物农药应用的是杆状病毒科（*Baculoviridae*）、呼肠孤病毒科（*Reoviridae*）质型多角体病毒属（*Cypovirus*，CPV）、痘病毒科（*Poxviridae*）昆虫痘病毒亚科（*Entomopoxvirinae*，EPV）、细小病毒科（*Parvoviridae*）浓核病毒亚科（*Densovirinae*，DV）、囊泡病毒科（*Ascoviridae*）和虹彩病毒科（*Iridoviridae*）部分属的病毒成员。但真正能作为昆虫病毒生物农药规模化生产应用的主要还是杆状病毒。迄今为止，超过 600 种昆虫病毒是杆状病毒科成员（Miller，1997；Eberle et al.，2012a，2012b）。

近年来，害虫抗性增强、农药残留、环境污染、生物多样性减少等环境、生态安全问题日益突出，农业生产对病毒生物农药等环境友好型农药的需求不断上升。从产业化角度考虑，病毒生物农药与其他活体微生物农药相比，有诸多独特和复杂的方面，包括杀虫谱较窄、不能用常规发酵方式生产、生产成本相对较高等。但昆虫杆状病毒对靶昆虫毒力强，可形成系统感染，幼虫取食少量病毒就可感染致死，全身组织感染后液化向环境释放病毒包涵体，容易在害虫种群中引发流行病，不易导致害虫产生抗性。昆虫病毒在抗性害虫的防治中具有重要作用，在森林和其他稳定生态环境中可起到持续控制害虫的作用。

昆虫病毒中的杆状病毒在生物防治剂中属于作用较快的，是当今全球最重要的害虫种类的高毒力病原体。这些重要害虫如小菜蛾（*Plutella xylostella*）和实夜蛾属/铃夜蛾属（*Heliothis/Helicoverpa*）的种类等，它们的特点是对化学杀虫剂产生了高水平的抗性，对其进行控制对农民来说是一个严重的挑战。目前广泛的证据也表明，昆虫病毒，特别是其中的杆状病毒对昆虫具专一特异性。全球形成的广泛共识：昆虫杆状病毒作为生物农药进行害虫控制明显不构成安全问题（Mudgal et al.，2013）。昆虫杆状病毒作为生物农药正受到世界各国越来越多的重视。

第一节 国外昆虫病毒生物农药的发展历史和现状

一、国外昆虫病毒生物农药发展概况

利用昆虫杆状病毒防治害虫始于 19 世纪，1892 年，德国第一次用模毒蛾核多角体病毒（Lymantria monacha NPV，LymoNPV）防治松林害虫。1913 年，美国用舞毒蛾核型多角体病毒（*Lymantria dispar* MNPV，LdMNPV）进行了田间防治舞毒蛾的试验。1949 年，Steinhaus 分离到甜菜夜蛾核型多角体病毒（*Spodoptera exigua* NPV，SeMNPV）。

从 20 世纪初到现在，昆虫病毒生物农药的产业化研发和应用在世界范围内一直没有停止过。虽然有大量关于病毒生物农药田间试验和应用的报道，但由于牵涉商业因素，病毒生物农药产业化、产品登记及其真实应用情况不易全面获取。据公开报道情况看，目前在美国、巴西、俄罗斯、瑞士、法国、西班牙、印度、日本、韩国、澳大利亚、南非、尼日利亚等国家都有昆虫病毒生物农药产品的登记，应用面积较大的产品主要包括黎豆夜蛾 NPV（*Anticarsia gemmatalis* NPV）、苹果蠹蛾 GV（*Cydia pomonella* GV）、甜菜夜蛾 NPV（*Spodoptera exigua* NPV）、棉铃虫 NPV（*Helicoverpa armigera* NPV）、美洲棉铃虫 NPV（*Helicoverpa zea* NPV）、海灰翅夜蛾 NPV（*Spodoptera littoralis* NPV）等。还有许多登记产品受限于生产、成本、市场等因素，仅局限于较小范围使用，或者产品基本处于停产状态。表 2-1 列出了国外部分开发成昆虫病毒产品的杆状病毒。

表 2-1 国外已经开发或正在开发成生物农药的杆状病毒

杆状病毒	宿主昆虫	作物	参考文献
CpGV	苹果蠹蛾 *Cydia pomonella*	苹果和核桃	Eberle and Jehle, 2006；Lacey and Shapiro-Ilan, 2008；Lacey et al., 2008b
PhopGV	马铃薯块茎蛾 *Phthorimaea operculella*	马铃薯	Sporleder and Kroschel, 2008；Arthurs et al., 2008；Lacey and Kroschel, 2009
AdorGV	棉褐带卷叶蛾（夏果卷叶蛾）*Adoxophyes orana*	苹果、梨	Cross et al., 1999；Nakai, 2009
PlxyGV	小菜蛾 *Plutella xylostella*	芸苔、甘蓝、卷心菜、油菜	Grzywacz et al., 2004
CrleGV	苹果异形小卷蛾（伪苹果蠹蛾）*Cryptophlebia leucotreta*	柑橘、棉花、鳄梨、澳洲坚果	Moore et al., 2004a, 2015
HomaGV	茶长卷叶蛾 *Homona magnanima*	茶叶、花卉、梨	Kunimi, 2007；Nakai, 2009
AdhoGV	褐带卷叶蛾 *Adoxophyes honmai*	茶叶、景观树木	Nakai, 2009
AdorGV	棉褐带卷叶蛾 *Adoxophyes orana*	棉花	Oho et al., 1974；Blommers et al., 1987
HearNPV	棉铃虫 *Helicoverpa armigera*	玉米、棉花、蔬菜、豆类等作物	Rabindra and Jayaraj, 1995；Buerger et al., 2007

续表

杆状病毒	宿主昆虫	作物	选择的参考文献
HzNPV	美洲棉铃虫 *Helicoverpa zea*	玉米、棉花、番茄、烟草等作物	Ignoffo，1999
SpexMNPV	莎草黏虫 *Spodoptera exempta*	牧草、小麦、大麦、玉米、水稻	Grzywacz et al.，2008
SeMNPV	甜菜夜蛾 *Spodoptera exigua*	芦笋、芹菜、甜菜、番茄、黄苜、棉花、谷物和油籽等	Kolodny-Hirsch et al.，1997；Lasa et al.，2007
SpliNPV	海灰翅夜蛾 *Spodoptera littoralis*	棉花、多种蔬菜、水果和花卉	Jones et al.，1994
SpltNPV	斜纹夜蛾 *Spodoptera litura*	棉花、烟草、蔬菜、景观植物等多种作物	Nakai and Cuc，2005
AgMNPV	黎豆夜蛾 *Anticarsia gemmatalis*	大豆、其他豆科植物	Moscardi，2007；Panazzi，2013
LdMNPV	舞毒蛾 *Lymantria dispar*	多种落叶阔叶树种	Podgwaite，1999
NeleNPV	红头松叶蜂 *Neodiprion lecontei*	马尾松种群、挪威杉	Cunningham，1995
OpMNPV	黄杉毒蛾 *Orgyia pseudotsugata*	花旗松、冷杉、云杉和其他景观树木	Martignoni，1999
NeabNPV	香脂冷杉叶蜂 *Neodiprion abietis*	冷杉、云杉、落叶松	Lucarotti et al.，2007；Moreau and Lucarotti，2007
AcMNPV	苜蓿银纹夜蛾 *Autographa californica*	各种蔬菜和饲料作物，如苜蓿、豌豆、芸苔	Vail et al.，1999
TnSNPV	粉纹夜蛾 *Trichoplusia ni*	芸苔	Vail et al.，1999
HpNPV	柚木食叶虫 *Hyblea puera*	柚木	Nair et al.，1996
AnfaMNPV，同物异名 RaouMNPV	芹菜夜蛾 *Anagrapha falcifera*，或灰夜蛾 *Rachoplusia ou*	各种蔬菜	Hostetter and Puttler，1991；Harrison and Bonning，1999

二、国外第一种商业化昆虫病毒生物农药的诞生及发展历程

尽管最早报道的昆虫病毒的应用是在森林害虫防治中进行的，但其进入商业化生产还是从其作为防治农业害虫的病毒开始。农业上大田昆虫病毒研究主要集中在危害作物叶片和果实部位的害虫上，早期研究报道比较多的是玉米田中感染草地贪夜蛾（又称秋黏虫）的核型多角体病毒（Chapman and Glaser，1915；Allen，1921）。由于美洲棉铃虫（*Helicoverpa zea*，又称谷实夜蛾）在美国既是玉米上的主要害虫，也是棉花上的害虫，因此该虫的病毒研究受到重视。Ignoffo 等（1965）使用美洲棉铃虫核型多角体病毒（HzNPV）在玉米叶上喷施进行生物防治，使用剂量为 $1.5\times10^{12}OB/hm^2$，剂型为可湿性粉剂，应用 5 次和 8 次，玉米上美洲棉铃虫幼虫种群数量分别下降 68% 和 86%。Hamm 和 Young（1971）研究了应用 $1.5\times10^{13}OB/hm^2$ 的 HzNPV 防治玉米上的美洲棉铃虫。病毒包涵体在玉米穗早期施用 1 次，在穗吐丝期施用 5 次，可显著减少害虫对玉米的伤害（未处理的对照伤害指数为 10.0，处理的平均伤害指数为 8.4）。

1975 年是病毒生物农药产业化的一个重要时间点。经过前期大量的基础和田

间试验研究，以及经过包括人口服杆状病毒等安全评价试验，由 Sandoz 公司研发的美洲棉铃虫 NPV 以商品名 Elcar™ 获得美国食品药品监督管理局（FDA）的农药登记，使昆虫病毒成为一种商品，被赋予农药的性质（Ignoffo，1979），主要用于棉花、玉米上美洲棉铃虫的防治。然而 Elcar™ 作为一种生物农药的市场及推广并不成功，主要原因是在其登记不久，一类现代意义上光稳定的化学杀虫剂拟除虫菊酯被开发应用，相对于昆虫病毒生物农药杀虫谱窄、杀虫速度较慢、杀虫效率不高的缺点，拟除虫菊酯广谱、高效、杀虫速度快、杀虫活性高，而且价格相对低廉。这样，拟除虫菊酯农药的广泛应用严重影响了 Elcar™ 的商业化。1982年，Sandoz 公司停止了 Elcar™ 的生产（Grzywacz，2017）。到了 20 世纪 80 年代和 90 年代，拟除虫菊酯在棉花害虫中抗性的广泛出现，HzNPV 重新引起了人们的兴趣，从而在美国重新登记为 Gemstar™。1993 年，美国利用开发的核型多角体病毒 HzNPV，控制密西西比三角洲棉田周围野生寄主植物中的美洲棉铃虫（Helicoverpa zea）和烟芽夜蛾（Heliothis virescens），从而实现全域害虫管理的计划目标，区域面积达到 2000km^2（Bell and Hardee，1994a，1994b，1995；Hardee and Bell，1995；Street et al.，1997；Harde et al.，1999）。但到了 20 世纪 90 年代末期，随着转苏云金杆菌（Bt）基因抗虫棉的推广，这些杆状病毒区域性防治项目逐渐退出应用市场。

在澳大利亚，Elcar™（HzNPV）于 20 世纪 70 年代首次引入，同样与当时风头正劲的拟除虫菊酯竞争，因此，昆虫病毒产品在当地没有得到发展。20 世纪 90 年代，随着棉铃虫对拟除虫菊酯抗性的迅速发展，Gemstar™（HzNPV）又被引入澳大利亚。由于澳大利亚严格执行进口法规限制，2004 年开始应用本地的杆状病毒株系产品 ViVUSGold（HearNPV）。然而，随着转苏云金杆菌（Bt）基因的基因工程棉花品种在澳大利亚的普及，在棉花害虫防治中杆状病毒应用市场在澳大利亚基本消失。

尽管棉铃虫对化学杀虫剂产生了抗药性，但迄今为止，杆状病毒无论是在美国还是在澳大利亚的棉花田中大面积应用，都没有出现害虫产生病毒抗性的报道（Buerger et al.，2007）。目前，尽管转 Bt 毒素蛋白基因棉花或转 Bt 毒素蛋白玉米的广泛普及使昆虫病毒产品在棉花或玉米市场消失，但 HzNPV 和 HearNPV 产品在蔬菜、油料、豆类和高粱等作物中仍有市场空间。由于非洲还未广泛应用转基因棉花，HearNPV 产品在南非棉花棉铃虫防治上仍具有进一步扩大应用的潜力（Knox et al.，2015）。

棉铃虫作为水果上的害虫，历史上仅在南非和澳大利亚的柑橘上发生。在澳大利亚，它是水果上的一种次要害虫（Smith et al.，1997），但在南非，它会破坏80% 以上的幼果，使总产量减少 80% 以上（Moore et al.，2004b）。近年来，该虫也进入南美巴西的果园，成为柑橘上的重要害虫（Paiva and Yamamoto，2014）。

果园中的棉铃虫主要在春季为害，取食花朵和初结的果实（Grout and Moore，2015）。早就有在澳大利亚柑橘棉铃虫幼虫被核型多角体病毒（NPV）和颗粒体病毒（GV）感染的报道，但没有任何详细资料（Smith et al.，1997）。Moore 等（2004b）及 Moore 和 Kirkman（2010）在南非脐橙上对棉铃虫进行了一系列全面的田间试验，结果表明，施用病毒浓度低至 $7.3×10^5$OB/mL，也可在 14d 内使棉铃虫侵害率降低 100%，棉铃虫对坐果的为害率降低 84%，柑橘产量提高 99%，水果出口的拒绝率降低 96%。随后，一种 HearNPV 产品 Helicovir（南非河流生物科学公司，River Bioscience，South Africa）在南非登记，用于防治柑橘和其他作物上的棉铃虫（Moore and Kirkman，2010）。

三、国外利用裸露病毒生态防控椰子独角仙害虫

昆虫病毒生物防治最著名的经典之作是利用椰子独角仙裸露病毒（*Oryctes rhinoceros nudivirus*，OrNV）防治棕榈和椰树上的椰子独角仙（*Oryctes rhinoceros*）（Hüger，2005；Jackson et al.，2005；Jackson，2009）。

椰子独角仙又称椰蛀犀金龟，属鞘翅目金龟子科（Coleoptera：Scarabaeidae），主要为害椰子和油棕榈，也危害香蕉、甘蔗、木瓜、剑麻、凤梨和拉斐棕榈等。该虫原来在亚洲—西太平洋的椰树生长区发生，偶尔被引入萨摩亚群岛，随后蔓延到西南太平洋其他岛屿，成为这些地区严重为害椰子和棕榈树的外来害虫（Bedford，1980；Jackson，2009）。甲虫成虫取食棕榈树冠的叶子，使棕榈树产量减少并死亡。幼虫在包括垂死棕榈树在内的腐烂棕榈树原木中及其他有机质含量较高的场所（如木屑、粪堆等）发育生长（Bedford，1980）。

椰子独角仙裸露病毒是 Hüger（1966）在马来西亚从感病椰子独角仙中分离的病毒，后来释放到萨摩亚和一些西南太平洋岛屿（Bedford，1980；Hüger，2005；Jackson，2009）。病毒对成虫的感染为慢性感染，感染病毒的成虫不能立即死亡，但可成为能飞翔移动的贮存大量病毒粒子的病毒池。当感病成虫与健康成虫在棕榈树冠中取食时，聚集在一起的成虫通过交配和取食病虫污染叶片，促使病毒从感染个体向健康个体传播，病毒在成虫间传播扩散。感病病毒雌成虫通过产卵将病毒带到幼虫饲养发育的位置，幼虫取食病毒后为急性感染，依据感染龄期不同和温度条件不同（25～32℃），幼虫在感病后 9～25d 死亡（Hüger，1966；Zelazny，1972），部分感染未死亡的幼虫发育成携带病毒的感病成虫。病毒对椰子独角仙有明显的长期控制作用，病毒释放后，通过引发流行病杀死幼虫、缩短感病成虫寿命、降低雌成虫生育能力，使害虫对棕榈叶的伤害显著减少（Zelazny，1972，1973；Bedford，1980；Hüger，2005；Jackson，2009）。

1967 年，OrNV 首次在萨摩亚进行田间释放应用。经船运将感染病毒的椰子独

角仙幼虫从德国达姆施塔特的实验室送到萨摩亚,用患病幼虫浸渍液喷洒腐化锯末后饲喂健康幼虫来生产病毒。1967 年 3 月和 4 月,在萨摩亚的马诺诺岛(Manono Island)和萨瓦伊岛(Savai'i Island)害虫繁殖点释放感染病毒的死亡虫尸进行应用,1968 年 10 月从田间回收感染病毒的幼虫,结果发现在整个萨摩亚广泛分布该病毒,即使在没有释放该病毒的地方也是如此。在马诺诺岛原来释放病毒的地点,椰子独角仙几乎绝迹。在病毒已很好地建立种群的区域,植物受到的危害显著减少。

在萨摩亚的研究和应用取得成功后,接着在太平洋的其他岛屿上继续释放病毒防治椰子独角仙。1970 年,OrNV 被引入斐济,从野外捕获椰子独角仙健康成虫,在实验室感染病毒,然后在田间多个选择位点释放病毒。1970~1974 年,数千只感染病毒的椰子独角仙释放到害虫严重危害区域,通过病毒病的扩散范围及棕榈损害程度估算防治效果。一些未处理区域作为对照进行调查统计。结果非常明显,在处理 3 年后,5 个处理点诱捕的椰子独角仙 50%~70%感染病毒,对棕榈树的损害程度从处理前的 35%~85%,大多数下降到 10%以下。

在汤加塔布岛,通过喷洒感染病毒死亡幼虫浸泡后的粗提液释放病毒,这种病毒是在萨摩亚通过感染腐化锯末上人工饲养的椰子独角仙幼虫生产的。1970 年,在萨摩亚西端的 50 多个害虫暴发点释放病毒,结果引起病毒病流行,以每 3 个月3km 的速度扩散,流行高峰时幼虫感染病毒率达到 40%。顶梢心叶受损害的棕榈树比例在处理 15 个月后,由 28%迅速下降到 5%。

OrNV 还在太平洋的其他岛屿上释放,包括托克劳(Tokelau,1967 年)、帕劳(1970年,1983 年)、瓦利斯岛(Wallis Island,1970~1971 年)、巴布亚新几内亚(Papua New Guinea,1978~1979 年)。该病毒还在马尔代夫(Maldives)和印度(India)应用。

在释放椰子独角仙裸露病毒时,最经济和有效的方法是释放被病毒感染的成虫(Bedford,1986)。在斐济,椰子树林引入释放这种病毒,35 年来都能长期控制椰子独角仙对棕榈的危害(Bedford,2013)。在非洲,从 1983 年 11 月到 1987年 6 月,通过 4 次间隔释放约 2000 只感染病毒成虫,该病毒被引入了坦桑尼亚的近缘种甲虫非洲蛀犀金龟(*Oryctes monoceros*),在最后一次释放后 1.5 年,释放区域的病毒感染率在 40%~60%,这表明椰子独角仙裸露病毒已在非洲蛀犀金龟野生种群中稳定增殖扩散(Purrini,1989)。

然而,进入 21 世纪,有报道称椰子独角仙裸露病毒毒力已变弱,因此对一些海岛椰子独角仙的感染没有效果。Jackson(2009)认为,需要筛选毒力更强的OrNV 病毒株和改进应用方法去克服这一问题,使该病毒的应用进一步发展。

四、国外利用核型多角体病毒防治北美森林害虫

北美昆虫病毒的应用主要是利用核型多角体病毒防治舞毒蛾和其他几种重要

的叶蜂害虫，应用方法主要包括传统病毒引入方法或开发出病毒生物农药进行释放应用。针对林业上的 4 种害虫，美国和加拿大登记了 5 种商品化产品（Moreau and Lucarotti，2007）。然而，现在杆状病毒在北美森林生物防治应用中处于弱势，主要是由于转 *Bt* 基因产品取代了它们的市场份额（Moreau and Lucarotti，2007；van Frankenhuyzen et al.，2007）。目前，北美一些昆虫病毒农药登记已失效，只有香脂冷杉叶蜂核型多角体病毒（NeabNPV）继续进行新的开发和应用（Graves et al.，2012），舞毒蛾核型多角体病毒（LdMNPV）和 NeabNPV 继续进行商业化销售（Gwynn，2014）。

1. 森林舞毒蛾的昆虫病毒生物防治

舞毒蛾（*Lymantria dispar*）是一种原发生于欧亚大陆的取食硬木针叶和阔叶的杂食性害虫。1868 年，它意外地从法国传入美国波士顿地区，此后一直向西部和南部扩散。在北美，舞毒蛾的暴发比原发生地更为严重（Alalouni et al.，2013），在一个暴发周期能损坏超过 200 万 hm^2 森林（Solter and Hajek，2009）。并且在暴发早期表现出复杂的周期性行为，在较偏僻的地区大约每间隔 10 年暴发一次，而在较敏感的森林类型，约每隔 5 年暴发一次（Johnson et al.，2006）。捕食性天敌和昆虫病毒感染都会影响周期性暴发的频率（Bjørnstad et al.，2010）。

舞毒蛾核型多角体病毒（*Lymantria dispar multiple nucleopolyhedrovirus*，LdMNPV）具有高度宿主专一性，开始只在原发生地范围的舞毒蛾中出现。在欧洲，它是控制舞毒蛾种群暴发的主要病原体（Novotny，1989）。1905 年，北美开始了一项通过引入释放寄生蜂来控制入侵性舞毒蛾的传统生物防治计划（Hoy，1976）。1907 年，在释放区域，报告了一种"枯萎病"，经鉴定是由 LdMNPV 引起的，该病毒被认为是随寄生蜂的释放而引入，并自然传播到北美已建立的舞毒蛾种群中。虽然感染低密度种群时通常不能减少林木落叶损失，但 LdMNPV 在舞毒蛾种群暴发时可引起暴发种群的快速崩溃，该病毒可在害虫种群中引发病毒流行病（Liebhold et al.，2013；Hajek et al.，2015）。

尽管在 20 世纪初期就开始利用病毒对舞毒蛾进行传统生物防治，但直到 20 世纪 60 年代，经过在欧洲、苏联和美国 20 多年的田间试验后，才开始开发用于防治舞毒蛾的病毒商品化产品（Lewis，1981）。在美国，20 世纪 60 年代初进行从地面向树木上喷洒病毒生物农药的防治试验，随后，70 年代进行空中喷洒的防治试验，最终于 1978 年在美国农业部林务局获得一个名为 Gypchek 的产品登记。自从登记以后，该病毒应用研究热点一直是如何最大限度地提高病毒生产产量和提高田间药效。使用各种类型的飞机和喷嘴来测试确定不同的病毒应用剂量和喷施水量体积（Reardon and Podgwaite，1994；Reardon et al.，1996）。1987 年推出新的药剂混合罐，提高了防治效果。20 世纪 90 年代初对液体载体进行了评估，并推荐 9.7L/hm^2 的允许喷洒水量，取代之前的 19.4L/hm^2 水量体积，施药方法是在卵孵化后立即应用，间隔 3d 使用第二次，每公顷 4.7～9.7L 水量，病毒剂量 5×10^{11}OB/hm^2（van Frankenhuyzen et al.，2007）。加拿大自然资源部林务局在使用更低的药水量（每公顷 2.5～5.0L）时，获得了可接受的感染率和死亡率，并于 1997 年登记了 Disparvirus 产品（Cunningham，1998）。然而，由于活体生产成本高、杀虫谱专一性高、市场范围受限制等，再加上舞毒蛾周期性暴发，病毒在森林中使用一次，可多年长期防虫，从而导致 LdMNPV 产品缺乏对私人投资的吸引力，该病毒多次努力建立商业生产都失败（van Frankenhuyzen et al.，2015），因此加拿大不再应用该病毒产品进行害虫防治。在美国，目前唯一的 LdMNPV 产品是由美国农业部林务局和美国农业部动植物卫生检验局（APHIS）生产，每年生产产品可应用 6000hm^2，自 1988 年以来，Gypchek 累计应用约 32 000hm^2，大多数在环境敏感地区。该病毒的生产后来外包给 Sylvar Technologies Inc.（Fredericton，New Brunswick，加拿大）。目前，总部在瑞士的 Andermatt Biocontrol AG 国际生物防治公司已收购 Sylvar，以保证 Gypchek 及其他昆虫病毒生物农药的未来应用。

2. 欧洲云杉叶蜂在加拿大的昆虫病毒生物防治

20 世纪 30 年代，欧洲云杉叶蜂（*Gilpinia hercyniae*）成为加拿大东部及与其邻近的美国地区云杉上的严重食叶害虫（Cunningham，1998）。1933 年开始从欧洲和日本引入寄生蜂。1936 年，在加拿大新不伦瑞克省和邻近的美国各州发现了一种 NPV，称为欧洲云杉叶蜂核型多角体病毒（*Gilpinia hercyniae* nucleopolyhedrovirus，GiheNPV）（Hajek et al.，2005），推测该病毒是随寄生蜂一同引入。加拿大魁北克省和安大略省有意识地释放该病毒促进了病毒在害虫种群中的自然传播。1938～1942 年，加拿大出现欧洲云杉叶蜂大暴发，随后暴发的害虫种群崩溃，主要原因就归于病毒的作用（Balch and Bird，1944；Bird and Elgee，1957）。如今，欧洲云杉叶蜂不再是加拿大林业上的问题，昆虫病毒和寄生蜂的联合作用使欧洲云杉叶蜂种群持续保持在低水平（Neilson and Morris，1964）。这是利用释放两种寄生物共同作用而长期成功控制害虫种群的生物防治范例。

3. 北美松黄叶蜂的昆虫病毒生物防治

松黄叶蜂（*Neodiprion sertifer*）原本是古北界的特有物种，周期性暴发，可对欧洲大陆和不列颠群岛松树产生严重危害（Hüber，1998）。1925 年，美国新泽西州首次报道了该虫，但直到 1937 年才确认它是外来入侵害虫。1939 年，加拿大首次报道松黄叶蜂时，它已经向其西部和北部扩散（McGugan and Coppel，1962）。在北美，它成为圣诞树种植园和观赏松培育的严重问题（Cunningham，1998）。欧洲对松黄叶蜂核型多角体病毒（NeseNPV）的研究为北美利用这种病毒提供了启发，当 NeseNPV 病毒感染松黄叶蜂时，病毒在宿主中肠细胞中复制，被感染的中肠细胞脱落，产生"感染性腹泻"病，病毒通过排便释放出来，继续感染新的健康幼虫。因此，一旦该病毒被引入害虫群落，就可在害虫种群中迅速传播扩散（Cunningham and Entwistle，1981）。NeseNPV 病毒于 1950 年首次从瑞典引入释放到安大略省，并在随后的 20 年间在加拿大和美国的许多地方释放（Hajek et al.，2015）。很少有释放结果的报道，只有 1951 年的一个释放结果表明，病毒的释放在 3 年内控制了超过 40hm² 林木免受松黄叶蜂的危害。欧洲的杆状病毒在北美林区通过感染与欧洲相同的宿主而迅速扩散，最终扩散到害虫的整个种群（Dowden and Girth，1953；Bird，1955）。美国农业部林务局进行了该病毒的特性研究，1983 年，在美国国家环境保护局（USEPA）登记了商品名为 Neochek-S 的产品，在美国进行生物防治应用，加拿大也登记销售了一种 Sertifervirus 的松黄叶蜂病毒产品。1975～1993 年，这种病毒在美国和加拿大都进行了多次小区域的防治应用（Cunningham，1998）。目前，这些 NeseNPV 产品已不再应用，因为松黄叶蜂在北美已不再是严重害虫，由于需求下降，这些产品注册也没有更新。

4. 加拿大香脂冷杉叶蜂的昆虫病毒生物防治

香脂冷杉叶蜂（*Neodiprion abietis*）是北美冷杉和云杉的一种暴发性食叶害虫，从加拿大中部到大西洋地区都有周期性暴发的报告，每次暴发通常持续 3～4 年（Cunningham，1984）。20 世纪 90 年代初，纽芬兰省西部商业间伐林场的害虫暴发并没有如预期那样引发林场严重破坏，因此对这一现象进行研究，以探索可能存在的生物防治资源（Moreau and Lucarotti，2007）。通过研究，从当地种群中分离出一种香脂冷杉叶蜂核型多角体病毒（Neodiprion abietis nucleopolyhedrovirus，NeabNPV），并利用野外种群进行了田间大量生产。2001～2005 年，在约 22 000hm² 的区域进行 NeabNPV 的应用，结果表明，以每公顷低至 $1×10^9$OB 的病毒用量，在害虫种群数量正在增加时或达到高峰时施用，可使暴发害虫种群数量迅速显著下降（Moreau et al.，2005）。2006 年，NeabNPV 在加拿大获得临时登记，2009 年获得正式登记，主要用于防治香脂冷杉叶蜂，商品名称 Abietiv。随后，Sylvar Technologies Inc.公司获得协议许可，Abietiv 成为加拿大首个商业化生产和应用的杆状病毒产品。2006～2009 年，Abietiv 每年在纽芬兰省应用 15 000hm²；2011 年，该产品在新不伦瑞克省应用 10 000hm²（Hajek and van Frankenhuyzen，2017）。

5. 加拿大红头松叶蜂的昆虫病毒生物防治

红头松叶蜂（*Neodiprion lecontei*）是加拿大东部美加红松（*Pinus resinosa*）人工林的一种严重食叶害虫。松树被严重危害后会发生生长高度降低、枝干死亡和生长畸形现象。1950 年，在安大略省发现一种 NPV，命名为红头松叶蜂核型多角体病毒（*Neodiprion lecontei nucleopolyhedrovirus*，NeleNPV）。田间试验表明，NeleNPV 释放到暴发的害虫种群后，可引发后代害虫出现流行性病毒病（Bird，1957）。加拿大对该病毒进行了一系列的深入研究，并将 NeleNPV 开发成一种生物防治产品，1983 年获得农药登记，商标为 Lecontvirus。该产品并没有进入市场，没有进行商业化生产，只是由加拿大林业局通过从用病毒处理的田间收集感染病毒致死的幼虫而生产。田间应用时，每公顷病毒用量为 5×10^9OB，约为 50 头野外收集的病死虫的病毒量。尽管没有市场化经营，应用规模也十分有限，但是 Lecontvirus 是加拿大唯一一种在森林中经常应用的昆虫杆状病毒产品。1983～1994 年，Lecontvirus 在林场累计应用 6000hm^2，主要由私人林场所有者使用（Cunningham，1998）。对处理林场的调查表明，一次应用可以在数年内抑制害虫种群数量维持在较低水平。由于加拿大森林管理局的授权发生了变化，20 世纪 90 年代中期停止了 Lecontvirus 的生产。大约 10 年后，Lecontvirus 也加入了与 Sylvar Technologies Inc.公司签订的许可协议，有望重新生产并进行商业化经营。

6. 黄杉毒蛾的昆虫病毒生物防治

黄杉毒蛾（*Orgyia pseudotsugata*）又称冷杉合毒蛾，是加拿大不列颠哥伦比亚省南部和美国西部内陆干燥地带森林的重要食叶害虫，主要危害树种是花旗松、铁杉。害虫周期性暴发，暴发间隔期 8～14 年，每次暴发明显危害期通常持续 2～5 年。针对美国西部黄杉毒蛾严重危害，政府实施了广谱化学农药防治计划，在 20 世纪 40～60 年代主要使用滴滴涕（DDT），之后大量使用各种有机磷化学农药。然而，化学农药大量施用造成的严重环境问题，导致林业人员开始进行生物防治研究。黄杉毒蛾核型多角体病毒（*Orgyia pseudotsugata multiple nucleopolyhedrovirus*，OpMNPV）于 1962 年分离获得，经过病毒特性研究和大量田间释放应用试验，美国农业部林务局于 1976 年完成 OpMNPV 的农药登记，商标名称 TM Biocontrol。1983 年，同一病毒在加拿大也获得农药登记，商标名称 Virtuss（Hajek and van Frankenhuyzen，2017）。

由于 OpMNPV 可以感染黄杉毒蛾同一属的其他害虫，加拿大利用白斑毒蛾（*Orgyia leucostigma*）幼虫作为替代宿主进行活体生产。病毒应用田间试验在不列颠哥伦比亚省坎卢普斯（Kamloops）林场进行，试验设置 4 块受黄杉毒蛾危害的花旗松林地，每块林地面积 10hm^2。当大部分幼虫处于 1 龄期时，应用飞机喷洒核型多角体病毒产品 Virtuss。其中第一块林地喷洒乳油病毒制剂，使用病毒量为 2.5×10^{11}OB/hm^2；第二块林地喷洒含糖蜜的病毒水混合液，使用病毒量与前者相同；第三块和第四块林地喷洒乳油病毒制剂，使用较低的病毒量，分别为 8.3×10^{10}OB/hm^2、1.6×10^{10}OB/hm^2。试验用定翼飞机进行喷洒，喷嘴口径定为每公顷喷洒 9.4L 病毒混合液。另选 4 块样地作为空白对照。试验结果表明，飞机喷洒病毒 6 周后，使用最低病毒量 1.6×10^{10}OB/hm^2 的地块，虫口密度降低 65%，其余 3 个试验地块的虫口密度降低 87%～95%。在飞机喷洒病毒 5～6 周，林间随机采集幼虫进行镜检，幼虫病毒感染率高达 85%～100%，对照地块幼虫病毒感染率很低。从病毒处理试验地块收集的虫蛹，羽化率只有 4%～19%，而对照地块虫蛹羽化率达 28%～43%。病毒处理试验地块的卵块密度明显降低，降低幅度达 90%～97%。通过试验，建议 8.3×10^{10}OB/hm^2 为 Virtuss 产品的田间用量。

OpMNPV 完成商品登记后，在加拿大不列颠哥伦比亚省 1991～1993 年应用 1850hm^2，2009～2010 年应用 6350hm^2。在试验地区，OpMNPV 都明显抑制了黄杉毒蛾的暴发。尽管美国 1976 年就登记了 OpMNPV 的商业化产品 TM Biocontrol，但直到 21 世纪才在林场进行大面积应用。2000 年，在俄勒冈州应用 15 840hm^2，这是在美国首次大规模使用这种病毒。随后，在华盛顿州，2001 年应用 6400hm^2，2010 年应用 4800hm^2；在新墨西哥州，2007 年应用 450hm^2。这些应用中使用的病毒生物农药来自美国农业部林务局在 1985～1995 年生产产品的库存。目前，OpMNPV 病毒产品已授权给 Sylvar Technologies Inc.公司在加拿大和美国使用（Hajek and van Frankenhuyzen，2017）。

五、国外应用苹果蠹蛾颗粒体病毒防治苹果蠹蛾

苹果蠹蛾（Cydia pomonella）属鳞翅目卷叶蛾科（Lepidoptera：Tortricidae），是全球苹果产业中危害最严重的害虫（Pajač et al.，2011）。它也是梨、柑橘和核桃的重要害虫。交配的雌性成虫在果实或果实附近的叶子上产卵，初孵幼虫钻蛀到果实内部并在其中取食和生长发育，5 龄幼虫从果实中钻出离开，寻找隐蔽生境供其化蛹。根据纬度、海拔和气候的不同，苹果蠹蛾一年可发生 1～4 代。该虫以滞育幼虫越冬，次年春天化蛹、羽化开始新的生活周期（Higbee et al.，2001）。

20 世纪 60 年代开始，施用有机磷杀虫剂是防治苹果蠹蛾的主要手段。由于杀虫剂的抗性问题、环境问题和监管问题，一些传统的广谱化学杀虫剂已被淘汰，因此必须开发替代品。利用昆虫性引诱剂进行交配干扰（mating disruption，MD）就是一种替代防治策略（Vickers and Rothschild，1991；Barnes et al.，1992；Calkins，1999）。当苹果蠹蛾的种群数量较低时，这种策略最有效。而当害虫种群数量较高时，可利用病毒和 MD 策略互补控制害虫，并保护果园中苹果蠹蛾天敌和其他害虫天敌。

苹果蠹蛾颗粒体病毒（Cydia pomonella granulovirus，CpGV）最早是由加利福尼亚大学伯克利分校生物防治部的卡塔格罗尼（Caltagirone L E）在墨西哥奇瓦瓦州（Chihuahua，Mexico）的一次研究考察中偶然发现（Tanada，1964），称为苹果蠹蛾颗粒体病毒墨西哥株（CpGV-M），该病毒对苹果蠹蛾具有很强的毒力

（Lacey and Arthurs，2005），对非靶生物没有影响（Arthurs et al.，2007），是国外商业开发最成功的一种昆虫杆状病毒生物农药产品（Lacey et al.，2008b），在全球果树有害生物综合治理（IPM）项目中发挥重要作用。

20 世纪 70 年代开始，CpGV 在其商业开发之前和之后在欧洲进行了广泛的试验和示范，建立了完善的应用时间和应用病毒量的规范，提出了防治结果调查和判定应用是否成功的标准（Lacey and Shapiro-Ilan，2008）。1995 年，基于 CpGV-M 病毒株的几种产品获得登记注册（Hüber，1998）。2001 年登记商标为 Carpovirusine 的产品在欧洲应用面积达 100 000hm^2（Lacey et al.，2008b）。2003 年开始，在北美对几种 CpGV 生物农药商品进行推广，主要在有机种植中应用（Arthurs and Lacey，2004）。在此后的 5 年时间内，北美每年使用 CpGV 防治面积超过 4000hm^2。应用中，CpGV 施用剂量约为 10^{13}OB/hm^2。春季在苹果蠹蛾卵开始孵化和初孵幼虫进入果实之前的这个时机进行施用（Lacey et al.，2008b）。受感染的幼虫通常在几天内死亡，在果皮上留下一个很小（直径 0.25cm）的棕色标记，可防止受害水果在市场上显著降级。每一代害虫卵孵化时间和病毒应用时机需要种植者使用区域物候模型进行确定。在太平洋西北部的一些研究结果显示，从大约 3%的卵孵化时开始应用，应用间隔期 7～14d，苹果蠹蛾种群数量下降超过 90%（Arthurs et al.，2005）。

为了提高杆状病毒应用后的持续作用时间，一些研究人员已经测试了多种光保护剂作为制剂添加剂对病毒起保护作用（Lacey et al.，2008b）。试验结果表明，糖蜜、蔗糖、脱脂奶粉（Lacey and Arthurs，2005）、氧化锌和二氧化钛（Wu et al.，2015）等各种添加剂对 CpGV 的活性持续具有适度改善作用。利用木质素包裹 CpGV（Arthurs et al.，2006）和制备保护性微粒产品（Pemsel et al.，2010）可提高对病毒的保护作用。Knight 和 Witzgall（2013）的研究结果表明，CpGV 与从苹果蠹蛾幼虫中分离的共生酵母混合，能显著增加初孵幼虫的死亡率。田间试验结果也显示，CpGV、酵母和蔗糖同时在苹果树上应用，果实伤害率和害虫幼虫存活率都显著下降。目前，CpGV 产品具有稳定贮藏特性（Lacey et al.，2008a）和很好的应用效果。

从 2005 年开始，在使用该病毒防治 20 年以上的欧洲苹果蠹蛾隔离种群中检测到 CpGV 的高水平（超过 1000 倍）抗性（Asser-Kaiser et al.，2007；Eberle and Jehle，2006）。抗性种群先后在几个国家中出现（Schmitt et al.，2013）。随后，经过研究迅速确定，这种抗性问题能通过使用不同 CpGV 病毒株替换原来的 CpGV-M 病毒株来解决（Eberle et al.，2008），这些新病毒株的产品现在已投放市场（Schmitt et al.，2013；Gwynn，2014），一些新的病毒株（如 Madex Plus 和 Madex I12）已经批准使用（Eberle et al.，2008），并且成功地解决了抗性问题（Zingg et al.，2011；Kutinkova et al.，2012）。

从某些方面看，CpGV 生物农药产品的成功令人惊讶，因为在苹果蠹蛾生命周期中，幼虫大部分时间在苹果内部进食，只是在孵化后的很短时间内在果实外表面游荡和短暂少量取食，因此自然感染率很低。这个短暂的感染窗口，往往只有数个小时，结合 CpGV 在没有保护的条件下半活性时间只有 24～72h，持效作用时间短（Glen and Payne，1984；Arthurs and Lacey，2004），且苹果生长季节中苹果蠹蛾会出现世代重叠，这些都对 CpGV 有效防治形成严重的挑战（Lacey and Shapiro-Ilan，2008）。然而，如果应用的时间可以与 1 龄幼虫进入果实的高峰期相一致，那么杆状病毒可以在重大损害发生之前使大多数幼虫迅速感染病毒（Ballard et al.，2000；Lacey and Shapiro-Ilan，2008）。CpGV 推广应用的实例表明，即使是一个不理想的杆状病毒，也可以成为全球成功应用的典型代表。

当然，苹果蠹蛾防治不能单靠 CpGV 一种药剂，杆状病毒生物农药的应用需要与有害生物综合治理（integrated pest management，IPM）的其他"软"成分相结合，病毒应用可以与实施农业防治、作物环境卫生管理、性信息素阻断交配及用"软"化学农药保护天敌等方法交替使用或同时应用，从而实现有效的 IPM（Lacey and Shapiro-Ilan，2008）。病毒应用作为整个 IPM 系统的一部分，可降低害虫可能对病毒产生的抗性压力，使 CpGV 和其他杆状病毒生物农药能长期地发挥更大的作用。

六、国外黎豆夜蛾核型多角体病毒的应用

全球大豆主要生产国是美国、巴西、阿根廷、中国、印度、巴拉圭、加拿大和乌拉圭。北美和南美国家每年种植 8955 万 hm^2 商品大豆，约占世界大豆种植总面积的 76%（Sosa-Gómez，2017）。大豆作物受到 180 多种无脊椎动物的危害（Biswas，2013；Sosa-Gómez et al.，2014）。巴西大豆的害虫包括大豆豆荚夜蛾（*Spodoptera cosmioides*）、南方灰翅夜蛾（*Spodoptera eridania*）、灰纹黏虫（*Spodoptera albula*）、大豆锞纹夜蛾（*Chrysodeixis includens*）、黎豆夜蛾（*Anticarsia gemmatalis*）和棉铃虫（*Helicoverpa armigera*）等。但在 20 世纪 70 年代到 21 世纪初，黎豆夜蛾是巴西大豆上的主要害虫。

巴西开发和利用黎豆夜蛾核型多角体病毒（AgMNPV）防治大豆黎豆夜蛾，可以看作是政府部门和私人经营者相结合，成功开发应用杆状病毒的典型（Moscardi，1999）。20 世纪 70 年代，为了避免化学农药可能造成的环境伤害，巴西农业科学院（Empresa Brasileira de Pesquisa Agropecuária，Embrapa）被委托开发一个大豆有害生物综合治理（integrated pest management，IPM）方案。作为这个方案开发团体的一部分，Moscardi F 博士领导的一个团队开始进行 AgMNPV 的基础和应用研究。

在对病毒特征进行详细研究的基础上，1980～1982 年，巴西南部各地农民进行了田间试验。试验结果显示，田间使用病毒剂量 $1.5×10^{11}OB/hm^2$ 时，应用一次病毒，就能有效控制黎豆夜蛾危害，病毒应用量小于其他 NPV 用量的 10%（Moscardi，1999，2007）。1982/1983 年生长季节（巴西处于南半球，作物生长期一般在当年的 9～12 月和次年的 1～4 月），首次在大豆上大规模应用约 2000hm²。开始，Embrapa 用人工饲料饲养黎豆夜蛾幼虫生产了少量病毒，将冷冻的病毒致死幼虫分发示范区的专业人员进行田间应用。AgMNPV 分子生物学研究表明，该病毒自然毒株基因组中缺少裂解昆虫表皮的组织蛋白酶基因，病毒感染幼虫死亡后早期不液化，便于人工收集，可在野外进行田间生产。

1986 年，AgMNPV 病毒开发出商品化可湿性粉剂（Moscardi，1989，1999），制剂病毒含量为 $7×10^9OB/g$，每公顷应用约 22g。货架期（shelf life）是室温下 6 个月，4℃下一年和−18℃下三年。病毒制剂应用时，当田间每行每米发现 20 头黎豆夜蛾小幼虫（长度<1.5cm）时，应用剂量为 $1.5×10^{11}OB/hm^2$，防治效果为大豆营养期叶片损失≤30%，大豆生殖期叶片损失<15%（Moscardi and Sosa-Gómez，1992）。如果田间发现既有小虫也有大虫（≥1.5cm）时，防治阈值为每行每米 15 头小虫和 5 头大虫。为了减少紫外光损伤，AgMNPV 剂型添加二氧化钛进行改进。当幼虫用经 UV 辐射的杆状病毒感染，平均死亡率为 5.0%，用未经辐照的病毒感染其死亡率约为 60%，而加二氧化钛保护剂的病毒经紫外光辐射，感染幼虫死亡率与未辐照病毒的相同。另外，在实验室条件下可能出现抗 AgMNPV 的实验室种群，但在长期大规模田间应用中，宿主害虫都没有出现对 AgMNPV 的抗性问题（Moscardi and Sosa-Gómez，2007）。

使 AgMNPV 应用稳定发展的一个重要节点是 1990 年，巴西农业科学研究院（Embrapa）与 5 家私营公司签订技术转让协议。通过这些协议，Embrapa 将 AgMNPV 生产技术、剂型生产技术和产品质量控制技术等所有相关技术转让给这些公司，使 AgMNPV 生物农药生产和应用得到迅猛发展。根据巴西植物保护部门杀虫剂管理政策，各公司对其生产的 AgMNPV 产品进行了农药登记，各公司分别注册了不同的商品名称（表 2-2）。

表 2-2 巴西黎豆夜蛾核型多角体病毒生物农药生产公司和商品名称

病毒名称	商品名称	登记生产公司
黎豆夜蛾核型多角体病毒	Baculovirus Soja WP	BSbio Produtos（Bosquiroli & Santos Ltd.）
Anticarsia gemmatalis multiple nucleopolyhedrovirus	Baculo-Soja	Novozymes BioAg
	Baculovirus AEE	AEE[a]/CNPSoja
	Grap Baculovirus	Agrocete
	Protégé	Adama Brasil

a. Association of Employees from Embrapa 的缩写，巴西农业科学院联盟公司

20 世纪 80 年代和 90 年代，生产 AgMNPV 的公司都主要采用田间野外生产病毒的方法，包括许多仅销售病毒致死虫尸的私人小公司（Moscardi，1999，2007）。公司承包农场主的土地，在每年 12 月和次年 1 月的大豆黎豆夜蛾幼虫发生期间，每天用 AgMNPV 喷洒 3 个地块，喷施后第 6 天或第 7 天进行检查，以选择产生最多死亡幼虫的地块，随后进行收集。病毒喷施后第 8～10 天出现幼虫死亡高峰，每天需要 200～300 名工人在田间收集病毒致死幼虫，这些工人用 10 辆公交车运送到田间。在一个收集点每天的病毒致死虫尸产量最多可以达到 600kg，生产的病毒产量足以应用 3 万 hm^2。在 2002/2003 年生长季节，各公司通过田间生产的方法，共收集到大约 45t AgMNPV 致死虫尸，相当于在随后的 2003/2004 年大豆生长季节，病毒生物农药可应用 200 万 hm^2。

尽管野外大规模生产 AgMNPV 具有成本极其低廉的优势，但田间生产存在两大主要问题。①病毒年产量不稳定，不能根据市场需求稳定生产。病毒产品年产量依赖当年宿主昆虫的自然发生量，不同年份病毒产品量出现很大波动，如在某个年份生长季节宿主种群数量较低时，AgMNPV 产量就下降，到下一个生长季节若宿主害虫暴发，将没有足够的病毒产品供应。②病毒产品的质量无法得到保证。例如，一些生产 AgMNPV 产品的私营公司为了提高收益，擅自改变田间收集程序以减少人力成本，使田间收集病毒致死虫尸的质量下降。他们将田间手工收集方法改为在两行大豆之间的地上铺上布片，然后摇动植物使幼虫掉落到布片上进行收集。这样，完全死亡宿主幼虫、活的宿主幼虫（可能含有少量病毒）、其他鳞翅目昆虫幼虫、其他昆虫（臭虫、甲虫等）和作物叶片等都一起被收集，从而导致收集的病毒致死虫尸中含有大量其他外来有机物。正常手工收集方法获得的病毒致死虫尸，平均每千克的病毒量可满足 50hm^2 防治用量，而采用田间铺布收集方法得到的病毒致死虫尸，每千克的病毒量只能满足 30～35hm^2 的防治用量。另外，由于外来有机物含量高，原来剂型加工的匀浆方法必须改变。最终产品中其他杂质含量较高，田间喷洒时会导致喷嘴堵塞、降低产品田间应用效果等问题。

为了解决野外田间生产年产量不稳定和产品质量无法保证的问题，巴西农业科学院大豆研究组进行了室内商业化生产的研究，私营公司 Geratec 参与了这一项工作。20 世纪 90 年代初，在室内每年能生产应用约 15 万 hm^2 的病毒。但由于劳动力成本高、生产中需要使用一次性饲养容器和昆虫人工饲料饲养昂贵等，生产成本比田间生产成本高，后来停止了病毒的室内生产。

1997 年，以一篇博士研究生论文为起点，开始了为解决 AgMNPV 室内商业化生产瓶颈问题的突破性研究（Moscardi et al.，1997；Santos，2003）。通过对昆虫饲料成分、饲养条件、容器、病毒接种浓度、接种时的幼虫大小、每个容器的幼虫数量等方面进行研究，获得了 AgMNPV 室内生产技术的一些显著进展。用一种凝胶剂代替琼脂，将酪蛋白含量降低 50%，人工饲料成本降低约 85%。通过这些改进，AgMNPV 生物农药防治 1hm^2 的室内生产费用约为 0.42 美元，接近野外田间生产的 0.30 美元（Santos，2003），但室内生产 AgMNPV 的质量比野外田间生产的要高得多。加上病毒生物农药的生态效益和其他效益，室内生产 AgMNPV 可提供比化学杀虫剂更便宜的产品。

2003 年 5 月，私营公司（Coodetec）在巴西巴拉那州卡斯卡维尔市（Cascavel）建立了一个病毒室内生产实验室，雇佣 14 名人员，每天可接种 10 万头黎豆夜蛾幼虫。到当年年底，生产了 1000kg 幼虫虫尸，每千克虫尸加工的产品可应用 65～72hm^2。随后，2004 年，该公司建造了大型室内生产设施，包括两个 750m^2 的隔离生产车间：一个用于昆虫生产，另一个用于病毒生产；另外，还有一个 500m^2 的车间用于病毒储存、加工和剂型配制。在昆虫生产车间，每天在成虫产卵室收集卵，幼虫在隔离的房间中饲养，幼虫在装有人工饲料的 500mL 纸杯中取食，一直饲养到 4 龄。每天，4%～5% 的 4 龄幼虫连同饲料转移到塑料托盘中，饲养到化蛹，维持人工饲养昆虫种群。剩下的幼虫（95%～96%）被送到病毒生产车间，在那里，它们从 500mL 纸杯转移到含有接种 AgMNPV 饲料的塑料盘中进行病毒感染。感染 7d 后，将死亡幼虫收集在塑料袋中，并在-4℃下储存，以便进一步加工和配制生物农药。在 Coodetec 公司的病毒生产工厂，每天雇用 45 名工人，接种 80 万～100 万头幼虫。如果常年连续生产，每年生产的病毒可应用 180 万～200 万 hm^2。

随着 AgMNPV 的商业化生产和经营，加上以野外田间生产系统方法生产 AgMNPV 的成本仅为 1.20～1.50 美元/hm^2，比常用化学杀虫剂还便宜（Moscardi，1999；Moscardi and Sosa-Gómez，2007）。AgMNPV 生物农药的应用面积在 1990 年达到 100 万 hm^2，在 1995 年增加到约 150 万 hm^2，最高峰出现在 2003/2004 年生长季节，应用面积达到约 200 万 hm^2，占巴西大豆种植面积的 10%。

然而，进入 21 世纪，巴西实施免中耕农业制度，大豆播种前，农民需要使用二氯化钴等化学除草剂。在施用除草剂时，他们开始将广谱化学杀虫剂（如拟除虫菊酯）与之混合应用，目的是同时杀死杂草中的所有害虫（Corrêa-Ferreira et al.，2010）。在大豆出苗后 15～20d，当第二次施用除草剂时，大多也同时混合拟除虫菊酯。化学杀虫剂在作物播种前和生长早期的两次应用对天敌（捕食性和寄生性）造成严重伤害，从而干扰大豆农田生态系统的平衡。其他昆虫/生物，如大豆锞纹夜蛾、白粉虱、其他灰夜蛾类及螨类等，过去都只是次要害虫，现却成为重要害虫（Bueno et al.，2007）。这样，农民就走进了一个怪圈，越用广谱化学杀虫剂对付这些"害虫"，害虫的种类越多，危害越严重，过去的主要害虫黎豆夜蛾降为次要害虫，高度专一性生物产品 AgMNPV 不再被使用。该病毒年应用面积从 2004 年后迅速下降，到 2010 年，已由最高峰的 200 万 hm^2/年下降到 30 万 hm^2/年，现在每年应用面积低于 20 万 hm^2（Moscardi et al.，2011；Sosa-Gómez，2017）。Coodetec 公司刚开始进行生产的室内病毒生产线也停止。但 AgMNPV 目前仍在阿根廷、巴拉圭和墨西哥有一定量的应用（Sosa-Gómez et al.，2008）。

第二节　国内昆虫病毒生物农药的发展历史和现状

一、国内昆虫病毒生物农药的发展历史概况

早在 20 世纪 50 年代，我国科学家就开始进行昆虫病毒的研究，研究的焦点集中在病毒毒株采集、鉴定和基础生物学特性，部分重要农业害虫的病毒被分离获得（蔡秀玉，1964，1965；谢天恩等，1965），这些工作为随后的病毒生物农药产业化奠定了很好的基础。20 世纪 70 年代，随着生产实践的需要，部分研究的重点开始转向昆虫病毒的应用，一些昆虫病毒开始进行生产和田间应用试验（湖北荆州微生物站等，1976；甘运凯，1980；中国科学院武汉病毒研究所，1980；中山大学昆虫学研究所，1990；庞义，1992；胡远扬，2004）。当时，病毒生产主要以天然饲料繁育宿主，用以扩增病毒进行田间试验，在"开门办科研"的时代背景下，形成了研发应用昆虫病毒生物农药的小高潮。多种昆虫病毒种类被用于各种重要农林害虫的防治试验。而进入市场化开发和应用的主要是中国科学院研究的棉铃虫核型多角体病毒、苜蓿银纹夜蛾核型多角体病毒（*Autographa californica nucleopolyhedrovirus*，AcMNPV）及甜菜夜蛾核型多角体病毒；中山大学研究的斜纹夜蛾核型多角体病毒；武汉大学研究的菜粉蝶颗粒体病毒（与 Bt 混配产品）（胡远扬，2004）等。而棉铃虫核型多角体病毒生物农药的生产和应用是我国昆虫病毒生物农药的一个样板。

20 世纪后半期，由于特殊的国际环境，我国人民的衣服原料主要依赖棉花，但又没有进口来源，棉花成为我国当时的重要经济作物。棉铃虫是我国棉花上的重要害虫，幼虫孵出后，就取食嫩叶和花蕊，有的开始钻蛀花蕾或小桃，大龄幼虫经常钻蛀不同的棉桃，经棉铃虫啃咬或钻蛀的花蕾和棉桃会脱落，给棉花生产造成重大损失，棉铃虫是当时棉花上的主要害虫。20 世纪 60 年代，棉铃虫的防治主要使用有机磷化学农药，但害虫抗药性的发展使田间棉铃虫越打药虫数越多，越来越难防治，因此需要开发新的防治手段。

20 世纪 70 年代中期，中国科学院武汉病毒研究所、湖北省荆州地区微生物站所从田间分别分离到棉铃虫核型多角体病毒，开始了棉铃虫病毒生物农药生产和应用的研究。1986 年，中国科学院武汉病毒研究所与湖北天门蒋湖农场合作，建成国内第一个昆虫病毒中试车间，利用人工饲料和半机械化设备进行生产，并在田间进行规模化试验和示范，防治棉花棉铃虫。20 世纪 90 年代，在我国棉铃虫再次暴发的大环境下，1992 年，中国科学院武汉病毒研究所与企业合作，制定昆虫病毒生物农药企业标准，完成棉铃虫核型多角体病毒可湿性粉剂的农药登记，

该农药成为国内登记的首个昆虫病毒生物农药，标志着我国昆虫病毒进入商品时代（张光裕，1994）。1995 年完成棉铃虫核型多角体病毒悬浮剂的登记。棉铃虫病毒生物农药生产技术向国营和私营企业转让，两种剂型先后在 14 个小型企业中进行生产，1992～2000 年，每年田间应用 20 万 hm^2，从 20 世纪 90 年代初到 2010 年，累计应用面积超过 300 万 hm^2，在抗性棉铃虫的防治中发挥重要作用。棉铃虫核型多角体病毒生物农药是国内外市场化开发最成功的病毒产品之一，应用面积仅次于巴西黎豆夜蛾病毒生物农药。21 世纪初，中国科学院动物研究所研发的 5000 亿 OB/g 棉铃虫核型多角体病毒原粉也在河南省济源白云实业有限公司获得登记（秦启联，2009）。

在我国，农药是特殊商品，昆虫病毒生物农药归于农药中的微生物活体农药类，需要申办农药登记证才能在市场上营销并应用。表 2-3 是根据中国农药信息网（http://www.chinapesticide.org.cn/）整理的昆虫病毒生物农药登记基本情况。在这些病毒中，除马尾松毛虫质型多角体病毒（*Dendrolimus punctatus cypovirus*，DpCPV）是呼肠孤病毒外，其他都是杆状病毒科的甲型杆状病毒和乙型杆状病毒（颗粒体病毒），防治膜翅目和双翅目害虫的杆状病毒还没有登记。

表 2-3　我国登记的病毒生物农药种类

病毒种类	登记产品数	登记厂家数	病毒种类	登记产品数	登记厂家数
棉铃虫核型多角体病毒 *Helicoverpa armigera* NPV	26	14	茶黄毒蛾核型多角体病毒 *Euproctis pseudoconspersa* NPV	2	1
斜纹夜蛾核型多角体病毒 *Spodoptera litura* NPV	7	5	甘蓝夜蛾核型多角体病毒 *Mamestra brassicae* NPV	7	1
甜菜夜蛾核型多角体病毒 *Spodoptera exigua* NPV	9	5	马尾松毛虫质型多角体病毒 *Dendrolimus punctatus* CPV	8	5
苜蓿银纹夜蛾核型多角体病毒 *Autographa californica* NPV	8	5	菜粉蝶颗粒体病毒 *Pieris rapae* GV	4	2
茶尺蠖核型多角体病毒 *Ecotropis obliqua* NPV	3	2	小菜蛾颗粒体病毒 *Plutella xylostella* GV	3	3

我国在林业害虫防治中也进行了昆虫病毒的研究和应用，与农业生态系统相比，林业生态系统相对稳定，对产量损失的耐受程度也相对较高，因而更能体现昆虫病毒生物农药调节害虫种群、持续控制害虫种群在一个低水平的作用，达到"有虫不成灾"的和谐、理想状态。国外昆虫病毒研究中已报道的比较经典的病毒生物农药长期持续控制害虫的例子大多为对林业害虫的控制。我国成功应用病毒生物农药防治林业害虫的例子较多，如美国白蛾核型多角体病毒（*Hyphantria cunea nucleopolyhedrovirus*，HycuNPV）防治杨树和其他林木上的美国白蛾（段彦丽等，2008），蜀柏毒蛾核型多角体病毒（*Parocneria orienta nucleopolyhedrovirus*，PaorNPV）防治蜀柏毒蛾（文亮等，2009），杨扇舟蛾颗粒体病毒（*Clostera anachoreta granulovirus*，ClanGV）防治杨树上的杨扇舟蛾，舞毒蛾核型多角体病毒（*Lymantria dispar nucleopolyhedrovirus*，LdNPV）防治舞毒蛾（张国财等，2001），油桐尺蠖核型多角体病毒（*Buzura suppressaria nucleopolyhedrovirus*，BusuNPV）防治油桐尺蠖（谢天恩等，1992），松毛虫质型多角体病毒（杨苗苗等，2011）及卵寄生蜂携带病毒（彭辉银等，1998；彭辉银，2000）防治松树松毛虫等。但迄今为止，除松毛虫质型多角体病毒和卵寄生蜂携带病毒有产品登记外，还没有其他林业害虫病毒生物农药的产品在我国登记。主要原因是这些产品的生产单位多是林业科研和林业生产相关单位，企业介入较少，产品一般不进入市场，主要是自己使用或在行业内部流通，由政府买单，难以形成商品交流的市场，最终导致林业害虫病毒生物农药的生产没有真正进入规模化和商业化的道路。

二、国内昆虫病毒生物农药产业化生产方法

昆虫病毒生物农药的主要产品为由杆状病毒生产的生物农药。杆状病毒的专一性非常强，除了苜蓿银纹夜蛾核型多角体病毒（AcMNPV）、芹菜夜蛾核型多角体病毒（AnfaNPV）、甘蓝夜蛾核型多角体病毒（MbMNPV）3种病毒宿主范围较广外，其他杆状病毒宿主范围都很窄，病毒与宿主基本是一对一的关系。因此，对于一个具体的病毒生物农药，杀虫范围只局限在其宿主范围内（Moscardi，1999）。

一种杆状病毒往往有多个不同的生物型，一般称之为毒株或分离株。不同地域的宿主昆虫对不同毒株敏感性会有差异。在确定开发某种病毒生物农药后，就要有针对性地筛选对害虫具有高毒力的毒株，这样才能生产出杀虫活性较高的产品。例如，棉铃虫核型多角体病毒有两种，一种是单核衣壳病毒（以前称为单粒包埋型病毒，每个病毒粒子只有一个核衣壳）HearNPV（以前曾简称 HaSNPV），另一种是多核衣壳病毒（过去称多粒包埋型病毒，每个病毒粒子含有多个核衣壳）HaMNPV（图 2-1，图 2-2）。生物测定表明，HearNPV 对棉铃虫的毒力要高于HaMNPV，因此生产棉铃虫病毒生物农药时，HearNPV 是合适的选择。实际上，通过全基因组序列分析，表明 HearNPV 和 HaMNPV 属于两种不同的核型多角体病毒，HaMNPV 的原始宿主可能并不是棉铃虫（详见本书第四章）。

为了筛选毒力更高的棉铃虫病毒生产毒株，中国科学院武汉病毒研究所对HearNPV 进行虫体克隆，共获得 7 个基因型。通过生物活性测定和其他生物学和分子生物学试验，筛选出一个高毒力的病毒基因型作为生产毒株进行生产。随后，武汉病毒研究所对基因型 4 分离株（G4）进行全基因组序列分析，其成为国内首个完成全基因组序列分析的昆虫病毒株（Chen et al.，2001）。分子生物学的研究进一步促进了昆虫病毒生物农药的推广应用。

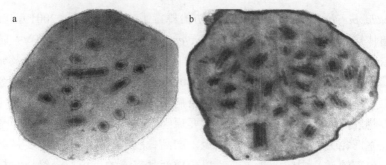

图 2-1 棉铃虫核型多角体病毒单核衣壳（a）和多核衣壳（b）病毒包涵体电镜切片
图片由中国科学院武汉病毒研究所张忠信提供

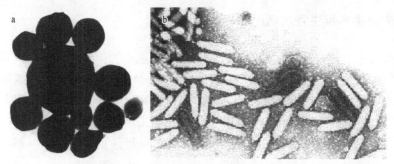

图 2-2 棉铃虫核型多角体病毒包涵体（a）和病毒核衣壳（b）电镜图片
图片由中国科学院武汉病毒研究所张忠信提供

一种病毒能否产业化由多方面因素决定：①杀虫速度和杀虫效率较高。该病毒对宿主昆虫的致死作用达到农业生产的要求。②宿主昆虫能规模化生产。利用人工饲料室内流水线式地规模化饲养宿主昆虫是病毒生物农药能开发成功的关键。虽然室外自然放养、围栏式饲养、利用天然饲料手工作坊式饲养等方式也能生产出一定量的病毒产品，但这些方式在产能、成本、生产控制、产品质量控制等方面，远不能达到产业化的要求。也就是如果不能用人工饲料在室内大量生产宿主昆虫，那么这种害虫的病毒生物农药将很难实现产业化。③具有稳定的市场需求。对于间歇性发生的害虫或者局域分布的害虫，市场需求有限，对其病毒生物农药可以进行试验性的小规模开发，不宜列入产业化研发的对象。

所有病毒的扩增需要在活细胞中进行，杆状病毒也不例外。生产病毒生物农药有两种途径，利用体外培养的昆虫细胞和宿主昆虫活体。受到技术和成本的限制，国内用体外培养昆虫细胞大规模生产病毒生物农药还不现实，几乎所有产业化的病毒生物农药都是通过规模化饲养宿主昆虫，以虫体作为病毒的培养载体进行生产。我国的棉铃虫核型多角体病毒、斜纹夜蛾核型多角体病毒、甜菜夜蛾核型多角体病毒等，都是在活体宿主幼虫体内生产，其工厂化生产的主体是规模化生产宿主昆虫。

因此，能否批量生产出适龄和健康的宿主昆虫是病毒生物农药产业化能否成功的关键，在确定病毒的生产规模后，以"日"为单位进行生产，通过控制宿主昆虫每日的留卵量，使留种昆虫产出后代的数量达到生产规模的要求。即在某一特定的生产日，生产车间中所有虫态和日龄的宿主将同时并存。以棉铃虫核型多角体病毒生产为例，在 26℃的生产条件下，如果健康棉铃虫的整个生活周期是 25d，病毒感染后幼虫历期会延长 2d，病毒扩增周期是 7d。在健康幼虫饲养车间（生产健康的宿主昆虫用于连续传代和后期作为病毒扩增的载体），同时存在棉铃虫 4 个虫态（卵、幼虫、蛹、成虫）中任何一个日龄的虫体，即共存有 25 个不同日龄的棉铃虫。在病毒接种车间，感染病毒第 1~7 天的棉铃虫都存在。以这种模式生产，各个生产环节的操作像流水线一样按部就班地进行，产量也基本维持稳定。

昆虫和病毒是生物活体，生产和控制不可能像生产其他工业品那样精准，然而，在较为全面地掌握宿主昆虫及其病毒生长、发育、繁殖相关的关键生物学、生态学、生理学等知识的基础上，严格控制各生产环节以及每个环节中的操作步骤，加强操作工人的理论和技术培训，较为理想的生产效率和规模可基本达到。

昆虫的人工饲养，是工厂化昆虫病毒生产的保障。为了促进昆虫病毒的产业化，我国棉铃虫、甜菜夜蛾、斜纹夜蛾等昆虫的人工饲养技术都得到了很快发展。中国科学院武汉病毒研究所在棉铃虫的人工饲养中，健康幼虫历期可达到 10d，工厂化饲养中每个雌成虫产卵量达到 400~600 粒，昆虫连续传代超过 100 代，并保持稳定活性（张光裕，1994）。棉铃虫成功的规模化人工饲养促进了我国棉铃虫病毒的商品化生产，使其成为国内建厂最多的昆虫病毒产业。

三、国内昆虫病毒生物农药应用技术的发展和现状

昆虫病毒生物农药是生物活体，田间应用效果主要取决于虫体的易感性和摄入活体病毒的数量。虫体越小对病毒越敏感，随着龄期的增长，敏感性呈指数下降。在田间应用中，对于发生比较整齐的害虫，可以利用性诱剂监测成虫的发生，在预测的产卵高峰期用药，能起到最佳的防治效果。当害虫出现世代重叠时，仍需人工检测田间害虫种群数量，适时进行防治。

阳光中紫外光对病毒活性影响很大，为了减少紫外光的损害，经过研究筛选，国内生产的病毒制剂中都加入了一些光保护剂，但效果有限，田间施用时仍要避免阳光对病毒的直接照射，田间喷雾一般选择在傍晚或阴天进行，尽量将药液喷洒在作物的叶背面，避开阳光直射。

昆虫病毒杀虫机制是胃毒作用，多角体或颗粒体必须进入害虫中肠才能发挥杀虫作用，根据这一特性，喷雾时将药液均匀喷洒在作物的害虫取食部位。对于国内的每一种病毒生物农药，生产厂商都有推荐剂量，用棉铃虫 NPV 防治棉花棉铃虫

时，一般用量为 15 000 亿 OB/hm^2。田间施用时，根据棉花的长势确定喷雾用水量，将病毒生物农药均匀喷洒在整个棉花植株上。在新疆和国内其他棉区，利用飞机喷施时，研究并应用了超低量喷雾技术，既保持喷雾均匀，又增加了防治效果。

杆状病毒与其宿主昆虫是一对长期协同进化的矛盾统一体，在合理的浓度范围内，病毒不可能将宿主昆虫全部杀灭，总是发挥着调节昆虫种群数量的作用，这就注定其杀虫效果不会像化学农药那样接近 100%的水平。国内推荐的田间用量一般能够保证田间防效达 80%以上，这种防治水平可以控制害虫发生中等为害。在害虫大发生时，单独利用昆虫病毒难以有效控制害虫，国内也研究了昆虫病毒与低毒化学农药配合使用的相互增效作用。昆虫病毒生物农药与昆虫生长调节剂类、菊酯类、氨基甲酸酯类等杀虫剂在害虫严重发生时混用，既能减少化学农药的用量，又能保证免受严重损失。

四、国内昆虫病毒生物农药应用存在的局限

昆虫病毒生物农药是专业性很强的农药产品，占有的市场份额较小，市场运营机制不太成熟和规范。我国昆虫病毒生产企业一般都为中小企业，抵御市场风险的能力较低。另外，由于昆虫病毒具有专一性，一般一种病毒只防治一种害虫，这对病毒的安全性来讲是件好事，但对病毒生产企业来讲却是个难事。一旦一种病毒的防治对象变为次要害虫不需防治时，该病毒的生产就将停止。在国外，多种森林害虫防治中就存在这种情况，黎豆夜蛾病毒应用的跌落正是如此。在国内，我们的病毒生物农药生产规模都很小，只有棉铃虫病毒生物农药得到了长足发展，但随着转 Bt 毒素基因抗虫棉在国内的普及，棉铃虫病毒生物农药已停止发展，只在部分蔬菜上具有一些市场。本书介绍广谱杆状病毒生物农药的研究和应用，正是为了克服病毒杀虫谱窄的缺陷，促进我国昆虫病毒生物农药的发展。

另外，由于昆虫病毒生物农药具有作用专一、安全环保、药效缓慢、持效期长的特点，能在国内一些特殊的场合发挥更为重要的作用。例如，昆虫病毒生物农药在蚕桑上应用既可控制斜纹夜蛾为害，又不影响家蚕的生长；在需要蜜蜂、熊蜂等传粉昆虫传粉的作物上使用，不会对传粉昆虫造成影响。近年来，我国保护地有机食品和绿色食品生产正在发展，昆虫病毒生物农药在这一领域也有充分的发展空间。

第三节 基因修饰杆状病毒生物农药的研究现状和展望

一、基因修饰杆状病毒的主要方法

昆虫病毒杀虫速度慢、对紫外光敏感和杀虫谱窄是限制病毒生物农药发展的

主要因素，需要利用分子生物学手段对其进行基因修饰。近年来，基因组学和蛋白质组学研究的快速发展为研究杆状病毒的致病机制、宿主域选择机制及病毒的基因功能提供了基础，也为利用基因工程修饰改造病毒提供了可能。目前，利用基因工程修饰改造杆状病毒以提高其作用效率和扩大其作用范围，常用的方法有以下 3 种。

1. 缺失病毒的非必需基因增加杀虫效果

利用早期转录表达基因的缺失，有助于增加杀虫效果。病毒编码的蜕皮甾体尿苷二磷酸葡萄糖基转移酶（ecdysteroid UDP-glucosyl transferase，*egt*）基因是杆状病毒在个体水平调控感染宿主生长发育的唯一已知基因，是其复制的非必需基因。该基因产物 EGT 负责使激素蜕皮酮失去活性，它虽然由病毒编码，但在感染宿主幼虫后可对昆虫生长发育进行调节，*egt* 基因表达使蜕皮酮失活，蜕皮酮失活又导致幼虫期延长，有利于病毒在活体中复制产生更多的子代病毒。利用基因工程方法使杆状病毒缺失 *egt* 基因，构建的基因修饰杆状病毒被宿主幼虫取食感染后，没有 EGT 酶活性，幼虫蜕皮加快，死亡时间缩短，缩短了病毒生物农药的作用时间。1991 年，O' Reilly 和 Miller 敲除了杆状病毒编码的 *egt* 基因，构建出缺失 *egt* 基因的基因修饰杆状病毒 AcMNPV。感染基因修饰杆状病毒可使幼虫死亡速度加快 30%，并显著减少食物消耗。

此外，缺失 *p34* 基因、*p10* 基因、*p74* 基因可提高病毒的杀虫速度和杀虫活性。试验证明，缺失这些基因的基因修饰杆状病毒致死效果均有所增加，使宿主昆虫取食量明显下降，死亡速度加快。

2. 插入外源基因提高杀虫速度和杀虫活性

插入外源基因是构建基因修饰杆状病毒最常用的方法。这些外源基因大致有三种类型，第一类是昆虫激素基因，第二类是特异性昆虫毒素基因，第三类是病毒的增效蛋白基因。

昆虫激素基因包括利尿激素基因、保幼激素酯酶基因、羽化激素基因、蜕皮激素基因、促前胸腺激素基因等，这些基因插入病毒可引起感染幼虫的生理调控紊乱，破坏其正常生长发育。Maeda（1989）第一个将利尿激素基因引入家蚕杆状病毒基因组，使昆虫失水。改良的 BmNPV 比野生型 BmNPV 杀灭幼虫速度快20%。而用蜕皮激素基因和促前胸腺激素基因（molting hormone gene and prothoracico tropic hormone gene）构建的基因修饰杆状病毒，与野生型病毒相比没有明显的改善（Eldridge et al.，1991；O'Reilly et al.，1995）。减少杀灭作用时间可通过控制保幼激素（juvenile hormone，JH）表达来实现，在鳞翅目幼虫中，保幼激素调节最终蜕变的发生。保幼激素由保幼激素酯酶调节，当基因修饰杆状病毒过表达保幼激素酯酶时,保幼激素浓度降低,导致感染幼虫停止进食和化蛹(van Meer et al., 2000;Hinton and Hammock, 2003;Inceoglu et al., 2001)。

特异性昆虫毒素作用于害虫,可引起害虫麻痹并停止进食,加速死亡,这些毒素基因主要来自螨类、蜘蛛、蝎子和一些人工合成的基因。

Ma 等(1998)将生物合成信息素生物合成激活肽(pheromone biosynthesis activating neuropeptide,PBAN)与家蚕毒素信号序列融合,利用 AcMNPV 表达分泌,与对照病毒感染的幼虫相比,重组杆状病毒使感染粉纹夜蛾(*Trichoplusia ni*)幼虫存活时间缩短了 20%以上。

用于构建杆状病毒重组体的特异性昆虫毒素基因最有希望的可能是北非黄肥尾蝎(*Androctonus australis*)中编码 AaIT(*Androctonus australis* insect toxin)的基因。用这种基因改造修饰的杆状病毒杀灭速度提高了 40%左右,取食危害降低了 40%左右(Inceoglu et al., 2001)。AaIT 基因已导入到不同的杆状病毒,包括家蚕 NPV(*Bombyx mori* NPV)(Maeda et al.,1991)、苜蓿银纹夜蛾 NPV(*Autographa californica* NPV)(Stewart et al., 1991)、薄荷灰夜蛾 NPV(Rachiplusia ou NPV)(Harrison and Bonning, 2000)和美洲棉铃虫 NPV(*Helicoverpa zea* NPV)(Treacey et al., 2000)等。杆状病毒表达 AaIT 可保持新产生毒素的持续供应,因此,即使在早期启动子的驱动下,持续产生的毒素水平较低,也足以引起麻痹反应。根据这一推测,Elazar 等(2001)发现,与直接注射相同毒素相比,用基因修饰杆状病毒表达毒素时,麻痹家蚕血淋巴中 AaIT 的浓度只有对照的 2%。从其他蝎子或节肢动物中也分离出了毒素基因,如黑背以色列金蝎(*Leiurus quinquestriatus*)(Chejanovsky et al., 1995;Gershburg et al., 1998;Froy et al., 2000)、麦蒲螨(*Pyemotes tritici*)(Burden et al., 2000)、蚂蚁(Szolajska et al., 2004)或蜘蛛类(*Diguetia canities* 和 *Tegenaria agrestis*)(Hughes et al., 1997)等,用这些基因都可提高病毒对鳞翅目幼虫的杀虫活性。这些毒素大多攻击昆虫的钠通道,因此它们的作用位点类似于拟除虫菊酯类的化学农药(Bloomquist, 1996;Cestele and Catterall, 2000)。然而,由于它们在钠通道内的特定作用位点不同,因此,当拟除虫菊酯与携带毒素基因的杆状病毒联合使用时,它们可能会产生协同增效作用(McCutchen et al., 1997)。

增效因子是杆状病毒编码的蛋白质,可以增加异源或同源杆状病毒的口服感染性。它们的增强感染作用可能是由于黏蛋白的降解作用及病毒与中肠上皮细胞的融合作用(Wang et al., 1994;Wang and Granados, 1997)。增效因子基因已通过重组 AcMNPV 表达,重组病毒的 LD_{50} 值显著低于野生型病毒(4.8%～22.7%)。

几丁质酶是将几丁质降解为低分子量低聚糖的酶,可能参与昆虫外骨骼和肠道内壁的降解。Gopalakrishnan 等(1993)构建了一个表达烟草天蛾(*Manduca sexta*)

几丁质酶基因的重组 AcMNPV。重组病毒感染 4 龄草地贪夜蛾（*Spodoptera frugiperda*）幼虫存活时间比野生型病毒感染幼虫缩短约 1d，提高了病毒杀虫速度。

3. 修饰病毒基因拓宽杀虫谱

昆虫杆状病毒基因组中存在某些调控寄主选择的基因，因此，要拓宽病毒的杀虫谱，需要筛选并获得这些基因进行修饰。目前，已有苜蓿银纹夜蛾核型多角体病毒（AcMNPV）和家蚕核型多角体病毒（BmNPV）进行体外条件下的同源基因修饰，获得了宿主域比双亲都广的杆状病毒的报道。原本 AcMNPV 与 BmNPV 无交叉重叠的宿主，在进行基因修饰后，基因修饰杆状病毒的宿主域均有扩大，可使家蚕与苜蓿尺蠖致病。此外，也已知影响杆状病毒宿主域的基因有 *p143*、*p35*、*hr*、*f21* 等，修饰此类基因有可能扩展杆状病毒的宿主域。

二、国内基因修饰杆状病毒生物农药的研究和应用进展

我国利用基因工程技术已成功构建多种基因修饰杆状病毒（梁布锋等，1997；孙修炼和胡志红，2006），但最接近实际应用的是缺失 *egt* 基因的基因修饰棉铃虫病毒（HearNPV-Δ*egt*）及表达北非黄肥尾蝎昆虫毒素（*Androctonus australis* insect toxin，AaIT）的基因修饰棉铃虫病毒（HearNPV-AaIT）（Chen et al.，2000；Sun et al.，2004，2006，2015），经农业农村部农业转基因生物安全委员会批准，先后进入中间试验和环境释放环节，并进行了中试生产。

1. 基因修饰杆状病毒生物农药的应用效果评价

利用野生型和基因修饰型 HearNPV 处理棉铃虫后，HearNPV-Δ*egt* 处理的棉铃虫幼虫的累积取食量比野生型病毒处理减少 50%，HearNPV-AaIT 处理的棉铃虫幼虫的累积取食量比野生型病毒处理减少 63%（Sun et al.，2002）。田间试验表明，HearNPV-AaIT 处理的小区棉铃虫的数量和蕾铃被害率都低于野生型 HearNPV 和 HearNPV-Δ*egt* 处理的小区。2001 年和 2002 年利用野生型与基因修饰型病毒全季节防治棉铃虫，HearNPV-AaIT 处理的皮棉产量较野生型病毒处理的分别高22.1%和 20.7%（Sun et al.，2004）。基因修饰杆状病毒在宿主幼虫中产量较野生型病毒的低（Sun，2015），直接导致了其生产成本的提高。但由于应用基因修饰 HearNPV 后棉花产值增加，因此可以获得更好的经济效益（表 2-4）。

表 2-4　应用基因修饰棉铃虫病毒与其他防治方法的经济效益对比

处理	棉花产量* （kg/hm²）	产值 （元/hm²）	相对于对照减少 损失（元/hm²）	防治成本 （元/hm²）	可增加效益 （元/hm²）
对照	740	5 921			
野生型 HearNPV	1 043	8 342	2 421	540	1 881

续表

处理	棉花产量* (kg/hm²)	产值 (元/hm²)	相对于对照减少损失 (元/hm²)	防治成本 (元/hm²)	可增加效益 (元/hm²)
HearNPV-Δ*egt*	1 132	9 054	3 133	603	2 530
HearNPV-AaIT	1 299	10 396	4 475	684	3 791
功夫乳油	1 289	10 313	4 392	720	3 672

* 皮棉产量为两年平均值

应用基因修饰杆状病毒虽然能够得到比野生型病毒好的短期防治效果，但计算机模型模拟结果显示它们对害虫的长期控制效果反而低于野生型病毒，其主要原因是基因修饰杆状病毒的水平传播率和垂直传播率较低。

模拟研究还表明，杆状病毒的杀虫效果不仅与其杀虫速度有关，而且在很大程度上取决于它们的感染性和田间存活时间。利用现代生物技术开发杀虫活性高、田间存活时间长及杀虫谱广的基因修饰杆状病毒生物农药将是今后病毒遗传改良的方向。

2. 基因修饰杆状病毒生物农药的环境安全性评估

虽然基因修饰杆状病毒的杀虫效果优于野生型病毒，但它们在进行商业化生产和应用之前，有必要对其环境安全性影响进行科学评价。对表达蝎子毒素的基因修饰棉铃虫病毒 HearNPV-AaIT 在对非靶生物的影响、外源基因的转移及环境适应性等方面均进行了深入研究。

1）基因修饰杆状病毒（棉铃虫）生物农药的非靶标生物效应

对试验动物的影响：HearNPV-AaIT 悬浮剂对雌、雄性 SD 大鼠急性经口半致死剂量（LD_{50}）均大于5000mg/kg，对雌、雄性大鼠急性经皮 LD_{50} 均大于2000mg/kg，均属低毒类；对兔眼刺激积分指数为0，平均积分指数48h 后为0，兔眼刺激强度为无刺激性；对豚鼠的皮肤致敏性分级为Ⅰ级，属弱致敏物（华中科技大学同济医学院农药毒理研究中心）。该病毒对蜜蜂、鹌鹑（雌、雄）、斑马鱼及桑蚕的毒性均属低毒级（化学工业农药安全评价质量监督检验中心）。另外，该病毒生物农药对小鼠无急性致病性（中国预防医学科学院营养与食品卫生研究所）。

对天敌的种群动态和繁殖能力的影响：在 2001～2003 年的中间试验和环境释放过程中，多次应用基因修饰杆状病毒对棉田主要天敌（瓢虫、草蛉、蜘蛛、螳螂等）的数量均无明显的影响。从棉田采集的龟纹瓢虫在取食基因修饰杆状病毒感染的棉铃虫幼虫或饲喂原核表达的 AaIT 后，其室内存活寿命与对照个体无明显差异，单雌平均产卵量与对照相比也没有差异。研究表明，经真核表达系统表达的蝎子神经毒素只有在注射到昆虫的血腔中表达后才起作用，而直接被昆虫摄食后并没有生物活性（王二文等，2005），这可能是由于 AaIT 不能穿越昆虫中肠细胞层，因而不能进入昆虫血淋巴而作用于昆虫的神经传导系统。因此，在被基因修饰杆状病毒感染的棉铃虫中表达的 AaIT 对非靶标昆虫并没有间接的不利影响。

2）基因修饰杆状病毒外源基因向周边生物转移的可能性

室内用基因修饰杆状病毒 HearNPV-AaIT 的 DNA 或病毒粒子与棉花黄萎病病菌（*Verticillium dahliae*）进行了 90d 的混合培养，并于混合培养 30d、60d 和 90d 后抽提棉花黄萎病病菌的基因组 DNA，用 AaIT 基因作探针进行斑点杂交，结果显示无阳性信号。从多次施用过基因修饰杆状病毒的棉花田中采集龟纹瓢虫和七星瓢虫，提供健康蚜虫饲养 3～4d，用碱解液和 DNase 处理瓢虫体表后，从瓢虫体内提取瓢虫基因组 DNA，用 PCR 和斑点杂交的方法，都没有检测到 AaIT 的编码序列存在（孙新城等，2005）。该研究结果表明基因修饰杆状病毒的外源基因向其他生物转移的可能性极低。

3）基因修饰杆状病毒的生态适应性

在宿主幼虫中的增殖能力：基因修饰杆状病毒感染的幼虫死亡时个体较野生型病毒感染的小，因此它们的子代病毒产量也较低。HearNPV-AaIT 在 1～5 龄棉铃虫幼虫中的产量分别为野生型病毒的 23%、32%、41%、44% 和 47%，说明该基因修饰杆状病毒的增殖能力低于野生型病毒。

在环境中的滞留和扩散：杆状病毒在自然环境中的滞留和扩散能力是其流行病学的重要参数。基因修饰杆状病毒 HearNPV-AaIT 与野生型病毒，在棉花植株表面的失活速度没有显著差异。在没有结合光保护剂的条件下，HearNPV-AaIT 在连续 3 年的实验中在棉花植株上的半数存活时间分别为 0.57d、0.90d 和 0.39d。在多次应用基因修饰型和野生型棉铃虫病毒防治棉铃虫后，对它们在土壤中的滞留量进行了测定。在相同的环境条件下，基因修饰杆状病毒在环境中的滞留量低于野生型病毒。在应用基因修饰型和野生型棉铃虫病毒的小区外采集土壤样品进行分析，用 PCR 的方法对分离到的病毒进行鉴定，结果表明在应用病毒的小区外分离到的病毒 70% 以上都是野生型病毒。因此，基因修饰棉铃虫病毒在环境中的扩散能力低于野生型病毒（Sun et al.，2006；Sun，2015）。

水平传播和垂直传播：在田间条件下，感染 HearNPV-AaIT 的棉铃虫将病毒传播给健康幼虫的概例（水平传播率）显著低于野生型病毒。无论在实验室还是在田间条件下，HearNPV-AaIT 亚致死感染的棉铃虫下一代幼虫因病毒死亡的比例（垂直传播率）均显著低于野生型病毒。这些实验结果说明基因修饰棉铃虫病毒在宿主种群中的传播能力低于野生型病毒。

从上述研究结果看，目前还没有发现表达蝎子毒素的基因修饰棉铃虫病毒对非靶生物有不利影响，也没有发现其外源基因向周边生物转移的现象，它的生态适应性也低于野生型病毒。该基因修饰杆状病毒在田间表现出比野生型病毒更好的杀虫效果，应用基因修饰杆状病毒防治棉铃虫比应用野生型病毒具有更好的经济效益。因此，该基因修饰杆状病毒具有商业化的潜力。

3. 基因修饰杆状病毒生物农药的应用与展望

目前，基因修饰杆状病毒生物农药在世界各国均有研究，并取得了良好效果，预期经济效益显著。但如何进一步发挥基因修饰昆虫杆状病毒生物农药的优势、克服不足并使其真正在田间应用推广，还具有很大的挑战。我们可从以下几个方面考虑，促进基因修饰杆状病毒生物农药的生产。

一是充分利用基因工程对杆状病毒进行改造，使基因修饰昆虫杆状病毒生物农药表达新的外源基因，提高杀虫效率；选择新的启动子，使杀虫基因在早期便得到高效表达，加快致死速度；进一步了解宿主域的决定机理，以扩大杀虫谱拓展应用范围。

二是积极关注害虫对病毒生物农药的抗性机制，研究是否会出现抗性或出现抗性后延缓其作用的办法，使得基因修饰昆虫杆状病毒生物农药作为生物防治的一种方法可以得到长期高效的应用。

三是解决基因修饰昆虫杆状病毒生物农药商业化生产的问题，降低生产成本，提高生产效率，保证供应高质量的基因修饰昆虫杆状病毒生物农药。

四是持续进行基因修饰昆虫杆状病毒生物农药的安全性评价，避免对天敌及人畜产生潜在威胁。

五是积极促进基因修饰昆虫杆状病毒生物农药作为生物防治手段与其他多种防治方法的有效结合，探索最佳结合时期、结合环境及结合措施，使防治效果最大化。

第四节　昆虫病毒生物农药的发展方向

展望杆状病毒在害虫防治中的未来，主要是探讨需要解决哪些研究和产品开发问题，以便扩大其对用户的吸引力，并使它们在未来的作物保护中充分发挥作用。在某种程度上讲，这绝对是一个"穿越到未来"（crossing to the future）的活动。根据对国内外发展的回顾和现状讨论，杆状病毒生物农药应该在下列方向发展。

（1）降低杆状病毒产品成本。毫无疑问，AgMNPV 在巴西取得成功的一个主要因素是其成本低于每公顷 5 美元。为了显著扩大杆状病毒在主要田间作物中的应用，需要产品实现每公顷 20 美元的价格。需要通过降低生产成本、开发活性更高的病毒株和剂型去实现这一目标。

（2）扩大杆状病毒生产规模。虽然活体生产已经为当前的商业市场提供了所需的产品数量，但还不能满足主要大田作物所需的产品数量。需要开发商业上可行的大规模（年产 2000～10 000t 制剂）的活体生产系统，满足大田作物生物防治需要，并通过规模化生产进一步降低成本。

（3）更快的杀虫速度和更早停止作物损害。杆状病毒较慢的杀灭速度仍然是其应用的重要限制因素。这可能主要是因为病毒生物学本身特性和农民不良观念的问题，而我们需要将发现具有快速作用的自然分离株作为一个理想的研究方向。虽然通过基因修饰杆状病毒可能解决这一问题，但由于社会的普遍担忧，基因修饰杆状病毒应用还有待时日。

（4）提高杆状病毒产品的可靠性。许多用户不使用杆状病毒产品，因为他们认为该类产品是不可靠和不稳定的。对农民而言，产品稳定性和产品价格同样重要。需要制定昆虫病毒生物农药的国家标准和国际标准，规范生产程序，提高产品的稳定性和可靠性。

（5）扩大杆状病毒杀虫谱。如果产品具有更广泛的宿主范围，杆状病毒产品将更具商业吸引力。在这方面对增强蛋白和其他感染因子作用的研究可能是理解宿主特异性基础机制的关键，开发广虫谱杆状病毒将会在解决这一问题上取得突破性进展。

（6）增加杆状病毒持效性。延长杆状病毒的持效性，特别是其对 UV 的持久耐受性，这将是一个重大进展。实现这一目标的一种方法是创建或鉴定抗紫外线病毒株，但更实际的可能是开发在田间应用的抗紫外线制剂技术，该技术可以应用于任何杆状病毒/生物农药。如果发现一种方法，不仅可将紫外线阻断剂添加到产品中，而且在不损害感染力的情况下将紫外线阻断剂与病毒包涵体紧密结合，则可能会取得重大进展。

（7）开发具有在环境温度下与化学杀虫剂相当货架期（＞2 年）的杆状病毒可储存制剂将是另一个有用的进展，特别是在热带种植系统。

（8）开发更好的基于生物的 IPM 系统，通过利用病毒、真菌、细菌和线虫的特殊优点，同时减少它们的生物和物理局限性，促进杆状病毒的应用。通过有效地整合各种微生物农药，减少化学杀虫剂应用，保护生态防治正向发展。

综上所述，杆状病毒是生物防治制剂中的有用工具，在当前生物农药市场上占有一席之地。目前，它们是在高价值或环境敏感市场领域运作的市场空间非常小的产品，但是，只要其在功效、营销和登记等关键问题上的制约因素得到解决，必将迎来昆虫病毒生物农药真正的春天。

（编写人：张忠信）

参 考 文 献

蔡秀玉.1964. 两种夜蛾幼虫的病毒感染试验. 昆虫学报, 8(4): 145-147.
蔡秀玉.1965. 黏虫核型多角体病毒病的研究. 昆虫学报, 14(6): 534-544.
段彦丽, 曲良建, 王玉珠, 等. 2009. 美国白蛾核型多角体病毒传播途径及对寄主的持续作用. 林业科学, 45(6):

83-86.

段彦丽, 陶万强, 曲良建, 等. 2008. HcNPV 和 Bt 复配对美国白蛾的致病性. 中国生物防治, 24(3): 223-238.

甘运凯. 1980. 油茶尺蠖核型多角体病毒的分离及应用研究初报. 湖南农业科技, 5: 11-13.

胡远扬. 2004. 昆虫病毒研究的回顾与展望. 中国病毒学, 19(3): 303-308.

湖北省荆州地区微生物站, 华中师范学院生物系生防组. 1976. 棉铃虫核多角体病毒病的观察及田间试验. 昆虫学报, 19(2): 167-172.

梁布锋, 刘润忠, 张友清. 1997. 重组杆状病毒杀虫剂的研制和田间试验. 中国生物防治, 13(4): 179-181.

庞义. 1992. 昆虫病毒病. In: 蒲蛰龙. 昆虫病理学. 广州: 广东科技出版社: 85-216.

彭辉银, 陈新文, 姜云, 等. 1998. 松毛虫赤眼蜂携带质型多角体病毒防治马尾松毛虫. 中国生物防治, 14(3): 111-114.

彭辉银. 2000. "生物导弹"防治害虫与西部开发. 长江流域资源与环境, 9(2): 139-140.

秦启联. 2009. 病毒生物农药技术的产业化前景. In: 中国科学院. 2009 高技术发展报告. 北京: 科学出版社: 146-152.

孙新城, 成国英, 周明哲, 等. 2005. 重组棉铃虫病毒的外源基因向其他生物的转移. 中国病毒学, 20: 420-423.

孙修炼, 胡志红. 2006. 我国昆虫病毒杀虫剂的研究与应用进展. 中国农业科技导报, 8(6): 33-37.

王二文, 徐进平, 鲁伟, 等. 2005. 蝎神经毒素 AaIT 的表达及功能分析. 武汉大学学报(理学版), 51: 727-732.

文亮, 周建华, 郭亨孝, 等. 2009. 几种对蜀柏毒蛾核型多角体病毒增效的添加剂研究. 林业科学研究, 22(6): 878-882.

谢天恩, 彭辉银, 曾云添, 等. 1992. 油桐尺蠖核型多角体病毒杀虫剂生产的新工艺. 中国病毒学, 7(3): 304-310.

谢天恩, 张光裕, 岑英华, 等. 1965. 黏虫核型多角体病及其多角体的某些性质. 昆虫学报, 14(3): 313-317.

杨苗苗, 李孟楼, 王玉珠, 等. 2011. 松毛虫病毒研究进. 中国生物防治学报, 27(3): 394-399.

张光裕. 1994. 我国棉铃虫病毒杀虫剂的研究开发和应用. 长江流域资源与环境, 3(1): 39-44.

张国财, 胡春祥, 岳书奎, 等. 2001. 舞毒蛾林间大面积防治. 东北林业大学学报, 29(1): 129-132.

中国科学院武汉病毒研究所, 湖北省国营蒋湖农场. 1980. 棉铃虫核型多角体病毒杀虫剂鉴定会议资料. 武汉: 中国科学院武汉病毒研究所.

中山大学昆虫学研究所. 1990. 斜纹夜蛾核型多角体病毒杀虫剂中试生产研究及应用鉴定资料. 广州: 中山大学.

Alalouni U, Schädler M, Brandl R. 2013. Natural enemies and environmental factors affecting the population dynamics of the gypsy moth. J Appl Entomol, 137: 721-738.

Allen H W. 1921. Notes on a bombylid parasite and a polyhedral disease of the southern grass worm, *Laphygma frugiperda*. J Econ Entomol, 14: 510-511.

Arthurs S P, Lacey L A, Behle R W. 2006. Evaluation of spray-dried lignin-based formulations and adjuvants as ultraviolet light protectants for the granulovirus of the codling moth, *Cydia pomonella* (L.). J Invertebr Pathol, 93: 88-95.

Arthurs S P, Lacey L A, Fritts J R. 2005. Optimizing the use of the codling moth granulovirus: effects of application rate and spraying frequency on control of codling moth larvae in Pacific Northwest apple orchards. J Econ Entomol, 98: 1459-1468.

Arthurs S P, Lacey L A, Miliczky E R. 2007. Evaluation of the codling moth granulovirus and spinosad for codling moth control and impact on non-target species in pear orchards. Biol Control, 49: 99-109.

Arthurs S P, Lacey L A, Pruneda J N, et al. 2008. Semi-field evaluation of a granulovirus and *Bacillus thuringiensis* ssp. *kurstaki* for season-long control of the potato tuber moth, *Phthorimaea operculella*. Entomol Exp Appl, 129: 276-285.

Arthurs S P, Lacey L A. 2004. Field evaluation of commercial formulations of the codling moth granulovirus (CpGV): persistence of activity and success of seasonal applications against natural infestations in the Pacific Northwest Biol Control, 31: 388-397.

Asser-Kaiser S, Fritsch E, Undorf-Spahn K, et al. 2007. Rapid emergence of baculovirus resistance in codling moth due to dominant, sex-linked inheritance. Science, 317(5846): 1916-1918.

Balch R E, Bird F T. 1944. A disease of the European spruce sawfly, *Gilpinia hercyniae* (Htg.), and its place in natural control. Sci Agric, 25: 65-80.

Ballard J, Ellis D J, Payne C C. 2000. Uptake of granulovirus from the surface of apples and leaves by first instar larvae of the codling moth *Cydia pomonella* L. (Lepidoptera: Olethreutidae). Biocontrol Sci Technol, 10: 617-625.

Barnes M M, Millar J G, Kirsch P A, et al. 1992. Codling moth (Lepidoptera: Tortricidae) control by dissemination of synthetic female sex pheromone. J Econ Entomol, 85: 1274-1277.

Bedford G O. 1980. Biology, ecology, and control of palm rhinoceros beetles. Annu Rev Entomol, 25: 309-339.

Bedford G O. 1986. Biological control of the rhiniceros beetle (*Oryctes rhinoceros*) in the South Pacific by baculovirus. Agric Ecosyst Environ, 15: 141-147.

Bedford G O. 2013. Long-term reduction in damage by rhinoceros beetle *Oryctes rhinoceros* (L.) (Coleoptera: Scarabaeidae: Dynastinae) to coconut palms at *Oryctes* nudivirus release sites on Viti Levu, Fiji. Afr J Agric Res, 8: 6422-6425.

Bell M R, Hardee D D. 1994a. Early season application of a baculovirus for area-wide management of Heliothus/Helicoverpa (Lepidoptera: Noctuidae): 1992 field trial. J Entomol Sci, 29: 192-200.

Bell M R, Hardee D D. 1994b. Tobacco budworm: possible use of various entomopathogens in large area pest management. Proc Beltwide Cotton Conf, 2: 1168-1170.

Bell M R, Hardee D D.1995. Tobacco budworm and cotton bollworm: methodology for virus production and application in large-area management trials. Proc Beltwide Cotton Conf, 2: 857-858.

Bird F T, Elgee D E. 1957. A virus disease and introduced parasites as factors controlling the European spruce sawfly, *Diprion hercyniae* (Htg.), in central New Brunswick. Can Entomol, 89: 371-378.

Bird F T. 1955. Virus diseases of sawflies. Can Entomol, 87: 124-127.

Biswas G C. 2013. Insect pests of soybean (*Glycine max* L.) their nature of damage and succession with the crop stages. J Asiat Soc Bangladesh Sci, 39(1): 1-8.

Bjørnstad O N, Robine C, Liebhold A M. 2010. Geographic variation in North American gypsy moth cycles: subharmonics, generalist predators, and spatial coupling. Ecology, 91: 106-118.

Blommers L, Vaal F, Freriks J, et al. 1987. Three years of specific control of summer fruit tortrix and codling moth on apple in the Netherlands. J Appl Entomol, 104: 353-371.

Bloomquist J R. 1996. Ion channels as targets for insecticides. Annu Rev Entomol, 41: 163-190.

Bueno R C O F, Parra J R P, Bueno A F, et al. 2007. Sem barreira. Cultivar, 55: 12-15.

Buerger P, Hauxwell C, Murray D. 2007. Nucleopolyhedrovirus introduction in Australia. Virol Sin, 22: 173-179.

Burden J P, Hails R S, Windass J D, et al. 2000. Infectivity, speed of kill, and productivity of a baculovirus expressing the itch mite toxin txp-1 in second and fourth instar larvae of *Trichoplusia ni*. J Invertebr Pathol, 75: 226-236.

Calkins C O. 1999. Review of the codling moth areawide suppression program in the Western United States. J Agric Entomol, 15: 327-333.

Cestele S, Catterall W A. 2000. Molecular mechanisms of neurotoxin action on voltage-gated sodium channels. Biochimie, 82: 883-892.

Chapman J W, Glaser R W. 1915. A preliminary list of insects which have wilt, with a comparative study of their polyhedra. J Econ Entomol, 8: 140-149.

Chejanovsky N, Zilberberg N, Rivkin H, et al. 1995. Functional expression of an alpha-insect scorpion neurotoxin in insect cells and lepidopterous larvae. FEBS Lett, 376: 181-184.

Chen X W, Ijkel W F J, Tarchini R, et al. 2001. The sequence of the Helicoverpa armigera single nucleocapsid nucleopolyhedrovirus genome. J Gen Virol, 82: 241-257.

Chen X W, Sun X L, Hu Z H, et al. 2000. Genetic engineering of Helicoverpa armigera single nucleocapsid nucleopolyhedrovirus as an improved pesticide. J Invertebr Pathol, 76: 140-146.

Corrêa-Ferreira B S, Alexandre T M, Pellizzaro E C, et al. 2010. Práticas de manejo de pragas utilizadas na soja e seu impacto sobre a cultura. Circular Técnica: 78. Embrapa Soja, Londrina: 15.

Cross J V, Solomon M G, Chandler D, et al. 1999. Biocontrol of pests of apples and pears in Northern and Central Europe: 1. Microbial agents and nematodes. Biocontrol Sci Technol, 9: 125-149.

Cunningham J C, Entwistle P F. 1981. Control of sawflies by baculovirus. *In*: Burges H D. Microbial Control of Pests and Plant Diseases 1970-1980. New York: Academic Press: 379-407.

Cunningham J C. 1984. *Neodiprion abietis* (Harris), balsam fir sawfly (Hymenoptera: Diprionidae). *In*: Kelleher J S, Hulme M A. Biological Control Programs against Insects and Weeds in Canada 1969-1980. Slough: Commonwealth Agricultural Bureaux: 321-322.

Cunningham J C. 1995. Baculoviruses as microbial pesticides. *In*: Reuveni R. Novel Approaches to Integrated Pest Management. Boca Raton: Lewis: 261-292.

Cunningham J C. 1998. North America. *In*: Hunter-Fujita F R, Entwistle P F, Evans H F, et al. Insect Viruses and Pest Management. Chichester: Wiley: 313-331.

Dowden P B, Girth H B. 1953. Use of a virus disease to control European pine sawfly. J Econ Entomol, 46: 525-526.

Eberle K E, Asser-Kaiser S, Sayed S M, et al. 2008. Overcoming the resistance of codling moth against conventional Cydia pomonella granulovirus (CpGV-M) by a new isolate CpGV-I12. J Invertebr Pathol, 98: 293-298.

Eberle K E, Jehle J A, Hüber J. 2012b. Microbial control of crop pests using insect viruses. *In*: Abrol D P, Shankar U. Integrated Pest Management: Principles and Practice. Wallingford: CABI Publishing: 281-298.

Eberle K E, Jehle J A. 2006. Field resistance of codling moth against Cydia pomonella granulovirus (CpGV) is autosomal and incompletely dominant inherited. J Invertebr Pathol, 93: 201-206.

Eberle K E, Wennmann J T, Kleespies R G, et al. 2012a. Basic techniques in insect virology. *In*: Lacey L A. Manual of Techniques in Invertebrate Pathology. 2nd. San Diego: Academic Press: 15-74.

Elazar M, Levi R, Zlkotkin E. 2001. Targeting of an expressed neurotoxin by its recombinant baculovirus. J Exp Biol, 204: 2637-2645.

Eldridge R, Horodyski F M, Morton D B, et al. 1991. Expression of an eclosion hormone gene in insect cells using baculovirus vectors. Insect Biochem, 21: 341-351.

Federici B A. 1997. Baculovirus pathogenesis. *In*: Miller L K. The Baculoviruses. New York: Plenum Press: 33-59.

Froy O, Zilberberg N, Chejanovsky N, et al. 2000. Scorpion neurotoxins: structure/function relationship and application in agriculture. Pest Manag Sci, 56: 472-474.

Gassmann A J, Clifton E H. 2017. Current and potential applications of biopesticides to manage insect pests of maize. *In*: Lacey L A. Microbial Control of Insect and Mite Pests: From Theory to Practice. London: Academic Press: 173-184.

Gershburg E, Stockholm D, Froy O, et al. 1998. Baculovirus-mediated expression of a scorpion depressant toxin improves the insecticidal efficacy achieved with excitatory toxins. FEBS Lett, 422: 132-136.

Glen D M, Payne C C. 1984. Production and field evaluation of codling moth granulosis virus for control of *Cydia pomonella* in the United Kingdom. Ann Appl Biol, 104: 87-98.

Gopalakrishnan B, Kramer K J, Muthukrishnana S. 1993. Properties of an chitinase produced in a baculovirus gene expression system. Abstr Papers Am Chem Soc, 205: 79.

Graves R, Lucarotti C J, Quiring D. 2012. Spread of a *Gammabaculovirus* within larval populations of its natural balsam fir sawfly (*Neodiprion abietis*) host following its aerial application. Insects, 3: 912-929.

Grout T G, Moore S D. 2015. Citrus. *In*: Prinsloo G L, Uys G M. Insects of Cultivated Plants and Natural Pastures in Southern Africa. Pretoria: Entomological Society of Southern Africa: 447-501.

Grzywacz D, Mushobozi W L, Parnell M, et al. 2008. The evaluation of *Spodoptera exempta* nucleopolyhedrovirus (SpexNPV) for the field control of African armyworm (*Spodoptera exempta*) in Tanzania. Crop Prot, 27: 17-24.

Grzywacz D, Parnell M, Kibata G, et al. 2004. The development of endemic baculoviruses of *Plutella xylostella* (diamondback moth, DBM) for control of DBM in East Africa. *In*: Endersby N, Ridland P M. The Management of Diamondback Moth and Other Crucifer Pests. Proceedings of the 4th International Workshop, 26-29 Nov 2001. Melbourne, Australia. Melbourne: The Regional Institute Ltd: 197-206.

Grzywacz D. 2017. Basic and applied research: baculovirus. *In*: Lacey L A. Microbial Control of Insect and Mite Pests: From Theory to Practice. London: Academic Press: 27-46.

Gwynn R. 2014. Manual of Biocontrol Agents 5th Edition. Alton: British Crop Protection Council: 520.

Hajek A E, Tobin P C, Haynes K J. 2015. Replacement of a dominant viral pathogen by a fungal pathogen does not alter the synchronous collapse of a forest insect outbreak. Oecologia, 177: 785-797.

Hajek A E, van Frankenhuyzen K. 2017. Use of entomopathogens against forest pests. *In*: Lacey L A. Microbial Control of Insect and Mite Pests: From Theory to Practice. London: Academic Press: 313-330.

Hamm J J, Young J R. 1971. Value of virus presilk treatment for corn earworm and fall armyworm control in sweet corn. J Econ Entomol, 64: 144-146.

Hammock B D, Bonning B C, Possee R D, et al. 1990. Expression and effects of the juvenile hormone esterase in a baculovirus vector. Nature, 344: 458-461.

Hardee D D, Bell M R, Street D A. 1999. A review of area-wide management of *Helicoverpa* and *Heliothis* (Lepidoptera: Noctuidae) with pathogens (1987-1997). Southwest Entomol, 24: 62-75.

Hardee D D, Bell M R. 1995. Area-wide management of Heliothis/Helicoverpa in the delta of Mississippi. *In*: Constable G A, Forrester N W. 1994. Challenging the Future: Proceed. CSIRO, Melbourne: World Cotton Res. Conf.-1, Brisbane Australia, February 14-17, 1994: 434-436.

Harrison R L, Bonning B C. 1999. The nucleopolyhedroviruses of *Rachiplusia ou* and *Anagrapha falcifera* are isolates of the same virus. J Gen Virol, 80: 2793-2798.

Harrison R L, Bonning B C. 2000. Use of scorpion neurotoxins to improve the insecticidal activity of *Rachiplusia ou* multicapsid nucleopolyhedrovirus. Biol Control, 17: 191-201.

Higbee B, Calkins C, Temple C. 2001. Overwintering of codling moth (Lepidoptera: Tortricidae) larvae in apple harvest bins and subsequent moth emergence. J Econ Entomol, 94: 1511-1517.

Hinton A C, Hammock B D. 2003. *In vitro* expression and biochemical characterization of juvenile hormone esterase from *Manduca sexta*. Insect Biochem. Mol Biol, 33: 317-329.

Hostetter D L, Puttler B. 1991. A new broad host spectrum nuclear polyhedrosis virus isolated from a celery looper, *Anagrapha falcifera* (Kirby), (Lepidoptera: Noctuidae). Environ Entomol, 20: 1480-1488.

Hoy M A. 1976. Establishment of gypsy moth parasitoids in North America: an evaluation of possible reasons for establishment or non-establishment. *In*: Anderson J F, Kaya H K. Perspectives in Forest Entomology. New York: Academic Press: 215-232.

Hüber J. 1998. Western Europe. *In*: Hunter-Fujita F R, Entwistle P F, Evans H F, et al. Insect Viruses and Pest Management. New York: Wiley and Sons: 201-215.

Hüger A M. 1966. A virus disease of the Indian rhinoceros beetle, *Oryctes rhinoceros* (Linnaeus), caused by a new type of insect virus, *Rhabdionvirus oryctes* gen. n., sp. n. J Invertebr Pathol, 8: 38-51.

Hüger A M. 2005. The Oryctes virus: its detection, identification, and implementation in biological control of the coconut palm rhinoceros beetle, *Oryctes rhinoceros* (Coleoptera: Scarabaeidae). J Invertebr Pathol, 89: 78-84.

Hughes P R, Wood H A, Breen J P, et al. 1997. Enhanced bioactivity of recombinant baculoviruses expressing insect-specific spider toxins in lepidopteran crop pests. J Invertebr Pathol, 69: 112-118.

Ignoffo C M, Chapman A J, Martin D F. 1965. The nuclear-polyhedrosis virus of *Heliothis zea* (Boddie) and *Heliothis virescens* (Fabricius). J Invertebr Pathol, 7: 227-235.

Ignoffo C M. 1979. The first viral pesticide: past, present and future. Development In Industry of Microbiology, 20: 105-115.

Ignoffo C M. 1999. The first viral pesticide: past present and future. J Ind Microbiol Biotechnol, 22: 407-417.

Inceoglu A B, Kamita S G, Hinton A C, et al. 2001. Recombinant baculoviruses for insect control. Pest Manag Sci, 57: 981-987.

Jackson T A, Crawford A M, Glare T R. 2005. Oryctes virus- time for a new look at a useful biocontrol agent. J Invertebr Pathol, 89: 91-94.

Jackson T A. 2009. The use of Oryctes virus for control of rhinoceros beetle in the Pacific Islands. *In*: Hajek A E, Glare T R, O'Callaghan M. Use of Arthropods for Control and Eradication of Invasive Arthropods. Dordrecht: Springer:133-140.

Johnson D M, Liebhold A, Bjørnstad O N. 2006. Geographical variation in the periodicity of gypsy moth outbreaks. Ecography, 29: 367-374.

Jones K A, Irving N S, Moawad G, et al. 1994. Field trials with NPV to control *Spodoptera littoralis* on cotton in Egypt. Crop Prot, 13: 337-340.

Knight A L, Witzgall P. 2013. Combining mutualistic yeast and pathogenic virus —a novel method for codling moth control. J Chem Ecol, 39: 1019-1026.

Knox C, Moore S D, Luke G A, et al. 2015. Baculovirus-based strategies for the management of insect pests: a focus on development and application in South Africa. Biocontrol Sci Technol, 25: 1-20.

Kolodny-Hirsch D M, Sitchawat T, Jansiri T, et al. 1997. Field evaluation of a commercial formulation of the *Spodoptera exigua* (Lepidoptera: Noctuidae) nuclear polyhedrosis virus for control of beet armyworm on vegetable crops in Thailand. Biocontrol Sci Technol, 7: 475-488.

Kunimi Y. 2007. Current status and prospects on microbial control in Japan. J Invertebr Pathol, 95: 181-186.

Kutinkova H, Samietz J, Dzhuvinov V, et al. 2012. Successful application of the baculovirus product Madex® for control of Cydia pomonella (L.) in Bulgaria. J Plant Prot Res, 52: 205-213.

Lacey L A, Arthurs S P. 2005. New method for testing solar sensitivity of commercial formulations of the granulovirus of codling moth (*Cydia pomonella*, Tortricidae: Lepidoptera). J Invertebr Pathol, 90: 85-90.

Lacey L A, Headrick H, Arthurs S P. 2008a. The effect of temperature on the long-term storage of codling moth granulovirus formulations. J Econ Entomol, 101: 288-294.

Lacey L A, Kroschel J. 2009. Microbial control of the potato tuber moth (Lepidoptera: Gelechiidae). Fruit Veg Cereal Sci Biotechnol, 3: 46-54.

Lacey L A, Shapiro-Ilan D I. 2008. Microbial control of insect pests in temperate orchard systems: potential for incorporation into IPM. Annu Rev Entomol, 53: 121-144.

Lacey L A, Thomson D, Vincent C, et al. 2008b. Codling moth granulovirus: a comprehensive review. Biocontrol Sci Technol, 18: 639-663.

Lasa R C, Pagola I, Ibanez J E, et al. 2007. Efficacy of *Spodoptera exigua* multiple nucleopolyhedrovirus (SeMNPV) as a biological insecticide for beet armyworm in greenhouses in Southern Spain. Biocontrol Sci Technol, 17: 221-232.

Leland J , Gore J. 2017. Microbial control of insect and mite pests of cotton. *In:* Lacey L A. Microbial Control of Insect and Mite Pests: From Theory to Practice. London: Academic Press: 185-197.

Lewis F B. 1981. Control of gypsy moth by a baculovirus. *In*: Burges H D. Microbial Control of Pests and Plant Diseases 1970-1980. New York: Academic Press: 363-377.

Liebhold A M, Plymale R C, Elkinton J S, et al. 2013. Emergent fungal entomopathogen does not alter density dependence in a viral competitor. Ecology, 94: 1217-1222.

Liebhold A, McManus M. 1999. The evolving use of insecticides in gypsy moth management. J For, 97: 20-23.

Lucarotti C J, Moreau G, Kettela E G. 2007. Abietiv™, a viral biopesticide for control of the balsam fir sawfly. *In*: Vincent C, Goettel M S, Lazarovits G. Biological Control: A Global Perspective. Wallingford: CAB International: 353-361.

Ma P W K, Davis T R, Wood H A, et al. 1998. Baculovirus expression of an insect gene that encodes multiple neuropeptides. Insect Biochem Mol Biol, 28: 239-249.

Maeda S, Volrath S L, Hanzlik T N, et al. 1991. Insecticidal effects of an insect-specific neurotoxin expressed by a recombinant baculovirus. Virology, 184: 77-80.

Maeda S. 1989. Increased insecticidal effect by a recombinant baculovirus carrying a synthetic diuretic hormone gene. Biochem Biophys Res Commun, 165: 1177-1183.

Martignoni M E. 1999. History of TM BioControl: the first registered virus based product for insect control of a forest insect. Am Entomol, 45: 30-37.

McCutchen B F, Hoover K, Preisler H K, et al. 1997. Interaction of recombinant and wild-type baculoviruses with classical insecticides and pyrethroid-resistant tobacco budworm (Lepidoptera: Noctuidae). J Econ Entomol, 90: 1170-1180.

McGugan B M, Coppel H C. 1962. Part II. Biological control of forest insects, 1910-1958. *In*: Franz J M. A Review of the Biological Control Attempts against Insects and Weeds in Canada. Commonwealth Institute of Biological Control, Trinidad: Technical Communication 2, CAB, Farnham Royal: 35-216.

Miller L K, Ball L K. 1998. The Insect Viruses. New York: Plenum Press: 413.

Miller L.K. 1997. The Baculoviruses. New York: Plenum Press: 477.

Moore S D, Kirkman W, Richards G I, et al. 2015. The *Cryptophlebia leucotreta* granulovirus - 10 years of commercial field use. Viruses, 7: 1284-1312.

Moore S D, Kirkman W, Stephen P. 2004a. Crytogran: a virus for biological control of false codling moth. S Afr Fruit J, 7: 56-60.

Moore S D, Kirkman W. 2010. Helicovir: a virus for the biological control of bollworm. S Afr Fruit J, 9(4): 63-67.

Moore S D, Pittaway T, Bouwer G, et al. 2004b. Evaluation of *Helicoverpa armigera* nucleopolyhedrovirus, HearNPV, for control of *Helicoverpa armigera* Hübner (Lepidoptera: Noctuidae) on citrus in South Africa. Biocontrol Sci Technol, 14: 239-250.

Moreau G, Lucarotti C J, Kettela E G, et al. 2005. Aerial application of nucleopolyhedrovirus induces decline in increasing and peaking populations of *Neodiprion abietis*. Biol Control, 30: 65-73.

Moreau G, Lucarotti C J. 2007. A brief review of the past use of baculoviruses for the management of eruptive forest defoliators and recent developments on a sawfly virus in Canada. For Chron, 83: 105-112.

Moscardi F, Leite L G, Zamataro C E. 1997. Production of nuclear polyhedrosis virus of *Anticarsia gemmatalis* Hübner (Lepidoptera: Noctuidae): effect of virus dosage, host density and age. An Soc Entomológica do Bras, 26: 121-132.

Moscardi F, Sosa-Gómez D R. 1992. Use of viruses against soybean caterpillars in Brazil. *In*: Copping L G, Green M B, Rees R T. Pest Management in Soybean. Amsterdam: Elsevier: 98-109.

Moscardi F, Sosa-Gómez D R. 2007. Microbial control of insect pests of soybean. *In*: Lacey L A, Kaya H K. Field Manual of Techniques in Invertebrate Pathology. Application and Evaluation of Pathogens for Control of Insects and Other Invertebrate Pests. 2nd. Dordrecht: Springer: 411-426.

Moscardi F, Souza M L, Castro M E B, et al. 2011. Baculovirus pesticides: present state and future perspectives. *In*: Ahmad I, Ahmad F, Pichtel J. Microbes and Microbial Technology Agricultural and Environment Environmental Applications. Dordrecht: Springer: 415-445.

Moscardi F. 1999. Assessment of the application of baculoviruses for control of Lepidoptera. Annu Rev Entomol, 44: 257-289.

Moscardi F. 2007. Development and use of the nucleopolyhedrovirus of the velvetbean caterpillar in soybeans. *In*: Vincent C, Goettel M S, Lazarovits G. Biological Control: A Global Perspective. Wallingford: CAB International: 344-353.

Moscardi F 1989. Use of viruses for pest control in Brazil: the case of the nuclear polyhedrosis virus of the soybean caterpillar, Anticarsia gemmatalis. Mem Inst Oswaldo Cruz, 84: 51-56.

Mudgal S, De Toni A, Tostivint C, et al. 2013. Scientific Support, Literature Review and Data Collection and Analysis for Risk Assessment on Microbial Organisms Used as Active Substance in Plant Protection Products - Lot 1 Environmental Risk Characterization. EFSA Supporting Publications, EN-518: 149.

Nair K S S, Babjan B, Sajeev T V, et al. 1996. Field efficacy of nuclear polyhedrosis virus for protection of teak against the defoliator *Hyblea puera* Cramer (Lepidoptera: Hyblaeidae). J Biol Control, 10: 79-85.

Nakai M, Cuc N T T. 2005. Field application of an insect virus in the Mekong Delta: effects of a Vietnamese nucleopolyhedrovirus on *Spodoptera litura* (Lepidoptera: Noctuidae) and its parasitic natural enemies. Biocontrol Sci Technol, 15: 443-453.

Nakai M. 2009. Biological control of tortricidae in tea fields in Japan using insect viruses and parasitoids. Virol Sin, 24: 323-332.

Neilson M M, Morris R F. 1964. The regulation of European spruce sawfly numbers in the Maritime Provinces of Canada from 1937 to 1963. Can Entomol, 96: 773-784.

Novotny J. 1989. Natural disease of gypsy moth in various gradation phases. *In*: Wallner W E, McManus K A. Proceedings. Lymantriidae: A Comparison of Features of New and Old World Tussock Moths. USDA Forest Service, Gen Tech Rpt, NE-123: 101-111.

O'Reilly D R, Kelly T J, Masler E P, et al. 1995. Overexpression of *Bombyx mori* prothoracicotropic hormone using baculovirus vectors. Insect Biochem Mol Biol, 25: 45-85.

O'Reilly D R, Miller L K. 1991. Improvement of a baculovirus pesticide by deletion of the *egt* gene. Biotechnology, 9: 1086-1089.

Oho N, Yamada H, Nakazawa H. 1974. A granulosis virus of the smaller tea tortrix, *Adoxophyes orana* Fischer von Roslerstamm (Lepidoptera; Tortricidae). Mushi, 48: 15-20.

Paiva P E B, Yamamoto P T. 2014. Citrus caterpillars, with an emphasis on *Helicoverpa armigera*: a brief review. Citrus Res Technol, 35: 11-17.

Pajač I, Pejić I, Barić B. 2011. Codling moth, *Cydia pomonella* (Lepidoptera:Tortricidae)-major pest in apple production: an overview ofits biology, resistance, genetic structure and control strategies. Agric Conspec Sci, 76: 87-92.

Panazzi A R. 2013. History and contemporary perspectives of the integrated pest management of soybean in Brazil. Neotrop Entomol, 42: 119-127.

Pemsel M, Schwab S, Scheurer A, et al. 2010. Advanced PGSS process for the encapsulation of the biopesticide Cydia pomonella granulovirus. J Supercrit Fluids, 53: 174-178.

Podgwaite J D. 1999. Gypchek: biological insecticide for the gypsy moth. J For, 97: 16-19.

Purrini K. 1989. *Baculovirus oryctes* release into *Oryctes monoceros* population in Tanzania, with special reference to the interaction of virus isolates used in our laboratory infection experiments. J Invertebr Pathol, 53: 285-300.

Rabindra R J, Jayaraj S. 1995. Management of *Helicoverpa armigera* with nuclear polyhedrosis virus on cotton using different spray equipment and adjuvants. J Biol Control, 9: 34-36.

Reardon R, Podgwaite J, Zerillo R. 1996. Gypchek - The Gypsy Moth Nucleopolyhedrovirus Product. Forest Health Technology Enterprise Team. Morgantown, WV: USDA Forest Service: 33.

Reardon R, Podgwaite J. 1994. Summary of efficacy evaluations using aerially applied Gypchek against gypsy moth in the USA. J Environ Sci Health B, 29: 739-756.

Santos B. 2003. Avanços na produção massal de lagartas de Anticarsia gemmatalis Hübner 1818 (Lepidoptera: Noctuidae) infectadas com o seu vírus de poliedrose nuclear, em laboratório e do bioinseticida à base desse vírus. PhD thesis, Universidade Federal do Paraná, Curitiba, Brazil.

Schmitt A, Bisutti I L, Ladurner E, et al. 2013. The occurrence and distribution of resistance of codling moth to Cydia pomonella granulovirus in Europe. J Appl Entomol, 137: 641-649.

Smith D, Beattie G A C, Broadley R. 1997. Citrus Pests and Their Natural Enemies: Integrated Pest Management in Australia. Queensland, Brisbane: Department of Primary Industries/HRDC: 272.

Solter L F, Hajek A E. 2009. Control of gypsy moth, *Lymantria dispar*, in North America since 1878. *In*: Hajek A E, Glare T R, O'Callaghan M. Use of Microbes for Control and Eradication of Invasive Arthropods. Dordrecht: Springer:181-212.

Sosa-Gómez D R, Côrrea-Ferreira B S, Hoffmann-Campo C B, et al. 2014. Manual de identificação de insetos e outros invertebrados da cultura da soja. 3rd. Londrina: Embrapa Soja Documentos: 100.

Sosa-Gómez D R, Moscardi F, Santos B, et al. 2008. Producao e uso de vírus para o controle de pragas na América Latina. *In*: Alves S B, Lopes R B. Controle Microbiano de Pragas na América Latina: avancos e desafios. Piracicaba: FEALQ: 49-68.

Sosa-Gómez D R. 2017. Microbial control of soybean pest insects and mites. *In*: Lacey L A. Microbial Control of Insect and Mite Pests: From Theory to Practice. London: Academic Press: 199-208.

Sporleder M, Kroschel J. 2008. The potato tuber moth granulovirus (PoGV): use, limitations and possibilities for field applications. *In*: Kroschel J, Lacey L A. Integrated Pest Management for the Potato Tuber Moth, *Phthorimaea Operculella* (Zeller) - A Potato Pest of Global Importance. Advances in Crop Research, vol. 10. Weikersheim: Margraf Publishers: 49-71.

Steinhaus E A. 1949. Principles of insect pathology. New York, Toronto, London: McGraw-Hill Book Co., Inc.: 757.

Stewart L M, Hirst M, Ferber M L, et al. 1991. Construction of an improved baculovirus insecticide containing an insect-specific toxin gene. Nature (London), 352: 85-88.

Street D A, Bell M R, Hardee D D. 1997. Update on the area-wide budworm/bollworm management program with virus: is it a cost effective insurance program? J Entomol Sci, 45: 1148-1150.

Sun X L, Chen X W, Zhang Z X, et al. 2002. Bollworm responses to release of genetically modified Helicoverpa armigera nucleopolyhedroviruses in cotton. J Invertebr Pathol, 81(2): 63-69.

Sun X L, Sun X C, Bai B K, et al. 2005. Production of polyhedral inclusion bodies from *Helicoverpa armigera* larvae infected with wild-type and recombinant HaSNPV. Biocontrol Science and Technology, 15: 353-366.

Sun X L, van derWerf W, Felix F J J A, et al. 2006. Modelling biological control with wild-type and geneticallymodified baculoviruses in the Helicoverpa armigera cotton system. Ecological Modelling, 198: 387-398.

Sun X L, Wang H L, Sun X C, et al. 2004. Biological activity and field efficacy of a genetically modified Helicoverpa armigera SNPV expressing an insect selective toxin from a chimeric promoter. Biological Control, 29: 124-137.

Sun X. 2015. History and current status of development and use of viral insecticides in China. Viruses, 7: 306-319.

Szolajska E, Poznanski J, Ferber M L, et al. 2004. Poneratoxin, a neurotoxin from ant venom. Structure and expression in insect cells and construction of a bio-insecticide. Eur J Biochem, 271: 2127-2136.

Tanada Y. 1964. A granulosis virus of the codling moth, *Carpocapsae pomonella* (Linnaeus) (Olethreutidae, Lepidoptera). J Insect Pathol, 6: 378-380.

Treacy M F, Rensner P E, All J N, et al. 2000. Comparative insecticidal properties of two nucleopolyhedrosis vectors encoding a similar toxin gene chimer. J Econ Entomol, 93: 1096-1104.

Vail P V, Hostetter D L, Hoffmann F. 1999. Development of multi-nucleocapsid polyhedroviruses (MNPVs) infectious to loopers as microbial control agents. Integr Pest Manage Rev, 4: 231-257.

van Frankenhuyzen K, Lucarotti C J, Lavallée R. 2015. Canadian contributions to forest insect pathology and the use of pathogens in forest pest management. Can Entomol, 148: S210-S238.

van Frankenhuyzen K, Reardon R C, Dubois N R. 2007. Forest defoliators. *In*: Lacey L A, Kaya H K. Field Manual of Techniques in Invertebrate Pathology: Application and Evaluation of Pathogens for Control of Insects and Other Invertebrate Pests. Dordrecht: Springer: 481-504.

van Meer M M M, Bonning B C, Ward V K, et al. 2000. Recombinant, catalytically inactive juvenile hormone esterase enhances efficacy of baculovirus insecticides. Biol Control, 19: 191-199.

Vickers R A, Rothschild G H L. 1991. Use of sex pheromones for control of codling moth. *In*: van der Geest L P S, Evenhuis H H. Tortricid Pests, Their Biology, Natural Enemies and Control. Amsterdam: Elsevier Science Publishers: 339-354.

Wang P, Granados R R. 1997. An intestinal mucin is the target substance for a baculovirus enhancin. Proc Natl Acad Sci USA, 94: 6977-6982.

Wang P, Hammer D A, Granados R R. 1994. Interaction of *Trichoplusia ni* granulosis virus-encoded enhancin with the midgut epithelium and peritrophic membrane of 4 lepidopteran insects. J Gen Virol, 75: 1961-1967.

Wu Z W, Fan J B, Yu H, et al. 2015. Ultraviolet protection of the Cydia pomonella granulovirus using zinc oxide and titanium dioxide. Biocontrol Sci Technol, 25: 97-107.

Zelazny B. 1972. Studies on *Rhabdionvirus rhinoceros*. I. Effects on larvae of *Oryctes rhinoceros* and inactivation of the virus. J Invertebr Pathol, 20: 235-241.

Zelazny B. 1973. Studies on *Rhabdionvirus rhinoceros*. II. Effects on adults of *Oryctes rhinoceros*. J Invertebr Pathol, 22: 122-126.

Zingg D, Zuger M, Bollhalder F, et al. 2011. Use of resistance overcoming CpGV isolates and CpGV resistance situation of the codling moth in Europe seven years after the first discovery of resistance to CpGV-M. IOBC/WPRS Bull, 66: 401-404.

第三章　甘蓝夜蛾核型多角体病毒的鉴定及组学研究

　　杆状病毒具有宿主专一性，一种杆状病毒通常只感染一种宿主昆虫，宿主范围较窄。目前已知仅有三种甲型杆状病毒宿主范围较为广泛，分别为苜蓿银纹夜蛾核型多角体病毒（*Autographa californica multiple nucleopolyhedrovirus*，AcMNPV）、芹菜夜蛾核型多角体病毒（Anagrapha falcifera multiple nucleopoly-hedrovirus，AnfaNPV）和甘蓝夜蛾核型多角体病毒（*Mamestra brassicae multiple nucleopolyhedrovirus*，MbMNPV）。AcMNPV 对鳞翅目 10 个科中的 100 多种昆虫或昆虫细胞具有敏感性（Thiem and Cheng，2009），AnfaNPV 也可以感染 30 多种鳞翅目昆虫（Hostetter and Puttler，1991），但这两种病毒仅对甜菜夜蛾等少数害虫有较高杀虫活性，实际应用价值有限。甘蓝夜蛾核型多角体病毒不仅感染谱广，而且对多种重要农林害虫有较好杀虫活性，具有很好的应用前景（Doyle et al.，1990）。根据这种情况，中国科学院武汉病毒研究所对我国分离的甘蓝夜蛾核型多角体病毒进行筛选，获得了广谱高效的甘蓝夜蛾核型多角体病毒 MbMNPV-CHb1株，对其进行了病毒形态结构研究和广谱杀虫活性鉴定，并完成了病毒全基因组序列分析；完成了病毒感染不同宿主后的蛋白质组学研究，为甘蓝夜蛾核型多角体病毒生物农药的生产和应用奠定基础。

第一节　甘蓝夜蛾核型多角体病毒形态结构和病毒 DNA 的限制性内切核酸酶图谱

一、甘蓝夜蛾核型多角体病毒形态结构

　　甘蓝夜蛾核型多角体病毒使用中国科学院武汉病毒研究所从河北野外甘蓝夜蛾幼虫上分离的病毒，–80℃保藏。经虫体克隆分离后筛选出 MbMNPV-CHb1 病毒株。病毒在室内经宿主增殖后，将浓缩的纯净 MbMNPV 多角体沉淀用超薄切片机 LKB ultramicrotome 切片，2%的乙酸双氧铀染色，在中国科学院武汉病毒研究所技术服务平台的 Tecnai G^2 20 TWIN（FEI，Hillsboro，OR）透射电子显微镜下观察病毒结构。用 3×DAS 溶液裂解高浓度纯净的多角体悬液，37℃水浴 10min后，用 Tris-HCl 终止裂解反应，4000g 离心 5min，弃沉淀，去除未裂解的多角体，将上清裂解液吸附至铜网，负染，用 Tecnai G^2 20 TWIN 透射电子显微镜观察病

毒粒子形态。

　　透射电子电镜下观察 MbMNPV 外部形态和内部形态，如图 3-1 所示，甘蓝夜蛾核型多角体病毒外形呈不规则的多边形；每个包涵体中含有多个包埋型病毒粒子（ODV），每个病毒粒子中又含有多个核衣壳，表明 MbMNPV 为多粒包埋型的甲型杆状病毒。

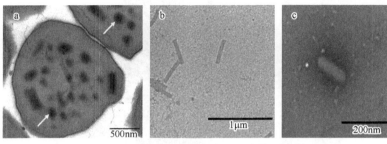

图 3-1　MbMNPV 透射电子显微镜观察图

a. MbMNPV 多角体；b. MbMNPV 核衣壳；c. MbMNPV 病毒粒子

二、甘蓝夜蛾核型多角体病毒 DNA 的限制性内切核酸酶图谱

　　将病毒提纯后，取纯化多角体悬液，加 10% SDS 至终浓度为 1%，并加入蛋白酶 K（proteinase K），37℃处理 30min；再加入 1/3 体积的 3×DAS，37℃水浴 30min 后，4℃，12 000g 离心 5min 取上清；加入等体积的 Tris 饱和酚抽提 2 次，4℃，12 000g 离心 5min，取水层，再加入等体积的苯酚：氯仿：异戊醇（25：24：1）抽提两次，离心，回收水层，氯仿：异戊醇（24：1）抽提至分界面无白色物质后取水层，将水层吸入合适长度的透析袋中，4℃过夜透析，透析液为 0.1×TE 溶液。最后用 PEG-8000 浓缩，获得病毒基因组 DNA，4℃保存。完整病毒基因组 DNA 5～10μg，加入 6μL 10×酶切缓冲液，2～3μL 限制性内切核酸酶，加水补至总体积为 60μL。轻弹混匀后在最适酶切温度下，酶切至少 3h。加入 6μL 凝胶上样缓冲液终止反应。在 4℃，电压为 70V，0.7%琼脂糖凝胶电泳分离。结果见图 3-2。从图 3-2 中可以看出，Pst I 酶切 MbMNPV 全基因组有 12 条带，最大条带大于 20 000bp，最小条带约为 1800bp；Xba I 酶切后产生了 14 条带，最大条带比 Pst I 酶切产生的条带更大，最小条带约为 2000bp。与文献报道的 Pst I 酶切条带比较，其 Pst I 酶切图谱中也有 12 条带，但是在最大条带群（A、B、C 三条带）处和最小条带群（K 和 L 两条带）处，两株病毒之间有一定差异，说明分离于中国河北的 MbMNPV 病毒株与分离于荷兰阿尔斯梅尔的 MbMNPV 病毒株之间有一定差异。

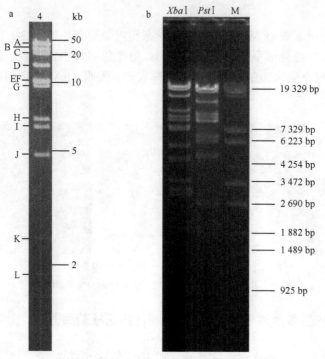

图 3-2　MbMNPV 病毒 DNA 的酶切图谱

a. MbMNPV-Aalsmeer 株 DNA 的 *Pst* I 限制性内切核酸酶图谱（Wiegers and Vlak，1984）；b. MbMNPV-CHb1 株
DNA 的 *Pst* I 和 *Xba* I 限制性内切核酸酶图谱

第二节　甘蓝夜蛾核型多角体病毒广谱杀虫活性和广谱细胞允许性

　　甘蓝夜蛾核型多角体病毒具有多个分离株，尽管英国学者报道德国分离株具有广谱感染活性，但另外一些学者认为荷兰分离株没有广谱杀虫活性，而甘蓝夜蛾核型多角体病毒的广谱细胞允许性没有被报道，有必要在将病毒开发为新型生物农药前对我国分离病毒的广谱细胞允许性和广谱杀虫活性进行研究。

一、甘蓝夜蛾核型多角体病毒广谱细胞允许性

　　提取含 MbMNPV 的 BV：使用甘蓝夜蛾核型多角体病毒感染 4 龄宿主昆虫，感染 3d 后，采集血淋巴。幼虫放置在冰上使其暂时停止活动，并且预先将收集血淋巴的 1.5mL EP 管用饱和的 PTU 溶液润洗，留少量于管底。弯曲幼虫使其足部向外，剪掉其中一足，将绿色液体滴入预处理过的 EP 管中。所有幼虫处理后，估计采集血淋巴的大致体积，加入等体积的无血清 Grace's 培养基。5000*g*，4℃离心 5min。

（第三章 甘蓝夜蛾核型多角体病毒的鉴定及组学研究 | 109）

上清用 0.45μm 过滤器过滤，采集含病毒 BV 的血淋巴，分装后存于−80℃保存。

　　利用 BV 感染不同昆虫细胞：将 $1×10^5$ 个 Sf9 细胞、Tn368 细胞和 Hz-AM1 细胞分别接种至 24 孔板中，28℃过夜培养。吸走上层培养基用于后续细胞清洗，加入 200μL 预先用含 10%血清 Grace's 培养基稀释至 10^{-3}、10^{-4}、10^{-5} 的 BV 悬液。28℃孵育 90min，其间每 15min 轻轻振荡 24 孔板。移去病毒上清，用 300μL 上层培养基洗 2 次，每孔添加 300μL 新鲜含 10%血清的 Grace's 培养基。培养 4d 后，倒置显微镜观察是否有多角体形成。

　　试验结果表明，BV 感染 96h 后，在 Sf9 细胞和 Tn368 细胞中有明显的多角体产生，并且伴有明显的细胞病变现象，细胞裂解，而 Hz-AM1 细胞中和未感染的对照细胞一样，没有形成多角体，也无明显细胞病变现象（图 3-3）。甘蓝夜蛾核型多角体病毒具有较广谱的细胞允许性，特别是该病毒可感染两种商业化细胞，对病毒表达载体的研究具有重要意义。

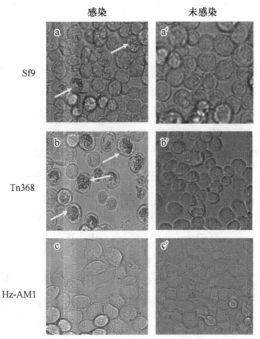

图 3-3　MbMNPV 对草地贪夜蛾细胞 Sf9（a）、粉纹夜蛾细胞 Tn368（b）和美洲棉铃虫细胞 Hz-AM1（c）感染的实验结果

a'、b'和 c'分别是各自的空白对照

二、甘蓝夜蛾核型多角体病毒的广谱宿主感染性和对家蚕的安全性

　　利用甘蓝夜蛾核型多角体病毒感染我国的一些昆虫，通过大量实验室感染试验和田间试验，发现甘蓝夜蛾核型多角体病毒对小菜蛾（*Plutella xylostella*）、黄

地老虎（*Agrotis segetum*）、小地老虎（*A. ipsilon*）、棉铃虫（*Helicoverpa armigera*）、烟青虫（*Heliothis assulta*）、甜菜夜蛾（*Spodoptera exigua*）、斜纹夜蛾（*S. litura*）、草地贪夜蛾（*Spodoptera frugiperda*）、甘蓝夜蛾（*Mamestra brassicae*）、黏虫（*Leucania separate*）、粉纹夜蛾（*Trichoplusia ni*）、豆野螟（*Maruca vitrata*）、稻纵卷叶螟（*Cnaphalocrocis medinalis*）、茶尺蠖（*Ecotropis obliqua*）、榆尺蠖（*Epocheima cinerarius*）等 15 种以上农林害虫都有较好的杀虫活性，可以对其进行生物防治。该病毒对家蚕安全，没有致病性，对蜜蜂安全，对天敌昆虫无危害。为了进行病毒生物农药的农药登记，该病毒对小菜蛾、棉铃虫、甜菜夜蛾、甘蓝夜蛾和茶尺蠖等敏感昆虫进行了生物活性测定，并与相应病毒的活性进行了比较。

1. 甘蓝夜蛾核型多角体病毒对棉铃虫的生物活性测定

棉铃虫（*Helicoverpa armigera*）敏感品系，由中国科学院武汉病毒研究所动物中心提供，该种群在室内未接触任何药剂，人工饲养 5 年。试验时选取大小一致的 2 龄幼虫供试。养虫室条件为温度（28±1）℃、相对湿度（70±10）%，光周期为 12 光照（L）：12 黑暗（D）。

人工饲料配方主要成分为大豆粉 90g、小麦粉 90g、酵母粉 12g、琼脂 12g、尼泊金乙酯 0.25g、山梨酸 0.5g、水 800mL。配制好的人工饲料趁热倒入搪瓷盘中，待冷却凝固后使用。甘蓝夜蛾核型多角体病毒和棉铃虫核型多角体病毒使用中国科学院武汉病毒研究所保存的样品。

生物活性测定时，将试验药剂甘蓝夜蛾核型多角体病毒和对照药剂棉铃虫核型多角体病毒用无菌水稀释成 6 个浓度梯度。前者浓度分别为 1.2×10^7OB/mL、1.2×10^6OB/mL、1.2×10^5OB/mL、1.2×10^4OB/mL、1.2×10^3OB/mL、1.2×10^2OB/mL，后者浓度分别为 1.0×10^7OB/mL、1.0×10^6OB/mL、1.0×10^5OB/mL、1.0×10^4OB/mL、1.0×10^3OB/mL、1.0×10^2OB/mL，以无菌水为空白对照。每个处理重复 3 次，每个重复 23～24 头试虫

试验在 24 孔培养板中进行，每孔加入约 0.3g 的人工饲料，每孔用移液枪分别滴入 40μL 不同浓度病毒悬液，待病毒悬液渗入后，每孔接入 1 头 2 龄饥饿 8h 的棉铃虫幼虫进行感染，将试虫置于温度（28±1）℃、湿度为（70±10）%、光照 12L：12D 的光照培养箱内饲养观察。

生物活性测定结果见表 3-1 和表 3-2。

表 3-1　甘蓝夜蛾核型多角体病毒对 2 龄棉铃虫的室内生物活性测定原始记录

药剂浓度（OB/mL）	供试虫数（头）	死虫数（头）				死亡率（%）
		重复 1	重复 2	重复 3	总死虫数	
CK	72	0	0	0	0	0
1.2×10^2	69	2	1	1	4	5.80

续表

药剂浓度（OB/mL）	供试虫数（头）	死虫数（头）				死亡率（%）
		重复1	重复2	重复3	总死虫数	
1.2×10^3	71	5	5	9	19	26.76
1.2×10^4	72	12	14	13	39	54.17
1.2×10^5	70	21	18	15	54	77.14
1.2×10^6	72	23	24	21	68	94.44
1.2×10^7	72	24	24	24	72	100.00

表 3-2　棉铃虫核型多角体病毒对 2 龄棉铃虫的室内生物活性测定原始记录

药剂浓度（OB/mL）	供试虫数（头）	死虫数（头）				死亡率（%）
		重复1	重复2	重复3	总死虫数	
CK	72	0	0	0	0	0
1.0×10^2	72	1	2	2	5	6.94
1.0×10^3	72	5	6	7	18	25.00
1.0×10^4	72	11	13	15	39	54.17
1.0×10^5	71	18	17	17	52	73.24
1.0×10^6	72	22	23	24	69	95.83
1.0×10^7	72	24	24	24	72	100.00

根据表 3-1 和表 3-2 的试验结果，通过 probit 回归分析，得出两种病毒感染 2 龄棉铃虫生物活性测定的回归方程、半致死浓度和 90%致死浓度，结果列于表 3-3。由表 3-3 中可看出，甘蓝夜蛾核型多角体病毒和棉铃虫核型多角体病毒都对棉铃虫幼虫有较好的杀虫活性，两种病毒感染棉铃虫幼虫时，病毒浓度对数值与幼虫死亡概率值的回归方程分别为 $Y=1.9959+0.752\,27X$ 和 $Y=2.0384+0.756\,43X$；两种病毒感染棉铃虫幼虫的 LC_{50} 值分别为 9849.45OB/mL 和 8227.22OB/mL，LC_{90} 值分别为 498\,404.87OB/mL 和 407\,438.47OB/mL。经生物统计学分析，两者 LC_{50} 值和 LC_{90} 值之间都不存在显著差异，说明甘蓝夜蛾核型多角体病毒和棉铃虫核型多角体病毒对棉铃虫的杀虫活性接近，甘蓝夜蛾核型多角体病毒可以作为防治棉铃虫的生物农药使用。

表 3-3　两种杆状病毒对 2 龄棉铃虫生物活性测定结果的比较

供试药剂和感染昆虫	毒力回归曲线（Y=）	LC_{50}（OB/mL）95%置信值	LC_{90}（OB/mL）95%置信值	相关系数
甘蓝夜蛾核型多角体病毒感染棉铃虫幼虫	$1.995\,9+0.752\,27X$	9\,849.45 6\,082.63～15\,948.96	498\,404.87 307\,795.2～807\,054.3	0.997\,8
棉铃虫核型多角体病毒感染棉铃虫幼虫	$2.038\,4+0.756\,43X$	8\,227.22 5\,093.41～13\,289.19	407\,438.47 252\,241.7～658\,123.1	0.996\,6

2. 甘蓝夜蛾核型多角体病毒对甜菜夜蛾的生物活性测定

甜菜夜蛾（*Spodoptera exigua*）敏感品系，由中国科学院武汉病毒研究所动物中心提供，该种群在室内未接触任何药剂，人工饲养 5 年。试验时选取大小一致的 2 龄幼虫供试。养虫室条件为温度（28±1）℃、相对湿度（70±10）%、光周期14 光照（L）：10 黑暗（D）。

人工饲料主要成分为大豆粉 90g、小麦粉 90g、酵母粉 12g、琼脂 13g、尼泊金乙酯 0.25g、山梨酸 0.5g、水 800mL，人工饲料配制后趁热倒入搪瓷盘中，待冷却凝固后使用。

甘蓝夜蛾核型多角体病毒和甜菜夜蛾核型多角体病毒使用中国科学院武汉病毒研究所保存的毒种，试验时，甘蓝夜蛾核型多角体病毒和甜菜夜蛾核型多角体病毒用无菌水稀释成 6 个浓度梯度。前者浓度分别为 1.2×10^7OB/mL、1.2×10^6OB/mL、1.2×10^5OB/mL、1.2×10^4OB/mL、1.2×10^3OB/mL、1.2×10^2OB/mL，后者浓度分别为 0.8×10^7OB/mL、0.8×10^6OB/mL、0.8×10^5OB/mL、0.8×10^4OB/mL、0.8×10^3OB/mL、0.8×10^2OB/mL，以无菌水作为空白对照。试验设 3 次重复，每个重复 24 头试虫。

试验用 24 孔培养板进行，每孔加入约 0.3g 的人工饲料，每孔用移液枪分别滴入 40μL 不同浓度的病毒悬液，待病毒悬液渗入饲料后，每孔接入 1 头 2 龄饥饿 8h 的甜菜夜蛾幼虫进行感染，将试虫置于温度（28±1）℃、湿度为（70±10）%、光照14L：10D 的光照培养箱内饲养观察。感染后第 3 天开始记录各处理的病毒致死虫数，试验至感染后 7d 结束，各试验处理的幼虫病毒致死虫数见表 3-4 和表 3-5。

表 3-4 甘蓝夜蛾核型多角体病毒对 2 龄甜菜夜蛾室内生物活性测定的原始数记录

药剂浓度（OB/mL）	供试虫数（头）	死虫数（头）				死亡率（%）
		重复 1	重复 2	重复 3	总死虫数	
CK	70	0	0	0	0	0
1.2×10^2	72	1	0	3	4	5.56
1.2×10^3	71	3	7	7	17	23.94
1.2×10^4	72	10	12	15	37	51.39
1.2×10^5	70	18	16	20	54	77.14
1.2×10^6	72	20	22	26	68	94.44
1.2×10^7	72	24	24	24	72	100.00

表 3-5 甜菜夜蛾核型多角体病毒对 2 龄甜菜夜蛾室内生物活性测定的原始数记录

药剂浓度（OB/mL）	供试虫数（头）	死虫数（头）				死亡率（%）
		重复 1	重复 2	重复 3	总死虫数	
CK	72	0	0	0	0	0

续表

药剂浓度（OB/mL）	供试虫数（头）	死虫数（头）				死亡率（%）
		重复1	重复2	重复3	总死虫数	
0.8×10^2	72	1	3	1	5	6.94
0.8×10^3	72	5	8	6	19	26.39
0.8×10^4	71	14	11	14	39	54.93
0.8×10^5	72	18	16	19	53	73.61
0.8×10^6	71	22	24	20	66	92.96
0.8×10^7	70	23	24	23	70	100.00

根据表 3-4 和表 3-5 的试验结果，通过 probit 回归分析，得出两种病毒感染 2 龄甜菜夜蛾生物活性测定的回归方程、半致死浓度、90%致死浓度及其 95%置信值，结果列于表 3-6。由表 3-6 中结果可看出，甘蓝夜蛾核型多角体病毒和甜菜夜蛾核型多角体病毒都对甜菜夜蛾幼虫有较好的杀虫活性，两者的毒力回归曲线方程分别为 $Y=1.8704+0.7719X$ 和 $Y=2.2908+0.7026X$。两种病毒对甜菜夜蛾幼虫的 LC_{50} 值分别为 11 331.88OB/mL 和 7177.95OB/mL，LC_{90} 值分别为 518 882.65OB/mL 和 479 385.57OB/mL。试验结果表明，尽管甘蓝夜蛾核型多角体病毒的 LC_{50} 值较大，但也可作为防治甜菜夜蛾的生物农药使用。

表 3-6 两种杆状病毒对 2 龄甜菜夜蛾生物活性测定结果的比较

供试药剂和感染昆虫	毒力回归曲线（$Y=$）	LC_{50}（OB/mL）95%置信值	LC_{90}（OB/mL）95%置信值	相关系数
甘蓝夜蛾核型多角体病毒感染甜菜夜蛾幼虫	$1.870\,4+0.771\,9X$	11 331.88 7 076.91～18 145.14	518 882.65 324 049.01～830 859.52	0.999 3
甜菜夜蛾核型多角体病毒感染甜菜夜蛾幼虫	$2.290\,8+0.702\,6X$	7 177.95 4 343.26～11 862.74	479 385.57 290 068.35～792 263.38	0.997 0

3. 甘蓝夜蛾核型多角体病毒对小菜蛾的生物活性测定

小菜蛾（*Plutella xylostella*）由武汉市蔬菜科学研究所提供已连续传代的虫种，利用天然饲料进行饲养，选取 2 龄初幼虫进行生物活性测定试验。

甘蓝夜蛾核型多角体病毒和小菜蛾颗粒体病毒为中国科学院武汉病毒研究所保存的毒种。分别将甘蓝夜蛾核型多角体病毒和小菜蛾颗粒体病毒配制成 7 个浓度梯度，甘蓝夜蛾核型多角体病毒的浓度分别为 1.8×10^8OB/mL、1.8×10^7OB/mL、1.8×10^6OB/mL、1.8×10^5OB/mL、1.8×10^4OB/mL、1.8×10^3OB/mL、1.8×10^2OB/mL，小菜蛾颗粒体病毒的浓度分别为 1.2×10^8OB/mL、1.2×10^7OB/mL、1.2×10^6OB/mL、1.2×10^5OB/mL、1.2×10^4OB/mL、1.2×10^3OB/mL、1.2×10^2OB/mL，以无菌水为空白对照。取除去蜡层的鲜净、无毒甘蓝嫩叶，用无菌刀切成 2.5cm×2.5cm 的方形叶片，用移液枪取 80μL 不同浓度的病毒悬液分别滴在

方形叶片上涂抹，放置 1h，使病毒均匀附着在叶片上。然后放入垫有湿润滤纸的培养皿（直径 9cm）内，每皿 1 片，接入饥饿 4h 大小一致的 2 龄初幼虫。幼虫分别在不同浓度叶片上取食 36h 后，换新鲜无毒甘蓝嫩叶继续饲养。每个处理至少 40 头试虫，重复 3 次。将病毒处理后的试虫置于温度（25±1）℃、湿度为（70±10）%、光照 14L：10D 的光照培养箱内饲养观察。感染后 3d 检查各处理死虫数，试虫死亡标准：无明显自主反应者为死亡。感染后 4d、5d、6d、7d 逐日检查，统计各处理的累积死亡数。甘蓝夜蛾核型多角体病毒感染小菜蛾幼虫后不同浓度病毒对幼虫的致死数见表 3-7，小菜蛾颗粒体病毒感染幼虫后不同浓度病毒对幼虫的致死数见表 3-8。根据表 3-7 和表 3-8 试验结果，通过 probit 回归分析，得出两种病毒感染 2 龄小菜蛾生物活性测定的回归方程、半致死浓度、90%致死浓度及其 95%置信值，结果列于表 3-9。

表 3-7　甘蓝夜蛾核型多角体病毒对 2 龄小菜蛾室内生物活性测定原始数记录

药剂浓度（OB/mL）	供试虫数（头）	死虫数（头）				死亡率（%）
		重复 1	重复 2	重复 3	总死虫数	
CK	120	0	0	0	0	0
1.8×10^2	120	3	3	2	8	6.67
1.8×10^3	120	6	7	9	22	18.33
1.8×10^4	120	12	11	13	36	30.00
1.8×10^5	120	19	23	19	61	50.83
1.8×10^6	120	31	28	29	88	73.33
1.8×10^7	120	36	37	38	111	92.50
1.8×10^8	120	40	40	40	120	100.00

表 3-8　小菜蛾颗粒体病毒对 2 龄小菜蛾室内生物活性测定原始数记录

药剂浓度（OB/mL）	供试虫数（头）	死虫数（头）				死亡率（%）
		重复 1	重复 2	重复 3	总死虫数	
CK	120	0	0	0	0	0
1.2×10^2	120	3	4	5	12	10.00
1.2×10^3	120	9	7	11	27	22.50
1.2×10^4	120	15	14	14	43	35.83
1.2×10^5	120	23	20	22	65	54.17
1.2×10^6	120	33	30	28	91	75.83
1.2×10^7	120	38	38	39	115	95.83
1.2×10^8	120	40	40	40	120	100.00

表 3-9　两种病毒对 2 龄小菜蛾生物活性测定结果的比较

供试药剂和感染昆虫	毒力回归曲线（Y=）	LC₅₀（OB/mL）95%置信值	LC₉₀（OB/mL）95%置信值	相关系数
甘蓝夜蛾核型多角体病毒感染小菜蛾	$2.148\,47+0.561\,5X$	119 841.04 75 624.97～189 909.15	23 007 228.9 14 518 575～3 645 899	0.988 6
小菜蛾颗粒体病毒感染小菜蛾	$2.367\,54+0.566\,1X$	44 643.64 28 022.45～71 123.47	8 206 920.69 5 151 418～13 074 756	0.996 4

由表 3-7 和表 3-9 的试验结果可看出，甘蓝夜蛾核型多角体病毒对小菜蛾幼虫也有较好的杀虫活性。尽管甘蓝夜蛾核型多角体病毒对小菜蛾的杀虫活性低于小菜颗粒体病毒，LC₅₀ 前者是后者的 2.68 倍，但由于甘蓝夜蛾核型多角体病毒通过替代宿主生产，每头虫产量达 100 多亿 OB，可以作为防治小菜蛾的生物农药应用。

4. 甘蓝夜蛾核型多角体病毒对家蚕安全性试验

甘蓝夜蛾核型多角体病毒对家蚕安全性试验在广东佛山市环境健康和安全评价研究中心完成。

病毒使用江西新龙生物科技股份公司新生产的病毒，提供样品病毒含量为 20 亿 OB/mL。

家蚕品种为芙 9 号，来源于广东省蚕业技术推广中心。该品种是适合华南地区饲养的主要家蚕品种。在温度（25±2）℃、相对湿度 70%～85% 和微光的条件下饲养。选择孵化出的 1 龄蚁蚕开始驯养，至 2 龄眠起开始试验。

甘蓝夜蛾核型多角体病毒稀释成 5 个浓度梯度，分别为 5.00×10^7OB/mL、5.00×10^6OB/mL、5.00×10^5OB/mL、5.00×10^4OB/mL、5.00×10^3OB/mL，以无菌水为空白对照。每个试验组设 3 个重复，每个重复使用 20 头 2 龄眠起家蚕，即每个试验组或对照组使用 60 头幼虫。

试验前，每个试验组或对照组用 20g 预先剪好的桑叶分别在 20mL 无菌水或不同浓度病毒溶液中浸渍 10s，浸泡好的桑叶分别置于通风处，于塑料纱网上晾干。根据家蚕食桑情况，每个试验组分别取适量污染病毒的桑叶饲喂培养皿中的试验家蚕，其余桑叶分别置于 4℃下保存，并于试验开始后第 1～3 天饲喂染毒桑叶，第 4 天后饲喂正常无毒桑叶。对照组一直饲喂无毒桑叶。

试验时，环境温度控制为 24.2～25.3℃，相对湿度为 73.0%～83.0%。试验开始后，每天观察并记录家蚕的异常行为、病理症状和死亡情况，至试验开始后第 7 天。结果见表 3-10。

结果显示，试验期间，不同病毒浓度处理的家蚕在幼虫期 2～3 龄群体发育正常，体形、体色正常，各龄均未发现少数弱小蚕、迟眠蚕。病毒处理组和对照组家蚕食桑、眠起和发育历期均无显著性差异，无病理症状出现。

试验结论为甘蓝夜蛾核型多角体病毒对家蚕无致病性，对家蚕安全。

表 3-10 家蚕致病性试验——家蚕死亡率及家蚕感染状况描述

组别 (OB/mL)	蚕数 (头)	第1天			第2天			第3天			第4天		
		感染病毒蚕数 (头)	其他死蚕数 (头)	家蚕状态描述	感染病毒蚕数 (头)	其他死蚕数 (头)	家蚕状态描述	感染病毒蚕数 (头)	其他死蚕数 (头)	家蚕状态描述	感染病毒蚕数 (头)	其他死蚕数 (头)	家蚕状态描述
CK	60	0	0	①	0	0	①	0	0	①	0	0	①
5×10³	60	0	0	①	0	0	①	0	0	①	0	0	①
5×10⁴	60	0	0	①	0	0	①	0	0	①	0	0	①
5×10⁵	60	0	0	①	0	0	①	0	0	①	0	0	①
5×10⁶	60	0	0	①	0	0	①	0	0	①	0	0	①
5×10⁷	60	0	0	①	0	0	①	0	0	①	0	0	①

组别 (OB/mL)	蚕数 (头)	第5天			第6天			第7天		
		感染病毒蚕数 (头)	其他死蚕数 (头)	家蚕状态描述	感染病毒蚕数 (头)	其他死蚕数 (头)	家蚕状态描述	感染病毒蚕数 (头)	其他死蚕数 (头)	家蚕状态描述
CK	60	0	0	①	0	0	①	0	0	①
5×10³	60	0	0	①	0	0	①	0	0	①
5×10⁴	60	0	0	①	0	0	①	0	0	①
5×10⁵	60	0	0	①	0	0	①	0	0	①
5×10⁶	60	0	0	①	0	0	①	0	0	①
5×10⁷	60	0	0	①	0	0	①	0	0	①

注：家蚕状态描述——①正常；②死亡；③拒食或摄食减少；④侧倒、静卧；⑤形态异常（蚕体呈"S"形或"C"形）；⑥体色异常；⑦吐液；⑧吐丝；⑨晃头；⑩身体萎缩；⑪狂躁不安；⑫发育迟缓；⑬活动能力迟缓

本节以上的试验结果表明，甘蓝夜蛾核型多角体病毒具有广谱杀虫活性，对鳞翅目夜蛾科、尺蛾科、菜蛾科和螟蛾科的多种重要农业害虫具有感染性，但其对家蚕安全，具有广义的专一性，能选择性地防治农业重要害虫并保护家蚕和其他益虫。

第三节　甘蓝夜蛾核型多角体病毒基因组序列分析

一、甘蓝夜蛾核型多角体病毒基因组序列分析的研究背景

自从第一个杆状病毒基因组 AcMNPV 测序以来（Ayres et al.，1994），目前在 GenBank 中已经有 100 多个杆状病毒的全基因组序列在网上公布（http://www.ncbi.nlm.nih.gov/genomes/GenomesGroup.cgi?taxid=10442），且这一数字还在逐年增加，表 3-11 列出了 57 个杆状病毒基因组信息（Miele et al.，2011）。大量杆状病毒基因组全序列信息使得杆状病毒的比较基因组学和杆状病毒的进化分析成为可能。通过比较不同杆状病毒基因组，所有杆状病毒中皆有的基因群应该是病毒生存中最基本的，即核心基因群，这些基因群也能为杆状病毒的起源提供线索。相反，那些只在少数杆状病毒中存在的个性基因，影响着这些病毒的特殊表型，如宿主范围、组织嗜性、病毒毒力、病毒形态等（如 NPV 和 GV 的不同形态）。同时，这些个性基因体现了病毒与周围环境之间的交流及其进化历程。

表 3-11　部分杆状病毒基因组全序列

病毒名称	病毒株缩写	密码	序列号	基因组长度（bp）	ORF 编号	G+C 含量（%）
甲型杆状病毒属组Ⅰ *Alphabaculovirus*-GroupⅠ						
柞蚕核型多角体病毒 *Antheraea pernyi* NPV	AnpeNPV-Z	APN	NC_008035	126 629	147	53.5
黎豆夜蛾核型多角体病毒 *Anticarsia gemmatalis* NPV	AgMNPV-2D	AGN	NC_008520	132 239	152	44.5
苜蓿银纹夜蛾核型多角体病毒 *Autographa californica* NPV	AcMNPV-C6	ACN	NC_001623	133 894	156	40.7
家蚕核型多角体病毒 *Bombyx mori* NPV	BmNPV	BMN	NC_001962	128 413	143	40.4
野蚕核型多角体病毒 *Bombyx mandarina* NPV	BomaNPV	BON	NC_012672	126 770	141	40.2
云杉卷蛾核型多角体病毒缺陷型核型多角体病毒 *Choristoneura fumiferana DEF multiple* NPV	CfDefMNPV	CDN	NC_005137	131 160	149	45.8
云杉卷蛾核型多角体病毒 *Choristoneura fumiferana multiple* NPV	CfMNPV	CFN	NC_004778	129 593	146	50.1
苹淡褐卷蛾核型多角体病毒 *Epiphyas postvittana* NPV	EppoNPV	EPN	NC_003083	118 584	136	40.7
美国白蛾核型多角体病毒 *Hyphantria cunea* NPV	HycuNPV	HCN	NC_007767	132 959	148	45.5
豆野螟核型多角体病毒 *Maruca vitrata* NPV	MaviNPV	MVN	NC_008725	111 953	126	38.6

病毒名称	病毒株缩写	密码	序列号	基因组长度（bp）	ORF编号	G+C含量（%）
黄杉毒蛾核型多角体病毒 *Orgyia pseudotsugata* MNPV	OpMNPV	OPN	NC_001875	131 995	152	55.1
小菜蛾核型多角体病毒 *Plutella xylostella* MNPV	PlxyMNPV	PXN	NC_008349	134 417	152	40.7
薄荷灰夜蛾核型多角体病毒 *Rachiplusia ou* MNPV	RoMNPV	RON	NC_004323	131 526	149	39.1
甲型杆状病毒属组 II *Alphabaculovirus-* Group II						
褐带卷蛾核型多角体病毒 *Adoxophyes honmai* NPV	AdhoNPV	AHN	NC_004690	113 220	125	35.6
棉褐带卷叶蛾核型多角体病毒 *Adoxophyes orana* NPV	AdorNPV	AON	NC_011423	111 724	121	35.0
小地老虎核型多角体病毒 *Agrotis ipsilon multiple* NPV	AgipNPV	AIN	NC_011345	155 122	163	48.6
黄地老虎核型多角体病毒 *Agrotis segetum* NPV	AgseNPV	ASN	NC_007921	147 544	153	45.7
杨尺蠖核型多角体病毒 *Apocheima cinerarius* NPV	ApciNPV	APO	NC_018504	123 876	117	33.4
锞纹夜蛾核型多角体病毒 *Chrysodeixis chalcites* NPV	ChchNPV	CCN	NC_007151	149 622	151	39.0
南方豆天蛾核型多角体病毒 *Clanis bilineata* NPV	ClbiNPV	CBN	NC_008293	135 454	129	37.7
茶尺蠖核型多角体病毒 *Ecotropis obliqua* NPV	EcobNPV	EON	NC_008586	131 204	126	37.6
茶黄毒蛾核型多角体病毒 *Euproctis pseudoconspersa* NPV	EupsNPV	EUN	NC_012639	141 291	139	40.4
棉铃虫核型多角体病毒 *Helicoverpa armigera* NPV	HearNPV-NNg1	HAS	NC_011354	132 425	143	39.2
棉铃虫核型多角体病毒 *Helicoverpa armigera* NPV	HearNPV-C1	HA1	NC_003094	130 759	137	38.9
棉铃虫核型多角体病毒 *Helicoverpa armigera* NPV	HearNPV-G4	HA4	NC_002654	131 405	135	39.0
棉铃虫多粒包埋型核型多角体病毒 *Helicoverpa armigera* MNPV	HaMNPV	HAN	NC_011615	154 196	162	40.1
美洲棉铃虫核型多角体病毒 *Helicoverpa zea* NPV	HzNPV	HZN	NC_003349	130 869	139	39.1
黏虫核型多角体病毒 *Leucania separate* NPV	LeseNPV-AH1	LSN	NC_008348	168 041	169	48.6
舞毒蛾核型多角体病毒 *Lymantria dispar* MNPV	LdMNPV	LDN	NC_001973	161 046	164	57.5
木毒蛾核型多角体病毒 *Lymantria xylina* MNPV	LyxyMNPV	LXN	NC_013953	156 344	157	53.5
蓓带夜蛾核型多角体病毒 *Mamestra configurata* NPV	MacoNPV-90-2	MCN	NC_003529	155 060	169	41.7
蓓带夜蛾核型多角体病毒 *Mamestra configurata* NPV	MacoNPV-90-4	MC4	AF539999	153 656	168	41.7
蓓带夜蛾核型多角体病毒 B 型 *Mamestra configurata* NPV B	MacoNPV-B	MCB	NC_004117	158 482	168	40.0
白斑毒蛾核型多角体病毒 *Orgyia leucostigma* NPV	OrleNPV	OLN	NC_010276	156 179	135	39.9
甜菜夜蛾核型多角体病毒 *Spodoptera exigua* MNPV	SeMNPV	SEN	NC_002169	135 611	139	43.8
草地贪夜蛾核型多角体病毒 *Spodoptera frugiperda* MNPV	SfMNPV-3AP2	SF2	NC_009011	131 331	143	40.2

续表

病毒名称	病毒株缩写	密码	序列号	基因组长度（bp）	ORF编号	G+C含量（%）
草地贪夜蛾核型多角体病毒 *Spodoptera frugiperda* MNPV	SfMNPV-19	SF9	EU258200	132 565	141	40.3
斜纹夜蛾核型多角体病毒 *Spodoptera litura* NPV	SpltNPV-G2	SL2	NC_003102	139 342	141	42.8
斜纹夜蛾核型多角体病毒 II 型 *Spodoptera litura* NPV II	SpltNPV-II	SLN	NC_011616	148 634	147	45.0
金弧夜蛾核型多角体病毒 *Thysanoplusia orichalcea* NPV	ThorNPV		NC_019945	132 978	145	37.9
粉纹夜蛾核型多角体病毒 *Trichoplusia ni single* NPV	TnSNPV	TNN	NC_007383	134 394	145	39.0
乙型杆状病毒属 *Betabaculovirus*						
棉褐带卷叶蛾颗粒体病毒 *Adoxophyes orana* GV	AdorGV	AOG	NC_005038	99 657	119	34.5
黄地老虎颗粒体病毒 *Agrotis segetum* GV	AgseGV	ASG	NC_005839	131 680	132	37.3
西枞色卷蛾颗粒体病毒 *Choristoneura occidentalis* GV	ChocGV	COG	NC_008168	104 710	116	32.7
杨扇舟蛾颗粒体病毒 *Clostera anachoreta* GV	ClanGV		NC_015398	101 487	123	44.4
苹果异形小卷蛾颗粒体病毒 *Cryptophlebia leucotreta* GV	CrleGV	CLG	NC_005068	110 907	128	32.4
苹果蠹蛾颗粒体病毒 *Cydia pomonella* GV	CypoGV	CPG	NC_002816	123 500	143	45.3
豆叶小卷蛾颗粒体病毒 *Epinotia aporema* GV	EpapGV		NC_018875	119 082	132	41.5
棉铃虫颗粒体病毒 *Helicoverpa armigera* GV	HearGV	HAG	NC_010240	169 794	179	40.8
马铃薯块茎蛾颗粒体病毒 *Phthorimaea operculella* GV	PhopGV	POG	NC_004062	119 217	130	35.7
菜粉蝶颗粒体病毒 *Pieris rapae* GV	PrGV	PRG	NC_013797	108 592	120	33.2
小菜蛾颗粒体病毒 *Plutella xylostella* GV	PlxyGV	PXG	NC_002593	100 999	120	40.7
美洲黏虫颗粒体病毒 *Pseudaletia unipuncta* GV	PsunGV	PUG	NC_013772	176 677	183	39.8
斜纹夜蛾颗粒体病毒 *Spodoptera litura* GV	SpliGV	SLG	NC_009503	124 121	136	38.8
八字地老虎颗粒体病毒 *Xestia c-nigrum* GV	XecnGV	XCG	NC_002331	178 733	181	40.7
丙型杆状病毒属 *Gammabaculovirus*						
香脂冷杉叶蜂核型多角体病毒 *Neodiprion abietis* NPV	NeabNPV	NAN	NC_008252	84 264	93	33.4
红头松叶蜂核型多角体病毒 *Neodiprion lecontei* NPV	NeleNPV	NLN	NC_005906	81 755	89	33.3
松黄叶蜂核型多角体病毒 *Neodiprion sertifer* NPV	NeseNPV	NSN	NC_005905	86 462	90	33.8
丁型杆状病毒属 *Deltabaculovirus*						
黑斑库蚊核型多角体病毒 *Culex nigripalpus* NPV	CuniNPV	CNN	NC_003084	108 252	109	50.9

　　杆状病毒存在一些共有基因，称为杆状病毒核心基因。早期通过分子杂交研究表明，杆状病毒基因组之间存在较为广泛的同源性，通过病毒全基因组序列比

较分析，先是发现 31 个核心基因（Van Oers and Vlak，2007；Mccarthy and Theilmann，2008）。后来又陆续发现 *odv-e25* 和 *p18*（Yuan et al.，2011）及 *ac53*、*ac78*、*ac83*、*p40*、*p48* 等基因（Garavaglia et al.，2012；Javed et al.，2017）存在于所有杆状病毒，目前确定杆状病毒核心基因有 38 个。表 3-12 列出了 38 个核心基因的具体功能。

表 3-12　杆状病毒的 38 个核心基因（Miele et al.，2011；Garavaglia et al.，2012）

基因组别	基因	功能描述
复制基因	*dnapol*（*ac65*）	DNA 复制
	lef1（*ac14*）	DNA 引发酶
	lef2（*ac6*）	DNA 复制/引发酶相关因子
	helicase（*ac95*）	解链 DNA
转录基因	*lef4*（*ac90*）	RNA 聚合酶亚单位/加帽酶
	lef5（*ac99*）	转录启动因子
	lef8（*ac50*）	RNA 聚合酶亚单位
	lef9（*ac62*）	RNA 聚合酶亚单位
	p47（*ac40*）	RNA 聚合酶亚单位
包装、装配和释放基因	*p6.9*（*ac100*）	核衣壳蛋白
	vp39（*ac89*）	主要壳蛋白
	vlf-1（*ac77*）	参与 *p10* 和 *polh* 基因表达
	vp1054（*ac54*）	核衣壳蛋白
	p95（*ac83*）	病毒衣壳相关蛋白
	gp41（*ac80*）	表皮蛋白
	38k（*ac98*）	核衣壳装配需要
	p33（*ac92*）	巯基氧化酶
	odv-ec43（*ac109*）	ODV 相关
	p49（*ac142*）	BV 生产需要
	odv-e18（*ac143*）	ODV 囊膜蛋白
	desmoplakin（*ac66*）	核衣壳中出现
	p18（*ac93*）	核衣壳出核
	alk-exo（*ac133*）	参与 DNA 重组和复制
	ac53	可能参与核衣壳装配/U-box 蛋白/ RING 型锌指结构基元
	p48（*ac103*）	BV 生产和核衣壳囊膜化
	p40（*ac101*）	核衣壳蛋白
	odv-e25（*ac94*）	ODV 囊膜蛋白
宿主相互作用基因	*odv-e27*（*ac144*）	细胞周期停滞、ODV 囊膜蛋白
	ac81	与肌动蛋白 A3 作用

续表

基因组别	基因	功能描述
口服感染性	pif-0/p74（ac138）	介导 ODV 结合中肠
	pif-1（ac119）	介导 ODV 结合中肠
	pif-2（ac22）	口服感染需要
	pif-3（ac115）	口服感染需要
	pif-4/odv-e28（ac96）	口服感染需要
	pif-5/odv-e56（ac148）	ODV 囊膜蛋白
	pif-6/odv-nc42（ac68）	口服感染需要
	pif-7/（ac83）	口服感染需要
功能未知	ac78	

病毒基因组的特点之一是其序列多样性，这种多样性主要是高突变率、基因重组、重排和水平基因转移（horizontal gene transfer，HGT）导致的。通过对杆状病毒的全基因组分析，发现杆状病毒也可通过 HGT 而获得其他生物的某些基因。杆状病毒可以从宿主处获得转座元件（Fraser et al.，1985）和反转录转座子（Miller and Miller，1982）。通过对 13 种杆状病毒的 20 种蛋白基因进行同源序列比对和系统进化树分析，发现 6 种蛋白基因来自其他病毒、细菌或动物基因组之间的 HGT，这 6 种蛋白基因是 DNA 连接酶（ligase）基因、核糖核苷酸还原酶 1（ribonucleotide reductase 1，rr1）基因、SNF2 球形反式激活蛋白（SNF2 global transactivator，snf2）基因、细胞凋亡抑制蛋白（inhibitor of apoptosis protein，iap）基因、几丁质酶 A（chitinase A，chiA）基因、蜕皮甾体尿苷二磷酸葡萄糖转移酶（ecdysteroid UDP-glucosyl transferase，egt）基因。其中，颗粒体病毒的 DNA 连接酶基因来源于真核生物的 DNA 连接酶Ⅰ，而 LdMNPV 的 DNA 连接酶基因来源于真核生物的 DNA 连接酶Ⅲ；颗粒体病毒和 NPV 的 rr1 可能来源于原核生物，但是 SeMNPV 和 SpliNPV 的 rr1 却与真核生物的核糖核苷酸还原酶基因（rr）聚类；snf2 是甲型杆状病毒组Ⅰ特有的基因，分析表明其与动物宿主的 lodestar-like 蛋白基因有同源性；iap 和 egt 来自宿主昆虫，而几丁质酶 A 基因（chiA）则有可能来源于一种细菌（γ-变形菌）（Hughes and Friedman，2003；Daimon et al.，2003）。杆状病毒有两个典型的蛋白 GP64 和 GP37。GP64 膜融合蛋白是甲型杆状病毒组Ⅰ特有的蛋白质，其基因与一种蜱传索戈托病毒（Thogotovirus）（属正黏病毒科）的糖蛋白基因相近（Morse et al.，1992）；而 gp37 与昆虫痘病毒的纺锤体蛋白基因（fusolin）具有同源性（Phanis et al.，1999；Salvador et al.，2012；Liu et al.，2011）。不同病毒之间具有同源基因说明在病毒进化过程中，不同病毒种有可能感染同一宿主，从而产生了基因交流。

二、甘蓝夜蛾核型多角体病毒全基因组序列分析

MbMNPV-CHb1 株病毒样品都采用 454 高通量测序平台进行测序，从 454 高通量测序平台测序 MbMNPV-CHb1 产生的原始数据读长分布图（图 3-4）上可以看出 454 测序原始读长（阅读序列长度，reads）主要集中在 341～600bp 区段，平均达 443bp，这比高通量测序技术 Illumina HiSeq 的读长（平均 100bp）长。

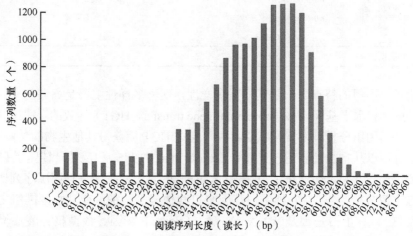

图 3-4　由 454 高通量测序平台测序 MbMNPV-CHb1 的原始数据读长分布图

根据参考序列（MacoNPV-A 和 HaMNPV）对原始数据进行预处理，剔除与MbMNPV 不相关的测序数据，利用 PCR 技术修补少量缺口（Gap）后，通过 454高通量测序平台测序结合 PCR 技术完成病毒全基因组序列，确定了MbMNPV-CHb1 全基因组（序列登记号：JX138237），大小为 154 451bp，这比之前通过限制性内切核酸酶图谱研究确定的 MbMNPV 基因组（Wiegers and Vlak，1984）大小（约 152kb）大 2451bp。其 G+C 含量为 40.05%，与 MacoNPV-B（40%）（Li et al.，2002a）、HearNPV（40.07%）（Tang et al.，2012）、AcMNPV（40.7%）（Ayres et al.，1994）、BmNPV（40.4%）（Gomi et al.，1999）、EppoNPV（40.7%）（Hyink et al.，2002）的 G+C 含量相近。

用预测软件预测出 MbMNPV-CHb1 含有 162 个具有基因序列特征结构的ORF，占整个基因组的 91.2%。其中正向 ORF 有 85 个（与 *polh* 基因方向一致），反向 ORF 有 77 个。基因组中最大 ORF 为 3627bp 的 ORF84（*orf84*），预测其为 *helicase-1* 基因，编码 1209 个氨基酸。最小 ORF 为 150bp 的 *orf98*，预测其为芋螺毒素类似多肽基因（*ctl*），编码 50 个氨基酸。整个基因组中有 40 个 ORF 与其邻近基因发生重叠。在预测的 162 个 ORF 中，有 23 个 ORF 含有保守的早期启动

子基序（在起始密码子 ATG 上游的 180bp 内，TATA 盒下游 20～30bp 处有一个 CAGT 或 CATT 基序）；72 个 ORF 含有晚期启动子基序[在起始密码子 ATG 上游的 180bp 内，有一个（A/T/G）TAAG 基序]（Li et al.，2002a）；在 8 个 ORF 中既发现了早期启动子基序，也发现了晚期启动子基序，暗示这些基因在病毒感染早期和晚期都可以进行转录。Tandem Repeats Finder 软件发现整个基因组中分散了 4 个同源重复区 *hr*，其大小为 1007～1235bp，总长为 4428bp，占整个基因组的 2.9%。

这 162 个 ORF 的具体位置、方向及其启动子和散布在基因组中的 4 个同源重复区（*hr*）具体位置见图 3-5 和表 3-13（序列登记号：JX138237）。经过对病毒基因进行聚类分析，表明该病毒是甲型杆状病毒组 II 成员。

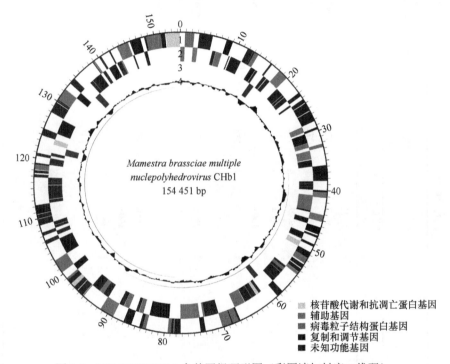

图 3-5　MbMNPV-CHb1 全基因组环形图（彩图请扫封底二维码）

图中的数字代表不同类型的可读框：1 代表反向编码基因；2 代表正向编码基因；3 代表同源重复区（*hr*）；4 表示 G+C 含量曲线图。本图利用 Circos 软件绘制

表 3-13 MbMNPV-CHb1 与 MacoMNPV-B、HaMNPV、AcMNPV 和 XecnGV 的同源可读框

编号	基因名称	位置 a	可读框长度 (bp)	启动子 b	甜菜夜蛾 MNPV-B (MacoMNPV-B) c ORF 序号	序列长度	序列一致性 (%)	棉铃虫 MNPV (HaMNPV) c ORF 序号	序列长度	序列一致性 (%)	苜蓿银纹夜蛾 MNPV (AcMNPV) c ORF 序号	序列长度	序列一致性 (%)	八字地老虎 GV (XecnGV) c ORF 序号	序列长度	序列一致性 (%)
1	polh	1→741	246	L	1	246	100.0	1	246	100.0	8	245	89.3	1	248	55.1
2	P78/83	790←2 319	509	L	2	512	97.3	2	522	95.8	9	543	23.9	3	302	33.7
3	pk1	2 318→3 136	272		3	272	99.6	3	272	99.3	10	272	38.7			
4	hoar	3 207→5 453	748	E	4	736	95.9	4	742	98.0						
5		5 942→6 508	188	E	5	196	97.4	5	188	99.5						
6	pif-5/odv-e56	6 601→7 722	373	L	6	373	100.0	6	373	100.0	148	376	50.0	15	353	41.6
7	me53	7 865←8 929	354		7	354	100.0	7	354	99.7	139	449	23.8	180	325	21.9
8		9 109→9 279	56	E												
9	fusion protein	9 536→11 572	678	L	8	678	99.9	8	678	100.0	23	690	24.1	27	599	28.9
10		11 691←12 650	319	E	9	319	99.4	9	319	99.7						
11	gp16	12 697←12 984	95	L	10	95	100.0	10	95	100.0	130	106	35.5			
12	p24	12 997→13 686	229	L	11	229	99.6	11	229	99.6	129	198	38.6	80	182	25.7
13		13 753→14 064	103	L	12	103	100.0	12	103	100.0						
14	lef2	14 018→14 665	215		13	215	99.5	13	215	99.5	6	210	41.5	35	189	26.8
15	xe/sprT	14 761→15 144	127	E	14	127	99.2	14	127	100.0						
	hr1	15 219~16 225														
16	endonuclease	16 231←16 527	98	L	15	98	100.0	15	98	99.0	79	104	44.7	75	97	40.5
17		16 593→17 192	199		16	199	98.5	16	199	99.0	70	984	28.6			
18		17 345→18 055	236	E, L				17	236	100.0	151	99	33.0	151	234	47.0

续表

编号	基因名称	MbMNPV-CHb1			直系同源 ORF										
		位置 [a]	可读框长度 (bp)	启动子 [b]	蒂菅夜蛾 MNPV-B (MacoMNPV-B) [c]			棉铃虫 MNPV (HaMNPV) [c]			苜蓿银纹夜蛾 MNPV (AcMNPV) [c]			八字地老虎 GV (XecnGV) [c]		
					ORF序号	序列长度	序列一致性 (%)	ORF序号	序列长度	序列一致性 (%)	ORF序号	序列长度	序列一致性 (%)	ORF序号	序列长度	序列一致性 (%)
19	chitinase	18 118→19 806	562	L	19	562	99.5	18	562	99.8	126	551	67.4	103	594	60.5
20	bro-a	19 996→21 474	492	E	20	353	72.7	19	331	76.9	2	328	21.8	159	408	63.6
21		21 539→21 964	141	E	21	141	98.6	20	141	99.3				128	143	39.6
22		22 068→22 877	269	E	22	269	98.5	21	269	98.1				57	278	39.0
23		22 988→23 629	213		23	211	96.7	22	213	96.2				83	182	33.0
24		23 812→24 126	104	L	24	104	98.1	23	104	99.0				63	76	44.8
25		24 256→24 891	211	E	25	211	98.1	24	211	96.7						
26	helicase2	25 019→26 386	455	E	26	455	98.5	25	455	98.7				146	455	57.2
27	he65	26 520→28 274	584		27	584	98.6	26	584	98.8	105	553	36.3	67	568	53.3
28	cathepsin	28 336→29 361	341		28	341	100.0	27	341	100.0	127	323	56.9	58	346	46.6
29		29 358→29 705	115	L	29	115	100.0	28	115	100.0						
30	lef1	29 733→30 380	215		30	215	99.5	29	215	99.5	14	266	40.0	82	238	36.6
31	38.7k	30 380→31 429	349	L	31	349	99.4	30	349	99.1	13	327	30.5	131	442	21.6
32	gp37	31 481→32 269	262	L	32	262	99.6	31	260	99.6	64	302	58.6	107	244	44.3
33	ptp2	32 226→32 765	179	L	33	179	98.9	32	179	98.9						
34	egt	32 869→34 419	516	E	34	516	99.4	33	528	99.6	15	506	48.6			
35		34 588→35 124	178	E	35	178	98.9	34	178	100.0						
36		35 124→35 768	214		36	213	99.0	35	210	98.1	17	164	32.3			
37		35 800→38 355	851		37	851	99.5	36	851	99.7						
38	chtB2	38 413→38 853	146	L	38	146	97.9	37	146	99.3	146	77	34.8	20	91	36.0

续表

编号	基因名称	MbMNPV-CHb1			直系同源 ORF											
---	---	---	---	---	苜蓿夜蛾 MNPV-B (MacoMNPV-B)c			棉铃虫 MNPV (HaMNPV)c			苜蓿银纹夜蛾 MNPV (AcMNPV)c			八字地老虎 GV (XecnGV)c		
		位置a	可读框长度 (bp)	启动子b	ORF序号	序列长度	序列一致性 (%)	ORF序号	序列长度	序列一致性 (%)	ORF序号	序列长度	序列一致性 (%)	ORF序号	序列长度	序列一致性 (%)
39		38 884→39 411	175	L	39	175	98.3	38	175	98.3	4	151	25.9			
40	pkip	39 432→39 941	169	L	40	169	100.0	39	169	100.0	24	169	34.6			
41		39 963←40 304	113		41	113	100.0	40	113	100.0						
42	arif1	40 310←41 182	290		42	290	99.0	41	290	99.0	21	319	22.7			
43	pif-2	40 938→42 197	419		43	419	99.5	42	419	99.3	22	382	59.5	45	388	51.3
44	pif-1	42 212→43 801	529		44	529	99.4	43	529	99.8	119	530	49.1	84	540	36.0
45		43 798→44 043	81		45	81	98.8	44	81	98.8						
46	fgf	44 078→45 172	364		46	364	98.9	45	364	99.2	32	181	27.5	178	332	34.0
47		45 208→46 113	301		47	301	100.0	46	301	99.7						
48	alk-exo	46 153→47 340	395	L	48	395	99.5	47	395	99.8	133	419	38.7	145	457	40.2
49		47 578←47 916	112	L	49	112	99.1	48	112	99.1	19	108	34.0			
50		47 915→49 078	387	L	50	387	99.7	49	387	100.0	18	353	25.8			
51		49 117←49 518	133		51	133	100.0	50	133	99.3	132	219	22.9			
52	rr2b	49 590→50 531	313		52	313	99.7	51	313	100.0						—
53		50 539←51 546	335	E	53	209	99.5	52	349	92.3	131	252	32.0	151	234	29.5
54	calyx/pep	51 573←52 550	325	L	61	325	100.0	53	325	100.0	117	95	35.0	19	386	20.6
55		52 820←53 116	113		62	113	99.1	54	112	99.1						
56		53 113←53 475	120	E	63	120	99.2	55	120	99.2						
57		53 651←54 265	204	E, L	64	204	99.5	56	204	99.0						

续表

| | MbMNPV-CHb1 | | | | 直系同源 ORF | | | | | | | | | | | |
| | | | | | 斜纹夜蛾 MNPV-B (MacoMNPV-B)c | | | 棉铃虫 MNPV (HaMNPV)c | | | 苜蓿银纹夜蛾 MNPV (AcMNPV)c | | | 八字地老虎 GV (XecnGV)c | | |
编号	基因名称	位置a	可读框长度(bp)	启动子b	ORF序号	序列长度	序列一致性(%)	ORF序号	序列长度	序列一致性(%)	ORF序号	序列长度	序列一致性(%)	ORF序号	序列长度	序列一致性(%)
58	sod	54 330→54 785	151		65	151	100.0	57	151	100.0	31	151	73.2	68	153	53.1
59		54 842→55 207	121		66	121	100.0	58	121	100.0						
60	pif-3	55 233→55 844	203	L	67	203	99.0	59	203	99.0	115	204	54.0	32	195	46.6
61		55 810→56 280	156	L	68	156	99.4	60	156	98.7						
62	pagr	56 345→57 799	484	L	69	484	99.4	61	484	100.0						
63		57 822→58 463	213	E	70	213	100.0	62	213	100.0	106	61	52.4	50	272	44.1
64	nrk1	58 498←59 607	369		71	359	99.4	63	369	98.9	33	182	30.1			
	hr2	59 874-60 882														
65		61 401←61 877	158	L	72	158	93.7	64	158	100.0	4	151	24.8	115	397	44.4
66	dutpase	61 937→62 365	142	E	73	142	92.3	65	103	98.1						
67	bro-b	62 468←63 409	313		74	326	78.3	67	299	97.0	2	328	24.7	159	408	50.9
68	p13	63 475←64 311	278	L	75	278	99.6	68	278	99.3				43	277	47.4
69	xe/sprT	64 366←64 890	174		76	174	99.4	69	174	98.3				83	182	28.2
70	odv-e66	65 002→67 020	672	E, L	77	672	99.6	70	672	99.6	46	704	40.2	149	668	56.0
71	p11	67 017←67 328	103	L	78	103	98.1	71	103	99.0	108	105	32.8	54	110	34.2
72	odv-ec43	67 338←68 408	356		79	356	100.0	72	356	100.0	109	390	41.5	53	353	31.9
73		68 392←68 571	59		80	59	100.0	73	59	100.0	110	56	36.0	51	53	50.0
74	vp80	68 568→70 214	548		81	548	98.9	74	548	99.6	104	691	30.3			
75	p48	70 242←71 375	377	E, L	82	377	99.7	75	377	100.0	103	387	50.8	91	372	39.5
76	p12	71 362→71 670	102	L	83	102	100.0	76	102	100.0	102	122	30.7			

续表

编号	基因名称	位置[a]	可读框长度(bp)	启动子[b]	斜带夜蛾 MNPV-B (MacoMNPV-B)[c]			棉铃虫 MNPV (HaMNPV)[c]			苜蓿银纹夜蛾 MNPV (AcMNPV)[c]			八字地老虎 GV (XecnGV)[c]		
					ORF序号	序列长度	序列一致性(%)	ORF序号	序列长度	序列一致性(%)	ORF序号	序列长度	序列一致性(%)	ORF序号	序列长度	序列一致性(%)
77	bv/odv-c42	71 696→72 790	364	L	84	364	100.0	77	364	100.0	101	361	43.1	93	372	21.7
78	p6.9	72 849→73 082	77	L	85	77	100.0	78	77	100.0						
79	lef5	73 079→73 900	273		86	273	100.0	79	273	99.6	99	265	57.4	95	245	45.1
80	38k	73 799→74 701	300	L	87	300	100.0	80	300	99.7	98	320	44.6	96	301	40.5
81	vef	74 740→77 286	848	L	88	848	98.9	81	848	98.9				150	824	27.5
82	bro-c	77 291←78 361	356		89	356	98.3	82	356	99.4	2	328	50.1	114	427	24.8
83		78 457←78 885	142		90	142	100.0	83	142	99.3						
84	pif-4/odv-e28	78 919→79 437	172		91	172	99.4	84	172	99.4	96	173	51.2	97	157	39.6
85	helicase1	79 394→83 023	1209	L	92	1209	99.8	85	1209	100.0	95	1221	42.2	98	1159	27.9
86	odv-e25	83 124→83 774	216	L	93	216	100.0	86	216	100.0	94	228	45.3	99	220	48.4
87	p18	83 771←84 256	161	L	94	161	99.4	87	161	99.4	93	161	50.4	100	122	35.3
88	p33	84 255←85 013	252		95	252	99.6	88	252	100.0	92	259	51.4	101	251	38.7
89		85 123←85 638	171	E, L	96	174	97.7	89	171	99.4	142	264	33.3			
90	lef4	85 670←87 034	454		97	454	99.1	90	454	99.1	90	464	44.9	110	447	34.8
91	vp39	87 033→88 022	329	L	98	328	98.8	91	329	99.7	89	347	40.2	111	329	31.1
92	cg30	88 105→88 929	274	E	99	274	97.8	92	274	99.3	88	264	22.9			
93	vp91/p95	88 985→91 423	812	L	100	812	99.4	93	812	99.5	83	847	40.9	118	741	28.3
94	tlp-20	91 392→91 979	195	L	101	195	99.0	94	195	99.0	82	180	31.6	119	161	38.2
95		91 804→92 526	240	L	102	240	99.6	95	240	99.6	81	233	53.7	120	187	50.9

续表

编号	基因名称	位置 [a]	可读框长度 (bp)	启动子 [b]	斜背夜蛾 MNPV-B (MacoMNPV-B) [c]			棉铃虫 MNPV (HaMNPV) [c]			苜蓿银纹夜蛾 MNPV (AcMNPV) [c]			八字地老虎 GV (XecnGV) [c]		
					ORF序号	序列长度	序列一致性(%)	ORF序号	序列长度	序列一致性(%)	ORF序号	序列长度	序列一致性(%)	ORF序号	序列长度	序列一致性(%)
96	gp41	92 495→93 496	333	L	103	333	100.0	96	333	100.0	80	409	56.7	121	290	36.0
97		93 376→93 831	151		104	151	100.0	97	151	100.0	78	109	34.9	122	103	27.2
98	vlf-1	93 833↔94 975	380	L	105	380	100.0	98	380	100.0	77	379	67.4	123	373	27.8
99	ctl	94 972↔95 124	50	L	106	50	98.0	99	50	100.0	3	53	47.2	127	52	67.3
100		95 196↔96 290	364	E	107	364	97.8	100	364	98.1						
101	p26	96 412↔97 146	244	E	108	244	100.0	101	244	100.0	136	240	36.6			
102	iap2	97 195↔97 941	248		109	248	98.8	102	248	98.8	71	249	32.2	137	285	26.3
103	Methyltra-nsferase	97 898↔98 713	271		110	275	97.8	103	271	98.9	69	262	45.3			
104	pif-6/odv-nc42	98 697↔99 062	121		111	121	100.0	104	121	100.0	68	192	47.1	135	120	44.2
105	lef3	99 061→100 242	393		112	393	99.5	105	393	99.5	67	385	26.7			
106	Desmopla-kin	100 301↔102 562	753		113	752	99.2	106	753	99.6	66	808	23.3	133	661	41.6
107	dnapol	102 561↔105 563	1000		114	1000	99.7	107	1000	99.7	65	984	45.1	132	1098	38.5
108		105 597↔105 986	129	L	115	129	100.0	108	129	100.0	75	133	26.4			
109		105 997↔106 254	85	L	116	85	100.0	109	85	100.0	76	84	41.9	125	85	34.1
110		106 346→107 086	246		117	246	97.6	110	246	98.0	150	99	46.3	151	234	39.3
111		107 078↔107 623	181		118	181	97.8	111	181	98.9				83	182	31.3
112		107 658↔108 119	153		119	153	99.3	112	153	99.4						
113		108 174↔108 821	215	L	120	215	97.7	113	215	97.2				169	144	30.4
114	bro-d	108 862↔109 920	352		121	349	90.2	114	352	99.4	2	328	41.0	114	427	28.8
115	bro-e	109 974↔110 666	230		122	229	90.0	115	229	89.6	2	328	36.3	130	237	29.0

续表

编号	基因名称	MbMNPV-CHb1			直系同源 ORF											
		位置[a]	可读框长度(bp)	启动子[b]	苜蓿夜蛾 MNPV-B (MacoMNPV-B)[c]			棉铃虫 MNPV (HaMNPV)[c]			苜蓿银纹夜蛾 MNPV (AcMNPV)[c]			八字地老虎 GV (XecnGV)[c]		
					ORF序号	序列长度	序列一致性(%)	ORF序号	序列长度	序列一致性(%)	ORF序号	序列长度	序列一致性(%)	ORF序号	序列长度	序列一致性(%)
116	lef9	110 749→112 242	497	L	123	497	100.0	116	497	99.6	62	516	64.6	139	493	53.7
117	fp25	112 320→112 907	195	L	124	195	100.0	117	195	100.0	61	214	61.3	140	147	33.6
118	p94	112 984→115 488	834		125	834	99.4	118	834	99.5	134	803	41.8	21	826	35.5
119	bro-f	115 561→116 049	162	L	126	162	100.0	119	179	98.8				159	408	50.0
120	chaB2	116 082→116 357	91	L	127	91	100.0	120	91	100.0	60	87	51.7	102	87	30.5
121	chaB1	116 335→116 859	174		128	179	96.6	121	169	96.6	59	69	51.9			
122		116 852→117 331	159	E	129	159	98.1	122	159	98.1	57	161	37.8			
123		117 581→117 850	89	L	130	89	100.0	123	89	100.0	56	84	42.9			
124		117 792→118 001	69		131	69	100.0	124	69	100.0	55	73	42.0			
125	vp1054	118 127→119 137	336	E, L	132	336	100.0	125	336	100.0	54	365	40.3	175	323	34.6
126	lef10	118 998→119 225	75	L	133	75	100.0	126	75	98.7	53a	78	48.0	174	70	44.4
127		119 185→119 412	75	L	134	75	100.0	127	75	100.0						
128		119 426→120 391	321	L	135	321	99.4	128	328	97.3						
129		120 396→120 869	157		136	157	100.0	129	157	100.0	53	139	49.3	171	139	28.8
130		120 868→121 371	167		137	167	100.0	130	167	100.0	52	123	22.4			
	hr3	121 476→122 710														
131	iap3	122 970→123 827	285	L	138	285	99.6	131	285	99.7	27	286	27.3	137	285	23.5
132	bjdp	123 866→125 020	384		139	384	97.7	132	384	99.0						
133	lef8	125 041→127 677	878		140	878	99.9	133	878	99.8	50	876	60.3	148	859	50.2

续表

编号	MbMNPV-CHb1 基因名称	位置[a]	可读框长度(bp)	启动子[b]	蓓带夜蛾 MNPV-B (MacoMNPV-B)[c] ORF序号	序列长度	序列一致性(%)	棉铃虫 MNPV (HaMNPV)[c] ORF序号	序列长度	序列一致性(%)	苜蓿银纹夜蛾 MNPV (AcMNPV)[c] ORF序号	序列长度	序列一致性(%)	八字地老虎 GV (XecnGV)[c] ORF序号	序列长度	序列一致性(%)
134		127 974→129 749	591		18	301	99.3	66	591	98.8						
135		129 865→130 104	79		141	154	98.7	134	77	100.0						
136		130 148→130 348	66		142	66	100.0	135	66	98.5	43	77	35.1			
137	odv-e66	130 396→132 387	663	L	143	663	98.8	136	663	99.6	46	704	29.2	149	668	35.2
138	p47	132 435→133 628	397		144	397	100.0	137	397	99.8	40	401	55.0	78	394	46.9
139		133 639→134 688	349		145	349	99.4	138	349	99.1						
	hr-4	134 935→136 111														
140		136 197→136 769	190	E	146	190	99.5	140	190	99.0						
141	bv-e31	136 831→137 535	234	E, L	147	234	100.0	141	234	100.0	38	216	63.0	79	225	41.9
142	lef11	137 460→137 834	124	L	148	124	100.0	142	124	99.2	37	112	38.0	56	102	38.1
143	pp31/39k	137 803→138 657	284	L	149	284	99.3	143	284	99.3	36	275	32.1	55	295	30.2
144		138 724→138 921	65		150	65	100.0	144	65	98.5						
145	ubiquitin	138 848→139 150	100	L	151	100	100.0	145	100	100.0	35	77	77.9	52	77	76.6
146		139 206→139 751	181	L	152	181	98.9	146	181	100.0	34	215	34.8			
147		140 102→140 458	118	L	153	118	99.2	147	118	100.0	26	129	32.4			
148	dbp-2	140 547→141 527	326	E	154	326	98.8	148	326	99.1	25	316	25.0	89	277	25.0
149	lef6	141 533→141 958	141	L	155	141	99.3	149	141	99.3	28	173	36.8			
150		141 999→142 244	81		156	81	100.0	150	81	100.0	29	71	41.4			
151	p26	142 360→143 160	266	L	157	266	98.5	151	266	99.6	136	240	33.5			
152	p10	143 199→143 450	83	L	158	83	100.0	152	83	100.0	137	94	35.1	5	84	43.4
153	pif-0/p74	143 537→145 510	657	L	159	657	99.5	153	657	99.9	138	645	52.2	77	710	39.0
154		145 591→145 842	83	E, L	160	83	100.0	154	83	98.8						
155	ie1	145 879→147 690	603		161	603	99.3	155	601	98.7	147	582	32.4			

续表

编号	基因名称	MbMNPV-CHb1			直系同源 ORF											
		位置 a	可读框长度 (bp)	启动子 b	粉纹夜蛾 MNPV-B (MacoMNPV-B) c			棉铃虫 MNPV (HaMNPV) c			苜蓿银纹夜蛾 MNPV (AcMNPV) c			八字地老虎 GV (XecnGV) c		
					ORF序号	序列长度	序列一致性 (%)	ORF序号	序列长度	序列一致性 (%)	ORF序号	序列长度	序列一致性 (%)	ORF序号	序列长度	序列一致性 (%)
156	ep23	147732→148307	191	L	162	191	99.0	156	191	99.0	146	201	33.5	10	196	30.2
157	chtB1	148368-148646	92	L	163	92	100.0	157	92	100.0	145	77	44.2	11	99	39.6
158	odv-ec27	148649-149485	278	L	164	278	100.0	158	278	100.0	144	290	51.7	112	288	28.2
159	odv-e18	149524-149781	85	L	165	85	100.0	159	85	100.0	143	62	82.6			
160	p49	149783-151168	461	L	166	461	100.0	160	461	100.0	142	477	48.7	13	453	36.5
161	exon0/ie0	151186-151890	234	L	167	234	100.0	161	234	99.6	141	261	30.8			
162	rr1	152056-154341	761	E	168	761	99.5	162	761	99.5						

a. 表示可读框（ORF）在病毒基因组的位置，其中的箭头表示可读框的方向，序列可读框，hr 为同源重复序列，序列起始和终止位置同不用箭头。
b. 表示不同相似的启动子。E 表示具早期启动子基序，即在起始密码子上游的 180bp 内，即编码密码子上游启动子基序，TATA 盒下游 20～30bp 处有一个 CAGT 或 CATT 基序；L 表示具晚期启动子基序，
即在起始密码子上游 180bp 内含一个（A/T/G）TAAG 基序
c. AcMNPV-C6，在 GanBank 中序列登记号 L22858；HaMNPV，序列登记号 EU730893；MacoMNPV-B（96B）序列登记号 AY126275；XecnGV（alpha4）序列登记号 AF162221；
MbMNPV-CHb1 序列登记号 JX138237

三、甘蓝夜蛾核型多角体病毒基因进化分析

全基因组数据可以为 MbMNPV 的进化模式或者进化速率提供丰富的信息，基因组的同源比对，能够在 DNA 水平上反映其具体进化模式。

图 3-6 显示了用 Mauve 软件对 MbMNPV 与 20 个甲型杆状病毒组 II 全基因组及甲型杆状病毒组 I AcMNPV、乙型杆状病毒 XecnGV 和丁型杆状病毒 CuniNPV

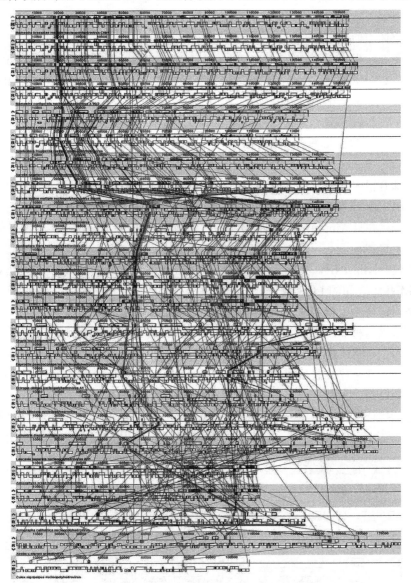

图 3-6　MbMNPV 与 20 个甲型杆状病毒组 II 全基因组及甲型杆状病毒组 I AcMNPV、乙型杆状病毒 XecnGV 和丁型杆状病毒 CuniNPV 基因组的进化比较

之间进行基因组的同源分析，从而获取这些病毒之间的进化关系。不同的彩色（灰度）区域代表不同的局部共线区（locally collinear block，LCB），这些 LCB 可作为"新信息"重组插入到其他基因组上，引起被插入基因组结构和序列信息发生改变。从图 3-6 中可以看到 MbMNPV 共有 62 个 LCB，大小不一，整体上看，无交叉的比对线代表着对应基因组之间的 LCB 位置一致，"X"形的比对线则暗示了两种病毒的祖先序列之间可能发生了复杂的重组过程。另外 LCB 之间的间隔区表示了该基因组独特的序列，在其他的病毒中无同源序列；而在 LCB 内部的峰图表示了整体相似性的高低。

从图 3-6 中可以看出，MbMNPV 与 HaMNPV、MacoNPV-B 和 MacoNPV-A 之间在 LCB 的数目、方向和排列顺序都有很高的一致性；它们与 SeMNPV、SfMNPV 及 AgseMNPV 之间大部分是无交叉的比对线，但是在 LCB 数目、方向和大小上，有较小差异，这暗示着这 7 种病毒在与宿主共同进化的过程，通过在 LCB 内部、LCB 之间重组新基因来扩充或者消减基因以适应环境变化。而与其他的组 II 病毒比较，无论在 LCB 数目上，还是在方向和排序上，MbMNPV-CHb1 与它们都有很大差异。综合来看，MbMNPV-CHb1 与 HaMNPV、MacoNPV-B、MacoNPV-A、SeMNPV、SfMNPV 和 AgseMNPV 在基因组进化上可能经历着相似的途径，并且 MbMNPV 与 HaMNPV、MacoNPV-B 和 MacoNPV-A 这三种病毒在进化上更加接近。

比较与 MbMNPV 同源关系较远的 AcMNPV 基因组间的 LCB 发现，MbMNPV 和 AcMNPV 之间的 LCB 数目、方向和序列长度方面有很大差异，说明了两种病毒在基因组进化上分歧时间较早，但是其比 XecnGV 和 CuniNPV 的 LCB 明显多，也说明了这两种病毒具有共同的祖先，在周围环境的选择压力下，选择了不同的进化方向；MbMNPV 与 CuniNPV 之间的 LCB 是所有杆状病毒基因组中最小的，只有很少的几个序列长度差异很大的 LCB，这说明了两种病毒在很早时基因组就已经开始分歧，虽然如此，却仍然保留了某些祖先病毒基因组的基因。

随机挑选了两种病毒（SeMNPV 和 LdMNPV）与 MbMNPV（作为参考基因组）一起进行局部共线区（LCB）分析，结果见图 3-7。从结果中发现，与 LdMNPV

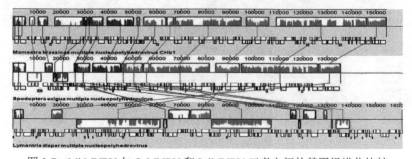

图 3-7　MbMNPV 与 SeMNPV 和 LdMNPV 三者之间的基因组进化比较

的 LCB 相比，MbMNPV 与 SeMNPV 的 LCB 在数目、位置、方向和大小上都具有很高的相似性，推断 MbMNPV 和 SeMNPV 在基因组的进化上有着相似的途径。

综合来看（表 3-14，表 3-15），MbMNPV 共有 15 个 LCB，比 LdMNPV 多了 2 个特异的 LCB（LCB2 和 LCB3），其中 LdMNPV 有 6 个 LCB 的方向与 MbMNPV 的方向相反，如 MbMNPV 的 LCB14 对应 LdMNPV 的 LCB3；同时在图 3-7 中可以看到 LCB 比对线条相交成了 "X"，说明这些 LCB 在进化过程中发生了复杂的重组过程。和 MbMNPV 相似，SeMNPV 中也有 15 个 LCB，并且这些 LCB 与 MbMNPV 的 LCB 都是同源，其中，除 MbMNPV 的 LCB5 对应 SeMNPV 的 LCB4 的位置发生颠倒外，大部分的 LCB 之间的比对线条并无交叉，都是共线性。大部分 LCB 中又有各自特有的部分（即 LCB 中间的白色部分），推测可能在进化过程中，由于病毒与其周围环境之间进行 "选择" 和 "被选择" 的长期压力，病毒在 LCB 区域扩充基因或者在 LCB 同源区删除某些序列以便更好地适应环境。这个持续的过程随着时间的推移从而产生了长度的差异性。另外，LdMNPV 的 LCB 之间的间隔区域部分，即非同源部分，占了很大比例，这些都说明 LdMNPV 与 MbMPV、SeMNPV 的进化过程有很大的区别。

表 3-14　甘蓝夜蛾核型多角体病毒与甜菜夜蛾核型多角体病毒基因组局部共线区比较

甘蓝夜蛾核型多角体病毒（MbMNPV）			甜菜夜蛾核型多角体病毒（SeMNPV）			长度变化
LCB 序号	位置	长度（bp）	LCB 序号	位置	长度（bp）	(bp) [a]
1	1～5 478	5 478	1	1～5 457	5 457	−21
2	6 684～9 385	2 702	2	5 849～12 070	6 222	+3 520
3	10 327～14 662	4 336	3	13 278～16 694	3 417	−919
4	17 511～29 667	12 157	4	18 558～23 267	4 710	−7 447
5	29 668～31 421	1 754	4	16 740～18 557	1 818	+64
8	39 266～50 529	11 264	8	33 296～45 354	12 059	+795
14	108 741～146 253	37 513	14	94 612～126 593	31 982	−5 531
15	146 254～154 432	8 179	15	126 594～135 611	9 018	+839

a. −表示比参照基因组（MbMNPV）LCB 碱基对减少，+表示 LCB 碱基对增加

表 3-15　甘蓝夜蛾核型多角体病毒与舞毒蛾核型多角体病毒基因组局部共线区比较

甘蓝夜蛾核型多角体病毒（MbMNPV）			舞毒蛾核型多角体病毒（LdMNPV）			长度变化
LCB 序号	位置	长度（bp）	LCB 序号	位置	长度（bp）	(bp) [a]
1	1～5 478	5 478	1	673～4 665	3 993	−1 485
2	6 684～9 385	2 702	none[b]	none	无	
3	10 327～14 662	4 336	none	none	无	
4	17 511～29 667	12 157	5	64 831～73 757	8 927	−3 230
5	29 668～31 421	1 754	9	118 246～119 418	1 173	−581

续表

甘蓝夜蛾核型多角体病毒（MbMNPV）			舞毒蛾核型多角体病毒（LdMNPV）			长度变化 (bp)[a]
LCB 序号	位置	长度（bp）	LCB 序号	位置	长度（bp）	
8	39 266～50 529	11 264	8	114 873～117 508	2 636	−8 628
14	108 741～146 253	37 513	3	26 645～61 746	35 102	−2 411
15	146 254～154 432	8 179	2	16 148～20 965	4 818	−3 361

a. −表示比参照基因组（MbMNPV）LCB 碱基对减少
b. none 表示在比较的基因组中不存在对应的 LCB

四、甘蓝夜蛾核型多角体病毒基因组的同源重复区和重复基因

　　杆状病毒的一个重要特征是在基因组中散落着多个同源重复序列 *hr*。在不同的病毒种中，*hr* 的数目、位置、核酸序列都不同。但它们的结构都类似：由重复的约 28bp 的保守回文序列结构的非编码序列组成。目前报道 *hr* 在病毒复制过程中作为复制原点或者作为增强子提高杆状病毒基因的表达（Guarino and Summers，1986；Habib et al.，1996），也有研究发现 *hr* 位于基因组中高度变化区域，因此可能是杆状病毒基因组间或基因组内重组位点（Hayakawa et al.，2000）。基因组分析表明，MbMNPV 中存在 4 个分散在基因组不同位置的 *hr*，所有 *hr* 都富含 AT，这些 *hr* 包含 14～16 个 43～80bp 重复单元，每个重复单元之间的间隔不等。每个 *hr* 由多个两种明显不同的区域组成，分别称为域 A（domain A）和域 B（domain B）（图 3-8）。域 A 是一个 43bp 不完整的回文序列，不同域 A 间相似性为 85%～98%。域 B 长度约为 30bp，但序列长度变化大，且不同域 B 间的相似度在 50%～97%。另外，*hr1* 与 *hr4* 的域 A 和域 B 的方向一致，*hr2* 和 *hr3* 的域 A 与域 B 的方向一致。这种 *hr* 特征在 MacoNPV-A（Li et al.，2002b）、MacoNPV-B（Li et al.，2002a）和 HaMNPV（Tang et al.，2012）中都存在。

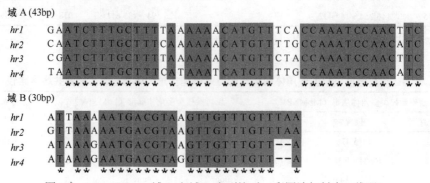

图 3-8　MbMNPV *hr* 域 A 和域 B 序列比对（彩图请扫封底二维码）

保守序列的底色为粉色

对 MbMNPV、HaMNPV 和 MacoNPV-B 这三个基因组序列相似的病毒进行比较，三者皆有 4 个 hr；每个 hr 重复序列都是由两种明显不同的域 A 和域 B 组成；域 A 是一不完整的回文序列，序列相似性较高，而域 B 序列长度变化大，序列相似性低，并且 hr1 和 hr4 的域 A 与域 B 方向一致，hr2 和 hr3 域 A 与域 B 方向与 hr1 和 hr4 相反，并且三者 hr 区的位置（即 hr 区两侧的 orf）相似。

尽管 MbMNPV、HaMNPV 和 MacoNPV-B 三者全基因组序列一致性高达 97% 以上，但它们的 hr 存在较大差异。三者之间的差异主要在于域 A 与域 B 数量差异和排列差异，以及重复单元之间的间隔序列长度的差异（表 3-16）。序列比对发现三者 hr 区之间存在着大量的插入和缺失。MbMNPV 和 HaMNPV 的 hr1 至 hr4 之间的核酸序列一致性分别为 74.9%、74.9%、72.8% 和 54.0%；MbMNPV 和 MacoNPV-B 的 hr1 至 hr4 之间的核酸序列一致性分别为 85.8%、57.7%、64.7% 和 77.9%。

表 3-16　MbMNPV、HaMNPV 和 MacoNPV-B 三者的 hr 比较

	长度（bp）			域 A 长度（bp）		
	MbMNPV	HaMNPV	MacoNPV-B	MbMNPV	HaMNPV	MacoNPV-B
hr1	1007	1185	929	14	17	13
hr2	1009	1766	1264	14	21	18
hr3	1235	1074	1235	16	14	22
hr4	1177	724	1177	14	9	13

	域 B 长度（bp）		
	MbMNPV	HaMNPV	MacoNPV-B
hr1	10	15	9
hr2	10	20	11
hr3	12	14	16
hr4	10	8	11

三者 hr 之间的长度差异也说明 hr 区是高变区，且其附近的基因产生了较大的改变。在 MbMNPV-CHb1 中，mb17 位于 hr1 附近，bro-b 位于 hr2 附近，mb133 位于 hr3 和 hr4 附近，而在 HaMNPV 中，其独有基因 orf139 位于 hr4 附近，这些都暗示了 hr 区是发生同源重组的热点区域。

杆状病毒中另一种重复类型为基因（基因家族）重复。重复基因既是杆状病毒基因组大小差异性的原因之一，也是病毒自身扩张自身基因组的方式之一。例如，XecnGV 中的重复基因占其基因组的 20%，而 AcMNPV 的重复基因仅占其基因组的 2%（Hayakawa et al.，2000）。

在 MbMNPV 基因组中，发现有以下基因重复：ODV 囊膜结构蛋白基因

（*odv-e66*）（*orf70*、*orf137*）、*iap*（*orf102*、*orf131*）、*p26*（*orf101*、*orf151*）、几丁质酶 B 基因（*chtB 1/2*）（*orf38*、*orf157*）、*orf53*、*orf110*。这些基因的核酸序列一致性分别为 37%、59%、39%、33%、30%。另外 *orf69* 和 *orf15* 与黏虫核型多角体病毒（LeseNPV）的 *xe* 基因核酸序列一致性分别为 98%和 34%，编码的蛋白都有 SprT 结构域，可能参与病毒的转录延伸。

五、甘蓝夜蛾核型多角体病毒部分可读框功能

在 MbMNPV 中国株基因组中包括了杆状病毒的 38 个核心基因和 26 个甲型杆状病毒和乙型杆状病毒及二者分别与丙型和丁型杆状病毒之间共有的基因（表 3-12，表 3-13）（Garavaglia et al.，2012）。这些基因可能是杆状病毒维持其生存最基本的基因，因而在其进化历程中比较保守。

MbMNPV 基因编码的产物参与病毒 DNA 复制及基因转录、病毒结构包装和释放、口服感染、影响宿主代谢等，另外还有 60 个 *orf* 未知其产物功能。

参与 DNA 复制的基因有 *ie1*、*lef3*、*dbp*、*lef1*、*lef2*、*dnapol*、*hel*、*alk-exo*，前 3 个为鳞翅目杆状病毒中的保守基因，后 5 个为核心基因。这些基因编码蛋白质 IE1 与 *hr* 结合，起始病毒核酸复制（Nagamine et al.，2005），LEF1 是引发酶（Mikhai lov and Rohrmann，2002），LEF2 与 LEF1 形成异源寡聚复合物，辅助引发酶（Evans et al.，1997），LEF3 和 DNA 结合蛋白（DBP）都是结合单链 DNA 的蛋白质（Evans and Rohrmann，1997；Vanarsdall et al.，2007）。DNA 聚合酶具有 $3' \rightarrow 5'$ 外切酶活性，具有校正功能，同时还有 $5' \rightarrow 3'$ 外切酶活性，用于除去 RNA primer（Mcdougal and Guarino，2000）。解旋酶（helicase）有 ATP 酶和解螺旋酶的功能，还能结合单链和双链 DNA，但是不能在病毒种之间相互替换，可能与病毒的宿主范围有关（Croizier et al.，1994）。MbMNPV 包含了第二种 helicase 基因 *hel-2*。这种现象在 LdMNPV（Kuzio et al.，1999）、XecnGV（Hayakawa et al.，1999）、PlxyGV（Hashimoto et al.，2000）、CpGV（Luque et al.，2001）、MaconNPV-A（Li et al.，2002b）、MaconNPV-B 和 HaMNPV 中都存在。

与病毒早期和晚期转录相关的基因有 *ie0*、*ie1*、*lef1*、*lef2*、*lef3*、*lef4*、*lef5*、*lef6*、*lef8*、*lef9*、*lef10*、*lef11*、*39k*、*p47*、*vlf*。其中 *lef1*、*lef2*、*lef4*、*lef5*、*lef8*、*lef9*、*p47*、*vlf* 为核心基因；*ie0*、*ie1*、*lef3*、*lef6*、*39k* 是甲型和乙型杆状病毒中的保守基因；*lef11* 除在甲型和乙型杆状病毒中比较保守外，也是丙型杆状病毒保守基因之一。MbMNPV 没有对于 AcMNPV 的晚期基因表达所必需的 *lef7*、*lef12*、*ie2*、*p35* 基因。

MbMNPV 与病毒粒子结构相关的基因包含了所有杆状病毒均有的衣壳蛋白基因 *p6.9*、*vp39*、*p95*、*vp1054*、 *p40*、桥粒斑蛋白基因（*desmoplakin*），ODV 囊

膜蛋白基因 *odv-e66*、*odv-e56*、*odv-e18*、*odv-e25*、*odv-ec27*，BV 囊膜蛋白基因 *fusion protein*，NPV 中的保守结构基因 *polh*，基质蛋白基因 *gp41*，多角体膜基因 *pep*。其中 *fusion protein* 是一种低 pH 依赖的囊膜融合蛋白（Westenberg et al.，2002）。MbMNPV 与其他组 II 的杆状病毒一样，并不包含另一种组 I 特有的囊膜融合蛋白基因 *gp64*。MbMNPV 中还包含在所有 NPV 中，部分颗粒体病毒也存在的 *p10*、*orf1629* 和 *p87* 这些结构蛋白基因。P10 蛋白参与多角体形成，而且可能参与病毒感染晚期的细胞裂解（Van Oers，1994）。ORF1629 是核衣壳基底蛋白。P87 是 BV 和 ODV 共有的一种衣壳蛋白。另外，MbMNPV 有一种编码所有颗粒体病毒中都存在的基因 *vef*，此基因编码病毒增效因子，目前认为有两种增效机制：增效蛋白可以促进病毒粒子囊膜与宿主昆虫中肠上皮细胞膜的融合（Hukuhara and Wijonarko，2001）；增效蛋白具有金属蛋白酶活性可以降解宿主保护中肠的围食膜，利于病毒进入中肠细胞表面（Peng et al.，1999）。MbMNPV *vef* 基因功能的研究将在本书第五章详细介绍。

影响宿主代谢的基因有 *fgf*、*ubi*、*sod*、*iap*、*arif-1*、*egt*。在脊椎动物和无脊椎动物中，*fgf* 是保守基因之一，目前只在杆状病毒中发现此基因，其他病毒中均没有报道。杆状病毒中的 *fgf* 基因可能参与细胞运动和胞外分泌过程（Detvisitsakun et al.，2006）。*ubi* 是鳞翅目杆状病毒的保守基因。*sod* 基因编码的产物过氧化物歧化酶定位于 ODV 的囊膜蛋白上（Hou et al.，2013），可能保护杆状病毒免受环境中光诱导的超氧化物的损害（Cohen et al.，2009）。在 MbMNPV 中，*iap* 基因有两个 *iap2* 和 *iap3*，*iap* 基因产物能够阻止宿主细胞凋亡，但是 MbMNPV 中没有另一种抗凋亡基因 *p35* 基因和所有组 I 杆状病毒都有的 *iap1* 基因。*arif-1* 编码蛋白质产物参与肌动蛋白细胞骨架的重排（Roncarati and Knebel-Mörsdorf，1997）。*egt* 阻碍昆虫蜕皮过程（O'reilly and Miller，1989），同时也影响已感染的昆虫幼虫"爬高"行为（Hoover et al.，2011）。

口服感染因子有 *pif-0*、*pif-1*、*pif-2*、*pif-3*、*pif-4*、*pif-5*、*pif-6*、*pif-7* 和 *pif-8* 等，这些基因都是杆状病毒的核心基因，参与病毒粒子的口服感染过程。

MbMNPV 中未知功能基因有 60 个：分别是 *orf5*、*orf8a*、*orf10*、*orf13*、*orf17*、*orf18*、*orf21*、*orf22*、*orf23*、*orf24*、*orf25*、*orf29*、*38.7k*、*orf35*、*orf36*、*orf37*、*orf39*、*orf41*、*orf45*、*orf47*、*orf49*、*orf50*、*orf51*、*orf53*、*orf55*、*orf56*、*orf57*、*orf59*、*orf61*、*orf63*、*orf65*、*orf73*、*orf83*、*orf89*、*tlp*、*orf97*、*orf100.*、*orf108*、*orf109*、*orf110*、*orf111*、*orf112*、*orf113*、*orf122*、*orf123*、*orf124*、*orf127*、*orf128*、*orf129*、*orf130*、*orf134*、*orf135*、*orf136*、*orf139*、*orf140*、*orf144*、*orf146*、*orf147*、*orf150*、*orf154*。这些基因功能有待于以后进行深入研究。

六、甘蓝夜蛾核型多角体病毒不同分离株与其他亲缘关系密切的甲型杆状病毒组Ⅱ的比较

甘蓝夜蛾核型多角体病毒有多个地理分离株，完成全基因组序列分析的有 MbMNPV-CHb1（JX138237）和 MbMNPV-K1（JQ798165），它们与 MacoNPV-B、HearNPV 和 MacoNPV-A 的亲缘关系密切（Choi et al.，2013）。为了研究 MbMNPV 不同分离株与这几种病毒的进化关系，表 3-17 比较了 MbMNPV-CHb1、MbMNPV-K1 与 MacoNPV-B、MacoNPV-A 和 HaMNPV 的相似性与差异。MbMNPV 的广谱杀虫活性在 20 世纪 90 年代就有报道（Doyle et al.，1990），但限于当时 DNA 序列测定技术应用不广泛，试验所用 MbMNPV 基因组并未完成全基因组测定。2013 年，MbMNPV-K1 全序列被报道，但该病毒株是否具有广谱杀虫活性并不清楚，没有建立该病毒株的杀虫范围系统（Choi et al.，2013）。

表 3-17　MbMNPV-CHb1 密切相关病毒与其他杆状病毒基因组的特征

特征	MbMNPV-CHb1	MbMNPV-K1	HaMNPV	MacoNPV-B
分子大小（bp）	154 451	152 710	154 196	158 482
G+C 含量（%）	40	40	40	40
ORF 数量	162	158	162	168
hr 数量	4	4	4	4
bro 数量	6	6	6	6
编码区所占比例（%）	90	90	90	89
与 MbMNPV-CHb1 同源性	100	98.7	99.0	98.8
在 GenBank 中序列登记号	JX138237	JQ798165	EU730893	AY126275
特征	HearNPV	MacoNPV-A	AcMNPV	PlxyGV
分子大小（bp）	131 405	155 060	133 894	100 999
G+C 含量（%）	39	42	41	41
ORF 数量	135	169	154	120
hr 数量	5	4	9	40
bro 数量	3	8	1	
编码区所占比例（%）	86	90	91	88
与 MbMNPV-CHb1 同源性	40.4	87.8	39.0	35.3
在 GenBank 中序列登记号	NC_002654	U59461	NC_001623	NC_002593

MbMNPV-CHb1 与 MbMNPV-K1 共享 156 个 ORF，与 MacoNPV-B 共享 160 个 ORF，与 HaMNPV 共享 162 个 ORF，与 MacoNPV-A 共享 160 个 ORF。MbMNPV 不同株的 ORF 与两种病毒（MacoNPV-B 和 HaMNPV）所有同源基因

的氨基酸序列一致性超过 95%，而与 MacoNPV-A 中 54 个 ORF 的氨基酸序列一致性超过 95%。为了研究 MbMNPV 不同株和其他三个甲型杆状病毒组 II 成员的关系，利用 5 种甲型杆状病毒组 II（MbMNPV-CHb1、MbMNPV-K1、MacoNPV-B、HaMNPV 和 MacoNPV-A）38 个核心基因编码氨基酸序列构建的聚类分析见图 3-9，结果显示，MbMNPV-CHb1 与 HaMNPV、MbMNPV-K1 和 MacoNPV-B 形成一簇，而 MacoNPV-A 形成另一个分离的簇。MbMNPV-CHb1 与 MbMNPV-K1 具有 99% 的序列一致性，但 MbMNPV-CHb1 *orf134* 直系同源基因在 MbMNPV-K1 中不存在，但在 HaMNPV（*orf66*）和 MacoNPV-B（*orf18*）中出现。

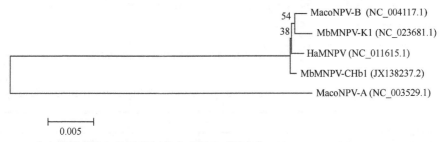

图 3-9　5 个亲缘关系密切的甲型杆状病毒组 II 成员（MbMNPV-CHb1、MbMNPV-K1、HaMNPV、MacoNPV-A 和 MacoNPV-B）核心基因聚类进化树

根据最大似然法（maximum likelihood method）构建，图中数（bootstrap）值由 100 个重复样本计算得出，大于 50 的数值在相应节点显示

七、甘蓝夜蛾核型多角体病毒的 *bro* 基因

杆状病毒重复可读框（baculovirus repeated ORF，*bro*）基因除了存在于杆状病毒科中，也存在于其他的两个昆虫病毒科中，即囊泡病毒科和虹彩病毒科。另外在原核生物的 II 型转座子中也发现了同源基因（Bideshi et al.，2003）。关于其功能，早期认为其 N 端含有一个与 DNA 结合的模块，能够与核酸结合参与核小体的形成（Zemskov et al.，2000），后来研究发现 BmNPV 的 BRO 蛋白富含亮氨酸序列作为依赖染色体区域稳定蛋白（CRM-1）的出核转运信号，介导蛋白质在细胞核与细胞质中的运输（Kang et al.，2006）。MbMNPV 基因组中确定存在 6 个 *bro* 基因。这 6 个 *bro* 基因根据在基因组中的排列顺序分别命名为 *bro-a* 到 *bro-f*，MbMNPV 不同株（CHb1-K1）、HaMNPV、MacoNPV-A 和 MacoNPV-B *bro* 基因在各自基因组中的位置比较列于表 3-18。从表 3-18 中可看到，MacoNPV-A 的两个 *bro* 基因（*bro-a* 和 *bro-c*）和 MacoNPV-B 的一个 *bro* 基因（*bro-c*）在其他两个关系密切的杆状病毒 [MbMNPV（CHb1-K1）和 HaMNPV] 中不存在。甘蓝夜蛾核型多角体病毒的两个分离株中，MbMNPV-CHb1 的 *bro-a*、*bro-b*、*bro-c*、*bro-d*、*bro-e* 和 *bro-f* 基因与 MbMNPV-K1 的 *bro-a*、*bro-b*、*bro-c*、*bro-d*、*bro-e* 和 *bro-f*

基因分别具有 79%、98%、100%、91%、90%和100%的序列一致性（表 3-18）。MbMNPV-CHb1 和 MbMNPV-K1 的一个主要区别是两个病毒的三个 *bro* 基因（MbMNPV-CHb1 *bro-a*、*bro-d* 和 *bro-e*）具有较低的序列一致性。

表 3-18　MbMNPV-CHb1 *bro* 基因与 MbMNPV-K1、MacoNPV-B、HaMNPV 及 MacoNPV-A *bro* 基因的同源性

MbMNPV-CHb1			直系同源 ORF							
			MbMNPV-K1				MacoNPV-B			
ORF 序号	基因	长度（bp）	ORF 序号	基因	长度（bp）	一致性（%）	ORF 序号	基因	长度（bp）	一致性（%）
20	bro-a	492	19	bro-a	488	79.0	20	bro-a	353	72.7
67	bro-b	313	66	bro-b	335	98.0	74	bro-b	326	78.3
82	bro-c	356	80	bro-c	356	100.0	89	bro-d	356	98.3
114	bro-d	352	112	bro-d	345	91.0	121	bro-e	349	90.2
115	bro-e	230	113	bro-e	229	90.0	126	bro-g	162	100.0
119	bro-f	162	117	bro-f	162	100.0	122	bro-h	229	90.0

MbMNPV-CHb1			直系同源 ORF							
			HaMNPV				MacoNPV-A			
ORF 序号	基因	长度（bp）	ORF 序号	基因	长度（bp）	一致性（%）	ORF 序号	基因	长度（bp）	一致性（%）
20	bro-a	492	19	bro-a	331	76.9	24	bro-b	331	77.0
67	bro-b	313	67	bro-b	299	97.0	75	bro-d	329	80.0
82	bro-c	356	82	bro-c	356	99.4	90	bro-e	360	85.0
114	bro-d	352	114	bro-d	352	99.4	122	bro-f	357	83.0
115	bro-e	230	115	bro-e	229	89.6	123	bro-g	235	79.0
119	bro-f	162	119	bro-f	179	98.8	127	bro-h	179	96.0

以前的研究结果表明，家蚕核型多角体病毒（BmNPV）BRO 既在感染家蚕细胞的细胞质中出现，也在细胞核中出现（Zemskov et al.，2000），是一种核质转运蛋白，推测 MbMNPV-CHb1 的 BRO 可能具有这种特性，通过基因水平转移从其他病毒中获得如 *orf134* 等基因。

八、甘蓝夜蛾核型多角体病毒 *orf134* 及其直系同源基因

MbMNPV-CHb1 *orf134* 基因的同源性检索揭示，绝大多数甲型杆状病毒都没有这个基因的直系同源体。除亲缘关系密切的 HaMNPV 和 MacoNPV-B 外，MbMNPV *orf134* 直系同源基因仅出现在另外一个甲型杆状病毒东方铁杉尺蠖核型多角体病毒（*Lambdina fiscellaria* NPV，LafiNPV）、3 个乙型杆状病毒（HaGV、PsunGV、TrniGV）和 4 个囊泡病毒（HvAv-3e、HvAv-3g、HvAv-3f 和 SfAv-1a）

中。在囊泡病毒 HvAv-3e 和 HvAv-3g 中，每个病毒基因组有 5 个拷贝的 *orf134*
直系同源基因（*hr1*、*hr2*、*hr3*、*hr4* 和 *hr5*），在囊泡病毒 SfAv-1a、HvAv-3f、
乙型杆状病毒 HaGV、PsunGV 中，每个病毒基因组都具有 2 个拷贝的 *orf134* 直
系同源基因（表 3-19）。在这些编码 *orf134* 直系同源基因的病毒中，3 个乙型杆
状病毒是否有广宿主范围并没有研究，但囊泡病毒宿主范围较宽，并可由寄生蜂
传播，在寄生蜂体内复制扩增；甲型杆状病毒 LafiNPV 尽管只报道了它在 3 个变
种东方铁杉尺蠖（*Lambdina fiscellaria fiscellaria*）、西方铁杉尺蠖（*Lambdina
fiscellaria lugubrosa*）和西方栎尺蠖（*Lambdina fiscellaria somniaria*）间可交叉感
染，但它可感染异源昆虫细胞系，包括森林天幕毛虫（*Malacosoma disstria*）细胞
系 Md108 及云杉卷蛾（*Choristoneura fumiferana*）细胞系 Cf70，表明该病毒也具
有较广的宿主细胞适应性，具广谱杀虫特性（Whittome-Waygood et al., 2009）。
编码 *orf134* 基因的甲型杆状病毒和囊泡病毒都具有广谱宿主范围，根据直系同源
基因具有相似功能的原理，MbMNPV *orf134* 基因是否在杆状病毒的广谱宿主范围
上具有重要作用值得深入研究。

表 3-19　MbMNPV-CHb1 *orf134* 与其在其他病毒中的直系同源基因及它们的侧翼基因

病毒种类	*orf* 或基因	序列覆盖率（%）	编码蛋白质氨基酸序列一致性（%）	5′侧翼基因	3′侧翼基因
MbMNPV	*orf134*			*lef8*（*orf133*）	*odv-e66b*（*orf137*）[a]
HaMNPV	*orf66*	100	99		*bro-b*（*orf67*）[b]
MaconNPV-B	*orf18*	50	99		*bro-a*（*orf20*）
HvAv-3e	*hr1*（*orf37*）	99	92		*bro2*（*orf39*）
	hr2（*orf83*）	100	92		
	hr3（*orf122*）	99	92	*bro14*（*orf121*）	*bro15*（*orf123*）
	hr4（*orf154*）	100	93		*bro21*（*orf155*）
	hr5（*orf176*）	99	92		
HvAv-3g	*hr1*（*orf35*）	99	91		
	hr2（*orf68*）	100	92		
	hr3（*orf104*）	100	92	*bro13*（*orf103*）	
	hr4（*orf126*）	99	91		*bro15*（*orf127*）
	hr5（*orf173*）	70	91	*bro21*（*orf169*）	
SfAv-1a	*orf77*	100	85		*bro like*（*orf79*）
SfAv-1a	*orf34*	90	85	*bro-N like*（*orf31*）	
LafiNPV	*orfF38*	99	85		*pif3*（*orf39*）

续表

病毒种类	orf 或基因	序列覆盖率（%）	编码蛋白质氨基酸序列一致性（%）	5'侧翼基因	3'侧翼基因
HaGV	orf53	96	51	hr2	bro-a（orf54）
	orf157	96	51		bro-i（orf158）
PsunGV	orf39	95	50	Metalloproteinase（orf38）	
	orf49	95	50		

a. 与宿主感染范围相关的侧翼基因用斜体表示
b. orf134 侧翼 bro 基因用粗体表示

    MbMNPV orf134 的侧翼具有 13bp 的末端反向重复序列（inverted terminal repeat，ITR），并具有一个重复插入位点 TTAA（图 3-10）。orf134 编码产物称为 ORF134 蛋白，由 591 个氨基酸残基组成，对 ORF134 氨基酸序列进行 BLAST 对比分析的结果显示，该蛋白是转座酶（transposase）。另外，在 ORF134 蛋白的 C 端检测到具辅助功能的 CDD，即 C 端依赖锌离子的 DNA 结合域[DNA-binding domain（Zn dependent）]。

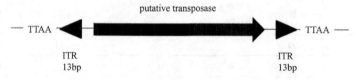

图 3-10   MbMNPV orf 134 结构示意图

其中标出了重复插入位点（TTAA）和末端反向重复序列（ITR）位置；putative transposase 表示该序列编码转座酶

    为了更好地理解 orf134 的进化历史和它在相关昆虫病毒中的同源基因，根据它们编码的氨基酸序列构建了一个聚类进化树（图 3-11）。同时，利用相似方法构建了不同种类病毒 DNA 聚合酶的聚类进化树（图 3-12）。DNA 聚合酶的聚类进化树显示，颗粒体病毒和 NPV 的直系同源基因亲缘关系密切（图 3-12）。然而，orf134 同源基因编码蛋白的聚类进化树显示，MbMNPV-CHb1 和 MacoNPV-B 的 orf134 及其直系同源基因与囊泡病毒中直系同源基因的亲缘关系比颗粒体病毒更亲密（图 3-11）。这些结果表明，MbMNPV-CHb1 orf134 和它的三个直系同源基因（HaMNPV orf66、MacoNPV-B orf18 和 LafiNPV orf38）与囊泡病毒直系同源基因有比颗粒体病毒更大的遗传相似性。另外，对囊泡病毒和颗粒体病毒进行位点的聚类进化分析，结果表明，通过水平基因转移（HGT），MbMNPV-CHb1 有可能从囊泡病毒中获得 orf134 基因，且转移的发生是在这 4 种甲型杆状病毒（MbMNPV-CHb1、HaMNPV、MacoNPV-B 和 LafiNPV）的祖先中发生。

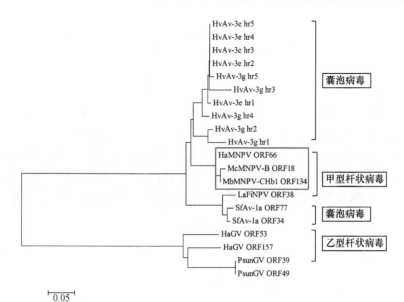

图 3-11　MbMNPV *orf134* 编码蛋白的聚类进化分析（彩图请扫封底二维码）

聚类进化树通过最大似然法（maximum likelihood method）建立，对比序列包括甲型杆状病毒、乙型杆状病毒和囊泡病毒中的 MbMNPV *orf134* 同源序列编码蛋白。红框中显示 MbMNPV *orf134* 和它在 MacoNPV-B 和 HaMNPV 中的同源基因有更密切的关系

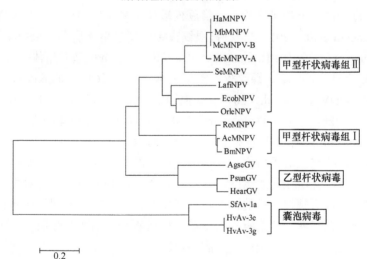

图 3-12　MbMNPV DNA 聚合酶的聚类进化分析

聚类进化树通过最大似然法（maximum likelihood method）建立，对比序列包括图 3-11 中甲型杆状病毒、乙型杆状病毒和囊泡病毒中的 DNA 聚合酶，显示 MbMNPV DNA 聚合酶基因与 MacoNPV-B 和 HaMNPV 的同类基因的亲缘关系更密切

　　MbMNPV 两个分离株、HaMNPV、MacoNPV-B 和 MacoNPV-A 的基因组核酸序列具有高度一致性，5 个亲缘关系密切杆状病毒的主要差异包括，*bro* 基因的

核酸序列一致性较低，基因组中的基因排列位置不同和 MbMNPV *orf134* 直系同源基因的完整性不同。当不同病毒感染同一宿主时可发生水平基因转移（HGT），如八字地老虎颗粒体病毒（*Xestia c-nigrum* GV，XecnGV）能通过水平基因转移从昆虫痘病毒中获得 *orf138*（*xc138*），而 *xc138* 的存在可能与病毒的宿主域相关联（Thézé et al., 2015）。病毒 DNA 聚合酶蛋白聚类进化分析揭示，囊泡病毒是由杆状病毒进化而来（Cheng et al., 2007）。聚类进化分析显示，MbMNPV *orf134* 与囊泡病毒直系同源基因的同源性高于其与颗粒体病毒的直系同源基因。因此，在不同病毒共同感染夜蛾科宿主昆虫时，不同病毒种之间的 HGT 可能已经发生。杆状病毒宿主基因组中的转座因子能被正在进行感染的病毒捕获，这可能介导杆状病毒发生变异（Bao and Jerzy, 2013）。

第四节　两种替代宿主生产甘蓝夜蛾核型多角体病毒的蛋白质组学研究

甘蓝夜蛾核型多角体病毒工厂化生产中使用两种替代宿主棉铃虫和甜菜夜蛾交替生产，以保持病毒基因的多样性和稳定广谱性。

目前，基于质谱分析的蛋白质组学研究方法已广泛用于病毒蛋白组分分析，已完成病毒蛋白质组学研究的有：黎豆夜蛾核型多角体病毒（AgMNPV）BV 和 ODV（Braconi et al., 2014）、苜蓿银纹夜蛾核型多角体病毒（AcMNPV）BV 和 ODV（Wang et al., 2010；Braunagel et al., 2003）、家蚕核型多角体病毒（BmNPV）ODV（Liu et al., 2008）、锞纹夜蛾核型多角体病毒（Chrysodeixis chalcites NPV, ChchNPV）ODV（Xu et al., 2011）、棉铃虫核型多角体病毒（HearNPV）BV 和 ODV（Hou et al., 2013；Deng et al., 2007）、菜粉蝶颗粒体病毒（PrGV）ODV（Wang et al., 2011）和黑斑库蚊核型多角体病毒（CuniNPV）ODV（Perera et al., 2007）等，这些结果对于研究杆状病毒蛋白的结构和功能具有重要意义。中国科学院武汉病毒研究所在完成 MbMNPV 全基因组序列分析后，针对生产中利用两种替代宿主进行大规模生产的情况，完成了两种替代宿主分别生产病毒时的蛋白质组学研究，以了解杆状病毒与宿主在蛋白质水平上的相互作用，确定杆状病毒在不同宿主生产时保持其蛋白组分的稳定。

一、两种宿主生产甘蓝夜蛾核型多角体病毒包埋型病毒和芽生型病毒中的蛋白组分分析

通过两种宿主棉铃虫和甜菜夜蛾生产甘蓝夜蛾核型多角体病毒，分别提取病毒的 BV 和 ODV，从中提取蛋白质，利用胰蛋白酶将蛋白质酶解为多肽，并通过液相色谱串联质谱法（LC-MS/MS）对肽段进行分析。用 ProteinPilot 5.0 对肽段进

行鉴定，通过诱饵数据库（decoy database）检索，假阳性率（false discovery rate，FDR）设置为小于 1%。每个鉴定的蛋白质，都需要包括至少一个高可信度（可信度大于 99%）的多肽，试验设两个独立的重复，都应获得确定结果，若有一个重复不确定，需要进一步试验确定。

通过基于质谱的蛋白质组学研究，确定甘蓝夜蛾核型多角体病毒 ODV 中的杆状病毒蛋白共 82 种（图 3-13，表 3-20），其中 69 种蛋白质在棉铃虫和甜菜夜

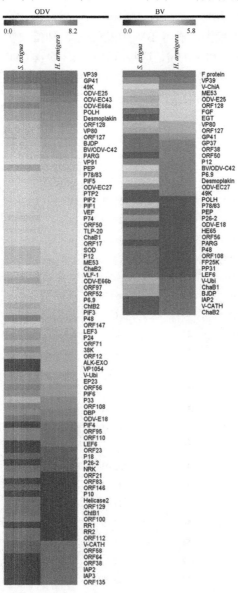

图 3-13　甘蓝夜蛾核型多角体病毒在两种宿主中生产 ODV 和 BV 中的病毒蛋白组分

蛾分别增殖的甘蓝夜蛾核型多角体病毒 ODV 中都出现，Helicase 2、RR2、NRK、Mb112、Mb129（Ac53）和 ChtB1 这 6 种蛋白质仅在棉铃虫增殖病毒的 ODV 中存在，另外 7 种蛋白质[V-CATH、Mb38、Mb58、Mb64、IAP2、IAP3 和 Mb135（Ac43）]只在甜菜夜蛾增殖病毒的 ODV 中存在。甘蓝夜蛾核型多角体病毒 BV 发现 39 种蛋白质（图 3-13，表 3-21），在两种昆虫生产的病毒 BV 中都出现的有 22 种蛋白质，仅在棉铃虫增殖病毒 BV 中出现的蛋白质是 GP41、HE65、GP37、Mb38（Ac4）、PEP、Mb56、P48、Mb108（Ac75）、FP25K、PP31 和 LEF6 这 11 种，而只在甜菜夜蛾生产病毒 BV 中发现的 6 种蛋白质是 V-CATH、IAP2、ChaB2、ChaB1、BJDP 和 V-Ubi。这些结果显示，病毒 ODV 和 BV 中蛋白质的种类和数量可能受不同宿主种类的影响。其中 BV 上鉴定的宿主特异性病毒蛋白种类较多，暗示其可能有更大的宿主依赖性。

表 3-20 两种宿主生产甘蓝夜蛾核型多角体病毒 ODV 中鉴定的病毒蛋白

序号	GenBank 序列登记号	蛋白质	病毒 ORF		感染棉铃虫（Helicoverpa armigera）的 ODV			感染甜菜夜蛾（Spodoptera exigua）的 ODV		
			MbM NPV	AcM NPV	分值 [a]	覆盖率 (%) [b]	多肽数 [c]	分值 [a]	覆盖率 (%) [b]	多肽数 [c]
1	gi|674653849	POLH	1	8	52.01	82.1	131	57.36	84.2	99
2	gi|674653850	P78/83	2	9	39.67	48.5	54	47.06	48.7	48
3	gi|674653854	PIF5	6	148	19.56	46.4	54	31.48	45	46
4	gi|674653855	ME53	7	139	26.36	43.8	21	25.79	37	14
5	gi|674653860	P24	11	129	9.17	33.8	11	8	28.4	8
6	gi|674653861	Mb12	12	—	6.83	49.5	10	6.43	61.2	9
7	gi|674653866	Mb17	17	151	20.38	61	24	19.67	61	24
8	gi|674653870	Mb21	21	—	2.58	8.9	2	4.46	16.7	4
9	gi|674653872	Mb23	23	—	4.05	49	3	3.16	42.3	2
10	gi|674653874	Helicase2	25		3.55	7.9		—	—	—
11	gi|674653876	V-CATH	27	127	—	—		2.73	8.2	3
12	gi|674653881	PTP2	32	1	25.04	65.9	40	25.37	65.9	32
13	gi|674653886	ChtB2	37	145	10.55	65.8	15	10.15	62.3	11
14	gi|674653887	Mb38	38	4				2.08	6.9	1
15	gi|674653891	PIF2	42	22	32.03	60.6	40	32.99	51.6	28
16	gi|674653892	PIF1	43	119	37.14	49.3	39	30.02	48.2	31
17	gi|674653896	ALK-EXO	47	133	11.18	20.5	10	4	7.3	2
18	gi|674653899	Mb50	50	132	23.59	75.9	31	20.57	68.4	26
19	gi|674653900	RR2	51	—	2.03	5.1	1			
20	gi|674653901	Mb52	52	—	17.57	37.5	16	17.6	45.3	19
21	gi|674653902	PEP	53	131	23.68	52.9	59	45.98	58.8	92
22	gi|674653905	Mb56	56		5.16	30.4	8	6.98	25	5

续表

序号	GenBank 序列登记号	蛋白质	病毒 ORF		感染棉铃虫（*Helicoverpa armigera*）的 ODV			感染甜菜夜蛾（*Spodoptera exigua*）的 ODV		
			MbM NPV	AcM NPV	分值[a]	覆盖率（%）[b]	多肽数[c]	分值[a]	覆盖率（%）[b]	多肽数[c]
23	gi|674653906	SOD	57	31	9.3	88.1	24	11.47	86.8	14
24	gi|674653907	Mb58	58	—	—	—	—	2.85	33.1	3
25	gi|674653908	PIF3	59	115	15.38	64	14	17.19	69	14
26	gi|674653910	PARG	61	—	69.23	80.2	77	66.72	73.8	57
27	gi|674653912	NRK	63	33	4.24	8.7	3	—	—	—
28	gi|674653913	Mb64	64	4	—	—	—	2.44	15.8	2
29	gi|674653919	ODV-E 66a	70	46	55.32	70.7	135	89.81	74.7	149
30	gi|674653920	Mb71	71	108	7.34	44.7	11	7.17	44.7	10
31	gi|674653921	ODV-E C43	72	109	69.44	89.9	159	69.48	82.6	106
32	gi|674653923	VP80	74	104	71.87	67.7	96	70.08	64.1	72
33	gi|674653924	P48	75	103	18.59	28.4	13	8.98	15.4	5
34	gi|674653925	P12	76	102	12.84	70.6	23	11.13	65.7	14
35	gi|674653926	BV/ODV-C42	77	101	39.98	70.6	80	42.5	61	59
36	gi|674653927	P6.9	78	100	3.13	14.3	16	4.18	14.3	17
37	gi|674653929	38K	80	98	11.77	35	11	8.21	20	6
38	gi|674653930	VEF	81	—	36.75	40.1	34	45.26	40.8	32
39	gi|674653932	Mb83	83	—	2.08	24.7	2	2.01	11.3	1
40	gi|674653933	PIF4	84	96	6.03	38.4	4	2.76	34.3	2
41	gi|674653935	ODV-E 25	86	94	53.3	65.7	189	47.29	65.7	99
42	gi|674653936	P18	87	93	2.12	8.1	3	2	8.1	3
43	gi|674653937	P33	88	92	7.8	11.9	6	16.2	34.9	12
44	gi|674653940	VP39	91	89	80.56	98.5	285	85.36	96.4	209
45	gi|674653942	VP91	93	83	52.38	49.5	60	45.67	39	40
46	gi|674653943	TLP-20	94	82	17.35	56.9	29	18.05	62.6	21
47	gi|674653944	Mb95	95	81	6.03	18.8	4	10.64	28.8	5
48	gi|674653945	GP41	96	80	68.37	94.6	279	81.26	92.2	240
49	gi|674653946	Mb97	97	78	9.36	33.1	18	6.23	24.5	19
50	gi|674653947	VLF-1	98	77	17.2	29.7	20	20.17	28.2	15

续表

序号	GenBank 序列登记号	蛋白质	病毒 ORF		感染棉铃虫（*Helicoverpa armigera*）的 ODV			感染甜菜夜蛾（*Spodoptera exigua*）的 ODV		
			MbMNPV	AcMNPV	分值 [a]	覆盖率（%）[b]	多肽数 [c]	分值 [a]	覆盖率（%）[b]	多肽数 [c]
51	gi|674653949	Mb100	100	—	2	3.6	1	4.41	8.2	4
52	gi|674653951	IAP2	102	71	—	—	—	2.02	6	1
53	gi|674653953	PIF6	104	68	8	28.9	8	6	24.8	6
54	gi|674653954	LEF3	105	67	11.55	25.5	12	10.94	19.6	9
55	gi|674653955	Desmoplakin	106	66	63.65	39.6	119	88.36	48.3	97
56	gi|674653957	Mb108	108	75	4.16	31	6	6.06	42.6	5
57	gi|674653959	Mb110	110	151	3.56	37	4	7.77	31.7	5
58	gi|674653961	Mb112	112		2.06	5.2	1			
59	gi|674653970	ChaB2	120	60	12.12	45.1	21	14.05	63.7	25
60	gi|674653971	ChaB1	121	58~59	12.96	44.4	26	18.2	50.3	28
61	gi|674653975	VP1054	125	54	5.17	27.7	10	4.33	16.4	2
62	gi|674653977	Mb127	127	—	21.9	88	91	24.95	78.7	69
63	gi|674653978	Mb128	128	—	41.86	58.5	110	44.06	59.2	70
64	gi|674653979	Mb129	129	53	2.28	21.7	2			
65	gi|674653981	IAP3	131	27	—	—	—	2.15	3.2	1
66	gi|674653982	BJDP	132	51	47.4	54.7	85	48.3	55	65
67	gi|674653985	Mb135	135	43	—	—	—	2.06	24.2	1
68	gi|674653986	ODV-E66b	136	46	24.47	21.6	19	14.2	14.3	10
69	gi|674653995	V-Ubi	145	35	7.22	40	9	10.35	55	7
70	gi|674653996	Mb146	146	34	2.54	16	2	5.87	21.6	3
71	gi|674653997	Mb147	147	26	9.34	71.2	13	11.67	81.4	20
72	gi|674653998	DBP	148（148）	25	5.58	18.4	5	7.95	20.6	6
73	gi|674653999	LEF6	149	28	5.07	22.7	4	3.55	14.2	2
74	gi|674654001	P26-2	151	136	5.64	17.3	4	2.18	4.5	1
75	gi|674654002	P10	152	137	4	34.9	2	2.01	14.5	1
76	gi|674654003	P74	15	138	27.74	29.5	32	29.83	28.9	19
77	gi|674654006	EP23	156	146	10	30.9	9	9.56	31.9	7
78	gi|674654007	ChtB1	157	145	2	14.1	2	—	—	—

续表

序号	GenBank 序列登记号	蛋白质	病毒 ORF		感染棉铃虫（*Helicoverpa armigera*）的 ODV			感染甜菜夜蛾（*Spodoptera exigua*）的 ODV		
			MbM NPV	AcM NPV	分值[a]	覆盖率 (%)[b]	多肽数[c]	分值[a]	覆盖率 (%)[b]	多肽数[c]
79	gi|674654008	ODV-EC27	158	143	37.84	78.1	51	36.96	75.9	41
80	gi|674654009	ODV-E18	159	144	2	12.9	5	4.24	37.7	4
81	gi|674654010	49K	160	142	91.21	80.7	203	87.22	83.7	152
82	gi|674654012	RR1	162	—	2	1.8	1	2.03	1.7	1

注："—"为未鉴定

a. 分值根据 ProteinPilot 软件计算，计算公式为：score=−log（1−置信度/100）。分值高于 2.0（$P<0.01$）的蛋白质可鉴定为 ODV 的蛋白质并列于表中

b. 覆盖百分率是鉴定多肽序列中置信度大于95%的匹配氨基酸残基数除以对照多肽序列的整个氨基酸残基数

c. 多肽数是指置信度大于95%的匹配多肽数目

表 3-21　两种宿主生产甘蓝夜蛾核型多角体病毒 BV 中鉴定的蛋白质

序号	GenBank 序列登记号	蛋白质	病毒 ORF		感染 *H. armigera* 的 BV			感染 *S. exigua* 的 BV		
			MbM NPV	AcM NPV	分值[a]	覆盖率 (%)[b]	多肽数[c]	分值[a]	覆盖率 (%)[b]	多肽数[c]
1	gi|674653849	POLH	1	8	2.11	5.7	2	4	11	2
2	gi|674653850	P78/83	2	9	3.25	4.8	2	19.51	22.4	10
3	gi|674653855	ME53	7	139	21.88	33.6	16	34.9	51.4	20
4	gi|674653857	F protein	8	23	42.9	30.1	50	66.85	43.2	57
5	gi|674653867	V-ChiA	18	126	36.47	48.8	33	17.31	25.1	10
6	gi|674653875	HE65	26	105	2.45	3.1	1	—	—	—
7	gi|674653876	V-CATH	27	127	—	—	—	2	2.6	1
8	gi|674653880	GP37	31	64	5.85	19.1	3	—	—	—
9	gi|674653882	EGT	33	15	10.58	10.2	9	4.13	5.9	2
10	gi|674653887	Mb38	38	4	4.00	17.1	3	—	—	—
11	gi|674653894	FGF	45	32	8.86	30	10	36.21	57.4	47
12	gi|674653899	Mb50	50	132	2.15	21.1	3	4.23	18.1	2
13	gi|674653902	PEP	53	131	2.44	3.7	2	—	—	—
14	gi|674653905	Mb56	56	—	2	8.8	1	—	—	—
15	gi|674653910	PARG	61	—	2.12	1.9	1	4.18	4.3	2
16	gi|674653923	VP80	74	104	8.92	12.6	5	12.02	15.9	6
17	gi|674653924	P48	75	103	2.33	4.5	1	—	—	—
18	gi|674653925	P12	76	102	2.49	31.4	3	6.01	42.2	3
19	gi|674653926	BV/ODV-C42	77	101	6.18	12.6	3	19.54	33.5	10
20	gi|674653927	P6.9	78	100	2.41	13	3	4	13	6
21	gi|674653935	ODV-E25	86	94	10.86	47.7	13	9.01	39.4	5

续表

序号	GenBank 序列登记号	蛋白质	病毒 ORF		感染 *H. armigera* 的 BV			感染 *S. exigua* 的 BV		
			MbMNPV	AcMNPV	分值[a]	覆盖率(%)[b]	多肽数[c]	分值[a]	覆盖率(%)[b]	多肽数[c]
22	gi|674653940	VP39	91(90)	89	28.27	63.5	41	27.98	66.6	31
23	gi|674653945	GP41	96	80	4.13	17.7	4	—	—	—
24	gi|674653951	IAP2	102	71	—	—	—	4.16	9.7	2
25	gi|674653955	Desmo-plakin	106	66	2.36	4.4	3	24.6	21.1	13
26	gi|674653957	Mb108	108	75	2	12.4	1	—	—	—
27	gi|674653966	FP25K	117	61	2	6.7	1	—	—	—
28	gi|674653970	ChaB2	120	60	—	—	—	2.12	15.4	1
29	gi|674653971	ChaB1	121	58~59	—	—	—	9.29	39.6	5
30	gi|674653977	Mb127	127	—	4.6	46.7	5	4.15	53.3	5
31	gi|674653978	Mb128	128	—	9.25	25	11	9.87	16.5	6
32	gi|674653982	BJDP	132	51	—	—	—	5.21	19	5
33	gi|674653993	PP31	143	36	2.02	8.1	1	—	—	—
34	gi|674653995	V-Ubi	145	35	—	—	—	11.2	59	6
35	gi|674653999	LEF6	149	28	2.23	7.1	1	—	—	—
36	gi|674654001	P26-2	151	136	2.95	7.5	2	7.77	15.4	4
37	gi|674654008	ODV-EC27	158	143	2.03	5.8	3	9.04	18	4
38	gi|674654009	ODV-E18	159	144	2	11.8	2	2	11.8	1
39	gi|674654010	49K	160	142	4.09	8.7	3	2.08	3	1

注："—"为未鉴定

a. 分值根据 ProteinPilot 软件计算，计算公式为：score = –log(1–置信度/100)。分值高于 2.0（$P<0.01$）的蛋白质可鉴定为 BV 的蛋白质并列于表中

b. 覆盖百分率是鉴定多肽序列中置信度大于 95% 的匹配氨基酸残基数除以对照多肽序列的整个氨基酸残基数

c. 多肽数是指置信度大于 95% 的匹配多肽数目

二、甘蓝夜蛾核型多角体病毒蛋白的位置对应其功能的分析

在鉴定的病毒相关蛋白质中，50 种蛋白质只在 ODV 中出现，7 种蛋白质仅在 BV 中出现，32 种蛋白质在 BV 和 ODV 的样品中都出现，这些共享蛋白可能参与核衣壳装配和出核等功能。例如，P6.9 是核衣壳结合 DNA 的核心蛋白（Tweeten et al.，1980），而 VP39 是核衣壳的壳蛋白（Pearson et al.，1988），它们都是主要核衣壳蛋白。BJDP 是与 BV 和 ODV 都相关的蛋白质（Xu et al.，2006），而且是病毒粒子生产的必需蛋白（Ono et al.，2012）。P78/83 参与病毒核衣壳的装配和在细胞中的转运（Wang et al.，2008；Ohkawa et al.，2010）。P12 是介导 G-Actin 核定位和 BV 生产的必需因子（Gandhi et al.，2012）。49K、GP41、Desmoplakin（Ac66）等蛋白已报道作为 ODV 膜蛋白，与 BV 核衣壳蛋白相关，是核衣壳出核到细胞质所必需的（Shen et al.，2009）（表 3-22）。另外，Mb50

（Ac132）（Ono et al., 2012）、Mb108（Ac75）（Yang et al., 2014; McCarthy and Theilmann, 2008）已证明对产生感染性 BV 十分重要。

其他功能的病毒蛋白包括如下。

（1）影响病毒多角体生产的蛋白 ODV-E25、P26-2（Chen et al., 2012, 2013; Wang et al., 2009）和影响成熟多角体释放的蛋白 V-CATH（Hawtin et al., 1997）。

（2）参与 DNA 复制的非必需蛋白 ME53（Xi et al., 2007）、晚期表达蛋白 LEF6（Lin and Blissard, 2002）和 DNA 结合蛋白 ChaB1、ChaB2（Ono et al., 2012; Li et al., 2006a; Li et al., 2006b; Zheng et al., 2011）（表 3-22）。

（3）其他已报道为病毒粒子相关蛋白但还没有确定其特征性功能的非必需蛋白（Zhou and Xiao, 2013; Wang et al., 2010; Xu et al., 2011），包括 V-Ubi、PARG、Mb127（HA45）、Mb128（HA44）和 IAP2 等。

ODV 和 BV 使用特异的囊膜蛋白进入宿主细胞，P74、PIF1-6 和 VP91 与 ODV 口服感染相关（表 3-19），它们都出现在甘蓝夜蛾核型多角体病毒的 ODV 中。ODV-66 具有硫酸软骨素酶（chondroitinase）活性，参与破坏宿主中肠围食膜基质，从而促进 ODV 感染（Sugiura et al., 2011）。几丁质酶（ChtB，Ac145）和 VEF 在降解围食膜基质和提高 ODV 毒力方面具有功能，这三种蛋白质也都仅在甘蓝夜蛾核型多角体病毒 ODV 中发现。F 蛋白是感染过程中 BV 进入宿主细胞和 BV 在细胞与细胞间转移感染所需因子，它也确定为 BV 特有蛋白。

当用两种宿主分别增殖甘蓝夜蛾核型多角体病毒时，ODV 上都存在 Mb71（Ac108）蛋白，该蛋白具有一个跨膜区（32～53aa），并且和 Ac108 同源，而 Ac108 蛋白已在 PIF 复合体中发现（Peng et al., 2012）。该蛋白也与草地贪夜蛾核型多角体病毒的 Sf58 及家蚕核型多角体病毒的 Bm91 具有同源性，Sf58 和 Bm91 已证明参与 ODV 感染过程（Simon et al., 2012; Tang et al., 2013）。

三、甘蓝夜蛾核型多角体病毒蛋白与其他杆状病毒蛋白的比较

甘蓝夜蛾核型多角体病毒 ODV 和 BV 上分别鉴定到 82 种与 39 种病毒蛋白。目前已有其他 7 种杆状病毒 ODV 和 3 种杆状病毒 BV 完成蛋白质组学测定。甘蓝夜蛾核型多角体病毒蛋白与其他杆状病毒蛋白比较的结果列于表 3-22。从表 3-22 中看出，ODV 具有的蛋白质绝大多数似乎是核心蛋白，而 BV 和 ODV 共有蛋白可能主要参与核衣壳的装配出核、DNA 复制和 RNA 转录。例如，VP80 是核衣壳出核必需蛋白（Marek et al., 2011），P78/83 是核衣壳转运到细胞质所需要的蛋白质（Wang et al., 2008; Ohkawa et al., 2010），FP25K 是参与调节 BV/ODV 生产的蛋白质（Wu et al., 2005; Braunagel et al., 1999; Harrison and Summers, 1995; Saksena et al., 2006），它们都是 BV 和 ODV 共有，例外的是 CuniNPV ODV 和 MbMNPV ODV。尽管 ODV 特异的口服感染因子对口服感染具有重要意义，但 AcMNPV 的 PIF4 却仅在 BV 上出现（Fang et al., 2009）。

表 3-22 杆状病毒 BV 和 ODV 蛋白质组学的比较

| 蛋白质 | 甲型杆状病毒组 I | | | | | | 甲型杆状病毒组 II | | | | | | 乙型杆状病毒 | 丁型杆状病毒 | 功能 |
| | AgMNPV | | AcMNPV | | BmNPV | | ChchNPV | | HearNPV | | MbMNPV | | PrGV | CuniNPV | |
	ODV	BV	ODV	BV	ODV	BV	ODV	BV	ODV	BV	ODV	BV	ODV	ODV	
P74	+		+		+		+		+		+		+	+	口服感染必需
PIF1	+		+		+		+		+				+	+	口服感染必需
PIF2	+		+		+		+		+				+	+	口服感染必需
PIF3	+		+		+		+		+				+	+	口服感染必需
PIF4	+			+									+		口服感染必需
PIF5	+	+	+	+			+			+			+		口服感染必需
PIF6	+		+				+		+				+		口服感染必需
VP91	+		+		+		+		+				+	+	参与口服感染，核衣壳装配必需
E66	+		+		+		+		+		+		+		口服感染重要
Ac145（ChtB）	+		+	+											增强口服感染
Ac150			+	+											增强口服感染
VEF				+											增强口服感染
F protein	+	+	+	+	+			+		+		+	+	+	组 II 甲型杆状病毒 BV 感染必需
GP64	+		+		+		+		+				+		组 I 甲型杆状病毒 BV 感染必需
Ac66	+	+	+		+		+		+		+	+		+	核衣壳，BV 出核及 ODV 产生重要
Ac78			+						+		+				BV 产生，ODV 包埋必需
Ac81					+		+							+	BV、ODV 生产重要
E25	+		+		+		+		+		+	+	+		BV 感染和 ODV 形成必需

续表

蛋白质	甲型杆状病毒组 I					甲型杆状病毒组 II						乙型杆状病毒	丁型杆状病毒	功能
	AgMNPV		AcMNPV		Bm NPV	Chch NPV	HearNPV		MbMNPV			Pr GV	Cuni NPV	
	ODV	BV	ODV	BV	ODV	ODV	ODV	BV	ODV	BV		ODV	ODV	
P33	+	+	+	+		+	+	+	+	+		+	+	有效 BV 生产和多粒 ODV 形成必需
GP41	+		+		+	+	+	+	+	+		+	+	核衣壳出核需要，BV 生产必需
49K	+	+	+	+	+	+	+	+	+	+		+	+	BV 生产，核衣壳成熟和 ODV 囊膜必需
EC43	+	+	+	+	+	+	+	+	+	+		+	+	核衣壳形成必需，DNA 复制非必需，参与核衣壳转运和囊膜化
P18	+		+				+		+					ODV 囊膜化和核衣壳出核必需，DNA 复制非必需
P48	+		+		+	+	+	+	+	+		+	+	BV 生产和 ODV 囊膜化必需
P12	+		+			+	+		+			+		介导 G 肌动蛋白（G-Actin）核定位和 BV 生产必需
P78/83	+	+	+	+	+	+	+	+	+	+		+		核衣壳装配和介导肌动蛋白控制的核衣壳运动必需
VP80	+	+	+	+	+	+	+	+	+					核衣壳从核周围转运到质膜形成 BV 必需
EXON0			+											核衣壳有效出核和 BV 生产重要
Ac75	+		+			+	+	+	+	+		+	+	核衣壳出核必需，BV 生产和 BV 生产重要
E18	+	+	+	+		+	+	+	+	+		+	+	BV 生产，DNA 复制非必需
EC27	+	+	+	+		+	+	+	+	+		+	+	BV 生产和核衣壳形成必需
VP39	+	+	+	+		+	+	+	+	+		+	+	主要壳蛋白，必需
VP1054	+	+	+	+		+	+	+	+	+		+	+	核衣壳装配必需
38K	+	+	+	+		+	+	+	+	+		+	+	核衣壳装配必需

续表

蛋白质	甲型杆状病毒组 I				甲型杆状病毒组 II					乙型杆状病毒	丁型杆状病毒	功能
	AgMNPV		AcMNPV		Bm NPV	Chch NPV	HearNPV		MbMNPV		Pr GV	Cuni NPV	
	ODV	BV	ODV	BV	ODV	ODV	ODV	BV	ODV	BV	ODV	ODV	
C42	+	+	+	+			+	+	+	+	+		核衣壳装配，招募 P78/83 入核，肌动蛋白多聚化和核衣壳形态发生必需
Ac53							+		+				核衣壳装配和病毒生产必需，DNA 复制非必需
P6.9	+		+	+		+	+	+	+	+	+	+	BV 和 ODV 生产必需，核衣壳核心 DNA 结合蛋白
VLF-1	+	+	+	+		+	+				+	+	核衣壳装配和 DNA 成熟必需
ALK-EXO	+		+						+				必需，可能参与病毒 DNA 成熟或 DNA 包装到病毒粒子
BJDP	+	+	+	+	+	+	+		+				BV 生产必需
Ac73		+	+	+									BV 生产必需
Ac76	+	+	+	+			+	+					参与核内微泡形成，BV 和 ODV 生产必需
Ac78			+	+		+							BV 生产、ODV 包埋到包涵体中必需
Ac106			+							+			BV 生产必需
Ac132			+	+					+	+			BV 生产必需
LEF1	+		+	+	+								BV 和 ODV 生产必需，具 DNA 引发酶活性
LEF2	+		+	+									DNA 复制必需
DNA-pol	+		+		+		+						DNA 复制必需
Helicase	+	+	+				+		Helicase2		Helicase 1		必需
PK1	+			+	PK2								必需

续表

蛋白质	甲型杆状病毒组 I AgMNPV ODV	AgMNPV BV	AcMNPV ODV	AcMNPV BV	Bm NPV ODV	甲型杆状病毒组 II Chch NPV ODV	HearNPV ODV	HearNPV BV	MbMNPV ODV	MbMNPV BV	乙型杆状病毒 Pr GV ODV	丁型杆状病毒 Cuni NPV ODV	功能
LEF3	+	+	+	+			+		+		+		DNA 复制和病毒粒子生产必需
IE1	+		+						+		+		杆状病毒早期复制必需 DNA 结合蛋白
ME53	+	+	+	+		+	+	+	+	+	+		参与病毒复制,有效 BV 和 ODV 生产重要
LEF6	+	+	+	+		+	+	+	+	+			BV 和 ODV 生产重要、非必需
LEF9												+	必需
PP31	+	+	+	+			+	+					非必需
LEF12													非必需,缺失后对 BV 和 ODV 产量没有或有轻微影响
PTP	+	+	+		+	PTP2	PTP2		PTP2				非必需
EGT	+	+	+	+			+	+		+			非必需
FGF							+	+	+	+	FGF3		非必需,刺激宿主细胞代谢,参与 BV 和高效生产和系统感染
V-Ubi	+	+	+	+		+	+	+	+	+			非必需,可能抑制宿主降解途径对病毒蛋白的降解,在一些条件下对生长稍有利
SOD	+	+	+	+		+	+		+				非必需
PCNA	+	+	+										非必需,加速晚期基因表达
HCF-1	+		+										非必需,影响病毒在特异组织中的复制
PNK/PNL	+	+	+										病毒复制非必需
IAP	IAP1	IAP2		IAP2		IAP3		IAP2	IAP2, IAP3	IAP2			非必需,抗细胞凋亡
E26	+	+	+	+									非必需

续表

蛋白质	甲型杆状病毒组 I				甲型杆状病毒组 II						乙型杆状病毒 Pr GV	丁型杆状病毒 Cuni NPV	功能
	AgMNPV		AcMNPV		Bm NPV	Chch NPV	HearNPV		MbMNPV				
	ODV	BV	ODV	BV	ODV	ODV	ODV	BV	ODV	BV	ODV	ODV	
PAGR								+		+			非必需
HE65								+		+			非必需，缺失后可能对 BV 生产没有或有轻微影响
FP25K	+	+	+	+	+	+	+	+	+	+			非必需，突变后引起 ODV 产量减少、BV 产量增加、改变囊膜，参与 ODV 膜蛋白入核，与宿主核输入因子 α-16 相互作用
POLH	+	+	+	+	+	+	+	+	+	+	Granulin	+	ODV 和 BV 生产非必需，主要多角体蛋白，负责 ODV 特异性地包埋到包涵体中
PEP	+	+	+	+		+	+	+	+	+	+		多角体效能和 BV 生产非必需，多角体膜蛋白，缺失后阻止幼虫液化和裂解培养细胞
P10	+		+				+		+		+		非必需，但参与多角体形成
GP16						+							非必需
GP37		+		+				+	+				非必需
V-ChiA		+		+				+		+			V-CATH 进展和感染幼虫液化关键
V-CATH	+		+				+		+				感染幼虫液化关键
CG30	+		+										非必需，删除突变降低 BV 生长优势，参与生产
Telokin			+						+				非必需
Ac58/59	+		+				+		+				非必需，DNA 结合蛋白，ChaB 同源

续表

蛋白质	甲型杆状病毒组 I					甲型杆状病毒组 II					乙型杆状病毒	丁型杆状病毒	功能
	AgMNPV		AcMNPV		Bm NPV	Chch NPV	HearNPV		MbMNPV		Pr GV	Cuni NPV	
	ODV	BV	ODV	BV	ODV	ODV	ODV	BV	ODV	BV	ODV	ODV	
Ac60(ChaB)	+		+			+				+		+	非必需，DNA 结合蛋白，ChaB 同源
BRO					BRO-E		BRO-C						DNA 结合蛋白
P24	+	+		+			+	+	+	+			非必需，影响对特异幼虫的毒性
P26							+	+	P26-2	P26-2			病毒复制和传播辅助因子，可能与 P74、P10 协同作用调节病毒粒子包埋过程
P43			+										BV 和 ODV 生产非必需
Ac4								+	+	+			非必需，缺失后或只有轻微影响生产对 BV 和 ODV
Ac5			±										非必需，可能对 BV 和 ODV 生产没有或只有轻微影响
Ac13	+												非必需
Ac17								+					
Ac18	+	+				+							非必需，但参与 BV 生产和感染
Ac26				+			+		+				非必需，缺失后不降低 AcMNPV 感染粉纹夜蛾的 LD_{50}，但引起死亡时间 LT_{50} 延迟
Ac30			+										非必需，缺失后对 BV 和 ODV 生产有轻微影响
Ac34						+			+				非必需，缺失后引起幼虫死亡延迟
Ac8									+	+			BV 生产重要；重要，具有 ADP-核糖焦磷酸水解酶活性，缺失后 BV 产量明显降低

续表

| 蛋白质 | 甲型杆状病毒组 I | | | | | 甲型杆状病毒组 II | | | | | 乙型杆状病毒 | 丁型杆状病毒 | 功能 |
| | AgMNPV | | AcMNPV | | Bm NPV | Chch NPV | HearNPV | | MbMNPV | | Pr GV | Cuni NPV | |
	ODV	BV	ODV	BV	ODV	ODV	ODV	BV	ODV	BV	ODV	ODV	
Ac43									+				非必需，缺失后不影响 BV 产量，但使 OB 产量降低
Ac63							+						非必需，缺失后不影响温度和影响 BV 及 ODV 产量
Ac74	+		+	+			+						病毒复制和高效病毒生产非必需
Ac79			+		+								BV 生产重要，非必需
Ac108			+			+	+		+				非必需，缺失后不影响或轻影响 BV 和 ODV 产量
Ac110						+	+						BV 生产非必需
Ac114	+		+	+	+								BV 和 ODV 生产非必需
Ac124			+	+			+						BV 生产非必需
Ac146 (EP23)							+						BV 生产必需
Ac151									+				BV 和 ODV 生产重要，可能参与细胞周期阻滞（cell cycle arrest）和 DNA 复制
Hear44						+	+	+	+	+			未知功能
Hear45						+	+		+	+			未知功能
Hear83							+						未知功能
其他特异蛋白	2个					3个	4个	4个	16个	Mb56	9个	22个	未知功能

资料来源：AgMNPV BV 和 ODV（Braconi et al., 2014）、AcMNPV BV 和 ODV（Wang et al., 2010; Braunagel et al., 2003）、ChchNPV ODV（Liu et al., 2008）、BmNPV ODV（Xu et al., 2011）、HearNPV BV 和 ODV（Hou et al., 2013; Deng et al., 2007）、PrGV ODV（Wang et al., 2011）与 CuniNPV ODV（Perera et al., 2007）

"+"表示检测样品中出现同源病毒蛋白

另外，与以前蛋白质组学资料比较，MbMNPV 鉴定出 22 种与病毒相关的新蛋白质，包括 RR1、RR2、NRK、EP23、TLP-20、HE65（Ac105）、Mb12、Mb17（Ac151）、Mb21、Mb23、Mb38（Ac4）、Mb52、Mb56、Mb58、Mb64、Mb83、Mb100、Mb110（Ac151）、Mb112、Mb127、Mb128 和 Mb135（Ac43）。这些蛋白质有 7 种为 BV 和 ODV 共有蛋白，分别是 Mb12、Mb17（Ac151）、Mb21、Mb38（Ac4）、Mb56、Mb127 和 Mb128。这些蛋白的鉴定将改进杆状病毒基因组的分析。

四、两种宿主分别生产包埋型病毒中与昆虫相关的蛋白质

在病毒复制过程中，宿主蛋白能参与到病毒中，其中一些宿主蛋白在感染过程中发挥作用（Radhakrishnan et al.，2010）。通过对鳞翅目昆虫蛋白数据库质谱进行检索，病毒相关蛋白中鉴定到 88 种宿主蛋白，其中 23 种为 ODV 相关蛋白（表 3-23）。基于它们参与细胞结构和功能，这些蛋白能分成不同的组别。

（1）细胞骨架蛋白，如肌动蛋白（actin）、抑制蛋白（profilin）、转凝蛋白（transgelin）和双星蛋白（twinstar）。

（2）信使蛋白，包含 14-3-3 蛋白 epsilon 和 14-3-3 蛋白 zeta。

（3）免疫蛋白，包括亲环蛋白 A（cyclophilin A）。

（4）伴侣蛋白，如热激关联蛋白 70（heat shock cognate protein 70）和热激蛋白 105（heat shock protein 105）。

（5）分子转运蛋白，如 GTP 核结合蛋白 Ran（GTP-binding nuclear protein Ran）。

（6）抗氧化蛋白，如硫氧还原蛋白（thioredoxin）。

（7）参与代谢的 5 种蛋白。

（8）参与转录和翻译的 4 种蛋白质和 2 种未确定功能的蛋白质。

五、两种替代宿主分别生产芽生型病毒中与昆虫相关的蛋白

在两种宿主分别生产甘蓝夜蛾核型多角体病毒 BV 上共发现 76 种昆虫蛋白。在 BV 中鉴定的蛋白质参与细胞结构和功能蛋白的构成，主要包括：细胞骨架蛋白、信使蛋白、免疫性蛋白、伴侣蛋白、分子转运蛋白、抗氧化蛋白、代谢蛋白、DNA 结合蛋白、转录和翻译蛋白、翻译后修饰蛋白、空泡转移蛋白、翻译后修饰与降解蛋白及两个未确定功能的蛋白质（表 3-24）。BV 和 ODV 富含宿主昆虫蛋白主要与细胞结构和功能蛋白相似，表明甘蓝夜蛾核型多角体病毒在两种宿主昆虫中都发挥细胞结构和功能作用。

表 3-23　杆状病毒 ODV 中鉴定的昆虫蛋白

类别	蛋白质	基因序列号	同源蛋白来自的昆虫种	感染 H. armigera 的 ODV			感染 S. exigua 的 ODV		
				分值[a]	覆盖率[b] (%)	多肽数[c]	分值[a]	覆盖率[b] (%)	多肽数[c]
细胞骨架	肌动蛋白-4 (actin-4)	gi|525328769	家蚕 Bombyx mori	16.32	46.8	21	10.96	29.5	10
	抑制蛋白或前纤维蛋白 (profilin)	gi|913315833	脐橙螟 Amyelois transitella	6	27.8	7	6.04	38.1	7
	转凝蛋白 (transgelin)	gi|509188677	斑点木蝶 Pararge aegeria	2.77	19.6	3	4.21	14.4	2
	双星蛋白 (twinstar)	gi|509182355	斑点木蝶 Pararge aegeria	4.93	27.7	4	8	17.9	4
信号传递	14-3-3 蛋白 ε (14-3-3 protein epsilon)	gi|910328986	柑橘凤蝶 Papilio xuthus	6.93	21	4			
	14-3-3 蛋白 ζ (14-3-3 protein zeta)	gi|917957303	柑橘凤蝶 P. xuthus	10.06	26.7	5	6.76	21.9	4
免疫	亲环素 A (cyclophilin A)	gi|298111994	黏虫 Pseudaletia separata	8.56	38.8	12	8.81	37.6	6
分子伴侣	热激关联蛋白 70 (heat shock cognate protein 70)	gi|728894870	稻蛀茎夜蛾 Sesamia inferens	28.78	29.4	28	26.98	27	20
	热激蛋白 105 (heat shock protein 105)	gi|328670879	棉铃虫 Helicoverpa armigera				2.01	1.8	1
分子转运	GTP 结合核蛋白 Ran (GTP-binding nuclear protein Ran)	gi|914615135	柑橘凤蝶 P. xuthus	5.6	25.4	5	2	6.6	1
抗氧化作用	硫氧还原蛋白 (thioredoxin)	gi|441481897	棉铃虫 H. armigera	2	13.2	2	2	13.2	1
代谢作用	ATP 合酶 β 亚单位 (ATP synthase subunit beta)	gi|914552935	幽波尺蛾 Operophtera brumata	2.02	9.6	3	4.22	18.1	8
	甘油醛-3-磷酸脱氢酶 (glyceraldehyde-3-phosphate dehydrogenase)	gi|328670875	棉铃虫 H. armigera	9.81	20.5	13	6.21	17.8	4
	异柠檬酸脱氢酶 (isocitrate dehydrogenase)	gi|76451008	小菜蛾 Plutella xylostella	2.47	6.9	2	5.09	10.8	3
	肽基脯氨酰顺反异构酶 (peptidyl-prolyl cis-trans isomerase)	gi|913302155	脐橙螟 A. transitella	2	18.8	8	2.01	6.7	

续表

类别	蛋白质	基因序列号	同源蛋白来自的昆虫种	感染 H. armigera 的 ODV			感染 S. exigua 的 ODV		
				分值 a	覆盖率（%）b	多肽数 c	分值 a	覆盖率（%）b	多肽数 c
代谢作用	琥珀酸脱氢酶（succinate dehydrogenase）	gi|768448500	小菜蛾 P. xylostella	2	6	3	4	11.2	3
转录和翻译	延伸因子-1α（elongation factor-1 alpha）	gi|253509737	天蛾 Temnora palpalis	4.86	10.3	4	3.09	4.7	2
	真核翻译起始因子 5A（eukaryotic translation initiation factor 5A）	gi|914615861	柑橘凤蝶 P. xuthus	4	16.3	2			
	翻译控制肿瘤蛋白（translational controlled tumor protein）	gi|294862569	棉铃虫 H. armigera	4.8	30.8	3	2.02	7	1
	富含丝氨酸精氨酸蛋白（SR-protein）	gi|348019723	桦尺蠖 Biston betularia	4.15	16.6	3	4.29	21.1	3
囊泡转运	膜联蛋白 IX（annexin IX）	gi|328670889	棉铃虫 H. armigera	6.16	18	3	6.13	13.9	3
未知功能	未确定功能蛋白 LOC105395273	gi|768447092	小菜蛾 P. xylostella	10.51	12.2	6	42.81	43.2	28
	未确定功能蛋白 LOC106123913	gi|914615420	柑橘凤蝶 P. xuthus	4.03	27.6	3			

a. 分值根据 ProteinPilot 软件计算，计算公式为：score＝−log（1−置信度/100）。分值高于 2.0（$P<0.01$）的蛋白质可鉴定为某种昆虫的蛋白质并列于表中
b. 覆盖百分率是指鉴定多肽序列中置信度大于 95%的匹配氨基酸残基数除以对照序列的整个氨基酸残基数
c. 多肽数是指置信度大于 95%的匹配多肽数目

表 3-24 甘蓝夜蛾核型多角体病毒 BV 中鉴定的昆虫蛋白

类别	蛋白质	基因序列号	同源蛋白来自的昆虫种	感染 H. armigera 的 BV			感染 S. exigua 的 BV		
				分值 [a]	覆盖率 (%) [b]	多肽数 [c]	分值 [a]	覆盖率 (%) [b]	多肽数 [c]
细胞骨架	肌动蛋白 4 (actin-4)	gi|525328769	家蚕 *Bombyx mori*	55.7	90.2	109	36.51	65.4	31
	α-微管蛋白 (alpha-tubulin)	gi|373427230	棉铃虫 *Helicoverpa armigera*	5.57	35.3	13	10.86	19.1	6
	抑制蛋白或前纤维蛋白 (profilin)	gi|399227026	草地贪夜蛾 *Spodoptera frugiperda*	5.01	27.8	4	4.09	27.8	2
	转凝蛋白 (transgelin)	gi|50918677	斑点木蝶 *Pararge aegeria*				5.37	22.3	3
	β-微管蛋白 (beta tubulin)	gi|333411420	棉铃虫 *Helicoverpa armigera*	14.05	32.4	10	6.35	11.9	4
	双星蛋白 (twinstar)	gi|509182355	斑点木蝶 *Pararge aegeria*	17.82	71	16	6.56	29.1	4
	14-3-3 蛋白 ε (14-3-3 protein epsilon)	gi|910328986	柑橘凤蝶 *Papilio xuthus*	14.73	43.1	12	10.51	32.4	7
	14-3-3 蛋白 ζ (14-3-3 protein zeta)	gi|917957303	柑橘凤蝶 *Papilio xuthus*	10.04	30.8	9	8.42	22.3	5
	精氨酸激酶 (arginine kinase)	gi|356892492	棉铃虫 *Helicoverpa armigera*	10.9	24.8	8	5.32	21.3	3
	泛素 (ubiquitin)	gi|38373984	棉铃虫 *Helicoverpa armigera*	2.84	16.1	3	3.64	34.2	6
信号传递	CIA 半胱氨酸蛋白酶前体 (C1A cysteine protease precursor)	gi|254746348	草地贪夜蛾 *Spodoptera frugiperda*	2	1.7	1	3.87	4.6	3
	软骨寡聚基质蛋白 (cartilage oligomeric matrix protein)	gi|910319375	柑橘凤蝶 *Papilio xuthus*	2	1.8	1	6.3	6.3	7
	生长阻滞肽结合蛋白 (growth blocking peptide binding protein)	gi|341579602	甜菜夜蛾 *Spodoptera exigua*	2	9	1	2	9.8	1
	器官芽生长因子样蛋白 (imaginal disc growth factor-like protein)	gi|85726208	甘蓝夜蛾 *Mamestra brassicae*	13.07	22.4	13	23.62	22.4	16
	Rab 蛋白 GDP 解离抑制因子 (Rab GDP-dissociation inhibitor)	gi|911456224	幽波尺蛾 *Operophtera brumata*	2.85	5.4	3	2.17	4.1	1
	Rab8 蛋白 (Rab8)	gi|346987769	棉铃虫 *Helicoverpa armigera*	2.84	12.3	2			

续表

类别	蛋白质	基因序列号	同源蛋白来自的昆虫种	感染 H. armigera 的 BV			感染 S. exigua 的 BV		
				分值 a	覆盖率 (%) b	多肽数 c	分值 a	覆盖率 (%) b	多肽数 c
	FK506 结合蛋白 2 前体 (FK506-binding protein 2 precursor)	gi|82092498	小菜蛾 Plutella xylostella	4.42	17.2	4	2	5.7	1
	血细胞凝集抑制蛋白前体 (hemocyte aggregation inhibitor protein precursor)	gi|357625069	黑脉金斑蝶 Danaus plexippus	3.52	20.5	13	6	22.8	13
	溶血素异构体 X4 (hemolysin isomer X4)	gi|910353016	柑橘凤蝶 Papilio xuthus	11.15	1.6	11	19.34	3.1	25
	同 α-胰蛋白酶抑制因子 (inter alpha-trypsin inhibitor)	gi|768441253	小菜蛾 Plutella xylostella	3.55	2.8	6	2.91	4.3	2
免疫	酚氧化酶-1 (prophenoloxidase-1)	gi|159141810	烟芽夜蛾 Heliothis virescens	44.28	42.5	68	68.66	60.7	49
	丝氨酸蛋白酶抑制蛋白 3b (serine potease inhibitor 3b)	gi|27733417	烟草天蛾 Manduca sexta	2.47	5.9	2	2	4.4	3
	C 型凝集素 (C-type lectin)	gi|106897087	棉铃虫 Helicoverpa armigera	33.02	69.6	45	7.66	6.1	21
	丝氨酸蛋白酶抑制蛋白 3 (serine protease inhibitor 3)	gi|557883331	玉米螟 Ostrinia furnacalis	2.21	3	1	2.28	5.2	2
	胸腺肽异构体 2 (thymosin isomer 2)	gi|289900835	棉铃虫 Helicoverpa armigera	5.92	30.5	3	4.01	19.1	2
	C 型凝集素 6 (C-type lectin 6)	gi|385202651	棉铃虫 Helicoverpa armigera	5.3	39.9	18	8	13.1	4
分子伴侣	钙网蛋白前体 (calreticulin precursor)	gi|914096634	玉带凤蝶 Papilio polytes	5.37	17.8	14	6	11.3	3
	热激关联蛋白 70 (heat shock cognate 70)	gi|728894870	稻蛀茎夜蛾 Sesamia inferens	20.67	26.6	22	23.85	21.3	12
	热激蛋白 90 (heat shock protein 90)	gi|379046536	斜纹夜蛾 Spodoptera litura	16.31	13.4	19	8.22	7	4
分子转运	载脂蛋白III (apolipoprotein-III)	gi|300953022	甜菜夜蛾 Spodoptera exigua	2.11	47.8	5	16.48	52.1	20
	极高密度脂蛋白 (very high density lipoprotein)	gi|146345325	美洲棉铃虫 Helicoverpa zea	25.79	12	17	15.17	9.4	26

续表

类别	蛋白质	基因序列号	同源蛋白来自的昆虫种	感染 H. armigera 的 BV			感染 S. exigua 的 BV		
				分值 [a]	覆盖率 (%) [b]	多肽数 [c]	分值 [a]	覆盖率 (%) [b]	多肽数 [c]
分子转运	32 kDa 铁蛋白亚单位 (32 kDa ferritin subunit)	gi|17901818	大蜡螟 Galleria mellonella	4.33	20.3	6	3.34	24.6	10
抗氧化作用	谷胱甘肽 S-转移酶 (glutathione S-transferase)	gi|289719016	棉铃虫 Helicoverpa armigera	8.3	35	7	6.38	23	4
	硫氧还蛋白过氧化物酶 (thioredoxin peroxidase)	gi|159459926	棉铃虫 Helicoverpa armigera	2	13.8	2	2.01	5.1	1
	硫氧还蛋白 (thioredoxin)	gi|441481897	棉铃虫 Helicoverpa armigera	2	13.2	1	2	13.2	1
	甘油醛-3-磷酸脱氢酶 (glyceraldehyde-3-phosphate dehydrogenase)	gi|328670875	棉铃虫 Helicoverpa armigera	7.39	31.3	8	6	18.7	3
	糖原合成酶 (glycogen synthase)	gi|291278040	甜菜夜蛾 Spodoptera exigua	9.73	15	6	30.32	26.9	16
	异柠檬酸脱氢酶 (isocitrate dehydrogenase)	gi|509160295	斑点木蝶 Pararge aegeria	5.36	10.1	4	2	3.7	1
	P102 蛋白 (P102 protein)	gi|334683151	烟芽夜蛾 Heliothis virescens	7.35	23.1	8	3.43	13.2	4
	拟 α-淀粉酶 2 (alpha-amylase 2-like)	gi|827562702	家蚕 Bombyx mori	8	8.2	6	8	6.1	8
代谢作用	卵泡上皮卵黄蛋白亚单位 (follicular epithelium yolk protein subunit)	gi|357606183	黑脉金斑蝶 Danaus plexippus	2.53	3.4	2	2	3.5	1
	鸟嘌呤核苷酸结合蛋白 β-1 亚单位 (guanine nucleotide-binding protein subunit beta-1)	gi|913330119	脐橙螟 Amyelois transitella	6.15	18.8	8	3.77	6.2	2
	中肠 2 类氨基肽酶 N (midgut class 2 aminopeptidase N)	gi|37788338	甜菜夜蛾 Spodoptera exigua	11.47	11.9	11	5.21	4.5	3
	中肠 3 类氨基肽酶 N (midgut class 3 aminopeptidase N)	gi|60739179	甜菜夜蛾 Spodoptera exigua	15.29	14.2	12	9.15	5	4
	中肠 4 类氨基肽酶 N (midgut class 4 aminopeptidase N)	gi|37788344	甜菜夜蛾 Spodoptera exigua	11.08	10.1	16	11.82	7.2	7
DNA 结合	组蛋白 H4 (histone H4)	gi|914568958	幽波尺蛾 Operophtera brumata	2	32.5	7	2	20.9	4

续表

类别	蛋白质	基因序列号	同源蛋白来自的昆虫种	感染 H. armigera 的 BV			感染 S. exigua 的 BV		
				分值 a	覆盖率 (%) b	多肽数 c	分值 a	覆盖率 (%) b	多肽数 c
	40S 核糖体蛋白 S14 (40S ribosomal protein S14)	gi|14615589	柑橘凤蝶 Papilio xuthus				4	15.9	2
	40S 核糖体蛋白 S3 (40S ribosomal protein S3)	gi|17957838	柑橘凤蝶 Papilio xuthus	9	30.3	6	2.1	11.1	2
	40S 核糖体蛋白 S8 (40S ribosomal protein S8)	gi|54039568	草地贪夜蛾 Spodoptera frugiperda	9.99	34.6	7	6.16	17.3	3
	60S 核糖体蛋白 P0 (60S ribosomal protein P0)	gi|18253041	草地贪夜蛾 Spodoptera frugiperda	14.89	35.2	11	4.34	7	2
	60S 核糖体蛋白 P2 (60S ribosomal protein P2)	gi|18253045	草地贪夜蛾 Spodoptera frugiperda	4.17	59.8	7	8.66	56.3	6
	60S 核糖体蛋白 L 10a (60S ribosomal protein L10a)	gi|22001886	草地贪夜蛾 Spodoptera frugiperda	10.59	20.3	12	2.31	6	1
	60S 核糖体蛋白 L 11 (60S ribosomal protein L11)	gi|14614930	柑橘凤蝶 Papilio xuthus	3.13	12.4	3	5.26	16.9	3
	60S 核糖体蛋白 L13a (60S ribosomal protein L13a)	gi|13335319	脐橙螟 Amyelois transitella	5.74	16.2	4			
	60S 核糖体蛋白 L15 (60S ribosomal protein L15)	gi|27462516	草地贪夜蛾 Spodoptera frugiperda	4.8	23	5	8	21.6	5
	60S 核糖体蛋白 L17 (60S ribosomal protein L17)	gi|15409921	柑橘凤蝶 Papilio xuthus	3.69	5.9	2			
	60S 核糖体蛋白 L18 (60S ribosomal protein L18)	gi|74938646	草地贪夜蛾 Spodoptera frugiperda	5.3	23.5	5	7.88	27.3	4
	60S 核糖体蛋白 L23 (60S ribosomal protein L23)	gi|14615745	柑橘凤蝶 Papilio xuthus	4	22.1	2	6	32.9	3
	60S 核糖体蛋白 L31 (60S ribosomal protein L31)	gi|14615789	柑橘凤蝶 Papilio xuthus	2.23	11.3	2			
转录和翻译	延伸因子-1α (elongation factor 1-alpha)	gi|18464054	草地贪夜蛾 Spodoptera frugiperda	18.45	42.4	20	10.72	19	7
	核糖体蛋白 L13 (ribosomal protein L13)	gi|56463257	美洲棉铃虫 Helicoverpa zea	3.21	9.5	2	6.05	14.9	3

续表

类别	蛋白质	基因序列号	同源蛋白来自的昆虫种	感染 H. armigera 的 BV			感染 S. exigua 的 BV		
				分值[a]	覆盖率(%)[b]	多肽数[c]	分值[a]	覆盖率(%)[b]	多肽数[c]
	核糖体蛋白 L21 (ribosomal protein L21)	gi|54609233	家蚕 Bombyx mori	2.13	10.1	1	2.03	5	1
	核糖体蛋白 L22 (ribosomal protein L22)	gi|15213770	草地贪夜蛾 Spodoptera frugiperda	3.14	24.5	6	2.04	7.5	1
	核糖体蛋白 L3 (ribosomal protein L3)	gi|18253047	草地贪夜蛾 Spodoptera frugiperda	2.86	7	3	2	9.2	3
	核糖体蛋白 L30 (ribosomal protein L30)	gi|914575747	幽波尺蛾 Operophtera brumata	2.44	10.8	1	4.97	27.9	3
转录和翻译	核糖体蛋白 L4 (ribosomal protein L4)	gi|170280411	烟芽夜蛾 Heliothis virescens	13.95	21.6	9	8.28	16.4	5
	核糖体蛋白 L6e (ribosomal protein L6e)	gi|61015753	甜菜夜蛾 Spodoptera exigua	2.55	6.3	2	4.89	9.2	3
	核糖体蛋白 L7 (ribosomal protein L7)	gi|54609201	家蚕 Bombyx mori	9.21	20.1	6	4.99	13.7	3
	核糖体蛋白 L7A (ribosomal protein L7A)	gi|268306466	烟草天蛾 Manduca sexta	2.94	9	1	5.11	11.2	4
	PDP 蛋白 (PDP protein)	gi|95103154	家蚕 Bombyx mori	3.55	13.5	2	5.06	18	3
蛋白质翻译后修饰和降解	蛋白质二硫键异构酶 (protein disulfide isomerase)	gi|914572922	幽波尺蛾 Operophtera brumata	4.48	21.8	18	13.9	25.9	16
	丝氨酸蛋白酶样蛋白 1 (serine proteinase-like protein 1)	gi|208972549	棉铃虫 Helicoverpa armigera	47.05	63.3	66	21.45	36.2	20
囊泡转运	囊泡转运蛋白 (vesicle amine transport protein)	gi|95103100	家蚕 Bombyx mori	4.29	5.4	2	3.01	5.1	2
未知功能	未知功能蛋白	gi|156968297	棉铃虫 Helicoverpa armigera	9.92	26.1	10	2	7	2
	REPAT32	gi|383932019	海灰翅夜蛾 Spodoptera littoralis	8.6	54.6	9	8	52.7	4

a. 分值根据 ProteinPilot 软件计算，计算公式为：score=-log (1-置信度/100)。分值高于 2.0 ($P<0.01$) 的蛋白质可鉴定为某种昆虫出的蛋白质并列于表中

b. 覆盖率是指多肽序列中置信度大于 95%的匹配氨基酸残基数除以对照多肽序列的整个基酸残基数

c. 多肽数是指置信度大于 95%的匹配多肽数目

在两种宿主棉铃虫和甜菜夜蛾分别生产的甘蓝夜蛾核型多角体病毒 ODV 中鉴定到 82 种病毒蛋白，在 BV 中鉴定到 39 种蛋白质（其中 32 种与 ODV 共享）。在病毒基因组可能编码的 162 种蛋白质中，89 种蛋白质在病毒 ODV 和 BV 中鉴定出，其中 23 种是在已分析杆状病毒中都没有鉴定到的病毒相关蛋白，这些新鉴定蛋白与其他杆状病毒同源蛋白的相似性很低（Tang et al.，2012）。甘蓝夜蛾核型多角体病毒 82 种 ODV 蛋白中，69 种在棉铃虫和甜菜夜蛾生产的病毒 ODV 中都存在，6 种蛋白[Helicase2、RR2、NRK、Mb112、Mb129（Ac53）和 ChtB1]仅从感染棉铃虫生产的病毒 ODV 中鉴定到，7 种蛋白[V-CATH、Mb38、Mb58、Mb64、IAP2、IAP3 和 Mb135（Ac43）]只在感染甜菜夜蛾生产的病毒 ODV 中发现。病毒 BV 中鉴定到 39 种蛋白质，大多数是核衣壳装配和转运的必需蛋白。除了 GP41 和 BJDP 的 37 种 BV 蛋白是病毒复制的非必需蛋白。BV 的一个显著特点是具有柔性，在运用杆状病毒的表面展示系统时，它可允许非特异蛋白掺入（Makela and Oker-Blom，2006）。病毒 ODV 和 BV 中鉴定出不同昆虫宿主蛋白预示病毒蛋白组分来源于不同昆虫宿主。不同宿主昆虫如何影响病毒蛋白组成还需要进一步深入研究。

除了病毒基因组编码的蛋白质，在杆状病毒 BV 和 ODV 中还鉴定到 88 种昆虫宿主蛋白，23 种昆虫蛋白与 ODV 相关，而 76 种昆虫蛋白与 BV 相关（其中 11 种昆虫蛋白与 ODV 和 BV 都相关）。当用两种宿主生产甘蓝夜蛾核型多角体病毒时，不同来源 BV 和 ODV 中鉴别的昆虫蛋白基本相同，表明不论在哪种宿主中增殖甘蓝夜蛾核型多角体病毒，病毒都保持蛋白组分的稳定性和蛋白结构的稳定性。

（编写人：张忠信、刘　柳、张磊柯、周　吟、吴柳柳、程丹凝、侯典海、邓正安）

参 考 文 献

孙修炼, 张光裕, 张忠信, 等. 1998. 中国棉铃虫核型多角体病毒不同基因型的虫体克隆. 中国病毒学, 12: 83-88.
Ayres M, Howard S, Kuzio J, et al. 1994. The complete DNA sequence of Autographa californica nuclear polyhedrosis virus. Virology, 202(2): 586-605.
Bao W, Jerzy J. 2013. Homologues of bacterial TnpB_IS605 are widespread in diverse eukaryotic transposable elements. Mobile DNA, 4(1): 1-16.
Bideshi D K, Renault S, Stasiak K, et al. 2003. Phylogenetic analysis and possible function of bro-like genes, a multigene family widespread among large double-stranded DNA viruses of invertebrates and bacteria. Journal of General Virology, 84(9): 2531-2544.
Braconi C T, Ardisson-Araujo D M P, Leme A F, et al. 2014. Proteomic analyses of baculovirus *Anticarsia gemmatalis multiple nucleopolyhedrovirus* budded and occluded virus. The J Gen Virol, 95(Pt 4): 980-989.
Braunagel S C, Burks J K, Rosas-Acosta G, et al. 1999. Mutations within the *Autographa californica nucleopolyhedrovirus* FP25K gene decrease the accumulation of ODV-E66 and alter its intranuclear transport. J Virol, 73(10): 8559-8570.
Braunagel S C, Russell W K, Rosas-Acosta G, et al. 2003. Determination of the protein composition of the occlusion-derived virus of *Autographa californica nucleopolyhedrovirus*. Proc Nat Acad Sci USA, 100(17): 9797-9802.
Chen L, Hu X, Xiang X, et al. 2012. Autographa californica multiple nucleopolyhedrovirus *odv-e25* (Ac94) is required for

budded virus infectivity and occlusion-derived virus formation. Archives of virology, 157(4): 617-625.

Chen L, Yang R, Hu X, et al. 2013. The formation of occlusion-derived virus is affected by the expression level of ODV-E25. Virus Research, 173: 404-414.

Cheng X W, Wan X F, Xue J, et al. 2007. Ascovirus and its evolution. Virologica Sinica, 22(2): 137-147.

Choi J B, Heo W I, Shin T Y, et al. 2013. Complete genomic sequences and comparative analysis of *Mamestra brassicae nucleopolyhedrovirus* isolated in Korea. Virus Genes, 47(1): 133-151.

Cohen D P A, Marek M, Davies B G, et al. 2009. Encyclopedia of *Autographa californica nucleopolyhedrovirus* genes. Virologica Sinica, 24(5): 359-414.

Croizier G, Croizier L, Argaud O, et al. 1994. Extension of *Autographa californica nuclear polyhedrosis virus* host range by interspecific replacement of a short DNA sequence in the p143 helicase gene. Proceedings of the National Academy of Sciences, 91(1): 48-52.

Daimon T, Hamada K, Mita K, et al. 2003. A Bombyx mori gene, BmChi-h, encodes a protein homologous to bacterial and baculovirus chitinases. Insect Biochemistry and Molecular Biology, 33(8): 749-759.

Deng F, Wang R, Fang M, et al. 2007. Proteomics analysis of Helicoverpa armigera single nucleocapsid nucleopolyhedrovirus identified two new occlusion-derived virus-associated proteins, HA44 and HA100. J Virol, 81(17): 9377-9385.

Detvisitsakun C, Hutfless E L, Berretta M F, et al. 2006. Analysis of a baculovirus lacking a functional viral fibroblast growth factor homolog. Virology, 346(2): 258-265.

Doyle C J, Hirst M L, Cory J S, et al. 1990. Risk assessment studies: detailed host range testing of wild-type cabbage moth, *Mamestra brassicae* (Lepidoptera: Noctuidae), nuclear polyhedrosis virus. Applied and Environmental Microbiology, 56(9): 2704-2710.

Evans J, Leisy D, Rohrmann G. 1997. Characterization of the interaction between the baculovirus replication factors LEF-1 and LEF-2. Journal of Virology, 71(4): 3114-3119.

Evans J, Rohrmann G. 1997. The baculovirus single-stranded DNA binding protein, LEF-3, forms a homotrimer in solution. Journal of Virology, 71(5): 3574-3579.

Fang M, Nie Y, Harris S, et al. 2009. *Autographa californica multiple nucleopolyhedrovirus* core gene ac96 encodes a per Os infectivity factor (PIF-4). Journal of virology, 83(23): 12569-12578.

Fraser M, Brusca J S, Smith G E, et al. 1985. Transposon-mediated mutagenesis of a baculovirus . Virology, 145(2): 356-361.

Gandhi K M, Ohkawa T, Welch M D, et al. 2012. Nuclear localization of actin requires AC102 in *Autographa californica multiple nucleopolyhedrovirus*-infected cells. The Journal of general virology, 93(Pt 8): 1795-803.

Garavaglia M J, Miele S A B, Iserte J A, et al. 2012. The *ac53*, *ac78*, *ac101*, and *ac103* genes are newly discovered core genes in the family *baculoviridae*. Journal of Virology, 86(22): 12069-12079.

Gomi S, Majima K, Maeda S. 1999. Sequence analysis of the genome of *Bombyx mori nucleopolyhedrovirus*. Journal of General Virology, 80(5): 1323-1337.

Guarino L A, Summers M D. 1986. Interspersed homologous DNA of *Autographa californica nuclear polyhedrosis virus* enhances delayed-early gene expression . Journal of Virology, 60(1): 215-223.

Habib S, Pandey S, Chatterji U, et al. 1996. Bifunctionality of the AcMNPV Homologous region sequence (*hr*1): Enhancer and ori functions have different sequence requirements. DNA and Cell Biology, 15(9): 737-747.

Harrison R L, Summers M D. 1995. Mutations in the *Autographa californica multinucleocapsid nuclear polyhedrosis virus* 25 kDa protein gene result in reduced virion occlusion, altered intranuclear envelopment and enhanced virus production. The Journal of General Virology, 76(Pt 6): 1451-1459.

Hashimoto Y, Hayakawa T, Ueno Y, et al. 2000. Sequence analysis of the *Plutella xylostella granulovirus* genome. Virology, 275(2): 358-372.

Hawtin R E, Zarkowska T, Arnold K, et al. 1997. Liquefaction of *Autographa californica nucleopolyhedrovirus*-infected insects is dependent on the integrity of virus-encoded chitinase and cathepsin genes. Virology, 238(2): 243-253.

Hayakawa T, Ko R, Okano K, et al. 1999. Sequence analysis of the *Xestia c-nigrum granulovirus* genome. Virology, 262(2): 277-297.

Hayakawa T, Rohrmann G F, Hashimoto Y. 2000. Patterns of genome organization and content in lepidopteran baculoviruses. Virology, 278(1): 1.

Hoover K, Grove M, Gardner M, et al. 2011. A gene for an extended phenotype. Science, 333(6048): 1401.

Hostetter D, Puttler B. 1991. A new broad host spectrum nuclear polyhedrosis virus isolated from a celery looper, *Anagrapha falcifera* (Kirby), (Lepidoptera: Noctuidae) . Environmental Entomology, 20(5): 1480-1488.

Hou D, Zhang L, Deng F, et al. 2013. Comparative proteomics reveal fundamental structural and functional differences between the two progeny phenotypes of a baculovirus. Journal of Virology, 87(2): 829-839.

Hughes A L, Friedman R. 2003. Genome-wide survey for genes horizontally transferred from cellular organisms to baculoviruses. Molecular Biology and Evolution, 20(6): 979-987.

Hukuhara T, Wijonarko A. 2001. Enhanced fusion of a nucleopolyhedrovirus with cultured cells by a virus enhancing factor from an entomopoxvirus. Journal of Invertebrate Pathology, 77(1): 62-67.

Hyink O, Dellow R A, Olsen M J, et al. 2002. Whole genome analysis of the *Epiphyas postvittana nucleopolyhedrovirus*. Journal of General Virology, 83(4): 957-971.

Javed M A, Biswas S, Willis L G, et al. 2017. *Autographa californica multiple nucleopolyhedrovirus* AC83 is a per os infectivity factor (PIF) protein required for occlusion-derived virus (ODV) and budded virus nucleocapsid assembly as well as assembly of the PIF complex in ODV envelopes. J Virol, 91(5): e02115-02116.

Kang W, Kurihara M, Matsumoto S. 2006. The BRO proteins of Bombyx mori nucleopolyhedrovirus are nucleocytoplasmic shuttling proteins that utilize the CRM1-mediated nuclear export pathway. Virology, 350(1): 184-191.

Kuzio J, Pearson M N, Harwood S H, et al. 1999. Sequence and analysis of the genome of a baculovirus pathogenic for *Lymantria dispar*. Virology, 253(1): 17-34.

Li L, Donly C, Li Q, et al. 2002a. Identification and genomic analysis of a second species of nucleopolyhedrovirus isolated from *Mamestra configurata*. Virology, 297(2): 226-244.

Li L, Li Z, Chen W, et al. 2006a. Characterization of *Spodoptera exigua multicapsid nucleopolyhedrovirus* ORF100 and ORF101, two homologues of E. coli ChaB. Virus Research, 121(1): 42-50.

Li Q, Donly C, Li L, et al. 2002b. Sequence and organization of the *Mamestra configurata nucleopolyhedrovirus* genome. Virology, 294(1): 106-121.

Li Z, Li L, Yu H, et al. 2006b. Characterization of two homologues of ChaB in *Spodoptera litura multicapsid nucleopolyhedrovirus*. Gene, 372: 33-43.

Lin G, Blissard G W. 2002. Analysis of an *Autographa californica multicapsid nucleopolyhedrovirus* lef-6-null virus: LEF-6 is not essential for viral replication but appears to accelerate late gene transcription. J Virol, 76(11): 5503-5514.

Liu X, Chen K, Cai K, et al. 2008. Determination of protein composition and host-derived proteins of *Bombyx mori nucleopolyhedrovirus* by 2-dimensional electrophoresis and mass spectrometry. Intervirology, 51(5): 369-376.

Liu X, Ma X, Lei C, et al. 2011. Synergistic effects of *Cydia pomonella granulovirus* GP37 on the infectivity of nucleopolyhedroviruses and the lethality of Bacillus thuringiensis. Archives of Virology, 156(10): 1707-1715.

Luque T, Finch R, Crook N, et al. 2001. The complete sequence of the *Cydia pomonella granulovirus* genome. Journal of General Virology, 82(10): 2531-2547.

Makela A R, Oker-Blom C. 2006. Baculovirus display: a multifunctional technology for gene delivery and eukaryotic library development. Advances in Virus Research, 68: 91-112.

Marek M, Merten O W, Galibert L, et al. 2011. Baculovirus VP80 protein and the F-actin cytoskeleton interact and connect the viral replication factory with the nuclear periphery. J Virol, 85(11): 5350-5362.

McCarthy C B, Theilmann D A. 2008. AcMNPV ac143 (odv-e18) is essential for mediating budded virus production and is the 30th baculovirus core gene. Virology, 375(1): 277-291.

Mcdougal V V, Guarino L A. 2000. The *Autographa californica nuclear polyhedrosis virus* p143 gene encodes a DNA helicase. Journal of Virology, 74(11): 5273-5279.

Miele S A, Garavaglia M J, Belaich M N, et al. 2011. Baculovirus: molecular insights on their diversity and conservation. International Journal of Evolutionary Biology, 2011: 379424.

Mikhailov V S, Rohrmann G F. 2002. Baculovirus replication factor LEF-1 is a DNA primase. Journal of Virology, 76(5): 2287-2297.

Miller D W, Miller L K. 1982. A virus mutant with an insertion of a copia-like transposable element. Nature, 299(5883): 562-564.

Morse M, Marriott A, Nuttall P. 1992. The glycoprotein of Thogoto virus (a tick-borne orthomyxo-like virus) is related to the baculovirus glycoprotein GP64. Virology, 186(2): 640-646.

Nagamine T, Kawasaki Y, Iizuka T, et al. 2005. Focal distribution of baculovirus IE1 triggered by its binding to the hr DNA elements. Journal of Virology, 79(1): 39-46.

Ohkawa T, Volkman L E, Welch M D. 2010. Actin-based motility drives baculovirus transit to the nucleus and cell surface. The Journal of cell biology, 190(2): 187-195.

Ono C, Kamagata T, Taka H, et al. 2012. Phenotypic grouping of 141 BmNPVs lacking viral gene sequences. Virus research, 165(2): 197-206.

O'reilly D R, Miller L K. 1989. A baculovirus blocks insect molting by producing ecdysteroid UDP-glucosyl transferase. Science, 245(4922): 1110-1112.

Pearson M N, Russell R L, Rohrmann G F, et al. 1988. p39, a major baculovirus structural protein: immunocytochemical characterization and genetic location. Virology, 167(2): 407-413.

Peng J, Zhong J, Granados R R. 1999. A baculovirus enhancin alters the permeability of a mucosal midgut peritrophic matrix from lepidopteran larvae. Journal of Insect Physiology, 45(2): 159-166.

Peng K, van Lent J W, Boeren S, et al. 2012. Characterization of novel components of the baculovirus per os infectivity factor complex. Journal of virology, 86(9): 4981-4988.

Perera O, Green T B, Stevens S M Jr, et al. 2007. Proteins associated with *Culex nigripalpus nucleopolyhedrovirus* occluded virions. J Virol, 81(9): 4585-4590.

Phanis C G, Miller D P, Cassar S C, et al. 1999. Identification and expression of two baculovirus gp37 genes. Journal of General Virology, 80(Pt 7): 1823-1831.

Radhakrishnan A, Yeo D, Brown G, et al. 2010. Protein analysis of purified respiratory syncytial virus particles reveals an important role for heat shock protein 90 in virus particle assembly. Molecular cellular proteomics: MCP, 9(9): 1829-1848.

Roncarati R, Knebel-Mörsdorf D. 1997. Identification of the early actin-rearrangement- inducing factor gene, arif-1, from *Autographa californica multicapsid nuclear polyhedrosis virus*. Journal of Virology, 71(10): 7933-7941.

Saksena S, Summers M D, Burks J K, et al. 2006. Importin-alpha-16 is a translocon-associated protein involved in sorting membrane proteins to the nuclear envelope. Nature Structural & Molecular Biology, 13(6): 500-508.

Salvador R, Ferrelli M L, Berretta M F, et al. 2012. Analysis of EpapGV *gp37* gene reveals a close relationship between granulovirus and entomopoxvirus. Virus Genes, 45(3): 610-613.

Shen H, Chen K, Yao Q, et al. 2009. Characterization of the Bm61 of the B*ombyx mori nucleopolyhedrovirus*. Curr Microbiol, 59(1): 65-70.

Simon O, Palma L, Williams T, et al. 2012. Analysis of a naturally-occurring deletion mutant of *Spodoptera frugiperda multiple nucleopolyhedrovirus* reveals *sf58* as a new per os infectivity factor of lepidopteran-infecting baculoviruses. J Invertebr Pathol, 109(1): 117-126.

Sugiura N, Setoyama Y, Chiba M, et al. 2011. Baculovirus envelope protein ODV-E66 is a novel chondroitinase with distinct substrate specificity. The Journal of Biological Chemistry, 286(33): 29026-29034.

Tang P, Zhang H, Li Y, et al. 2012. Genomic sequencing and analyses of HaMNPV-a new multinucleocapsid nucleopolyhedrovirus isolated from *Helicoverpa armigera*. Virology Journal, 9(1): 168.

Tang Q, Li G, Yao Q, et al. 2013. Bm91 is an envelope component of ODV but is dispensable for the propagation of *Bombyx mori nucleopolyhedrovirus*. J Invertebr Pathol, 113(1): 70-77.

Thézé J, Takatsuka J, Nakai M, et al. 2015. Gene acquisition convergence between Entomopoxviruses and Baculoviruses. Viruses, 7(4): 1960-1974.

Thiem S M, Cheng X W. 2009. Baculovirus host-range. Virologica Sinica, 24(5): 436-457.

Tweeten K A, Bulla L A, Consigli R A. 1980. Characterization of an extremely basic protein derived from granulosis virus nucleocapsids. Journal of Virology, 33(2): 866-876.

Van Oers M M, Flipsen J, Reusken C B, et al. 1994. Specificity of baculovirus p10 functions. Virology, 200(2): 513-523.

Van Oers M M, Vlak J M. 2007. Baculovirus genomics. Current Drug Targets, 8(10): 1051-1068.

Vanarsdall A L, Mikhailov V S, Rohrmann G F. 2007. Characterization of a baculovirus lacking the DBP (DNA-binding protein) gene. Virology, 364(2): 475-485.

Wang L, Salem T Z, Campbell D J, et al. 2009. Characterization of a virion occlusion-defective *Autographa californica multiple nucleopolyhedrovirus* mutant lacking the *p26, p10* and *p74* genes. The Journal of general virology, 90(Pt 7): 1641-1648.

Wang Q, Wang Y, Liang C, et al. 2008. Identification of a hydrophobic domain of HA2 essential to morphogenesis of *Helicoverpa armigera nucleopolyhedrovirus*. Journal of virology, 82(8): 4072-4081.

Wang R, Deng F, Hou D, et al. 2010. Proteomics of the *Autographa californica nucleopolyhedrovirus* budded virions. J Virol, 84(14): 7233-7242.

Wang X F, Zhang B Q, Xu H J, et al. 2011. ODV-associated proteins of the *Pieris rapae granulovirus*. Journal of Proteome Research, 10(6): 2817-2827.

Westenberg M, Wang H, Ijkel W F, et al. 2002. Furin is involved in baculovirus envelope fusion protein activation. Journal of Virology, 76(1): 178-184.

Whittome-Waygood B H, Fraser J C, Lucarotti C J, et al. 2009. *In vitro* culture of *Lambdina fiscellaria lugubrosa nucleopolyhedrovirus* in heterologous cell lines. *In Vitro* Cell Dev Biol-Animal, 45: 300-309.

Wiegers F P, Vlak J M. 1984. Physical map of the DNA of a *Mamestra brassicae nuclear polyhedrosis virus* variant isolated from Spodoptera exigua. Journal of General Virology, 65(11): 2011-2019.

Wu D, Deng F, Sun X, et al. 2005. Functional analysis of FP25K of *Helicoverpa armigera single nucleocapsid nucleopolyhedrovirus*. The Journal of General Virology, 86(Pt 9): 2439-2444.

Xi Q, Wang J, Deng R, et al. 2007. Characterization of AcMNPV with a deletion of *me53* gene. Virus Genes, 34(2): 223-232.

Xu F, Ince I A, Boeren S, et al. 2011. Protein composition of the occlusion derived virus of *Chrysodeixis chalcites nucleopolyhedrovirus*. Virus Research, 158(1-2): 1-7.

Xu H J, Liu Y H, Yang Z N, et al. 2006. Characterization of ORF39 from *Helicoverpa armigera single-nucleocapsid nucleopolyhedrovirus*, the gene containing RNA recognition motif. J Biochem Mol Biol, 39(3): 263-269.

Yang M, Wang S, Yue X L, et al. 2014. *Autographa californica multiple nucleopolyhedrovirus orf132* encodes a nucleocapsid-associated protein required for budded-virus and multiply enveloped occlusion-derived virus production. Journal of virology, 88(21): 12586-12598.

Yuan M, Huang Z, Wei D, et al. 2011. Identification of *Autographa californica nucleopolyhedrovirus* ac93 as a core gene and its requirement for intranuclear microvesicle formation and nuclear egress of nucleocapsids. Journal of Virology, 85(22): 11664-11674.

Zemskov E A, Kang W, Maeda S. 2000. Evidence for nucleic acid binding ability and nucleosome association of *Bombyx mori nucleopolyhedrovirus* BRO proteins. Journal of Virology, 74(15): 6784-6789.

Zheng F, Huang Y, Long G, et al. 2011. *Helicoverpa armigera single nucleocapsid nucleopolyhedrovirus* ORF51 is a ChaB homologous gene involved in budded virus production and DNA replication. Virus research, 155(1): 203-212.

Zhou Z, Xiao G. 2013. Conformational conversion of prion protein in prion diseases. Acta Biochim Biophys Sin (Shanghai), 45(6): 465-476.

第四章　甘蓝夜蛾核型多角体病毒三个增效因子基因和两个凋亡抑制蛋白基因的功能研究

甘蓝夜蛾核型多角体病毒（*Mamestra brassicae multiple nucleopolyhedrovirus*，MbMNPV）具有相对较广的杀虫谱，并对多种重要害虫有较好的杀虫活性，这主要源于病毒的基因组成，为了更好地了解病毒高效杀虫活性和广谱性的分子机理，我们对甘蓝夜蛾核型多角体病毒三个增效因子基因和两个凋亡抑制蛋白基因的功能进行了研究，为广谱昆虫病毒生物农药的应用提供参考。

第一节　甘蓝夜蛾核型多角体病毒三个增效因子基因的功能研究

一、增效因子研究背景

杆状病毒增效因子主要是由病毒基因编码的蛋白质和酶类，它能够提高杆状病毒的杀虫效率或者杀虫速率。目前已经经过验证的增效因子有增效蛋白、几丁质酶、组织蛋白酶、纺锤体蛋白、Gp37蛋白等（张琳娜等，2016；吴柳柳等，2018）。

1. 增效蛋白

增效蛋白（enhancin，En）又称杆状病毒增效因子（viral enhancing factor，VEF）或杆状病毒协同作用因子（synergistic factor），最先由 Tanada 在乙型杆状病毒 GV 的包涵体蛋白中发现（Tanada，1959）并分离，它能使一些甲型杆状病毒 NPV 的感染能力增强。增效蛋白主要在乙型杆状病毒中存在，但后来发现在少数甲型杆状病毒中也存在，如舞毒蛾核型多角体病毒（*Lymantria dispar nucleopolyhedrovirus*，LdNPV）存在两个 *enhancin* 基因，编码两个蛋白对病毒毒力的贡献要比编码单独一个更大，相对于只含有一个 *enhancin* 基因的病毒来说，包含两个 *enhancin* 基因的病毒也更有竞争力（Popham et al.，2001）。通过对增效蛋白理化性质的研究发现其对围食膜有破坏作用并且此作用会受到二价阳离子的限制和 EDTA 的抑制，因此提出增效蛋白是金属蛋白酶。另外，绝大多数的增效蛋白中含有 HEXXH 结构域，而这个结构域是金属蛋白酶的特征结构域，锌离子可以与此结构域相结合。后来的研究表明，增效蛋白作用的靶标是围食膜肠黏蛋白，对 TnGV 增效蛋白的结构域 HELGH 中氨基酸进行突变，然后观察其对围食膜作用情况的变化，发现此结构域在增效蛋白行使其功能中具有重要的作用（尹隽等，2007）。目前推测增效蛋白行使增效功能的方式可能有酶解途径和介导途径。酶解途径是通过增效蛋白行使金属蛋白酶的酶解功能的方式，将围食膜结构中的大分子蛋白质水解，从而使围食膜遭到破坏，更加有利于病毒粒子的入侵。介导途径是利用增效蛋白含有的两个或两个以上膜结合区域，且在中肠细胞膜和病毒粒子囊膜上各含有至少一个结合区域，增效蛋白发挥中间介质的作用以介导它们发生膜融合，使病毒更高效地进入宿主细胞而启动感染，提高感染效率（张小霞等，2010）。

甘蓝夜蛾核型多角体病毒存在一个增效蛋白基因，称为 MbMNPV *enhancin* 或 MbMNPV *vef*，该基因分子大小为 2547bp，编码 848 个氨基酸残基，分子量约为 99kDa，基因编码的增效蛋白 N 端存在一个金属蛋白酶结构域，C 端存在一个跨膜区。

2. 几丁质酶

大部分杆状病毒基因组中都含有一个几丁质酶基因（*chitinase*），尤其是在甲型杆状病毒（组 I 和组 II NPV）及乙型杆状病毒（GV）中，该基因编码的酶可以特异性地降解几丁质。杆状病毒编码的几丁质酶有几丁质酶 A（chitinase A，ChiA）和几丁质酶 B（chitinase B，ChiB）。由于几丁质和几丁质酶是杆状病毒宿主昆虫的组成部分，昆虫病毒可以利用几丁质酶促进其扩散。昆虫的外骨骼是由几丁质组成，因为它是刚性的，所以在昆虫幼虫生长时期需要定期蜕皮重建。AcMNPV几丁质酶可在宿主细胞的内质网中存在，在碱性条件下才能行使功能，而在这种pH 较高的环境下宿主酶活性下降（Rohrmann，2013）。杆状病毒几丁质酶的基因是晚期表达基因，在感染的后期可以使感染病毒的宿主昆虫液化，在 AcMNPV的包涵体（OB）和 BV 中都能检测到几丁质酶（Hawtin et al.，1995，1997）。在它的 N 端结构域有几个保守的芳香族表面残基，对不溶性几丁质结合和几丁质链底物进入 C 端 α/β 桶状结构的催化区都很重要（Ishimwe et al.，2015）。此外，杆状病毒几丁质酶可以在较大的 pH 范围内保持较高的活性（Hawtin et al.，1995）。

在宿主昆虫感染的晚期几丁质酶有明显的作用，它能够包装进包涵体中为病毒进入中肠上皮细胞提供通道，从而加快病毒通过围食膜的速度（Hawtin et al.，1997）。当用缺失 *chitinase* 基因的重组 AcMNPV 感染粉纹夜蛾幼虫时，缺失型病毒的感染力或幼虫死亡率并没有发生明显的变化，这种情况说明几丁质酶并不是体内感染初始阶段所必需的，同时也强调其在病毒感染宿主导致宿主昆虫液化中的作用（Hawtin et al.，1997），然而，有报道称，即使 *chitinase* 基因被删除，仍然有一些宿主的几丁质酶包装进入包涵体协助病毒穿过围食膜（Hawtin et al.，1995）。

3. 组织蛋白酶

组织蛋白酶（cathepsin，*cath*）基因在病毒和宿主昆虫中都存在，杆状病毒组织蛋白酶基因简称 *v-cath*，编码的病毒组织蛋白酶简称 V-CATH。病毒组织蛋白酶基因与几丁质酶基因在病毒中的分布相似，集中存在于大部分的甲型杆状病毒和一些乙型杆状病毒中。*v-cath* 首先在 AcMNPV 中发现，它与昆虫 *cathepsin* 基因亲缘关系较近，如 AcMNPV *v-cath* 基因与西方蜜蜂（*Apis mellifera*）*cathepsin* 基因核酸序列一致性达到 39%（Rohrmann，2013）。在杆状病毒感染的后期，一些杆状病毒表达的 V-CATH 会促进感染病毒的幼虫分解。除了几丁质酶基因，杆状病毒组织蛋白酶基因也会表达，与几丁质酶一起参与感染后期昆虫的液化。若在杆状病毒基因组中删除 *chitinase* 或者 *v-cath* 基因的任何一个，感染病毒的昆虫在死亡后都不会发生液化（Hawtin et al.，1997）。在野生型 AcMNPV 感染昆虫的尸体组织中可以检测到 V-CATH。用删除 *v-cath* 基因的重组 AcMNPV 感染昆虫，昆虫死亡后不会发生液化，说明 V-CATH 在被病毒感染的宿主昆虫组织降解过程中发挥重要功能（Slack et al.，1995）。

有报道称 V-CATH 可以专一性地水解昆虫细胞微丝的主要成分——肌动蛋白（actin），破坏昆虫细胞骨架致使昆虫液化（Lanier et al.，1996）。此外，V-CATH 也能损坏位于宿主昆虫组织表面的基质膜，导致基质膜渗透性增加，有益于病毒进入昆虫细胞进行感染（Harrison and Bonning，2001）。研究者开始尝试将 V-CATH 作为增效因子，如用原核表达甜菜夜蛾核型多角体病毒（*Spodoptera exigua nucleopolyhedrovirus*，SeMNPV）的 V-CATH，与 SeMNPV 一起或者独自感染宿主甜菜夜蛾幼虫，结果显示原核表达的 V-CATH 可以对幼虫造成毒害，混合感染则使半数致死时间减少 12h，SeMNPV 的毒力增加，感染周期加快，杀虫活性提高（张海元等，2005）。若将 *v-cath* 基因插入到烟草的基因组中使其在烟草中表达，试验发现烟草对棉铃虫的抗性增强，可以有效减少棉铃虫对烟草的危害（Zhang et al.，2008）。

4. 昆虫痘病毒纺锤体蛋白

昆虫痘病毒是特异性感染昆虫的双链 DNA 病毒，是痘病毒科昆虫痘病毒亚科的成员。EPV 的病毒粒子包埋在纺锤体蛋白基质中形成典型的纺锤体形包涵体，昆虫痘病毒纺锤体蛋白（fusolin）是纺锤体的主要组成成分（Thézé et al.，2013），通过介导病毒对围食膜的损害促进其对宿主昆虫的感染。1998 年，研究者就证明了纺锤体蛋白具有增效作用，鞘翅目昆虫铜绿丽金龟痘病毒纺锤体可以使鳞翅目 NPV 的感染性显著增强，也是第一次证明来自昆虫痘病毒的纺锤体蛋白可以提高不同来源 NPV 的感染性（Mitsuhashi，1998）。此外，高温和紫外光辐射条件都对纺锤体蛋白增效 AcMNPV 感染作用的影响不大,这有利于纺锤体蛋白在农业害虫防治中的应用推广（Mitsuhashi，2008）。

5. Gp37 蛋白

Gp37 蛋白在甲型和乙型杆状病毒属中都有发现，AcMNPV *gp37* 是晚期表达基因，编码蛋白与多角体和 N-糖基化有关，SpltNPV Gp37 蛋白含有几丁质结合域，可以与几丁质结合（Rohrmann，2013）。杆状病毒 Gp37 蛋白与 fusolin 蛋白的氨基酸一致性可以达到 30%～40%（Salvador et al.，2012），因此有研究者推测 Gp37 蛋白也有增效作用。在所有已知的 Gp37 蛋白和 fusolin 蛋白 N 端都有由 5 个保守区域构成的一个几丁质结合域，Gp37 蛋白和 fusolin 蛋白可能通过与靶向昆虫围食膜的几丁质结合促进病毒的感染（Li et al.，2003b）。有研究表明，原核表达的苹果蠹蛾颗粒体病毒（*Cydia pomonella granulovirus*，CpGV）Gp37 蛋白能够与几丁质在 3h 内高效结合；将 CpGV Gp37 蛋白分别与 AcMNPV、SeMNPV 和苏云金杆菌（Bt）混合感染甜菜夜蛾，可以明显提高 AcMNPV 和 SeMNPV 的感染力，Bt 的杀伤力也显著增强，结果说明 Gp37 蛋白确实有增效作用，而且可能是通过与几丁质结合降解围食膜中的某些蛋白组分来发挥作用的（Liu et al.，2011）。此外，CpGV Gp37 蛋白也能够增强口服感染因子的感染性（Rohrmann，2013）。因此，可以尝试将 Gp37 蛋白应用于农业和林业害虫的防治中，提高防治效果。

二、甘蓝夜蛾核型多角体病毒增效因子基因供体质粒的构建及其 PCR 鉴定

甘蓝夜蛾核型多角体病毒（MbMNPV）含有唯一一个 *enhancin* 基因，它与 MacoNPV-A 该基因的序列一致性达到 81%。如前所述，该基因编码增效蛋白 N 端存在一个金属蛋白酶结构域，可能与蛋白酶降解围食膜的功能相关，而 C 端存在一个跨膜区，可能与病毒粒子通过膜融合进入宿主细胞的功能相联系。我们研究 MbMNPV *enhancin* 基因功能和可能作用方式时，将该基因截短为分别编码蛋白质 N 端和 C 端的序列。全长基因、编码 N 端序列和编码 C 端序列分别命名为 *en*、*en1*、*en2*，用它们分别构建成供体质粒 pD-*ph-en*、pD-*ph-en1* 和 pD-*ph-en2*（图 4-1），然后构建重组病毒，转染、感染后研究 *en*、*en1*、*en2* 功能（供体质粒和重组病毒构建方法详见本书第六章）。

甘蓝夜蛾核型多角体病毒编码的 Gp37 蛋白是一种增效因子。该病毒编码的 fusion 蛋白是甲型杆状病毒组 II BV 的主要囊膜融合蛋白，在病毒粒子从质膜出芽过程中起重要作用，是一类特殊的增效因子。为了研究这两个增效因子的功能，我们分别用 MbMNPV *gp37* 基因（Mb*gp37*）和融合蛋白基因（fusion protein，mb *fprotein*）构建 AcMNPV 供体质粒 pD-*ph*-mb *gp37* 和 pD-*ph*-mb *fprotein* 进行研究。

构建供体质粒的示意图如图 4-1 所示。

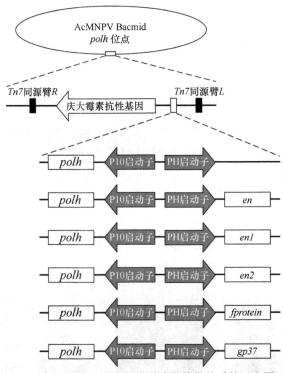

图 4-1　含不同增效因子基因片段的供体质粒示意图

图中的 AcMNPV Bacmid 是苜蓿银纹夜蛾核型多角体病毒杆状病毒质粒（AcMNPV baculovirus plasmid）的英文缩写，在重组质粒或重组病毒的表述中，AcMNPV Bacmid 进一步缩写为 AcBac；P10 为 P10 蛋白基因启动子，PH 启动子是多角体蛋白基因（polyhedrin）启动子，而 *polh* 是多角体蛋白基因缩写，在重组质粒中进一步简称为 *ph*

供体质粒构建成功后，先用 PCR 方法验证目的片段的存在，然后分别用内切酶分析鉴定。病毒增效蛋白研究中所用 PCR 引物列于表 4-1。

表 4-1　MbMNPV 三个增效因子基因功能研究中所用的 PCR 引物

引物名称 [a]	序列 [b]（5′→3′）
en R（*Xba* I）	GCTCTAGATTAAGCGTAATCTGGTACGTCGTATGGGTA TTTTATAGATTAATATTTGTTTTTG
en1 R（*Xba* I）	GCTCTAGATTAAGCGTAATCTGGTACGTCGTATGGGTA GCTAGGTCTAATCATAAAATC
en F（*Eco*R I）	CGGAATTCATGTCTAATTTAACTATTCCTATTCC
en2 F（*Eco*R I）	CGGAATTCATGAGCATCGTAAACTTTG
Mb *gp37* R（*Pst* I）	AAAACTGCAGTTAAGCGTAATCTGGTACGTCGTATGGGTA TGAACGATGGGCATGCTTCAAAT
Mb *fprotein* R（*Pst* I）	AAAACTGCAGTTAAGCGTAATCTGGTACGTCGTATGGGTA TTTTTTATTAACATGAATCATCTCGA
Mb *gp37* F（*Eco*R I）	CCGGAATTCATGTACTACCTAATTTTGTTCTCAT
Mb *fprotein* F（*Stu* I）	AAAAGGCCTATGGAGTTCAACAAAGTGTTGTG
RT-*en* F	AAACATTGAAGTGGATAGCGTAG

引物名称[a]	序列[b] （5′→3′）
RT-*en* R	AATTTCGTGCAAGCAGCC
RT-*en'* R	TTTCTCACAAAATCTGTACTGGTC
RT-*en2* F	AGCATCGTAAACTTTGAACTAATC
RT-*en2* R	ACATACTCTGTATCGCAATAGTAGC
tubulin F	GCGAAGAATACCCCGACA
tubulin R	CTGAGGCAGGTGGTGACAC

a. F 表示正向引物，R 表示反向引物；括号中是限制性内切核酸酶名称

名称缩写分别为：Mb 表示 MbMNPV；*en* 是增效蛋白基因（*enhancin*）英文名称缩写；*en1* 是增效蛋白基因中编码蛋白质 N 端的基因片段；*en2* 是编码增效蛋白 C 端的基因片段；*fprotein* 是融合蛋白基因英文名称缩写；*gp37* 表示甘蓝夜蛾核型多角体病毒 *gp37* 基因；*tubulin* 表示微管蛋白基因

b. 引物序列中下划线部分为限制性内切核酸酶酶切位点

当对含有增效蛋白基因的供体质粒进行限制性内切核酸酶分析时，分别用 *Eco*R I /*Xba* I 酶切 pD-*ph-en*、pD-*ph-en1* 和 pD-*ph-en2*，分别得到大小约为 2574bp、1221bp 和 1389bp 的条带（图 4-2a，b）。

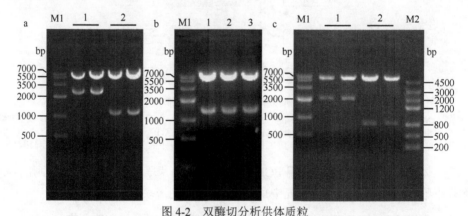

图 4-2 双酶切分析供体质粒

a. 1，*Eco*R I /*Xba* I 酶切 pD-*ph-en*；2，*Eco*R I /*Xba* I 酶切 pD-*ph-en1*。b. 1～3，*Eco*R I /*Xba* I 酶切 pD-*ph-en2*。c. 1，*Stu* I /*Pst* I 酶切 pD-*ph*-mb *fprotein*；2，*Eco*R I /*Pst* I 酶切 pD-*ph*-mb *gp37*

对含有融合蛋白基因的供体质粒进行酶切分析时，分别用 *Stu* I /*Pst* I 酶切 pD-*ph*-mb *fprotein*，得到大小约为 2064bp 的条带（图 4-2c1）。而对含 *gp37* 基因的供体质粒进行酶切分析时，分别用 *Eco*R I /*Pst* I 酶切 pD-*ph*-mb *gp37*，得到大小约为 816bp 的条带（图 4-2c2）。

三、插入甘蓝夜蛾核型多角体病毒增效因子基因重组杆状病毒质粒的构建及 PCR 鉴定

杆状病毒质粒（baculovirus plasmid，Bacmid）是带有杆状病毒基因组的质粒，

可在细菌和昆虫细胞间穿梭，主要在杆状病毒基因工程研究中应用。构建插入增效因子基因重组杆状病毒质粒时，将前面构建的含有多角体蛋白基因（*ph*）、多角体蛋白和增效蛋白基因（*ph-en*）、多角体蛋白和 MbMNPV 融合蛋白基因（*ph*-Mb *fprotein*）、多角体蛋白和 MbMNPV *gp37* 基因（*ph*-Mb *gp37*）等的供体质粒 pD-*ph*、pD-*ph-en*、pD-*ph-en1*、pD-*ph-en2*、pD-*ph*-mb *fprotein* 和 pD-*ph*-mb *gp37* 分别加入至含 AcMNPV Bacmid（AcBac）和 helper 质粒的 *E. coli* DH10B 感受态细胞中，在 37℃振荡培养箱中孵育 4h 后取出少量菌液均匀涂于带有卡那霉素(kanamycin，Kana)、庆大霉素（gentamicin，Gm）、四环素（tetracycline，Tetra）及 Blue-gal 和异丙基硫代-β-D-半乳糖苷（IPTG）的 LB 固体培养基，37℃培养箱正置培养半小时后再倒置培养 2d。对平板上的蓝白斑单菌落进行观察，成功转座的重组 AcBacmid 菌落呈白色。用接种环挑选其中一个白色单菌落，于 1mL 无菌水中稀释，再取 10μL 菌液于另外 1mL 无菌水中混匀，接种环蘸取菌液后在另一个带有 Kana、Gm、Tetra 抗性及 Blue-gal 和 IPTG 的 LB 固体培养基划线接菌，37℃培养箱正置培养半小时后再倒置培养 2d。分别将平板中的白色单菌落接种于带有 Kana、Gm、Tetra 抗性的液体 LB 培养基中，在 37℃振荡培养箱中孵育 16～18h 后离心沉淀菌体，提取含有目的片段的 AcBac。在重组杆状病毒质粒命名时，将其中的 recombinant AcMNPV Bacmid 缩写为 rAcBac，获得质粒分别命名为 rAcBac-*ph*、rAcBac-*ph-en*、rAcBac-*ph-en1*、rAcBac-*ph-en2*、rAcBac-*ph*-mb *fprotein* 和 rAcBac-*ph*-mb *gp37*，然后用 PCR 检验目的片段是否正确，并将预留的对应菌液进行菌种保存，存放于–80℃超低温冰箱。

重组杆状病毒质粒构建完成后，用 PCR 方法检验全长 *enhancin* 基因片段时，以 rAcBac-*ph-en* 作为模板，*en* F/*en* R 作为引物配制 PCR 体系,扩增的全长 *enhancin* 基因，核酸分子大小为 2574bp。经琼脂糖凝胶电泳进行鉴定，条带大小正确（图 4-3a1）。当检测 *en1* 时，以 rAcBac-*ph-en1* 作为模板，*en1* F/*en1* R 作为引物配

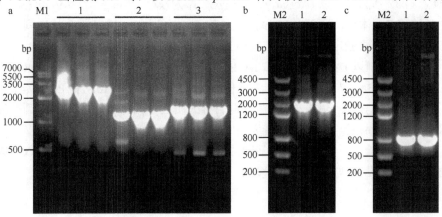

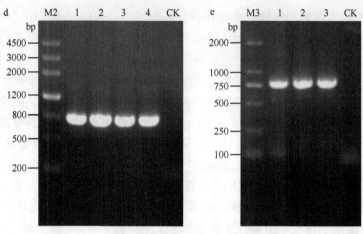

图 4-3　PCR 分析重组 Bacmid

a. 1，用引物 en F/en R 对 rAcBac-ph-en 进行 PCR 分析；2，用引物 en1 F/en1 R 对 rAcBac-ph-en1 进行 PCR 分析；3，用引物 en2 F/en2 R 对 rAcBac-ph-en2 进行 PCR 分析。b. 1～2，用引物 Mb fprotein F/Mb fprotein R 对 rAcBac-ph-mb fprotein 进行 PCR 分析。c. 1～2，用引物 Mb-mb gp37F/Mb-mb gp37R 对 rAcBac-ph-mb gp37 进行 PCR 分析。d. 用引物 ph F/ph R 对 rAcBac-ph、rAcBac-ph-en、rAcBac-ph-en1 和 rAcBac-ph-en2 进行 PCR 分析；1，rAcBac-ph；2，rAcBac-ph-en；3，rAcBac-ph-en1；4，rAcBac-ph-en2。e. 用引物 ph F/ph R 对 rAcBac-ph、rAcBac-ph-mb fprotein 和 rAcBac-ph-mb gp37 进行 PCR 分析；1，rAcBac-ph；2，rAcBac-ph-mb；M1、M2、M3 代表不同型号的 DNA marker，CK 表示空白对照

制 PCR 体系，验证编码增效蛋白 N 端的插入 en1 序列长度为 1221bp。琼脂糖凝胶电泳进行鉴定条带大小正确（图 4-3a2）。检测 en2 时，以 rAcBac-ph-en2 作为模板，en2 F/en2 R 作为引物配制 PCR 体系，验证编码增效蛋白 C 端的插入 en2 序列长度为 1389bp。琼脂糖凝胶电泳鉴定条带大小正确（图 4-3a3）。

当检验融合蛋白基因时，以 rAcBac-ph-mb fprotein 作为模板，Mb fprotein F/Mb fprotein R 作为引物配制 PCR 体系，验证融合蛋白基因全长序列，插入的 fusion protein 基因全长序列长度为 2064bp。琼脂糖凝胶电泳鉴定条带大小正确（图 4-3b）。而检验 gp37 基因时，以 rAcBac-ph-mb gp37 作为模板，Mb gp37F/Mb gp37R 作为引物配制 PCR 体系，验证 gp37 基因全长序列，插入的 gp37 基因全长序列长度为 816bp。琼脂糖凝胶电泳鉴定条带大小正确（图 4-3c）。

同时，分别以 rAcBac-ph-en、rAcBac-ph-en1、rAcBac-ph-en2、rAcBac-ph-mb fprotein 和 rAcBac-ph-mb gp37 作为模板，ph F/ph R 作为引物配制 PCR 体系，验证多角体蛋白基因（polyhedrin，在重组病毒或质粒中简称 ph）插入的序列长度为 738bp。琼脂糖凝胶电泳鉴定条带大小正确（图 4-3d、e）。

将所有检验分子大小正确的基因片段分别进行克隆和测序，确定插入基因序列没有突变，没有缺失、插入或移位。

四、含甘蓝夜蛾核型多角体病毒增效因子基因重组病毒转染和感染结果

1. 含增效因子基因重组病毒转染方法和结果

重组病毒质粒 rAcBac-*ph*、rAcBac-*ph-en*、rAcBac-*ph-en1*、rAcBac-*ph-en2*、rAcBac-*ph*-mb *fprotein* 和 rAcBac-*ph*-mb *gp37* 转染 Sf9 细胞的操作步骤如下。

（1）将 12mL 密度为 5×10^5cell/mL 左右的 Sf9 细胞接种于 6 孔细胞培养板，每孔 2mL，27℃培养箱过夜孵育。

（2）将每个孔中的培养基分别吸出，再加入 2mL 含 1.5%胎牛血清（fetal bovine serum，FBS）的 Grace's 培养基，室温静置 1h。

（3）将 1μg 重组 AcBac 和 8μL 脂质体（cellfectin）分别加入到 100μL 含 1.5% FBS 的 Grace's 培养基中，室温静置 30min。

（4）将 Cellfectin 和重组 AcBacmid 混合均匀（动作尽量轻），室温静置 30min。

（5）将每个孔中的培养基全部吸出，再加入 2mL 新的含 1.5% FBS 的 Grace's 培养基，再分别将混合溶液逐滴加入到 6 孔板中，充分混匀，在 27℃培养箱中孵育 3~4h。

（6）移除每个孔中的所有溶液，再添加 2mL 新的含 10% FBS 的 Grace's 培养基，在 27℃培养箱中培养 3d，在光学显微镜下检查是否有包涵体的形成，确定是否转染成功（图 4-4）。

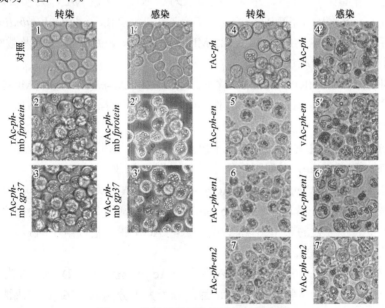

图 4-4　重组病毒转染和感染实验结果

1 和 1'为空白对照；2~7 是分别用重组杆状病毒质粒 rAcBac-*ph*-mb *fprotein*（2）、rAcBac-*ph*-mb *gp37*（3）、rAcBac-*ph*（4）、rAcBac-*ph-en*（5）、rAcBac-*ph-en1*（6）和 rAcBac-*ph-en2*（7）转染敏感昆虫细胞的结果；2'~7'是转染后相应的重组病毒 BV 感染敏感昆虫细胞的结果；r 为质粒转染，v 为病毒感染

2. 含增效因子基因重组病毒感染方法及结果

重组杆状病毒质粒感染操作步骤为：收集重组 AcBacmid 转染 96h 的细胞和培养基，低速离心后取上清 BV 作为 P1 代病毒液。再用适量的 P1 代 BV 感染 Sf9 细胞，在 27℃培养箱中培养 3d，离心收取上清为 P2 代病毒液，锡箔纸包裹，4℃保存。同时，分别将各个重组病毒标记为 vAc-*ph*、vAc-*ph-en*、vAc-*ph-en1*、vAc-*ph-en2*、vAc-*ph*-mb *fprotein* 和 vAc-*ph*-mb *gp37*。

分别取适量的 Cellfectin 与 rAcBac-*ph*、rAcBac-*ph-en*、rAcBac-*ph-en1*、rAcBac-*ph-en2*、rAcBac-*ph*-mb *fprotein* 和 rAcBac-*ph*-mb *gp37* 混合滴加到 Sf9 细胞中，数天后可观察到产生的多角体，将转染获得的各组重组病毒标记为 vAc-*ph*、vAc-*ph-en*、vAc-*ph-en1*、vAc-*ph-en2*、vAc-*ph*-mb *fprotein* 和 vAc-*ph*-mb *fprotein gp37*（其中的 v 为病毒 virus 的缩写），收取转染上清溶液，再取出适量感染新的 Sf9 细胞，培养数天后也可观察到大量多角体的产生（图 4-4）。

五、含甘蓝夜蛾核型多角体病毒增效因子基因重组病毒中外源片段转录水平检测结果

提取重组病毒 vAc-*ph-en*、vAc-*ph-en1* 和 vAc-*ph-en2* 感染 Sf9 细胞后的总 RNA，除去样品中的 DNA，并将其反转录为 cDNA，以 cDNA 作为模板，选定的 RT-*en* F/RT-*en* R、RT-*en'* F/RT-*en'* R、RT-*en2* F/RT-*en2* R、*tubulin* F/*tubulin* R 作为引物进行反转录 PCR（RT-PCR），对 MbMNPV 全长 *enhancin* 序列及截断的 *en1* 和 *en2* 序列的转录情况进行检测。

分别以含有 MbMNPV *enhancin* 序列的重组病毒 vAc-*ph-en* 和含有 MbMNPV *en1* 序列的重组病毒 vAc-*ph-en1* 的 cDNA 作为模板，RT-*en* F/RT-*en* R 和 RT-*en1* F/RT-*en1* R 作为引物进行 PCR，片段大小分别是 446bp 和 330bp，琼脂糖凝胶电泳分析显示，有与目的片段分子量大小一致的条带出现，说明插入到 AcMNPV 基因组中的全长 *enhancin* 和截短 *en1* 序列可以正常转录（图 4-5a 3、4、7、8）。

以含有 MbMNPV *en2* 序列的 vAc-*ph-en2* 的 cDNA 作为模板，RT-*en2* F/RT-*en2* R 作为引物进行 PCR，片段大小是 257bp，用琼脂糖凝胶电泳分析显示，有与目的片段分子量大小一致的条带出现，说明插入到 AcMNPV 基因组中的 *en2* 序列可以正常转录（图 4-5a 10）。

分别以 vAc-*ph-en*、vAc-*ph-en1* 和 vAc-*ph-en2* 的 cDNA 作为模板，*tubulin* F/*tubulin* R 为引物进行 PCR，片段分子大小分别为 256bp，琼脂糖凝胶电泳分析显示，有与目的片段分子大小一致的条带出现（图 4-5b）。

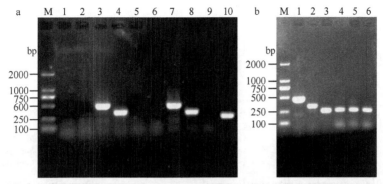

图 4-5 重组病毒外源片段转录水平检测

a. 1~2 和 5~6：用引物 RT-*en* F/RT-*en* R 和 RT-*en1* F/RT-*en1* R 对 vAcBac-*ph-en* 和 vAcBac-*ph-en1* 感染细胞总 RNA 分别进行 PCR 分析；3~4 和 7~8：用引物 RT-*en* F/RT-*en* R 和 RT-*en1* F/RT-*en1* R 对 vAcBac-*ph-en* 和 vAcBac-*ph-en1* 感染细胞获得的 cDNA 分别进行 PCR 分析；9~10，用引物 RT-*en2* F/RT-*en2* R 对 vAcBac-*ph-en2* 感染细胞总 RNA 和获得的 cDNA 分别进行 PCR 分析。b. 1，用引物 RT-*en* F/RT-*en* R 对 vAcBac-*ph-en* cDNA 进行 PCR 分析；2，用引物 RT-*en1* F/RT-*en1* R 对 vAcBac-*ph-en1* 感染细胞获得的 cDNA 进行 PCR 分析；3，用引物 RT-*en2* F/RT-*en2* R 对 vAcBac-*ph-en2* 感染细胞获得的 cDNA 进行 PCR 分析；4~6，用引物 *tubulin* F/*tubulin* R 对 vAc-*ph-en*、vAc-*ph-en1* 和 vAc-*ph-en2* 感染细胞中获得的 cDNA 分别进行 PCR 分析

六、含甘蓝夜蛾核型多角体病毒增效因子的基因重组病毒滴度测定和生长曲线

重组病毒滴度测定采用终点稀释法。用病毒感染 Sf9 细胞并在选定的时间收集上清溶液。

将计数后的 Sf9 细胞稀释到 5×10^5 cell/mL，在 8 个 EP 管中加入 90μL 的无血清 Grace's 并标记为 10^{-1}、10^{-2}、10^{-3}、10^{-4}、10^{-5}、10^{-6}、10^{-7}、10^{-8}，取 10μL 病毒液加入到标记为 10^{-1} 的 EP 管中，涡旋振荡 20s（每 5s 暂停一下），再从标记为 10^{-1} 的 EP 管中取 10μL 溶液至标记为 10^{-2} 的 EP 管中，用 Vortex 振荡混匀，重复此操作至标记为 10^{-8} 的 EP 管。在以上 8 个 EP 管中加入 90μL 稀释后的且含抗生素的 Sf9 细胞，Vortex 振荡 20s 使溶液混匀，将混合后的溶液加至 96 孔板中，27℃培养 7d，在显微镜下观察多角体的产生情况，并计算各组病毒溶液的滴度。

制作重组病毒生长曲线时，分别用 vAc-*ph*、vAc-*ph-en*、vAc-*ph-en1* 和 vAc-*ph-en2* 病毒以 MOI 为 5 感染 Sf9 细胞，在不同时间取样并测定样品的效价，绘制生长曲线。结果显示，重组病毒 vAc-*ph-en*、vAc-*ph-en1*、vAc-*ph-en2*、vAc-*ph-mb fprotein* 和 vAc-*ph-mb gp37* 的生长曲线与对照病毒 vAc-*ph* 相比几乎完全一致（图 4-6），说明插入外源片段并不影响 AcMNPV 的感染性。

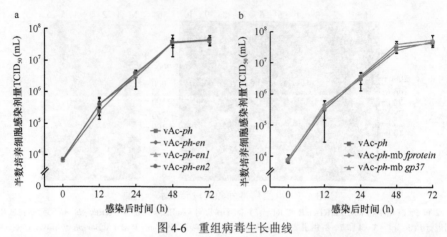

图 4-6　重组病毒生长曲线

a. 重组病毒 vAc-*ph*、vAc-*ph-en*、vAc-*ph-en1* 和 vAc-*ph-en2* 病毒滴度；b. 重组病毒 vAc-*ph*、vAc-*ph*-mb *fprotein* 和 vAc-*ph*-mb *gp37* 病毒滴度

七、含甘蓝夜蛾核型多角体病毒增效因子的基因重组病毒外源蛋白表达的免疫印迹分析

杆状病毒具有 BV 和 ODV 两种表型，重组病毒表达蛋白在两种表型上的定位对蛋白功能的发挥具有重要意义。为了确定表达外源蛋白的定位，我们对重组病毒 ODV 和 BV 上的外源蛋白进行了蛋白质印迹法（Western blotting，WB）鉴定。

将收集到的重组病毒 ODV 或 BV 上样到 10%的凝胶中进行电泳，将分离开的蛋白质样品转移至 PVDF 膜。重组病毒 Western blotting 中样品的检测用 HA 标签抗体或 GP64 抗体。

重组病毒 vAc-*ph-en*、vAc-*ph-en1* 和 vAc-*ph-en2* BV 的 Western blotting 鉴定结果显示于图 4-7，从图 4-7 中可看出，重组病毒 vAc-*ph-en*、vAc-*ph-en1* 和 vAc-*ph-en2* 的 BV 中不存在增效蛋白外源蛋白（图 4-7a，b），这可能与蛋白功能的发挥有关。

对重组病毒 ODV 上表达外源蛋白进行 Western blotting 鉴定，结果见图 4-8。

MbMNPV 增效蛋白（Enhancin）分子量预测为 99.1kDa，Western blotting 分析结果显示，在含有 MbMNPV *enhancin* 基因全长序列的重组病毒 vAc-*ph-en* ODV 样品对应的泳道中出现一个条带，分子量大小与预测大小一致，说明重组病毒 vAc-*ph-en* ODV 中存在完整的增效蛋白（图 4-8a2）。

MbMNPV 增效蛋白 N 端序列蛋白分子量预测为 47.2kDa，Western blotting 分析结果显示，在含有 MbMNPV *en1* 基因序列的重组病毒 vAc-*ph-en1* ODV 样品中，对应的泳道中未出现条带，说明重组病毒 vAc-*ph-en1* 中不能检测到 E1（Enhancin N 端）蛋白的存在（图 4-8a3）。

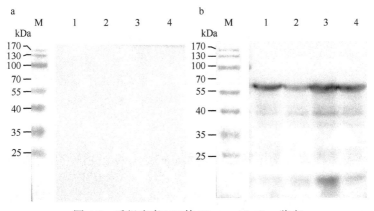

图 4-7　重组病毒 BV 的 Western blotting 鉴定

a. vAc-*ph*（1）、vAc-*ph-en*（2）、vAc-*ph-en1*（3）和 vAc-*ph-en2*（4）BV 的 Western blotting 检验（一抗为 HA 标签抗体）；b. vAc-*ph*（1）、vAc-*ph-en*（2）、vAc-*ph-en1*（3）和 vAc-*ph-en2*（4）BV 的 Western blotting 检验（一抗为 GP64 抗体）

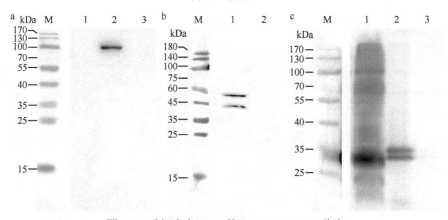

图 4-8　重组病毒 ODV 的 Western blotting 鉴定

a. vAc-*ph*（1）、vAc-*ph-en*（2）和 vAc-*ph-en1*（3）ODV 的 Western blotting 检验；b. vAc-*ph-en2*（1）、vAc-*ph*（2）ODV 的 Western blotting 检验；c. vAc-*ph*-mb *fprotein*（1）、vAc-*ph*-mb *gp37*（2）和 vAc-*ph*（3）ODV 的 Western blotting 检验；一抗均为 HA 标签抗体

　　MbMNPV *enhancin* C 端序列编码蛋白分子量预测为 54.0kDa，经 Western blotting 分析，结果显示，在含有 MbMNPV *en2* 基因序列的重组病毒 vAc-*ph-en2* 的 ODV 样品中，对应泳道中出现条带的分子量大小与预测大小一致，表明重组病毒 vAc-*ph-en2* 的 ODV 中存在 E2（Enhancin C 端）蛋白（图 4-8b）。

　　对重组病毒 vAc-*ph*-mb *fprotein* 和 vAc-*ph*-mb *gp37* 的 ODV 进行 Western blotting 鉴定，结果见图 4-8c。图 4-8c 中显示，MbMNPV 融合蛋白预测分子量为 78.8kDa，Western blotting 分析结果显示，在重组病毒 vAc-*ph*-mb *fprotein* 样品对应的泳道中出现一个条带，分子量大小与预测大小一致（图 4-8c1）。MbMNPV Gp37 蛋白分子量预测为 31.1kDa，Western blotting 结果也显示，vAc-*ph*-mb *gp37*

ODV 样品对应泳道中出现的条带，分子量大小与预测大小一致，说明重组病毒 vAc-*ph*-mb *gp37* 的 ODV 中存在 Gp37 蛋白（图 4-8c2）。

重组病毒 ODV 的 Western blotting 鉴定结果表明，重组病毒表达的三个增效因子可能都定位在病毒的 ODV 上。在本书第四章 MbMNPV 病毒蛋白质组学分析中，这些增效因子确实都位于甘蓝夜蛾核型多角体病毒 ODV 中，增效蛋白因子位于 ODV 上可能有利于其发挥增效功能。

八、含甘蓝夜蛾核型多角体病毒增效因子重组病毒包涵体的透射电镜分析

分别取纯化的 vAc-*ph*、vAc-*ph-en* 和 vAc-*ph-en2* 包涵体，制备超薄切片，在透射电镜下进行观察，结果见图 4-9。结果显示，插入 MbMNPV 增效蛋白的重组病毒 vAc-*ph-en* 和 vAc-*ph-en2* 产生的包涵体形态和包埋的 ODV 数量并没有明显的变化，这说明外源片段的插入对病毒的形态和包埋型病毒粒子的数量没有明显影响。

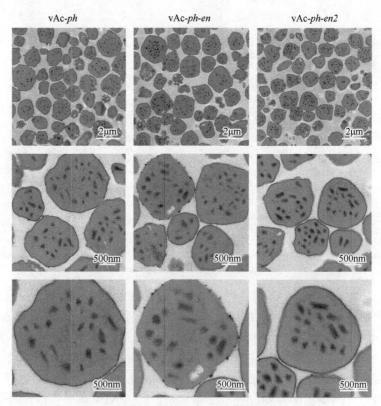

图 4-9　重组病毒包涵体透射电镜分析结果

vAc-*ph* 为回复多角体蛋白基因病毒包涵体；vAc-*ph-en* 和 vAc-*ph-en2* 分别是插入全长 *en* 基因和 *en2* 片段重组病毒的包涵体

九、含甘蓝夜蛾核型多角体病毒增效因子重组病毒表达外源蛋白的亚细胞定位

将混匀后的浓度适宜的 Sf9 细胞接种于 6 孔板中，置于 27℃ 培养箱中过夜孵育。分别用 1μg rAcBac-*ph*、rAcBac-*ph-en*、rAcBac-*ph-en1* 和 rAcBac-*ph-en2* Bacmid 转染 Sf9 细胞，吸尽培养基，用磷酸盐缓冲液（phosphate buffered saline，PBS）漂洗 3 次，每次 5min。每孔用 1mL 4% 多聚甲醛常温固定 10min，弃去多聚甲醛后再用 1mL PBS 漂洗 3min，重复 2 次，弃去 PBS 溶液，加入 800μL 0.2% Triton X-100 常温孵育 10min，1mL PBS 漂洗 3min，重复 2 次，弃去 PBS 溶液，加入含有 5% 牛胎血清蛋白（bovine serum albumin，BSA）的 PBST（含有 0.01% 吐温的 PBS）封闭液（PBST-BSA），在 37℃ 摇床上孵育约 30min，吸尽封闭液后再加入用 PBST-BSA 稀释后的一抗，37℃ 摇床上孵育约 1h，弃去一抗稀释液，加入 1mL PBS 漂洗 3min，重复 2 次，弃去 PBS 溶液，加入用 PBST-BSA 稀释后的二抗，37℃ 摇床上孵育约 1h，弃去二抗稀释液，加入 1mL PBS 漂洗 3min，重复 2 次，弃去 PBS 溶液，将 1μg/mL 的赫斯特（Hoechst）荧光染色液的稀释液加入，常温下染色约 7min，弃去 Hoechst 染色液的稀释液，加入 1mL PBS 漂洗 3min，重复 2 次，用荧光显微镜观察荧光产生的情况。

利用免疫荧光方法对重组病毒表达外源蛋白的亚细胞定位进行研究，结果见图 4-10，第一列（Bright field）是不同重组病毒感染细胞后在正常光波下观察到的细胞状况；第二列（Alexa fluor-596）是不同重组病毒感染细胞后，用 Alexa fluor-596 染色，在荧光显微镜下观察的结果，红色荧光主要显示表达的目的蛋白在细胞中的状况；第三列（Hoechst）是不同重组病毒感染细胞后，用赫斯特染色液染色后，在荧光显微镜下观察结果，主要显示细胞核的位置；第四列（Merged）是利用流式细胞仪的功能，将第二列和第三列的荧光照片嵌合，以显示表达的目的蛋白在细胞中的定位。图 4-10 的结果显示，插入 MbMNPV 全长 *enhancin*

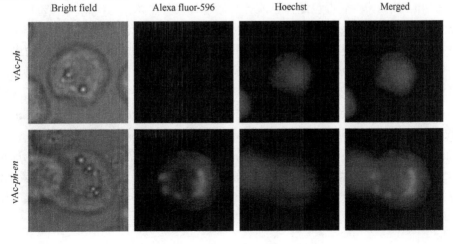

Bright field　　　　Alexa fluor-596　　　　Hoechst　　　　Merged

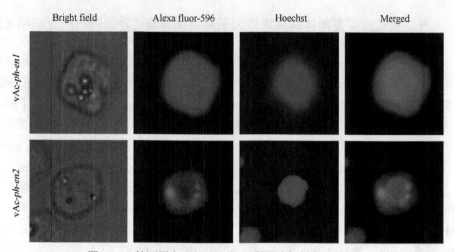

图 4-10　外源蛋白亚细胞定位（彩图请扫封底二维码）

vAc-ph、vAc-ph-en、vAc-ph-en1 和 vAc-ph-en2 以 MOI 为 5 感染 Sf9 细胞，24h 后固定细胞，用 HA 标签抗体孵育，Alexa fluor-596 可视化处理，Hoechst 染色

基因的重组病毒 vAc-ph-en 和插入 MbMNPV en2 基因序列的重组病毒 vAc-ph-en2 红色荧光（目的蛋白）出现在核周区域，而插入 MbMNPV en1 基因序列的重组病毒 vAc-ph-en1 则弥散分布于整个细胞中。这可能是因为重组病毒 vAc-ph-en1 中缺少 MbMNPV enhancin 基因编码的 C 端跨膜区，从而对其表达目的蛋白的定位产生影响。

十、甘蓝夜蛾核型多角体病毒的不同增效因子对重组病毒杀虫活性的增效作用

利用 Droplet 方法（Sun et al.，2004）对不同重组病毒的半致死浓度（LC_{50}）分别进行测定。将用于生测实验的 2 龄甜菜夜蛾或棉铃虫幼虫在 27℃条件下饥饿 16～24h。然后，将病毒包涵体悬液计数后稀释为各个浓度，再加入 40%的蔗糖及 1mg/mL 的食品蓝涡旋混匀。混匀后的包涵体溶液用移液枪均匀滴加于平板上，将一定数量的甜菜夜蛾或者棉铃虫幼虫转移到平板上 10min 左右，观察幼虫中肠颜色变化，挑取蓝色幼虫到加有人工饲料的 24 孔板或 12 孔板中，27℃恒温培养箱培养。每隔 24h 记录一次幼虫的存活情况，一直到幼虫完全死亡或化蛹。依据 probit 分析方法对各组病毒的 LC_{50}（Finney，1978）和效价比（Robertson et al.，2007）数据采用 SPSS 20.0 进行计算。

分别用验证正确的病毒 vAc-ph、vAc-ph-en、vAc-ph-en2、vAc-ph-mb fprotein 和 vAc-ph-mb gp37 做生物活性测定试验，分别感染 48 头甜菜夜蛾幼虫或者 72 头棉铃虫幼虫。其中，vAc-ph 是回复多角体蛋白基因的重组 AcMNPV 病毒，作为试验的对照。

用插入 MbMNPV 增效蛋白外源基因的重组 AcMNPV 病毒感染甜菜夜蛾幼虫，生物活性测定试验结果显示各组病毒的半致死浓度（LC_{50}）分别是：vAc-*ph* 为 $18.901×10^4$OB/mL，vAc-*ph-en* 为 $9.615×10^4$OB/mL，vAc-*ph-en2* 为 $3.967×10^4$OB/mL，含有 MbMNPV 全长 *enhancin* 基因的 vAc-*ph-en* 和含有 MbMNPV *enhancin* 编码蛋白 C 端序列基因片段的 vAc-*ph-en2* 杀虫活性分别达到对照组 vAc-*ph* 的 1.966 倍和 4.765 倍（表 4-2）。

表 4-2　插入 *enhancin* 基因的重组病毒对 2 龄甜菜夜蛾幼虫的 LC_{50}

病毒	半致死浓度（95%置信值）（$×10^4$OB/mL）	效价比（95%置信值）vAc-*ph*
vAc-*ph*	18.901（12.957～28.110）	—
vAc-*ph-en*	9.615（6.575～14.076）	1.966（1.150～3.503）
vAc-*ph-en2*	3.967（2.627～5.848）	4.765（2.649～9.420）

用插入 MbMNPV 增效蛋白外源基因的重组 AcMNPV 病毒感染棉铃虫幼虫，生物活性测定试验结果显示各组病毒的半致死浓度（LC_{50}）分别是：vAc-*ph* 为 $10.710×10^8$OB/mL，vAc-*ph-en* 为 $1.172×10^8$OB/mL，vAc-*ph-en2* 为 $3.841×10^8$OB/mL，含有 MbMNPV 全长 *enhancin* 基因的 vAc-*ph-en* 和含有 MbMNPV *en2* 基因片段的 vAc-*ph-en2* 杀虫活性分别达到对照组 vAc-*ph* 的 9.138 倍和 2.788 倍，但后者的 95%置信值小于 1（0.747～11.618），表明仅插入 *en2* 重组病毒对棉铃虫的杀虫活性达不到显著提高的程度（表 4-3）。

表 4-3　插入 *enhancin* 基因的重组病毒对 2 龄棉铃虫幼虫的 LC_{50}

病毒	半致死浓度（95%置信值）（$×10^8$OB/mL）	效价比（95%置信值）vAc-*ph*
vAc-*ph*	10.710（3.780～40.190）	—
vAc-*ph-en*	1.172（0.477～3.202）	9.138（2.423～43.711）
vAc-*ph-en2*	3.841（1.483～12.210）	2.788（0.747～11.618）

用插入 MbMNPV 融合蛋白基因或 *gp37* 基因的重组病毒感染甜菜夜蛾幼虫，生物活性测定试验结果显示各组病毒的半致死浓度（LC_{50}）分别是：vAc-*ph* 为 $16.456×10^4$OB/mL，vAc-*ph*-mb *fprotein* 为 $7.098×10^4$OB/mL，vAc-*ph*-mb *gp37* 为 $8.053×10^4$OB/mL，含有 MbMNPV *fusion protein* 基因的 vAc-*ph*-mb *fprotein* 和含有 MbMNPV *gp37* 基因的 vAc-*ph*-mb *gp37* 杀虫活性分别达到对照组 vAc-*ph* 的 2.318 倍和 2.043 倍，两者的 95%置信值都超过 1，分别为 1.298～4.365 和 1.144～3.826，表明甘蓝夜蛾核型多角体病毒的融合蛋白和 Gp37 蛋白都可显著提高重组

病毒的杀虫活性（表 4-4）。

表 4-4　插入融合蛋白基因和 *gp37* 基因的重组病毒对 2 龄甜菜夜蛾幼虫的 LC$_{50}$

病毒	半致死浓度（95%置信值）（×10⁴OB/mL）	效价比（95%置信值）vAc-*ph*
vAc-*ph*	16.456（10.949～25.173）	—
vAc-*ph*-mb *fprotein*	7.098（4.668～10.661）	2.318（1.298～4.365）
vAc-*ph*- mb *gp37*	8.053（5.304～12.160）	2.043（1.144～3.826）

MbMNPV 基因组中含有一个 *enhancin* 基因、一个 *fusion protein* 基因和一个 *gp37* 基因，为了探究 MbMNPV 潜在增效因子的增效作用，我们选择以上三种基因进行研究。通过比对可知 MbMNPV *enhancin* 基因与 MacoNPV-B、HearNPV 及 MacoNPV-A *enhancin* 基因相似率达到 81% 以上，将 MacoNPV-A *enhancin* 基因插入到 AcMNPV 基因组中，对粉纹夜蛾幼虫的杀虫活性提高到 4.4 倍（Li et al.，2003a）。本研究旨在验证 MbMNPV *enhancin* 基因及其截短体、*fusion protein* 基因和 *gp37* 基因能否发挥增效作用，以及 *enhancin* 基因全长是否会干扰 AcMNPV 多角体形成，MbMNPV *enhancin* 基因及其截短体可能的作用方式。

利用 Bac-to-Bac 表达载体系统构建了 5 种重组病毒：vAc-*ph-en*、vAc-*ph-en1*、vAc-*ph-en2*、vAc-*ph*-mb *fprotein* 和 vAc-*ph*-mb *gp37*，它们均能够感染 Sf9 细胞并产生与对照组病毒相似的包涵体，RT-PCR 结果表明，vAc-*ph-en* 中 MbMNPV 全长 *enhancin* 基因、vAc-*ph-en1* 中 MbMNPV *enhancin* 编码蛋白 N 端的基因序列和 vAc-*ph-en2* 中 MbMNPV *enhancin* 编码蛋白 C 端的基因序列均能正常进行转录。这 5 种重组病毒生长曲线与对照病毒的生长趋势相似，Western blotting 可以检测到重组病毒 vAc-*ph-en*、vAc-*ph-en2*、vAc-*ph*-mb *fprotein* 和 vAc-*ph*-mb *gp37* 中的外源蛋白。

通过免疫荧光方法对重组病毒 vAc-*ph-en*、vAc-*ph-en1* 和 vAc-*ph-en2* 的外源蛋白亚细胞定位进行分析，结果显示含全长 *enhancin* 基因的重组病毒 vAc-*ph-en* 和含 *en2* 基因序列的重组病毒 vAc-*ph-en2* 外源蛋白定位于核周区，而含有 *en1* 基因片段的重组病毒 vAc-*ph-en1* 则分布于整个细胞中，结合以上 RT-PCR 和 Western blotting 实验结果，推测缺少 *enhancin* 基因编码的增效蛋白 C 端可能会影响增效蛋白的定位。

生物活性测定实验表明，MbMNPV *enhancin* 基因、*fprotein* 基因和 *gp37* 基因均能够使 AcMNPV 的杀虫活性有一定程度的提高，证明了这几种基因存在作为增效因子的潜力。

目前认为，增效蛋白的增效功能主要通过酶解途径和介导途径发挥，酶解途径是通过金属蛋白酶将围食膜结构蛋白水解，从而利于病毒粒子的入侵；介导途径是增效蛋白发挥中间介质的作用，介导中肠细胞膜和病毒粒子囊膜发生膜融合，促进病毒高效地进入宿主细胞启动感染（张小霞等，2010；张琳娜等，2016）。MbMNPV *en1* 基因序列编码蛋白 N 端是一个金属蛋白酶结构域，*en2* 基因序列编码蛋白 C 端是一个跨膜区，具膜融合功能。在生物活性测定中，仅含膜融合功能（*en2* 编码）的重组病毒感染棉铃虫结果没有显著增效作用，预示 MbMNPV 增效蛋白增效途径在棉铃虫中不是通过膜融合途径，而是通过酶解途径增效；同样的重组病毒感染甜菜夜蛾，含膜融合功能（*en2* 编码）的重组病毒的增效作用是含全长 *en* 基因重组病毒的 2 倍以上，预示在甜菜夜蛾中，增效蛋白主要通过膜融合途径实现增效功能。以上的结果揭示，在不同的宿主昆虫中，杆状病毒增效蛋白作用途径不同，它可能分别通过酶解或介导的途径发挥其增效作用，而不是通过两种途径联合作用。

第二节　甘蓝夜蛾核型多角体病毒两个凋亡抑制蛋白基因的功能研究

一、细胞凋亡和杆状病毒编码的细胞凋亡抑制因子

细胞凋亡也称为程序性细胞死亡（programmed cell death，PCD），是细胞接收到凋亡的信号和某些刺激因子后自主地通过基因调控的程序性死亡。PCD 是多细胞生物发育和组织稳态的调节机制（Jacobson et al.，1997；Kerr et al.，1972），它异常与多种人类疾病有关，包括免疫和发育障碍、神经退行性疾病和癌症。细胞凋亡会出现细胞之间的附着丧失（贴壁细胞）、核碎裂、染色质皱缩及 DNA 碎片化，最后细胞裂解释放凋亡小体的现象。凋亡是一个复杂而又精确的过程，涉及很多的相关基因。随着对线虫细胞凋亡的研究，发现一类与细胞凋亡有关的半胱天冬酶（cysteinyl aspartate specific proteinase，caspase）家族，并在进一步的研究中发现凋亡也存在负调控基因，现今已知的负调控基因有 B 淋巴细胞瘤-2（B-cell lymphoma-2，*bcl*-2）基因（Adams and Cory，2007）、细胞凋亡抑制蛋白（inhibitor of apoptosis protein，*iap*）基因家族等。在正常的情况下，细胞凋亡在机体生长发育中程序性发生。癌症的发生往往是某些组织细胞的凋亡失控，产生"永生化"细胞而形成肿瘤。目前癌症治疗的研究中，*bcl*-2 可作为治疗癌症药物的靶基因之一（Adams and Cory，2007）。

细胞凋亡存在两种途径，分别是外源途径和内源途径。外源途径是在接收到外源促凋亡信号 Fas（CD95）与 Fas 死亡相关结构域蛋白（Fas-associating protein with death domain，FADD）后，激活起始半胱天冬酶（initiator caspase），活化的 initiator caspase 引发级联反应促使细胞凋亡。内源途径是化疗、紫外照射等条件引起促凋亡 BCL-2 家族成员，如 Bax 等移至线粒体上，导致线粒体释放色素 c 到细胞质中，使得细胞凋亡蛋白酶激活因子 1（apoptosis protease activating factor-1，Apaf1）聚集到 initiator caspase，形成 Apaf1-caspase-9 复合物的促凋亡复合体（Salvesen and Duckett，2002），促使凋亡发生。

caspase 家族是一类存在于胞质溶胶中的蛋白酶，其活性位点都含有半胱氨酸，并特异地切割天冬氨酸残基后的肽键。在正常的细胞内，caspase 都是以非活性状态的酶原（zymogen）存在，它是酶的非活性前体，激活需要对其肽链进行剪切（Salvesen and Dixit，1997）。根据激活形式和在凋亡信号通路中的作用不同，caspase 分为两类：一类是起始半胱天冬酶（initiator caspase），另一类是效应半胱天冬酶（effector caspase）。initiator caspase 处于凋亡因子级联反应的上游，在一些蛋白和酶的辅助下自我剪切活化，并识别和启动下游的 effector caspase。caspase-8 是 initiator caspase 的典型代表，它能激活 effector caspase 而诱发凋亡（Adams and Cory，2007；Salvesen and Duckett，2002）。目前被鉴定为 initiator caspase 的有 caspase-2、caspase-9、caspase-10 等。effector caspase 在凋亡因子级联反应的下游，需要 initiator caspase 剪切后激活，作用于特异性的底物导致细胞凋亡。effector caspase 包含 caspase-3、caspase-6 和 caspase-7 等。caspase-3 是 caspase 家族中主要效应因子，它的活化标志着进入细胞凋亡的不可逆阶段（Porter and Jänicke，1999），因此活化的 caspase-3 也是检测细胞凋亡的一个重要指标。此外，还有一类 caspase 主要作用是介导炎症反应并且辅助由死亡受体介导的细胞凋亡途径，包括 caspase-1、caspase-4、caspase-5 等。

细胞凋亡是有机体的防护机制，当有机体受到外来病菌入侵和病毒感染时，细胞通过自身的基因调控细胞死亡，这就限制和控制了病毒细菌的扩散传染。病毒与宿主长期共同进化的过程中，病毒也出现了抑制凋亡的机制，通过基因编码一些蛋白作用于宿主细胞，使宿主细胞存活时间延长，有利于自身获得更多的子代。目前，杆状病毒编码的凋亡抑制因子主要有三类，分别为 P35（P49）、IAP 和 Apsup。

1. 杆状病毒编码的 P35 和 P49 蛋白

20 世纪 90 年代，人们在利用 AcMNPV 杆状病毒表达载体表达同源的多角体蛋白时，发现多角体的产量大量降低。这引起 Miller 实验室的注意，并发现表达载体病毒与野生型杆状病毒基因组对比，缺失一个 *p35* 基因，缺失该基因的杆状病毒突变株感染细胞后，使得细胞凋亡，而野生型杆状病毒感染细胞时，可以阻止这种细胞凋亡（Clem et al.，1991）。在一次利用杆状病毒表达 caspase-1（ICE）

参与细胞凋亡的研究中，发现纯化 caspase-1 能与 P35 蛋白相互结合，证明 P35 蛋白通过不可逆结合剪切后的 caspase-1，阻止 caspase-1 引发的细胞凋亡（Bump et al.，1995）。后来的研究发现，P35 蛋白也可以同样的方式与其他剪切后的 caspase 结合，抑制细胞凋亡（Clem，2007）。p35 同源基因在与 AcMNPV 比较相近的甲型杆状病毒组 I 中也存在，并在乙型杆状病毒西枞色卷蛾颗粒体病毒（ChocGV）中发现（Escasa et al.，2006），证明这些同源物具有与 P35 蛋白类似的功能，都是通过与剪切后的活化 caspase 相结合抑制细胞凋亡（Escasa et al.，2006）。尽管 P35 蛋白只存在于少数昆虫杆状病毒中，但 P35 蛋白能够阻断从无脊椎动物到哺乳动物的各种生物的凋亡途径，因此可作为一种已知凋亡抑制试剂用于细胞凋亡途径分子相互作用的研究。

P49 蛋白是 P35 蛋白在甲型杆状病毒组 II 中的变体，首先于海灰翅夜蛾核型多角体病毒（*Spodoptera littoralis nucleopolyhedrovirus*，SpliNPV）中发现（Du et al.，1999）。P49 蛋白除具有 P35 蛋白抑制活化 effector caspase 的功能外，还能抑制 initiator caspase 的活化（Zoog et al.，2002；Jabbour et al.，2002）（图 4-11）。P35 蛋白和 P49 蛋白与活化 caspase 结合的方式不一样，P35 蛋白是以单体形式结合，而 P49 蛋白则是以二聚体形式相互作用，两者的结合位点也不同（Guy and Friesen，2008；Crook et al.，1993；Ikeda et al.，2013）。

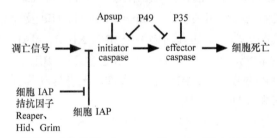

图 4-11　杆状病毒编码的 P35、P49 和 Apsup 阻止细胞凋亡的途径

2. 杆状病毒和其他生物编码的 IAP

1993 年 Miller 和他的同事，在遗传筛选 AcMNPV 的 p35 基因同源替换物时，发现 OpMNPV 和 CpGV 编码的一类同源基因都能拯救缺失 p35 基因的 AcMNPV，这类基因编码蛋白同样具有抗凋亡功能，因而将其命名为凋亡抑制蛋白（inhibitor of apoptosis protein，IAP）（Crook et al.，1993）。后来的研究发现，几乎所有杆状病毒都编码 IAP 同源物，它还广泛存在于包括从酵母到哺乳动物等其他真核生物中。IAP 的 N 端有重复氨基酸序列，称为杆状病毒 IAP 重复序列（BIR），C 端有一个高度保守的锌离子结合结构域，称为 RING（really interesting new gene）结构域。IAP 除 BIR 和 RING 结构域以外，有的还存在 UBA（ubiquitin-associated）

结构域、CARD 结构域（caspase recruitment domain）等（图 4-12）（Mace et al.，2010）。

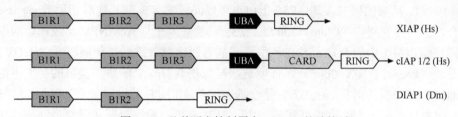

图 4-12　几种凋亡抑制蛋白（IAP）的结构域

XIAP（Hs）为灵长动物 XIAP；cIAP1/2（Hs）为灵长动物细胞 IAP1 和 IAP2；DIAP1（Dm）为果蝇 IAP1

BIR 大约含 80 个氨基酸残基，N 端由三个反向平行 β 折叠和 4 个 α 螺旋组成，通过组氨酸和半胱氨酸残基形成能与锌离子紧密结合的结构，C 端有单独的一个 α 螺旋（Hinds et al.，1999；Sun et al.，1999；Liu et al.，2000；Wu et al.，2001；Yan et al.，2004；Mace et al.，2010）。杆状病毒的 IAP 大多数具有 2 个 BIR 结构域，而宿主细胞中的 IAP 可多达 3 个 BIR 结构域。单独的 BIR 结构域就能与 caspase 结合，因此被认为是抗凋亡的元件（Vaux and Silke，2005）。人类的 X 连锁凋亡抑制蛋白（XIAP）中 BIR2 结构域可以与 caspase-3 和 caspase-7 结合并抑制其活性，而 BIR3 可抑制 caspase-9 活性。BIR 结构域不仅涉及 caspase 凋亡的级联效应过程，还能与间接促进凋亡相关蛋白 Reaper、GIRM、Hid 及肿瘤神经因子信号复合体结合，发挥抗凋亡功能。哺乳动物 IAP 中的 XIAP、cIAP1 和 cIAP2 在 N 端都包含 3 个 BIR 结构域，而果蝇的 DIAP1 只包含 2 个 BIR 结构域（图 4-12），其功能相当于 XIAP 的 BIR2 和 BIR3。从病毒、无脊椎动物到哺乳动物，BIR 结构域的序列高度保守并且有相似结构。

RING 结构域大约有 40 个氨基酸，其特征是 6～7 个半胱氨基酸残基与 1 个或 2 个组氨酸残基交叉形成支撑结构，配合两个锌离子结合域。RING 结构域已被证明能作为 E3 泛素连接酶，促使 E2 泛素结合酶转移到靶蛋白，使其泛素化（Vaux and Silke，2005；Huang et al.，2002）。

动物细胞 *iap* 基因编码的蛋白称为细胞凋亡抑制蛋白（cellular IAP，cIAP），果蝇基因组编码的 Hid、Grim、Reaper 蛋白能与 cIAP 特异性结合，因而被称为 cIAP 拮抗因子。这些 cIAP 拮抗因子在正常的情况下基于昆虫发育需要有序表达，去除不必要的细胞组织，它们的作用途径是通过抑制 cIAP 促使细胞凋亡（图 4-11）。有研究发现，除像 XIAP 那样结合抑制的经典途径外，IAP 还能抑制 Hid、Grim、Reaper 等凋亡通路，如 Op-IAP3 可与 Hid、Grim、Reaper 结合，从而抑制它们的促凋亡功能。

病毒 IAP 凋亡抑制机制可以解释为：当细胞处于正常状态时，cIAP 可与活化

caspase，抑制细胞凋亡，保证机体正常发育；当细胞受外界不良刺激时，凋亡抑制蛋白拮抗剂取代 caspase 与 cIAP 结合，释放出活化的 caspase 引发受损细胞凋亡，维持机体健康；而当杆状病毒感染宿主细胞时，病毒 IAP 与 cIAP 拮抗因子结合，从而使宿主的 cIAP 释放，释放的 cIAP 再与活化的 caspase 结合，抑制宿主细胞的凋亡（Rohrmann，2013），病毒可利用延长寿命的细胞复制生产更多的子代。

3. 杆状病毒编码的 Apsup

凋亡抑制因子（apoptotic suppressor，*Apsup*）基因首次发现于舞毒蛾核型多角病毒（*Lymantria dispar* MNPV，LdMNPV）基因组，它编码一个 39.3kDa 大小的蛋白，是杆状病毒的第三类凋亡抑制蛋白。Apsup 也是通过 caspase 结合，从而抑制细胞凋亡（图 4-11）。Apsup 的同源物在木毒蛾核型多角体病毒（*Lymantria xylina* MNPV，LyxyMNPV）中也发现。此外，它还与 AcMNPV 的 Ac112/Ac113 蛋白氨基酸序列有 30%同源性，但是 Ac112/Ac113 蛋白氨基酸序列在 C 端缺少 79 个氨基酸，因此不具有抗凋亡功能（Yamada et al.，2011，2012）。

二、研究使用的 pFastBacDual 载体系统及设计的 PCR 引物

甘蓝夜蛾核型多角体病毒基因组编码两个凋亡抑制蛋白基因，分别为 *iap2* 和 *iap3* 基因。已完成全基因组序列分析的杆状病毒，一般都会有两个凋亡抑制蛋白基因，但大多数功能没有鉴定。在已进行功能研究的病毒中，有的两个凋亡抑制蛋白基因都没有表现功能（AcMNPV），有的只有一个凋亡抑制蛋白基因具有功能（OpMNPV、SeMNPV），而甘蓝夜蛾核型多角体病毒两个凋亡抑制蛋白基因功能以前没有研究过。本节研究内容包括甘蓝夜蛾核型多角体病毒两个凋亡抑制蛋白在细胞中定位及功能，主要研究材料和方法如下。

1. 研究使用的 pFastBacDual 载体系统和细胞系

研究使用的 pIB/V5-His 昆虫系统表达质粒（Life Technologies），pBlueScript II KS+来自 Stratagene 公司（La Jolla，CA，USA），pFastBacDual 质粒来自 Invitrogen 公司（Carlsbad，CA），pHelper、pMD19-T simple vertor 购于 TaKaRa（大连）宝来生物技术有限公司，大肠杆菌（*E. coli*）DH5α、BW25113（包含 AcMNPV Bacmid bMON14272 及表达 λ-red 重组酶的质粒 pKD46）、大肠杆菌 DH10B（不含 helper 质粒）由中国科学院武汉病毒研究所实验室保藏。使用的 MbMNPV-CHb1 株、AcMNPV C6 株、能表达红色荧光蛋白的 AcMNPV-mCherry、草地贪夜蛾卵巢细胞 Sf9 细胞系、粉纹夜蛾 Tn368 细胞系也由武汉病毒研究所保存。

2. 研究中使用的 PCR 引物

本研究使用的 PCR 引物都是根据相应的基因序列设计，引物由生工生物工程（上海）股份有限公司合成，主要引物名称和序列见表 4-5。

表 4-5　凋亡抑制蛋白功能研究中使用的 PCR 引物

引物名称 [a]	引物序列（5′→3′）
Ac35H F1（Sac I）	CGAGCTCTCTTGACGTCTCCGATTTCTTTTTGGCGGCAAT
Ac35H R1（BamH I）	CGCGGATCCTTTGCAATGGTAAAGCTCAAATGCTCACTTAATACAAGC
Ac35H F2（HindIII）	CCCAAGCTTATGTTAAAATTTATTGCCTAATATTATTTTGTCATTGCTTGTCA
Ac35H R2（Xho I）	CCGCTCGAGTCTACCCGTAAATCAAGTTCGGTTTTGAAAAACAAATGAG
Cm F（BamH I）	CGGGATCCTGTAGGCTGGAGCTGCT
Cm R（HindIII）	CCCAAGCTTCATATGAATATCCTCCTTAGTT
Cm R	GCAGTTTCTACACATATATTCGCAA
p35 F	ATGTGTGTAATTTTTCCGGTAGAAATCGACGTGTCCC
p35 R	TTATTTAATTGTGTTTAATATTACATTTTTGTTGAGTGCACTAGTTACA
p35 Up	AGCATTTGAGCTTTACCATTGCAAA
p35 Down	TTTGCAATGGTAAAGCTCAAATGCT
iap2 F	TTCGAATTTAAAGCTTATGAACGTCATGCACGCTCATCTAGCTCCG
iap2 R	CGCCCTTGCTCACCATTTGTAAATATATTGGCATGCGTTCCTTTATTTTAGCTC
iap3 F	TTCGAATTTAAAGCTTATGGAATCGGGTAACGATACAATGAAACTATA
mCherry F	ATGGTGAGCAAGGGCGAGGAGGATAACATG
mCherry R	AGACTCGAGCGGCCGCTCACTTGTACAGCTCGTCC
egfp F	GTGAGCAAGGGCGAGGAGCTGTTC
egfp R	AGACTCGAGCGGCCGCTACTTGTACAGCTCGTCCATGCCGA
pIB F	GCGGCCGCTCGAGTCTAGAGGGCC
pIB R	AAGCTTTAAATTCGAACAGATGCTGTTCAACTGTGTT
hr F	TCCGGAATATTAATAGCGCGTAAAACACAATCAAGTATGAG
hr R	ACAAAGACATCGACGCGCGTAGAATTCTACCCGTAAA
IE2 F	GAATTCTACGCGCGTCGATGTCTTTGTGATGCGC
IE2 R	ATGAATAATCCGGAATCTTGGTTGTTCACGATCTTGTCGCC
pFB_IE F	ATTCCGGATTATTCATACCGTCCCACCATCG
pFB_IE R	CTATTAATATTCCGGAGTATACGGACCTTTAATTCAACCCA
iap2 F2	CAAGTCTTCGTCGAGTTCAAGCGTAATCTGGAACATCGTATGGGTATTGTAAATATATTGGCATGCGT
iap2 R2	GATCGTGAACAACCAAATGAACGTCATGCACGCTCATCTAG
iap3 F2	CAAGTCTTCGTCGAGTTTAAGCGTAATCTGGAACATCGTATGGGTATGAAAAAAACAGCTTTACAA
iap3 R2	GATCGTGAACAACCAAATGGAATCGGGTAACGATA CAATGAA
pFB F2	CGTATACTCCGGAATATTAATAGATC
pFB R2	ACTCGACGAAGACTTGATCACC

续表

引物名称[a]	引物序列（5′→3′）
pFB F3	AAGCTTGTCGAGAAGTACTAGAGGATCATAATCAGCCAT
pFB R3	GGATCCGCGCCCGATGGTGGGACGGTATGAA
egfp F2	CATCGGGCGCGGATCC ATGGTGAGCAAGGGCGAGGA
egfp R2	ACTTCTCGACAAGCTTTTACTTGTACAGCTCGTCCATGC
ph F	CATCGGGCGCGGATCC ATGCCGGATTATTCATACCGTCCC
ph R	ACTTCTCGACAAGCTT TTAATACGCCGGACCAGTGAACAG

a. F 表示正向引物，R 表示反向引物；括号中是限制性内切酶名称，表示引物中下划线序列是该限制性内切酶作用位点；Up 为上游；Down 为下游。

名称缩写分别为：Ac 代表 AcMNPV；pIB 代表 pIB/V5-His 质粒；pFB 代表 pFastBacDual 质粒；*ph* 代表多角体蛋白基因；*p35* 代表 P35 蛋白基因；*35H* 代表 *p35* 蛋白基因上游或下游同源臂；Cm 代表氯霉素抗性基因；*mCherry* 代表红色荧光蛋白 *mCherry* 基因；*egfp* 代表绿色荧光蛋白 *egfp* 基因；*hr* 代表同源重复序列；IE2 代表 *ie2* 基因启动子；*iap* 代表凋亡抑制蛋白基因

三、甘蓝夜蛾核型多角体病毒凋亡抑制蛋白基因的进化关系分析

甘蓝夜蛾核型多角体病毒编码两个凋亡抑制蛋白的基因，分别为 *iap* 2 和 *iap* 3（见本书第三章）。为了预测它们是否具有功能，我们在美国国立生物技术信息中心（NCBI）库中搜索杆状病毒 AcMNPV 的 IAP1 和 IAP2 及 OpMNPV 的 IAP3 蛋白的氨基酸序列，分别与 MbMNPV 凋亡抑制蛋白基因编码的 IAP 蛋白的氨基酸序列进行 BLAST 对比，结果见表 4-6。从表 4-6 中结果看，MbMNPV 的 IAP2 与 AcMNPV 的 IAP1、IAP2 及 OpMNPV 的 IAP3 蛋白氨基酸序列一致性分别为 22%、23%、32%；MbMNPV 的 IAP3 与 AcMNPV 的 IAP1、IAP2 及 OpMNPV 的 IAP3 蛋白氨基酸序列一致性分别为 27%、25%、43%。由于以前的研究报道已证实 OpMNPV IAP3 具有抗凋亡功能，而 MbMNPV IAP3 与 OpMNPV IAP3 同源性较高，氨基酸序列一致性达 43%，预示 MbMNPV IAP3 也可能具有凋亡抑制功能。

表 4-6　MbMNPV 的 IAP 与 AcMNPV 和 OpMNPV IAP 的同源比较

参考序列	目标序列	期望值	氨基酸序列一致性（%）
MbMNPV IAP2	AcMNPV IAP1	2.00×10^{-14}	22
	AcMNPV IAP2	2.00×10^{-20}	23
	OpMNPV IAP3	2.00×10^{-38}	32
MbMNPV IAP3	AcMNPV IAP1	2.00×10^{-37}	27
	AcMNPV IAP2	2.00×10^{-9}	25
	OpMNPV IAP3	2.00×10^{-69}	43

为了进一步了解甘蓝夜蛾核型多角体病毒 *iap* 的进化关系，我们将其与其他杆状病毒或宿主昆虫 *iap* 基因编码蛋白进行进化分析，建立聚类进化树（图 4-13）。

从图 4-13 中可看出，MbMNPV *iap2* 和 *iap3* 编码蛋白都与甲型杆状病毒组 II 的同源基因编码蛋白形成一簇。

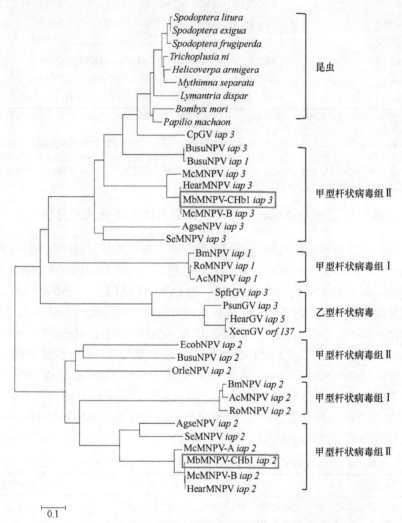

图 4-13　MbMNPV *iap* 基因与其他杆状病毒同源基因的聚类分析

该进化树根据多个 IAP 氨基酸序列的最大相似度推断得到，包括在杆状病毒和昆虫中发现的同源物

四、甘蓝夜蛾核型多角体病毒 IAP2 和 IAP3 在昆虫细胞中定位研究

1. pIB-*iap2-mCherry*、pIB-*iap3-egfp* 表达质粒的构建方法

为了研究 MbMNPV IAP2 和 IAP3 蛋白在昆虫细胞 Sf9 的定位情况，利用绿色荧光蛋白基因（*egfp*）或红色荧光蛋白基因（*mCherry*）作为标记基因，分别与 *iap2* 和 *iap3* 基因融合，构建表达质粒，构建策略如图 4-14 所示。

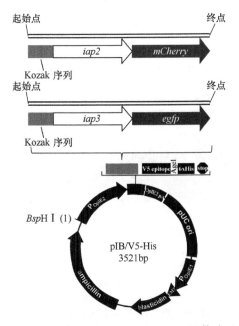

图 4-14　pIB-*iap2-mCherry*、pIB-*iap3-egfp* 构建示意图

mCherry 为红色荧光蛋白基因，*egfp* 为绿色荧光蛋白基因，*iap* 为凋亡抑制蛋白基因；pIB/V5-His 质粒是能在昆虫细胞中表达外源蛋白的质粒，启动子 P_{OpIE2} 是黄杉毒蛾核型多角体病毒 *ie2* 基因启动子，抗性筛选基因为氨苄青霉素（ampicillin）抗性基因，杀稻瘟素（blasticidin）抗性基因是真菌筛选标记

　　构建过程中，首先提取甘蓝夜蛾核型多角体病毒基因组核酸，然后用正向引物 *iap2* F（5′端具有 16bp 与 pIB R 5′端同源互补）和反向引物 *iap2* R（5′端具有 16bp 与 *mCherry* F 5′端同源互补），以 MbMNPV 基因组为模板，PCR 扩增出 MbMNPV *iap2* 基因片段。然后用 *iap3* F（5′端具有 16bp 与 pIB R 5′端同源互补）和 *iap3* R（5′端具有 16bp 与 *egfp* F 5′端同源互补）引物，同样以 MbMNPV 基因组为模板，PCR 扩增出 MbMNPV *iap3* 基因片段。*egfp* 基因片段从 pEgfp-N1 质粒中扩增获得，*mCherry* 基因片段也通过 PCR 扩增获得，并加上相应的目的片段接头。

　　所有带有 16bp 同源目的片段的 PCR 产物鉴定分子大小和基因序列正确后，用 In-Fusion 法连接（Li et al.，2011）。将 *mCherry*、*iap2*、*iap3* 等连接到线性化的 PIB/V5-His 上的方法如图 4-15 所示。

步骤1：PCR 扩增出载体和插入子

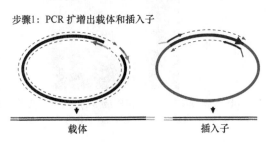

载体　　　　　　　　　插入子

步骤2：*Dpn*I 限制性内切酶消化DNA模板

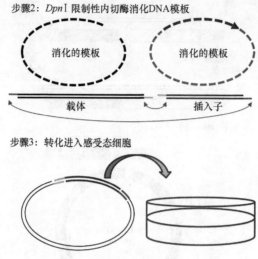

步骤3：转化进入感受态细胞

图 4-15　In-Fusion 连接方法示意

　　经 In-Fusion 方法连接的产物转入大肠杆菌 DH5α 进行单克隆筛选，获得表达载体 pIB-*iap2-mCherry*、pIB-*iap3-egfp*。分别以引物 *iap2* F/*iap2* R、*iap3* F/*iap3* R 进行 PCR 验证，结果（图 4-16）表明，利用该引物对可扩增出目的基因序列，经测序验证序列正确，MbMNPV *iap2* 和 *iap3* 的 DNA 分子大小分别为 747bp 和 858bp。

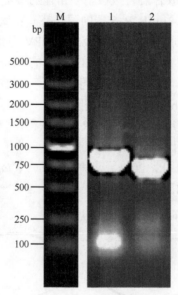

图 4-16　pIB-*iap2-mCherry* 及 pIB-*iap3-egfp* 的 PCR 验证结果
M：Maker DL5000；泳道 1：MbMNPV *iap3*；泳道 2：MbMNPV *iap2*

2. *iap2*、*iap3* 在 Sf9 细胞中转录水平的 RT-PCR 检测

首先提取转染细胞的总 RNA。pIB-*iap2-mCherry*、pIB-*iap3-egfp* 转染的 Sf9 细胞分别用 PBS 缓冲液洗涤 3 次，1mL PBS 吹打下来，充分悬浮后转移至 1.5mL EP 管中。3000*g* 离心 3min，用移液枪充分吸干上清液。加入 1mL Trizol 试剂，充分混匀，室温放置 5min，4℃下 12 000*g* 离心 5min。沉淀细胞中加入 200μL 氯仿，振荡混匀，室温放置 2～3min。4℃下 12 000*g* 离心 15min，取上清，加入 0.5mL 异丙醇，混匀，室温放置 15min，4℃、12 000*g* 离心 10min，弃上清，RNA 沉于管底。为去除其中的部分杂质，加入 1mL 预冷的 75%乙醇，温和悬浮漂洗沉淀物，然后在 4℃下 14 000*g* 离心 5min，弃上清，并用小移液枪将壁上及壁底的乙醇吸净，置超净台晾干（10min 左右），最后加 20～50μL 无菌通过 0.1%焦碳酸二乙酯（DEPC）处理的 ddH$_2$O 在 55～60℃条件下溶解 5～10min，得到转染细胞的总 RNA，分装到不同器皿中置–70℃保存待用。

转录水平检测需要获得细胞总 RNA 的 cDNA 模板，先用无 RNA 酶的 DNA 酶处理提取的细胞总 RNA，清除可能存在的 DNA 污染，然后变性 RNA，利用反转录合成 cDNA 模板。

检测 *iap2* 的转录水平时，PCR 引物为 *iap2* F2 和 *iap2* R2，模板为反转录合成的 cDNA，扩增程序是：98℃预变性 2min；98℃变性 10s；56℃退火 30s；72℃延伸 30s；30 个循环；最后 72℃延伸 7min。检测 *iap3* 的转录水平时，PCR 引物改为 *iap3* F2 和 *iap3* R2，扩增程序与 *iap2* 相同。

检测结果见图 4-17，从图 4-17 中看到，pIB-*iap2-mCherry* 及 pIB-*iap3-egfp* 转

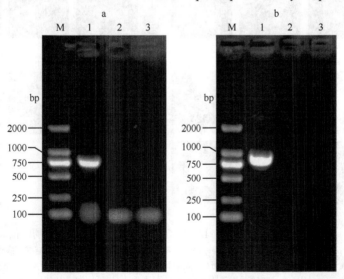

图 4-17　pIB-*iap2-mCherry* 及 pIB-*iap3-egfp* 转录水平的 RT-PCR 验证结果

a. MbMNPV *iap2*；b. MbMNPV *iap3*；泳道 M、1、2、3 分别为标准分子量 DNA、相应 cDNA、RNA 和空白对照

染 Sf9 细胞 48h 后，两个载体中的 *iap2* 和 *iap3* 均已转录，表明转染细胞成功。

3. pIB-*iap2-mCherry*、pIB-*iap3-egfp* 表达及定位的研究

研究表达和定位时，提前一天（或 4h），取 2mL（$5.0 \times 10^5 \sim 6.0 \times 10^5$）cell/mL Sf9 细胞铺于 6 孔板，然后，将稀释的质粒 DNA 加入稀释的 Cellfectin Ⅱ 试剂中并孵育 20min，将 DNA-脂质体混合物逐滴加入细胞，27℃孵育 5h。更换培养基并孵育转染 5h，再更换加 10% FBS 的 Grace's 培养基，27℃继续培养 24～48h。

pIB-*iap2-mCherry*、pIB-*iap3-egfp* 转染 Sf9 细胞 24h，弃培养基，每孔缓慢加入 2mL pH 7.4 的 PBS 缓冲液清洗细胞，重复一次。然后每孔缓慢加入 PBS 缓冲液，加入 0.5μL 的染核染料 Hoechst33342，避光室温静置 7min。加入 2mL PBS，摇床上避光脱色 3min，重复脱色步骤 3 次。细胞中加入 500μL PBS 缓冲液，共聚焦荧光显微镜下观察荧光在细胞的分布情况。研究 pIB-*iap2-mCherry*、pIB-*iap3-egfp* 是否表达及其在细胞中的定位。

检查结果见图 4-18，pIB-*iap2-mCherry* 及 pIB-*iap3-egfp* 转染 Sf9 细胞 24h 后，在显微镜下已经可以看到荧光。用染料 Hoechst33342 对细胞核进行染色，在共聚

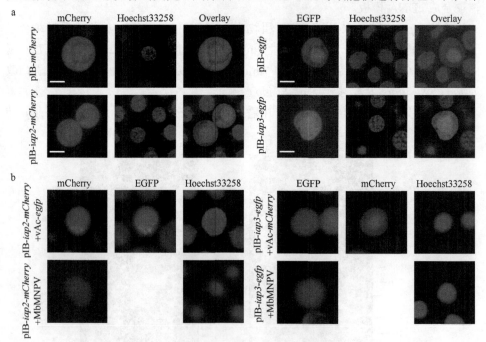

图 4-18　IAP2-mCherry、IAP3-EGFP 融合蛋白在 Sf9 细胞的定位

a. pIB-*iap2-mCherry* 和 pIB-*iap3-egfp* 质粒转染 Sf9 细胞；b. 转染细胞 6h 后感染病毒

mCherry 是荧光显微镜下观察到的含红色荧光蛋白的融合蛋白的表达；EGFP 是荧光显微镜下观察到的含绿色荧光蛋白的融合蛋白的表达；Hoechst33258 是用赫斯特 33258 染料染色后观察到的细胞核位置；Overlay 是荧光表达白与细胞核染色两张照片重叠，以观察融合蛋白在细胞中的位置

焦荧光显微镜下观察。可以看到与 mCherry 融合的 IAP2 发红色荧光，与单独表达 mCherry 的对照组 Sf9 细胞中一样，分布在整个细胞；与增强绿色荧光蛋白（EGFP）融合表达的 IAP3 发绿色荧光，与单独的 EGFP 表达时在 Sf9 细胞中的分布情况一致，分布于整个细胞，如图 4-18a 所示。

为了研究病毒感染是否影响凋亡抑制蛋白在细胞中的定位，在 pIB-*iap2*-*mCherry* 和 pIB-*iap3*-*egfp* 分别转染 Sf9 细胞 6h 后，用 AcMNPV-*egfp* 和 MbMNPV 的 BV 分别感染已转染 pIB-*iap2*-*mCherry* 及 pIB-*iap3*-*egfp* 的 Sf9 细胞，继续培养 18h，染核，在共聚焦荧光显微镜下观察 AcMNPV 和 MbMNPV 感染细胞时 IAP2、IAP3 的分布变化。结果（图 4-18b）表明，病毒的感染并不影响 IAP2、IAP3 在细胞中的分布。

五、构建缺失 *p35* 基因的重组苜蓿银纹夜蛾核型多角体病毒

1. 缺失 *p35* 基因的中间转移载体质粒的构建方法

为了利用 AcMNPV 的 Bacmid 研究甘蓝夜蛾核型多角体病毒凋亡抑制蛋白的功能，需要先构建缺失 *p35* 基因的中间转移载体质粒（图 4-19），然后构建缺失 *p35* 基因的 AcMNPV 重组病毒。构建中间转移载体质粒的步骤如下。

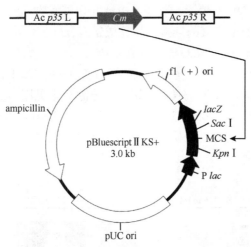

图 4-19　中间转移载体质粒结构示意图

1) 设计 PCR 引物

根据 NCBI 中 AcMMNPV C6 株基因组序列设计 AcMNPV *p35* 基因上游同源臂引物 Ac*35H* F1 和 Ac*35H* R1 及下游同源臂的引物 Ac*35H* F2 和 Ac*35H* R2；并根据氯霉素基因序列设计该基因的引物 *cm* F 和 *cm* R（表 4-5）。

2）AcMNPV *p35* 基因上下游同源臂序列及氯霉素抗性基因的获得

以 AcMNPV 基因组为模板，分别用引物对 Ac35H F1/Ac35H R1 和 Ac35H F2/Ac35H R2进行PCR扩增，获得400bp的AcMNPV *p35* 基因上游同源臂（116 092~116 491bp）及400bp 的下游同源臂（117 392~117 791bp），上下游同源臂分别命名为Ac35H1 和 Ac35H2。

以含有氯霉素抗性基因的pKD46为模板，用引物 *Cm* F 和 *Cm* R 进行 PCR 扩增，获得氯霉素抗性基因（1013bp），为了方便在质粒中表述，将其简称为 *Cm*。

3）pSK-Ac35H1 质粒的获得

使用限制性内切核酸酶 *Sac* I 和 *Bam*H I 分别双酶切上游同源臂 Ac*35H1* 及 pBluescript II KS+，酶切后在 0.8%琼脂糖凝胶上电泳并切胶回收。回收的 Ac*35H1* 和 pBluescript II KS+用 T4 DNA 连接酶连接，生成 pSK-Ac*35H1* 质粒。

4）pSK-Ac*35H1-Cm* 质粒的获得

利用限制性内切核酸酶 *Bam*H I 和 *Hind*III双酶切 pSK-Ac*35H1* 质粒及 PCR 获得 *Cm* 基因片段，酶切后在 0.8%琼脂糖凝胶上电泳并切胶回收。回收的 pSK-Ac*35H1* 和 *Cm* 用 T4 DNA 连接酶连接，构建成质粒 pSK-Ac*35H1-Cm*。

5）中间转移载体 pSK-Ac*35H1-Cm-Ac35H2* 的获得及鉴定

利用限制性内切酶*Hind*III和*Xho* I 分别双酶切质粒pSK-Ac*35H1-Cm*及下游同源臂Ac*35H2*，酶切后在0.8%琼脂糖凝胶上电泳并切胶回收。回收的pSK-Ac*35H1-Cm* 和 Ac*35H2*用 T4 DNA 连接酶连接，构建成带有 *p35* 基因上下游同源臂及氯霉素基因的中间转移载体 pSK-Ac*35H1-Cm-Ac35H2*。

为了验证该质粒的正确性，分别用限制性内切核酸酶 *Sca* I 和 *Bam*H I 、*Bam*H I 和 *Hind*III及 *Sac* I 和 *Xho*I 双酶切，酶切后的电泳结果见图 4-20，其中 a 显示两端的同源臂分子大小约为 400bp，b 和 c 显示相应目的基因片段分子大小分别约为1013bp 和 1813bp。酶切验证正确的质粒送测序公司测序，确定中间转移载体包含基因的序列全部正确。

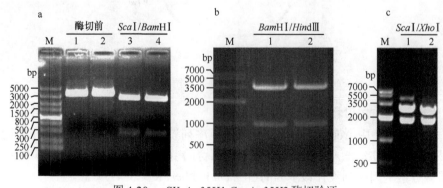

图 4-20 pSK-Ac*35H1-Cm-Ac35H2* 酶切验证

6）中间转移载体 pSK-Ac35H1-Cm-Ac35H2 的线性化

以 pSK-Ac35H1-Cm-Ac35H2 质粒的 DNA 为模板，使用引物 Ac35H F1 和 Ac35H R2 进行 PCR 扩增，获得带有 p35 基因上下游同源臂及氯霉素抗性基因的线性片段。利用 HiBind 的 DNA 柱子纯化，纯化产物利用 NanoDrop 分光光度计测定浓度，置–20℃保存。

2. 构建 AcBac$^{\Delta p35}$ 质粒

构建时首先制备 BW25113（含有 bMON14272 及 pKD46）的感受态菌，然后用线性化中间载体进行电转化，获得 AcBac$^{\Delta p35}$ 杆状病毒质粒（图 4-21）。电转化的步骤如下。

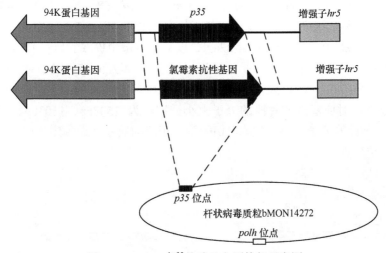

图 4-21　AcBac$^{\Delta p35}$ 构建及主要构架示意图

Ac 是 AcMNPV 的缩写，Bac 是杆状病毒质粒 Bacmid 的缩写，$\Delta p35$ 表示质粒中缺失了 p35 基因

a）取 0.2cm 电转杯在超净台晾干，用封闭袋封闭，放入冰箱预冷。

b）取制备好的电转感受态菌置于冰上 10min，融化。

c）取 8μL（90ng/μL）带有 p35 基因上下游同源臂及氯霉素抗性基因的线性化中间转移载体，加入 80μL 感受态菌中混匀。

d）在超净台，将混合物加入预冷的电转杯中，盖上电转杯盖子，迅速电击。电击条件为：电压 2.2kV，5ms。

e）电击完毕后，立即向电转杯中加入 1000μL 预冷的 SOC 液体培养基，混匀，并迅速移至写好标记的 EP 管中。

f）30℃条件下，220r/min 振荡培养，复苏 2h。

g）10 000g 离心 1min 浓缩菌液，弃上清，剩余沉淀重悬，涂布于含有卡那霉素（50μg/mL）、氨苄青霉素（100μg/mL）、氯霉素（17μg/μL）、Blue-gal（100μg/mL）

和 IPTG（40μg/mL）的 LA 固体培养基平板上，30℃条件下培养 2～3d。

h)挑取蓝斑的阳性克隆子,在适合的抗性 LB 培养基中培养,获得含 AcBac$^{\Delta p35}$ 的培养菌。

3. AcBac$^{\Delta p35}$ 的验证

分别设计并合成 4 对 PCR 引物,分别是：根据 Ac$p35$ 基因上游同源臂离 5′端 25bp 处的序列设计上游引物 $p35$ Up,根据 Ac$p35$ 基因下游同源臂离 3′端 500bp 处的序列设计下游引物 $p35$ Down,组成第一对引物 $p35$ Up/$p35$ Down（500）；根据氯霉素抗性基因 cm 的 5′端序列设计上游引物 Cm F,根据 3′端序列设计下游引物 Cm R,组成第二对引物 Cm F/Cm R；根据氯霉素基因 Cm 离 5′端 400bp 序列处设计该基因前部的下游引物 Cm L,与 Cm F 组成第三对引物 Cm F/Cm L；根据 Ac$p35$ 的 5′端和 3′端序列分别设计该基因的上下游引物 $p35$ F 和 $p35$ R,组成第四对引物 $p35$ F/$p35$ R（表 4-5，图 4-22a）。以从培养菌中提取的质粒 DNA 为模板,分别以设计的引物对进行 PCR 扩增验证,结果见图 4-22b,使用引物对 $p35$ Up/$p35$ Down、Cm F/Cm R、Cm L/Cm F 和 $p35$ F/$p35$ R 分别对 AcBac$^{\Delta p35}$ 质粒 DNA 进行双酶切分析,对应基因或片段的分子大小分别约为 1538bp、1103bp、400bp 和 900bp,与预计的分子大小一致。内切酶验证正确的质粒也送测序公司测序,进一步验证其结果正确。

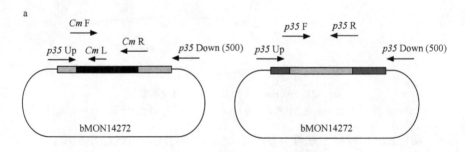

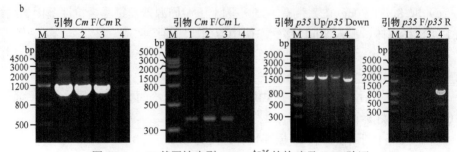

图 4-22 $p35$ 基因缺失型 AcBac$^{\Delta p35}$ 的构建及 PCR 验证

a. 引物的位置示意图；b. AcBac$^{\Delta p35}$ 的 PCR 鉴定；其中泳道 1、2、3 为 AcBac$^{\Delta p35}$,泳道 4 为 bMON14722,M 为 DNA marker

4. 电转化 DH10B 菌获得缺失 *p35* 基因的 AcBacmid

利用 AcBac$^{\Delta p35}$ 质粒 DNA 电转化含 helper 的 DH10B 感受态菌,获得缺失 *p35* 基因的重组 AcMNPV Bacmid。

六、构建缺失 *p35* 基因并插入甘蓝夜蛾核型多角体病毒凋亡抑制蛋白基因的重组杆状病毒

1. 用 *hr5*-P$_{OpIE2}$ 替换供体质粒 pFastBacDual 中的 p10 启动子

a)分别根据 AcMNPV 的 *hr5* 序列及启动子 P$_{OpIE2}$ 序列设计引物对 *hr* F/*hr* R 和 *IE2* F/*IE2* R,*hr* R 和 *IE2* F 的 5'端各自带 8bp 互补同源序列(表 4-5)。

b)获得 *hr5* 和 P$_{OpIE2}$ 的 PCR 扩增条件均为:预变性 98℃,2min;变性 98℃,10s;退火 56℃,15s;延伸 72℃,30s:34 个循环;最后 72℃延伸 5min。

c)获得 *hr5*-P$_{OpIE2}$ 使用的引物对为 *hr5* F/*IE2* R,模板是由 b)步骤获得的目的片段,扩增条件为:预变性 98℃,2min;变性 98℃,10s;退火 56℃,15s;延伸 72℃,1min:34 个循环;最后 72℃延伸 5min。

d)连入 pMD19-T vector,测序确定序列正确。

e)利用 PCR 扩增获得线性化的 pFastBacDual 质粒(不包括 p10 启动子),质粒两端有与 *hr5*-P$_{OpIE2}$ 的两端互补同源的序列。

f)利用 In-Fusion 方法(Li et al.,2011)连接,构成用 *hr5*-P$_{OpIE2}$ 替换供体质粒 pFastBacDual 中 p10 启动子质粒 pFB-P$_{OpIE2}$。

g)用引物 *hr* F/*IE2* R 进行 PCR 验证,验证的结果见图 4-23a。PCR 产物经 0.8%的凝胶琼脂分离,目的片段的分子大小为 1077bp,与预期的分子大小一致,表明构建结果正确(图 4-23a)。

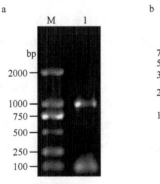
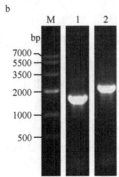

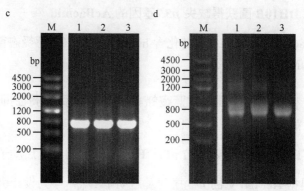

图 4-23　供体质粒的 PCR 验证

a.PCR 验证 pFB-*hr5*-P$_{OpIE2}$ 的 P$_{OpIE2}$ 的 DNA 片段；b. PCR 验证 pFB-*iap2*、pFB-*iap3* 的 *iap2* 和 *iap3* 的 DNA 片段，泳道 1、2 分别对应 pFB-*iap2*、pFB-*iap3*；c. PCR 验证 pFB-*egfp*、pFB-*iap2-egfp*、pFB-*iap3-egfp* 中 *egfp* 的 DNA 片段，泳道 1、2、3 分别对应 pFB-*egfp*、pFB-*iap2-egfp*、pFB-*iap3-egfp*；d.PCR 验证 pFB-*polh*、pFB-*iap2-polh*、pFB-*iap3-polh* 中 *polh* 的 DNA 片段，泳道 1、2、3 分别对应 pFB-*polh*、pFB-*iap2-polh*、pFB-*iap3-polh*；M 为 DNA marker；引物简称见表 4-5，其中 pFB 是 pFastBacDual 质粒的缩写

2. 构建 pFB-P$_{OpIE}$-*p35*、pFB-P$_{OpIE}$-*iap2*、pFB-P$_{OpIE2}$-*iap3* 质粒

a）使用引物 *iap2* F2（*iap2* F2 的 5′端有 HA 标签抗体并具有 16bp 与 pFB R2 的 5′端互补同源）和 *iap2* R2（5′端具有 16bp 与 pFB F2 的 5′端互补同源）（表 4-5），以 MbMNPV 基因组为模板，经 PCR 扩增，获得 5′端带有 16bp P$_{OpIE}$ 同源臂的 MbMNPV *iap2-ha* 目的基因。

b）使用引物 *iap3* F2（5′端带有 HA 标签抗体并具有 16bp 与 pFB R2 的 5′端互补同源）和 *iap3* R2（5′端具有 16bp 与 pFB F2 的 5′端互补同源）（表 4-5），以 MbMNPV 基因组为模板，进行 PCR 扩增，获得带有侧翼互补序列的 MbMNPV *iap3-ha* 目的基因。

c）使用引物 *p35* F2（5′端具有 HA 标签抗体并具有 16bp 与 pFB R2 的 5′端互补同源）和 *p35* R2（5′端具有 16bp 与 pFB F2 的 5′端互补同源）（表 4-5），以 AcMNPV 基因组为模板，进行 PCR 扩增，获得具有侧翼互补序列的 Mb-*p35-ha* 的目的片段。

d）使用引物 pFB F2 和 pFB R2（表 4-5，pFB 是 pFastBacDual 质粒的缩写），PCR 扩增获得线性化 pFB-*hr5*-P$_{OpIE2}$ 的质粒。

e）PCR 获得的目的片段 MbMNPV iap2-*ha*、MbMNPV *iap3-ha*、Ac-*p35-ha* 分别取 4.5μL 加入新的 PCR 管中，每管加入 4.5μL 的 PCR 获得的线性化 pFB-*hr5*-P$_{OpIE2}$ 质粒产物，每管加入 1μL 的 DNA 连接酶，混匀，短暂离心，37℃孵育 1h，转至冰上孵育 2~5min，用 In-Fusion 方法连接，分别构成 pFB-*iap2*、pFB-*iap3*、pFB-*p35*（图 4-24）。

f）连接的产物分别转化大肠杆菌 DH5α，培养，提取菌液中质粒 DNA 进行 PCR 验证，结果见图 4-23b。MbMNPV *iap2*、MbMNPV *iap3* 基因分别插入 pFB-*hr5*-P$_{OpIE2}$ 的 P$_{OpIE}$ 下游，构成 pFB-*iap2*、pFB-*iap3* 质粒。分别利用 *hr* F/*iap2* F2、*hr* F/*iap3* F2

引物对，进行 PCR 验证，PCR 产物经 0.8% 的凝胶琼脂分离，目的基因分子大小约为 1824bp 和 1933bp（图 4-23b），与预期结果一致，表明构建质粒插入的目的基因正确。

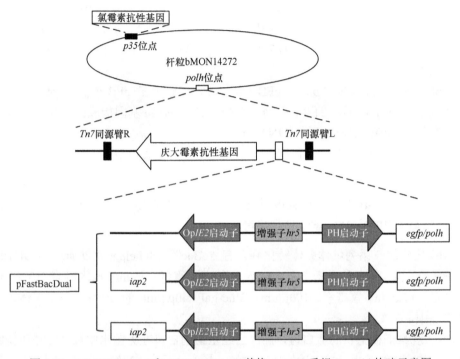

图 4-24　MbMNPV *iap2* 和 MbMNPV *iap3* 替换 Ac-*p35* 重组 Bacmid 构建示意图

3. pFB-*polh*、pFB-*iap2-polh*、pFB-*iap3-polh*、pFB-P_{OpIE}-*egfp*、pFB-*iap2-egfp*、pFB-*egfp* 的构建

a) 使用引物对 pFB F3/pFB R3（包含 *Bam*H I 和 *Hind*III 酶切的 *polh* 基因片段），分别以 pFB-P_{OpIE2}、pFB-*iap2*、pFB-*iap3* 为模板进行 PCR 扩增，分别获得 pFB-P_{OpIE2}-P_{PH}、pFB-P_{OpIE2}-*iap2*-P_{PH}、pFB-P_{OpIE2}-*iap3*-P_{PH}、pFB-P_{OpIE2}-*p35*-P_{PH} 的线性化质粒。

b) 以 *ph* F/*ph* R 为引物（*ph* F 的 5′端具有 16bp 与 pFP-R3 的 5′端反向互补同源；*ph* R 的 5′端具有 16bp 与 pFP-F3 的 5′端反向互补同源），以 AcMNPV 基因组为模板，进行 PCR 扩增，获得 *polh* 基因序列。

c) 以 *egfp* F2/*egfp* R2 为引物（*egfp* F2 的 5′端具有 16bp 与 pFP-R3 的 5′端反向互补同源；*egfp* R2 的 5′端具有 16 bp 与 pFP-F3 的 5′端反向互补同源），以 *egfp* 的基因片段为模板，进行 PCR 扩增，获得具有侧翼连接序列的 *egfp*。

d) 获得的 *egfp* 和 *polh* 分别与 a) 步骤获得的不同线性化质粒置于不同器皿

中，通过 In-Fuson 的方法连接，构成 pFB-*polh*、pFB-*iap2-polh*、pFB-*iap3-polh*、pFB-*egfp*、pFB-*iap2-egfp*、pFB-*egfp* 质粒。

e）质粒分别转化细菌，提取培养菌中的质粒 DNA 进行 PCR 验证。

pFB-*egfp*、pFB-*iap2-egfp*、pFB-*iap3-egfp* 是在 pFB-P_{OpIE}、pFB-*iap2*、pFB-*iap3* 质粒的 PH 启动子下游插入 *egfp* 基因构成。利用 *egfp* F2/*egfp* R2 引物对进行菌液 PCR 验证，*efgp* 的分子大小约为 720bp（图 4-23c），表明构建质粒中的目的基因分子大小正确。

pFB-*polh*、pFB-*iap2-polh*、pFB-*iap3-polh* 是通过在 pFB-P_{OpIE2}、pFB-*iap2*、pFB-*iap3*、pFB-*p35* 质粒的 P_{PH} 启动子下插入 *polyhedrin* 基因构成。利用 *ph* F/*ph* R 引物对从培养菌液提取的质粒 DNA 进行 PCR 验证，*polyhedrin* 基因的分子大小约为 735bp（图 4-23d），与预期大小一致，表明构建质粒中插入的目的基因分子大小正确。

4. 利用 Bac-to-Bac 表达载体系统构建 MbMNPV *iap2*、MbMNPV *iap3* 替换 AcMNPV *p35* 的重组杆状病毒

a）构建的一系列供体载体转化到含有 AcBac$^{\Delta p35}$ 和 helper 辅助质粒的 DH10B 感受态细胞中，然后涂布于含有 50μg/mL 的卡那霉素、7μg/mL 庆大霉素、10μg/mL 四环素、17μg/mL 氯霉素、100μg/mL Blue-gal、40μg/mL 的 IPTG 的 LA 固体培养基平板中，37℃培养 1～2d。

b）观察平板上长的蓝白斑，挑选已经重组的白斑在无菌水中稀释，并在新鲜的有抗生素 LA 平板（与上述的成分含量一样）上画线，37℃培养 1～2d，进一步确定阳性克隆，排除假阳性。

c）转座成功的重组 Bacmid 转接种到 5mL 含有抗生素的 LB 液体培养基，并分别命名为 AcBac$^{\Delta p35}$-*polh*、AcBac$^{\Delta p35}$-*iap2-polh*、AcBac$^{\Delta p35}$-*iap3-polh*、AcBac-*polh*、AcBac$^{\Delta p35}$-*egfp*、AcBac$^{\Delta p35}$-*iap2-egfp*、AcBac$^{\Delta p35}$-*iap3-egfp* 及 AcBac-*egfp*，质粒名称中，Ac 是苜蓿银纹夜蛾核型多角体病毒 AcMNPV 的缩写，Bac 是 Bacmid 的缩写，$^{\Delta p35}$ 表示基因组中缺失了 *p35* 基因。

d）质粒在 37℃摇床上培养 13～16h。在超净台内取 500μL 菌液与 500μL 灭菌的 50%甘油的混合，保存于–80℃冰箱。

e）构建的质粒是缺失 *p35* 基因并含有 MbMNPV *iap2* 或 MbMNPV *iap3* 基因的重组杆状病毒质粒，分别为 AcBac$^{\Delta p35}$-*iap2-egfp* 和 AcBac$^{\Delta p35}$-*iap3-egfp*，利用引物 *iap2* F2 和 *iap2* R2、*iap3* F2 和 *iap3* R2 分别进行 PCR 验证，结果显示 *iap2* 基因分子大小约为 747bp，*iap3* 基因分子大小约为 858bp（图 4-25），与预期结果一致。PCR 检测正确的质粒克隆后测序结果也正确，表明质粒中插入的目的基因正确，构建重组杆状病毒成功。

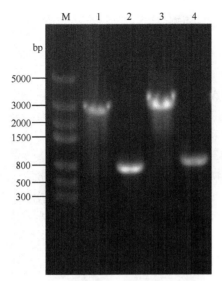

图 4-25 重组 Bacmid 的 PCR 验证

M 为 DNA Maker；泳道 1、2 为 AcBac^{Δp35}-*iap2-egfp*；泳道 3、4 为 AcBac^{Δp35}-*iap3-egfp*

七、含甘蓝夜蛾核型多角体病毒凋亡抑制蛋白基因重组杆状病毒滴度测试及感染细胞后转录和蛋白表达的鉴定

1. 重组杆状病毒 DNA 的抽提

a）从画线平板上挑取白色单菌落，接种至 5mL 的 LB 液体培养基（含有 50μg/mL 的卡那霉素、7μg/mL 庆大霉素、10μg/mL 四环素、17μg/mL 氯霉素、100μg/mL Blue-gal、40μg/mL IPTG），37℃摇床于 220r/min 培养 16～24h。

b）12 000g 离心 5min 收集菌液。

c）加入 250μL solution I 重悬，室温静置 2min；加入 250μL 现配的 solution II（0.2mol/L NaCl、1% SDS），轻轻颠倒 3～4 次混匀，冰上孵育 10min；加入 350μL solution III，颠倒 3～4 次混匀（不要剧烈振荡），冰上静置 10min。

d）4℃条件下 17 000g 离心 8min，转移上清到新的 EP 管。重复此步骤 1～2 次，直至看不到沉淀为止。

e）加入 800μL 预冷的异丙醇，颠倒 2～3 次混匀（动作轻柔），置于–20℃冰箱沉淀 1h 以上（–70℃，效果更佳），4℃条件下离心 15min。

f）用预冷的 1mL 70%乙醇洗涤（轻轻弹 EP 管壁 3～5 次），4℃下 17 000g 离心 5min。用移液枪小心将乙醇吸干净，并移至超净台晾干，静置 10min（直至看到管壁上无液体及沉淀变得透明）。

g）用 100μL 的 ddH$_2$O 或 TE 溶解沉淀。加入 RNA 酶至终浓度 20g/mL（0.1～0.2g/mL），将获得的重组杆状病毒 DNA 悬液分装成每管 30μL。

2. 重组杆状病毒滴度的测试方法

a）提前 4h 将细胞铺于 96 孔细胞板中，细胞密度 $4.0 \times 10^5 \sim 5.0 \times 10^5$ cell/mL，每孔加入 50μL 细胞。

b）用 Bacmid DNA 转染 Tn368 细胞，7d 后收集上清，离心，避光 4℃保存。分别获得重组杆状病毒 $vAc^{\Delta p35}$-*egfp*、$vAc^{\Delta p35}$-*iap2*-*egfp*、$vAc^{\Delta p35}$-*iap3*-*egfp* 及 vAc-*egfp*；重组病毒名称中，v 是病毒 virus 的缩写，Ac 是苜蓿银纹夜蛾核型多角体病毒 AcMNPV 的缩写，$^{\Delta p35}$ 表示基因组中缺失了 *p35* 基因。

c）收集的上清中病毒粒子用无血清的 Grace's 进行梯度稀释 $10^{-8} \sim 10^{-1}$，每次稀释前涡旋 10s，每取一次换枪头，每个样重复三次，每个重复设置 6 个平行。

d）每孔细胞加入 50μL 的病毒粒子悬液，稀释病毒取样前涡旋 10s。

e）细胞培养箱中，27℃下继续培养 7d，统计细胞感染的孔数。用 virus growth curve 4.0 软件计算病毒滴度。

3. 重组杆状病毒感染 Tn368 细胞 RT-PCR 的检测及 Western blotting 检测

为了确定重组病毒是否在转染细胞中转录，特别是其中的 *iap2* 和 *iap3* 基因是否转录，使用 RT-PCR 检测。分别利用引物对 *iap2* F2/*iap* R2 和 *iap3* F2/*iap3* R2，在 $vAc^{\Delta p35}$-*iap2*-*egfp* 和 $vAc^{\Delta p35}$-*iap3*-*egfp* 感染 Tn368 细胞 48h 后，分别提取总 RNA 反转录出 cDNA，以此为模板，进行 RT-PCR 检测，结果见图 4-26。从图 4-25 中可看出，检测到对应的 MbMNPV *iap2* 分子大小为 747bp，对应的 MbMNPV *iap3* 分子大小为 858bp，表明重组病毒中 MbMNPV *iap2* 和 MbMNPV *iap3* 基因都能成功转录。

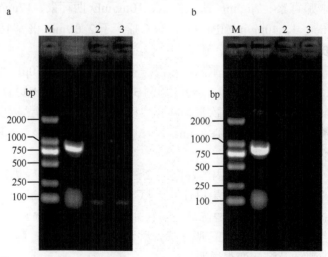

图 4-26　$vAc^{\Delta p35}$-*iap2*-*egfp*、$vAc^{\Delta p35}$-*iap3*-*egfp* 感染 Tn368 细胞后 *iap2* 和 *iap3* 的转录水平分析
a. $vAc^{\Delta p35}$-*iap2*-*egfp*；b. $vAc^{\Delta p35}$-*iap3*-*egfp*；泳道 1、2、3 分别为 cDNA、RNA、空白对照

为了确定重组杆状病毒中 *iap2* 和 *iap3* 基因在感染细胞中是否表达，对感染细

胞中的蛋白质进行 Western blotting 分析。

Western blotting 分析时，重组病毒以 MOI 为 5 感染 Tn368 细胞，48h 后，用预冷的 PBS 洗涤细胞一遍，3000g 离心 5min 收集细胞，用 40μL 细胞裂解液重悬后冰上孵育 10min，加入 10μL 5×SDS 上样 buffer，沸水浴煮沸 10min，冰上冷却 2min，4℃下 5000g 离心 2min。上样，利用 12% 的 SDS-PAGE 分离胶电泳，先以 80V 恒压电泳 30～60min（直至跑完浓缩胶）浓缩样品，再以 120V 恒压电泳 1.5～2h（染料几乎跑出）。

蛋白样品经 SDS-PAGE 电泳后，电转移到 0.45μm 的 PVDF 膜上，转膜条件为：100V 恒压，1h。加入 5% 封闭液（TBS+5% BSA）4℃下封闭过夜。TBST 缓冲液（50mmol/L Tris-HCl、200mmol/L NaCl、0.1% Tween-20，pH 7.5）室温洗膜 3 次，每次 15min。将膜浸入一抗稀释液中（TBS，抗体 1∶1000，0.05% BSA），室温下摇床培养 1.5h 以上，并每隔 30min 翻转膜。TBS-T 缓冲液洗膜 3 次，每次 15min。二抗为 HRP 标记的羊抗鼠 IgG（TBS，抗体 1∶2000，0.05% BSA），将膜浸入二抗稀释液中，37℃温浴 1.5h。TBS-T 缓冲液洗膜 3 次，每次 15min。最后加入化学发光剂 BeyoECL Star（碧云天公司）显色。

检测分析中一抗是 MbMNPV IAP2 和 MbMNPV IPA3 蛋白 N 端融合 HA 标签的抗体，检验结果见图 4-27。图 4-27 中结果表明，重组病毒编码的 MbMNPV IAP2 和 MbMNPV IAP3 都可成功表达，蛋白质分子量约为 28.4kDa 和 32.7kDa（图 4-27），与基因预测编码蛋白分子大小相一致。

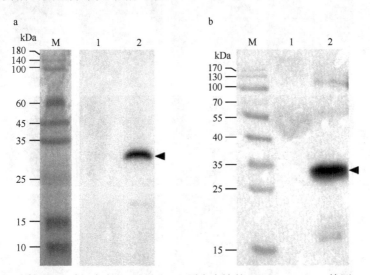

图 4-27　重组病毒 IAP2 及 IAP3 蛋白表达的 Western blotting 检测

a. 泳道 1、2 分别为阴性对照、vAc$^{\Delta p35}$-*iap2-egfp*；b. 泳道 1、2 分别为阴性对照、vAc$^{\Delta p35}$-*iap3-egfp*

八、含甘蓝夜蛾核型多角体病毒凋亡抑制蛋白基因重组杆状病毒质粒转染昆虫 细胞的凋亡抑制功能研究

为了研究甘蓝夜蛾核型多角体病毒两个凋亡抑制蛋白是否具有抗细胞凋亡的功能，分别取 4μg AcBac$^{\Delta p35}$-polh、AcBac$^{\Delta p35}$-iap2-polh、AcBac$^{\Delta p35}$-iap3-polh、AcBac-polh、AcBac$^{\Delta p35}$-egfp、AcBac$^{\Delta p35}$-iap2-egfp、AcBac$^{\Delta p35}$-iap3-egfp 及 AcBac-egfp 的 Bacmid DNA 转染 Sf9 细胞。转染后 48h、72h 和 96h 分别在 400×荧光显微镜下观察细胞状况并拍照记录，结果见图 4-28（由于在昆虫细胞中只是质粒中的重组杆状病毒 DNA 转染复制，因此图中标为重组病毒名称而不是标质粒名称）。

图 4-28 中结果显示，不同重组病毒 Bacmid DNA 转染 Sf9 细胞后 48h，vAcBac$^{\Delta p35}$-iap3-egfp 和 vAcBac$^{\Delta p35}$-iap3-polh 与阳性对照组 vAcBac-egfp 和 vAcBac-polh 转染细胞的状况一致，没有出现细胞凋亡（图 4-28a），而且在转染后 96h 观察仍然如此（图 4-28b），表明 MbMNPV iap3 基因具有抗细胞凋亡功能，

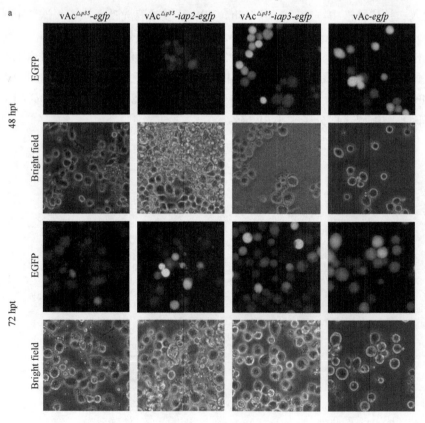

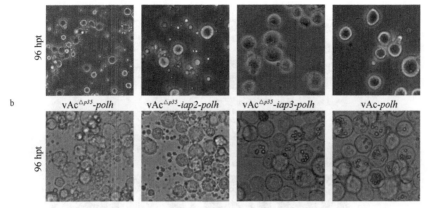

图 4-28 不同重组病毒 DNA 转染 Sf9 细胞后细胞凋亡情况

a. 重组病毒质粒 AcBac$^{\Delta p35}$-egfp、AcBac$^{\Delta p35}$-iap2-egfp、AcBac$^{\Delta p35}$-iap3-egfp 及 AcBac-egfp 的 DNA 转染 Sf9 细胞 48h、72h 后在荧光显微镜下观察结果；b.重组病毒质粒 AcBac$^{\Delta p35}$-polh、AcBac$^{\Delta p35}$-iap2-polh、AcBac$^{\Delta p35}$-iap3-polh、AcBac-polh 的 DNA 转染 Sf9 细胞 96h 后在显微镜下观察结果（由于在昆虫细胞中只是质粒中的重组病毒 DNA 转染复制，因此图中都标为重组病毒名称而不是标质粒名称。重组病毒名称中，v 是病毒 virus 的缩写，Ac 是苜蓿银纹夜蛾核型多角体病毒 AcMNPV 的缩写，$\Delta p35$ 表示基因组中缺失了 p35 基因）

可以替代 Ac-p35 基因拯救其具备的抗细胞凋亡功能。图 4-28 中结果还显示，使用 vAcBac$^{\Delta p35}$-iap2-egfp 和 vAcBac$^{\Delta p35}$-iap2-polh 的 Bacmid 转染细胞，转染后 48h 与阴性对照组 AcBac$^{\Delta p35}$-egfp 和 AcBac$^{\Delta p35}$-polh 相比较，出现了一定数量的细胞凋亡，在转染后 72h 凋亡现象加剧（图 4-28a），转染后 96h 大量的细胞凋亡伴随凋亡小体产生（图 4-28b）。这样的结果表明，尽管 MbMNPV iap2 基因可以在细胞中转录和表达，但其没有显示细胞凋亡抑制功能。

九、含甘蓝夜蛾核型多角体病毒凋亡抑制蛋白基因重组杆状病毒感染昆虫细胞后的凋亡抑制功能研究

使用不同重组 AcMNPV Bacmid 分别转染 Sf9 细胞后 3d 收集上清，收集的 BV 为 P1 代病毒。将 P1 代 BV 感染 1×10^6 个/mL 的 Tn368 细胞，感染后 3d 收集上清，500g 离心 5min，收集的 BV 为 P2 代病毒，4℃避光保存。经过病毒滴度测定，第二代 BV 以 MOI 为 5 感染 Sf9 细胞，感染后 24h、48h 和 72h 分别在 400× 光学显微镜下观察细胞状况并拍照记录，带有 egfp 基因的重组病毒 vAc-egfp、vAc$^{\Delta p35}$-egfp、vAc$^{\Delta p35}$-iap2-egfp 和 vAc$^{\Delta p35}$-iap3-egfp 感染细胞的结果见图 4-29；带有多角体蛋白基因的重组病毒 vAc-polh、vAc$^{\Delta p35}$-polh、vAc$^{\Delta p35}$-iap2-polh 和 vAc$^{\Delta p35}$-iap3-polh 感染细胞结果见图 4-30。

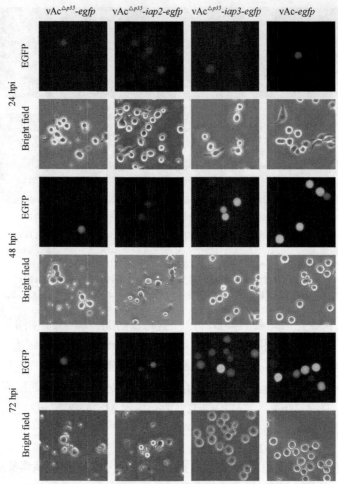

图 4-29　重组病毒 vAc-*egfp*、vAc$^{\triangle p35}$-*egfp*、vAc$^{\triangle p35}$-*iap2-egfp* 和 vAc$^{\triangle p35}$-*iap3-egfp* 感染 Sf9 细胞后不同时相的细胞凋亡情况

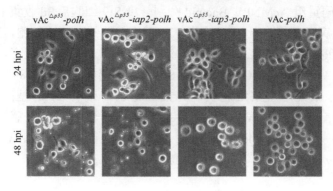

图 4-30　重组病毒 vAc-*polh*、vAc$^{\Delta p35}$-*polh*、vAc$^{\Delta p35}$-*iap2-polh* 和 vAc$^{\Delta p35}$-*iap3-polh* 感染 Sf9 细
胞后不同时相的细胞凋亡情况

重组病毒名称中，v 是病毒 virus 的缩写，Ac 是苜蓿银纹夜蛾核型多角体病毒 AcMNPV 的缩写，*polh* 是多角体蛋
白基因的缩写，表示重组病毒基因组回复了该基因，$\Delta p35$ 表示基因组中缺失了 *p35* 基因

结果显示，重组病毒感染细胞后 24h，显微镜下观察细胞发现，
vAc$^{\Delta p35}$-*iap3-egfp* 和 vAc$^{\Delta p35}$-*iap3-polh* 感染与阳性对照组 vAc-*egfp* 和 vAc-*polh* 感
染的结果一样，感染细胞都没有出现凋亡，而且直到感染后 72h，仍然观察不到
细胞凋亡（图 4-29，图 4-30）。而 vAc$^{\Delta p35}$-*iap2-egfp* 和 vAc$^{\Delta p35}$-*iap2-polh* 感染后
24h，细胞状况与阴性对照组 vAc$^{\Delta p35}$-*egfp* 和 vAc$^{\Delta p35}$-*polh* 感染的一样，出现一定
数量的细胞凋亡，在感染后 72h，细胞凋亡现象都加剧，并出现大量的凋亡小体
（图 4-29，图 4-30）。这些结果也表明，MbMNPV *iap3* 基因能拯救缺失 *p35* 基因
AcMNPV 的细胞凋亡抑制功能，具有凋亡抑制作用。而 MbMNPV *iap2* 基因没有
检测到具有这种细胞凋亡抑制功能。

十、甘蓝夜蛾核型多角体病毒凋亡抑制蛋白通过抑制 caspase-3 活性途径发挥作用的研究

以上研究结果表明，甘蓝夜蛾核型多角体病毒 IAP3 具有凋亡抑制功能。生
物中凋亡抑制可能通过多种途径完成，为了研究 MbMNPV IAP3 是否可通过抑制
半胱天冬酶 caspas-3 途径实现其功能，我们以缺失 *p35* 基因并回复多角体蛋白基
因的 vAc$^{\Delta p35}$-*polh* 为阴性对照，以含有 *p35* 基因并回复多角体蛋白基因的 vAc-*polh*
为阳性对照，研究以 MbMNPV *iap2* 或 *iap3* 基因取代 *p35* 基因的重组病毒
vAc$^{\Delta p35}$-*iap3-polh* 和 vAc$^{\Delta p35}$-*iap3-polh* 对 caspase-3 的抑制作用。

研究中，先用不同的重组 Bacmid 分别转染 Tn368 细胞，3d 后收集上清得到
各重组病毒的 BV，并以 MOI 为 5 感染 Sf9 细胞。在感染后 48h，分别收集不同
重组病毒感染细胞，进行 caspase-3 的活性检测。分别用 caspase-3 不同荧光底物
Ac-DEVD-AMC 和 Ac-DEVD-ρNA 检测 caspase-3 的活性。

1. 以 Ac-DEVD-AMC 为底物测定半胱天冬酶 caspase-3 活性

a）用 DMSO 溶解 Ac-DEVD-AMC 粉末，配制 10mmol/L Ac-DEVD-AMC 储
存液。

b）使用 50μL 10mmol/L 的 Ac-DEVD-AMC 储存液，在其中加入 100μL DTT、

400μL 100μmol/L 的 EDTA、10mL 20mmol/L 的 Tris buffer（pH 7.4），配制 2×caspase 反应底物（50μmol/L Ac-DEVD-AMC）。

c）将 50μL 蛋白样品与 50μL 2×caspase 反应底物混合，在室温避光孵育 2～4h。

d）荧光酶标仪进行检测，激发光为 351nm，发射光为 430nm，检测结果见图 4-31。

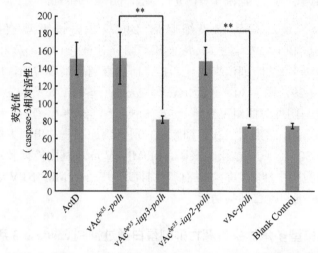

图 4-31　重组病毒感染细胞后 48h 以 Ac-DEVD-AMC 为底物检测的 caspase-3 活性

检测结果使用 LSD-*t* 进行统计分析，**表示极显著差异（*P*＜0.01），ActD 表示放线菌素 D，Blank Control 表示空白对照

在图 4-31 中，以 Ac-DEVD-AMC 为底物反应时，caspase-3 活性高低以荧光值表示，利用荧光酶标仪检测 vAc$^{\Delta p35}$-*polh*、vAc$^{\Delta p35}$-*iap2-polh*、vAc$^{\Delta p35}$-*iap3-polh*、vAc-*polh* 感染昆虫细胞后 48h 的荧光值，结果分别为 151.97、148.73、81.75、74.36。利用软件 SPSS Statistics 对 4 组数据进行统计学分析，表明 vAc$^{\Delta p35}$-*iap3-polh* 感染细胞与阴性对照组 vAc$^{\Delta p35}$-*polh* 感染相比，酶活性下降了 46.2%，有极显著差异（LSD-*t*=5.41，*P*＜0.01），但与具 P35 凋亡抑制功能的 vAc-*polh* 感染相比，无明显差异（LSD-*t*=0.56，*P*=0.579）；使用未检测到凋亡抑制活性的 vAc$^{\Delta p35}$-*iap2-polh* 感染细胞，检测结果与阴性对照 AcBac$^{\Delta p35}$-*polh* 感染结果不存在显著差异（LSD-*t*=1.08，*P*=0.807），而与 vAc-*polh* 感染结果则有极显著差异（LSD-*t*=5.73，*P*＜0.01）（图 4-31）。这些结果表明，甘蓝夜蛾核型多角体病毒 *iap3* 基因编码蛋白具有抗细胞凋亡功能，且 IAP3 可能通过抑制 caspase-3 的途径抑制细胞凋亡的发生。

2. Ac-DEVD-ρNA 为底物测定半胱天冬酶 caspase-3 的活性

a）试验使用 caspase-3/CPP32 Colorimetric Assay Kit（BioVision）提供的试剂。

b）收集细胞，4℃下 2000g 离心 2min，弃上清培养基，留取沉淀的细胞。

c）沉淀中加入 50μL Lysis Buffer 重悬细胞，在冰上孵育 10min。

d）4℃下 10 000g 离心 1min。

e）将上清（胞质抽提物）转移至新管内，置于冰上（或存储–80℃）。

f）Cell Lysis Buffer 稀释蛋白至 50～200μg。取 50μL，3 个平行。

g）添加 50μL 2×反应缓冲液（含 10mmol/L DTT：每增加 1mL 2×反应缓冲液增加 10μL 1.0mol/L 的 DTT）。

h）加入 5μL 的 4mmol/L Ac-DEVD-ρNA，37℃孵育 1～2h，避光。

i）用酶标仪 400nm 或 405nm 检测，测定蛋白质浓度，结果见图 4-32。

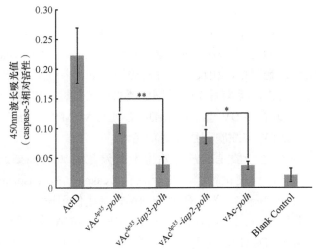

图 4-32　重组病毒感染细胞后以 Ac-DEVD-ρNA 为底物检测的 caspase-3 活性

检测结果使用 LSD-t 进行统计分析，*表示显著性差异（$P<0.05$），**表示极显著差异（$P<0.01$），ActD 表示放线菌素 D，Blank Control 表示空白对照

图 4-32 为以 Ac-DEVD-ρNA 为底物检测不同重组病毒感染细胞后的 caspase-3 活性，通过酶标仪 A_{405} 值来表示酶活性高低。结果显示，vAc$^{\Delta p35}$-polh、vAc$^{\Delta p35}$-iap2-polh、vAc$^{\Delta p35}$-iap3-polh、vAc-polh 分别感染细胞，感染后 48h，样品的 A_{405} 值分别为 0.11、0.09、0.04、0.04。利用软件 SPSS 对几种重组病毒的数据进行统计学相关性分析，显示含 iap 基因的重组病毒 vAc$^{\Delta p35}$-iap2-polh、vAc$^{\Delta p35}$-iap3-polh 与阴性对照 vAc$^{\Delta p35}$-polh 相比，酶活性检测值分别下降了 18.2%、63.6%。vAc$^{\Delta p35}$-iap2-polh 与阴性对照 vAc$^{\Delta p35}$-polh 无显著差异（LSD-t=1.21，P=0.246），而 vAc$^{\Delta p35}$-iap3-polh 与阴性对照 vAc$^{\Delta p35}$-polh 有极显著差异

（LSD-*t*=3.79，*P*=0.003）；vAc$^{\Delta p35}$-*iap2-polh* 与阳性对照 vAc-*polh* 存在显著差异（LSD-*t*=2.67，*P*=0.02），vAc$^{\Delta p35}$-*iap3-polh* 则与阳性对照 vAc-*polh* 不存在显著差异（LSD-*t*=0.11，*P*=0.95）（图 4-32）。

3. MbMNNPV 凋亡抑制蛋白作用途径的分析

利用重组病毒的方法研究甘蓝夜蛾核型多角体病毒两个抗细胞凋亡蛋白的功能，使用 MbMNPV *iap3* 基因替代 AcMNPV *p35* 基因的重组病毒 AcBac$^{\Delta p35}$-*iap3-egfp* 及阳性对照 AcBac-*egfp* 分别转染 Sf9 昆虫细胞系，通过显微观察，转染后 48～96h 都能抑制细胞凋亡发生，而阴性对照 AcBac$^{\Delta p35}$-*egfp* 转染细胞后 48h 就出现一定数量的细胞凋亡，72h 时凋亡现象加剧，96h 时大量的细胞凋亡伴随凋亡小体产生（图 4-27）。这表明 MbMNPV *iap3* 基因具有抗细胞凋亡功能，它可代替 *p35* 基因使缺失该基因的 AcMNPV 恢复其抗细胞凋亡的功能，而 MbMNPV *iap2* 基因不具备抗细胞凋亡功能。

使用重组病毒 BV，以 MOI 为 5 感染 Sf9 细胞。感染后 24～72h，通过显微观察，用 MbMNPV *iap3* 基因取代 AcMNPV *p35* 基因的重组病毒 vAc$^{\Delta p35}$-*iap3-egfp* 感染细胞都不出现细胞凋亡，相反的阴性对照组 vAc$^{\Delta p35}$-*egfp* 感染细胞后 24h 开始有一定数量细胞凋亡，感染后 72h 时细胞凋亡现象加剧，出现大量的凋亡小体（图 4-29）。通过重组病毒 BV 感染昆虫细胞，证明 MbMNPV *iap3* 基因也能拯救缺失 *p35* 基因 AcMNPV 的细胞凋亡抑制功能。

细胞凋亡的途径，一般是通过起始型半胱天冬酶（caspase-2、caspase-9、caspase-10 等）活化，促使执行型半胱天冬酶（caspase-3、caspase-6、caspase-7 等）发挥作用促进细胞凋亡。为了研究细胞凋亡抑制作用途径，用重组病毒 BV 感染 Sf9 细胞，分别用 Ac-DEVD-AMC 和 Ac-DEVD-ρNA 检测细胞 caspase-3 的活性。利用以 Ac-DEVD-AMC 为底物的检测方法，通过荧光酶标仪检测的荧光值分析，结果显示 vAc$^{\Delta p35}$-*iap3-polh* 可以显著抑制感染细胞的 caspase-3 活性。利用以 Ac-DEVD-ρNA 为底物的检测方法，通过荧光酶标仪检测的 A$_{405}$ 值分析，显示两种方法的检测结果一致，MbMNPV *iap3* 具有凋亡抑制功能，且作用途径可能通过抑制 caspase-3 途径完成。而在平行进行的研究中，MbMNPV *iap2* 基因没有检测到抗细胞凋亡的功能，也不具备抑制半胱天冬酶的功能，尽管它可以在细胞中进行转录和表达。MbMNPV *iap2* 基因在杆状病毒中作用特殊，它是否还具有其他功能有待于进一步的深入研究。例如，在 BmNPV（*Bombyx mori nucleopolyhedrovirus*）中，BmNPV *iap2* 影响 BV 的出芽，缺失该基因后病毒 BV 的产量降低（Zhang et al.，2012）。

（编写人：王春林、杨莉霞、吴柳柳、张忠信）

参 考 文 献

李秀峰, 庄佩君, 唐振华. 2001. 昆虫几丁质合成抑制剂及其作用机理. 世界农药, 23(1): 21-23.

吴柳柳, 杨莉霞, 张忠信. 2018. 甘蓝夜蛾核型多角体病毒增效因子功能的研究. 华中昆虫研究, 14: 78-89.

尹隽, 单梁, 宋大新, 等. 2007. 粉纹夜蛾颗粒体病毒增强蛋白锌离子结合域定点突变. 昆虫学报, 50: 1111-1115.

张海元, 黄柏青, 梅春雷, 等. 2005. SeMNPV 组织蛋白酶基因的克隆表达及其对病毒杀虫的影响. 中国病毒学, 20(5): 534-538.

张林娜, 陈文峰, 尹新民, 等. 2016. 杆状病毒增效因子及其增效机理. 病毒学报, 32(5): 640-648.

张小霞, 陈晓慧, 梁振普, 等. 2010. 昆虫杆状病毒的增效蛋白. 病毒学报, (5): 418-432.

Adams J M, Cory S. 2007. Bcl-2-regulated apoptosis: mechanism and therapeutic potential. Curr Opin Immunol, 19(5): 488-496.

Bump N J, Hackett M, Hugunin M. 1995. Inhibition of ICE family proteases by baculovirus antiapoptotic protein p35. Science, 269(5232): 1885.

Clem R J, Fechheimer M, Miller L K. 1991. Prevention of apoptosis by a baculovirus gene during infection of insect cells. Science, 254(5036): 1388.

Clem R J. 2007. Baculoviruses and apoptosis: a diversity of genes and responses. Current drug targets, 8(10): 1069-1074.

Corrado G, Arciello S, Fanti P, et al. 2008. The Chitinase A from the baculovirus AcMNPV enhances resistance to both fungi and herbivorous pests in tobacco. Transgen Res, 17: 557-571.

Crook N E, Clem R J, Miller L K. 1993. An apoptosis-inhibiting baculovirus gene with a zinc finger-like motif. Journal of Virology, 67(4): 2168-2174.

Doyle C J, Hirst M L, Cory J S, et al. 1990. Risk assessment studies: detailed host range testing of wild-type cabbage moth, *Mamestra brassicae* (Lepidoptera: Noctuidae), nuclear polyhedrosis virus. Appl Environ Microbiol, 56: 2704-2710.

Du Q, Lehavi D, Faktor O. 1999. Isolation of an apoptosis suppressor gene of the *Spodoptera littoralis nucleopolyhedrovirus*. Journal of Virology, 73(2): 1278-1285.

Escasa S R, Lauzon H A, Mathur A C, et al. 2006. Sequence analysis of the Choristoneura occidentalis granulovirus genome. Journal of General Virology, 87(7): 1917-1933.

Finney D J. 1978. Statistical method in biological assay. London: Oxford University Press: 508.

Guo H F, Fang J C, Liu B S, et al. 2007. Enhancement of the biological activity of nucleopolyhedrovirus through disruption of the peritrophic matrix of insect larvae by chlorfluazuron. Pest Manag Sci, 63: 68-74.

Guy M P, Friesen P D. 2008. Reactive-site cleavage residues confer target specificity to baculovirus P49, a dimeric member of the P35 family of Caspase inhibitors. Journal of Virology, 82(15): 7504-7514.

Harrison R L, Bonning B C. 2001. Use of proteases to improve the insecticidal activity of baculoviruses. Biol Control, 20: 199-209.

Hawtin R E, Arnold K, Ayres M D, et al. 1995. Identification and preliminary characterization of a chitinase gene in the *Autographa californica nuclear polyhedrosis virus* genome. Virology, 212: 673-685.

Hawtin R E, Zarkowska T, Arnold, K, et al. 1997. Liquefaction of *Autographa californica nucleopolyhedrovirus*-infected insects is dependent on the integrity of virus-encoded *chitinase* and *cathepsin* genes. Virology, 238: 243-253.

Hayakawa T, Shimojo E-i, Mori M, et al. 2000. Enhancement of baculovirus infection in *Spodoptera exigua*（Lepidoptera: Noctuidae） larvae with Autographa californica nucleopolyhedrovirus or Nicotiana tabacum engineered with a granulovirus enhancin gene. Appl Entomol Zool, 35: 163-170.

Hinds M G, Norton R S, Vaux D L, et al. 1999. Solution structure of a baculoviral inhibitor of apoptosis (IAP) repeat. Nat Struct Biol, 6: 648-651.

Huang H, Joazeiro C A P, Bonfoco E. 2002. The inhibitor of apoptosis, cIAP2, functions as a ubiquitin-protein ligase and promotes in vitro monoubiquitination of Caspases 3 and 7. Journal of Biological Chemistry, 275(35): 26661-26664.

Ikeda M, Yamada H, Hamajima R. 2013. Baculovirus genes modulating intracellular innate antiviral immunity of lepidopteran insect cells. Virology, 435(1): 1-13.

Ishimwe E, Hodgson J J, Clem R J, et al. 2015. Reaching the melting point: degradative enzymes and protease inhibitors involved in baculovirus infection and dissemination. Virology, 479-480: 637.

Jabbour A M, Ekert P G, Coulson E J. 2002. The p35 relative, p49, inhibits mammalian and *Drosophila* caspases including DRONC and protects against apoptosis. Cell Death and Differentiation, 9(12): 1311.

Jacobson M D, Weil M, Raff M C. 1997. Programmed cell death in animal development. Cell, 88(3): 347-354.

Kerr J F, Wyllie A H, Currie A R. 1972. Apoptosis: a basic biological phenomenon with wide-ranging implications in tissue kinetics. British Journal of Cancer, 26(4): 239-257.

Lanier L M, Slack J M, Volkman L E. 1996. Actin binding and proteolysis by the baculovirus AcMNPV: the role of virion-associated V-CATH. Virology, 216: 380-388.

Leighton T, Marks E, Leighton F. 1981. Pesticides: insecticides and fungicides are chitin synthesis inhibitors. Science, 213: 905-907.

Li C, Wen A, Shen B. 2011. FastCloning: a highly simplified, purification-free, sequence-and ligation-independent PCR cloning method. BMC Biotechnology, 11(1): 92.

Li Q J, Li L L, Moore K, et al. 2003a. Characterization of *Mamestra configurata nucleopolyhedrovirus* enhancin and its functional analysis via expression in an Autographa californica M nucleopolyhedrovirus recombinant. J Gen Virol, 84: 123-132.

Li Z F, Li C B, Yang K, et al. 2003b. Characterization of a chitin-binding protein GP37 of Spodoptera litura multicapsid nucleopolyhedrovirus. Virus Res, 96: 113-122.

Lima A A, Aragao C W S, de Castro M E B, et al. 2013. A recombinant Anticarsia gemmatalis MNPV harboring chiA and v-cath genes from *Choristoneura fumiferana defective* NPV induce host liquefaction and increased insecticidal activity. PLoS One, 8: e74592.

Liu X, Lei C, Sun X. 2013. Control efficacy of *Bacillus thuringiensis* and a new granulovirus isolate against *Cydia pomonella* in orchards. Biocontrol Sci Techn, 23: 691-700.

Liu X, Ma X, Lei C, et al. 2011. Synergistic effects of *Cydia pomonella granulovirus* GP37 on the infectivity of nucleopolyhedroviruses and the lethality of *Bacillus thuringiensis*. Arch Virol, 156: 1707.

Liu Z, Sun C, Olejniczak E T. 2000. Structural basis for binding of Smac/DIABLO to the XIAP BIR3 domain. Nature, 408(6815): 1004-1008.

Mace P D, Shirley S, Day C L. 2010. Assembling the building blocks: structure and function of inhibitor of apoptosis proteins. Cell Death & Differentiation, 17(1): 46-53.

Mitsuhashi W, Furuta Y, Sato M. 1998. The spindles of an entomopoxvirus of Coleoptera (*Anomala cuprea*) strongly enhance the infectivity of a nucleopolyhedrovirus in Lepidoptera (*Bombyx mori*). J Invertebr Pathol, 71: 186-188.

Mtsuhashi W, Murakami R T Y, Miyamoto K, et al. 2008. Stability of the viral-enhancing ability of entomopoxvirus spindles exposed to various abiotic factors. Appl Entomol Zool, 43: 483-489.

Popham H J, Bischoff D S, Slavicek J M. 2001. Both Lymantria dispar nucleopolyhedrovirus enhancin genes contribute to viral potency. J Virol, 75: 8639-8648.

Porter A G, Jänicke R U. 1999. Emerging roles of caspase-3 in apoptosis. Cell Death and Differentiation, 6(2): 99-104.

Robertson J L, Russell R M, Preisler H K. 2007. Bioassays with arthropods. Boca Raton: CRC Press.

Rohrmann G F. 2013. Baculovirus molecular biology. 3rd. Bethesda: National Center for Biotechnology Information: 109-114.

Salvador R, Ferrelli M L, Berretta M F, et al. 2012. Analysis of EpapGV gp37 gene reveals a close relationship between granulovirus and entomopoxvirus. Virus Genes, 45: 610-613.

Salvesen G S, Dixit V M. 1997. Caspases: intracellular signaling by proteolysis. Cell, 91(4): 443-446.

Salvesen G S, Duckett C S. 2002. IAP proteins: blocking the road to death's door. Nature reviews. Molecular Cell Biology, 3(6): 401-410.

Slack J M, Kuzio J, Faulkner P. 1995. Characterization of v-cath, a cathepsin L-like proteinase expressed by the baculovirus Autographa californica multiple nuclear polyhedrosis virus. J Gen Virol, 76: 1091-1098.

Sun C, Cai M, Gunasekera A H, et al. 1999. NMR structure and mutagenesis of the inhibitor-of-apoptosis protein XIAP. Nature, 401: 818-822.

Tanada Y. 1959. Synergism between two viruses of the armyworm, *Pseudaletia unipuncta* (Haworth) (Lepidoptera: Noctuidae). J Insect Pathol, 1: 215-231.

Thézé J, Takatsuka J, Li Z, et al. 2013. New insights into the evolution of Entomopoxvirinae from the complete genome sequences of four entomopoxviruses infecting *Adoxophyes honmai*, *Choristoneura biennis*, *Choristoneura rosaceana*, and *Mythimna separata*. J Virol, 87: 7992-8003.

Vaux D L, Silke J. 2005. IAPs, RINGs and ubiquitylation. Nature reviews. Molecular Cell Biology, 6(4): 287-297.

Wu J W, Cocina A E, Chai J, et al. 2001. Structural analysis of a functional DIAP1 fragment bound to grim and hid peptides. Mol Cell, 8: 95-104.

Yamada H, Shibuya M, Kobayashi M. 2011. Identification of a novel apoptosis suppressor gene from the baculovirus *Lymantria dispar multicapsid nucleopolyhedrovirus*. Journal of Virology, 85(10): 5237-5242.

Yamada H, Shibuya M, Kobayashi M. 2012. Baculovirus Lymantria dispar multiple nucleopolyhedrovirus IAP2 and IAP3 do not suppress apoptosis, but trigger apoptosis of insect cells in a transient expression assay. Virus Genes, 45(2): 370-379.

Yan N, Wu J W, Chai J, et al. 2004. Molecular mechanisms of DrICE inhibition by DIAP1 and removal of inhibition by reaper, hid and grim. Nat Struct Mol Biol, 11: 420-428.

Zhang M J, Cheng R L, Lou Y H. 2012. Disruption of Bombyx mori nucleopolyhedrovirus ORF71 (Bm71) results in inefficient budded virus production and decreased virulence in host larvae. Virus Genes, 45(1): 161-168.

Zhang Y, Ma F, Wang Y, et al. 2008. Expression of *v-cath* gene from HearNPV in tobacco confers an antifeedant effect against *Helicoverpa armigera*. J Biotechnol, 138: 52-55.

Zoog S J, Schiller J J, Wetter J A. 2002. Baculovirus apoptotic suppressor P49 is a substrate inhibitor of initiator Caspases resistant to P35 *in vivo*. The EMBO Journal, 21(19): 5130-5140.

第五章　甘蓝夜蛾核型多角体病毒表达载体系统的研究

第一节　昆虫细胞培养

昆虫细胞的体外培养始于 20 世纪中叶,在那个时期建立昆虫细胞系的主要动机是研究昆虫的生理特性及杆状病毒体外表达产物以用于昆虫的生物防治。然而到了 20 世纪 80 年代初期,对杆状病毒进行基因改造的可能性使得昆虫细胞培养逐渐变成了生物技术的主流。杆状病毒作为载体使用,使得不同的蛋白质可以在感染的鳞翅目昆虫细胞系中表达。如今,昆虫细胞-杆状病毒表达载体系统(insect cell-baculovirus expression vector system,IC-BEVS)作为一个主要的技术平台,被广泛应用于病毒粒子的生产及重组蛋白的表达,应用范围从生物农药到人畜疫苗的研发,还作为载体用于基因治疗。

一、昆虫细胞系

在过去的几十年里,从 6 个目、100 多种昆虫种中建立了上百种昆虫细胞系。鳞翅目昆虫细胞系,如以家蚕(*Bombyx mori*,Bm)、甘蓝夜蛾(*Mamestra brassicae*,Mb)、美洲棉铃虫(*Helicoverpa zea*,Hz)、草地贪夜蛾(*Spodoptera frugiperda*,Sf)及粉纹夜蛾(*Trichoplusia ni*,Tn)为来源的细胞系,用来表达重组外源蛋白及用于杆状病毒生物农药的生产。在这些细胞系中,Sf9、Sf21、Tn368 及 High-Five 细胞系在工业应用上最为常用。这些及其他相关的细胞系对 AcMNPV 和其他杆状病毒具有很高的受纳性,为 IC-BEVS 提供了基础。

最早用于研究及技术应用的昆虫细胞系是草地贪夜蛾 21(*Spodoptera frugiperda* 21,Sf21)细胞系,Sf9 细胞系是从 Sf21 细胞系中演变而来。Tn368 细胞系源于粉纹夜蛾(*Trichoplusia ni*)卵巢组织,建立于 1968 年 3 月,简称为 Tn368 细胞系。BTI-TN-5B1-4 细胞系也是从 *T. ni* 卵巢组织中分离出来的 Tn5 卵巢细胞系的克隆。Ganados 于 1994 年将此细胞系申请了专利并授权,然后它以"High-Five™ 细胞系"的名义迅速商业化。High-Five 细胞系与 Sf 细胞系相比,High-Five 细胞系从一开始就显示出分泌糖蛋白的优异能力。

Sf 细胞系适于悬浮培养,在没有胰蛋白酶消化的情况下通过温和搅拌也能容易地将其从培养瓶表面脱落。Tn 细胞系最初是贴壁培养的,但今天它们也可适应悬浮培养。Sf21 细胞系较 Sf9 细胞系更脆弱,它对渗透压、pH 和剪切应力的耐受性差于 Sf9，且生长速率较低。

如今，由于 Sf21 细胞的生长和感染特征，它的使用已经减少了。Sf9 细胞的便利，使其能够更好地扩增杆状病毒，而 High-Five 细胞与 Sf9 相比，通常能产生更多重组外源蛋白，相同数量细胞产生的蛋白质量可提高 20 倍。尽管 Sf9 细胞更耐热休克，但 High-Five 细胞比 Sf9 对剪切应力和渗透压冲击更为强。High-Five 细胞比 Sf9 细胞更大，蛋白质含量更高，其细胞大小分布比 Sf9 细胞更宽。然而，细胞大小取决于中等渗透压、剪切应力、细胞状态等。近年来，源自 Sf9 细胞的专有细胞系 expresSF+优越特性已经促使其用于制造几种生物制品，包括流感疫苗 FluBlok。

昆虫细胞系具有多倍体染色体，并且这种多倍体可能在培养过程中发生变化。这些细胞系能够长期传代，但在此期间，它们可能发生形态和生理变化，如生产力降低、生长速率升高及细胞直径增加，通过条件培养基培养时，细胞对生长增强子的敏感性较低。

最后，杆状病毒感染的昆虫细胞产生有缺陷的干扰颗粒的趋势随着细胞传代次数的增加而增加。

二、昆虫细胞培养介质

昆虫细胞培养基与哺乳动物细胞的培养基不同。它们含有相同的基本元素，如碳水化合物、氨基酸和盐，但更适合昆虫细胞代谢的浓度与哺乳动物细胞的相反，昆虫细胞培养基补充有特定添加剂，如脂质混合物，可以向细胞提供它们不能产生的一些脂质。此外，表面活性剂如 Pluronic F-68 以 0.1%～0.2%（m/V）的比例添加到培养基中，可以保护细胞免受搅拌反应器的剪切应力，而消泡剂也通常在鼓泡反应器培养中加入。苯酚红作为酸碱度（pH）指示剂不存在于昆虫介质中。

20 世纪 60 年代和 70 年代，根据昆虫细胞的血淋巴组成，第一种昆虫细胞培养基成功开发。这些基础培养基如 Grace's（1962）培养基、TNM-FH 或 TC-100 培养基由碳水化合物、氨基酸、有机酸、盐和维生素的基础混合物组成，补充有 5%或 10%胎牛血清（fetal bovine serum，FBS）。一些培养基最初补充有血淋巴，但目前血清已成为优选的添加剂。

血清能为细胞的生长提供生长因子、具有解毒和抗氧化作用的蛋白质、载体蛋白和蛋白酶抑制剂，并保护细胞免受剪切应力。如果去除血清，昆虫细胞就不能在 Grace's、TNM-FH、TC-100 这些基础培养基中生长——它们可以保持生存，但不生长。但血清很昂贵，批次与批次之间具有一定的差异，而且它的供应是有限的，血清中还可能包含外来物质或污染物，此外，血清也会影响重组外源蛋白的纯化，这些因素也促进了无血清培养基的发展。

20 世纪 80 年代初，研究者就开始致力于将血清从昆虫细胞培养基中去除的研究。Wilkie 等（1980）开发了 CDM 培养基，它是第一个含有水解产物酵母菌素的无血清昆虫细胞培养基，用于 Sf 细胞系的生长和感染。从自溶酵母生物质（autolysed yeast biomass）中超滤的酵母提取物，其可以执行许多血清功能。它含有复合维生素 B，这对维持昆虫细胞系很重要，它也可能含有生物活性肽。已知酵母可以延长昆虫细胞的生长期，被认为是 Sf9 细胞产生自分泌生长促进因子的必需品。

1981 年，Weiss 等开发了 IPL-41 无血清培养基，适用于大规模培养。在 Pluronic F-68 中补充 4g/L 酵母和乳化的脂质混合物，可以支持 Sf9 细胞的培养。在接下来的几年中，补充了酵母、蛋黄、乳白蛋白或 Ex-Cyte（Hink，1991）的培养基 IPL-41 和 CDM 培养基被开发用以维持 Sf9、Sf21、Tn386 和 SL-2 细胞的生长。

1993 年，Schlaeger 等开发了第一个能够维持 High-Five 细胞高生长率的无血清培养基 SF-1。1995 年，Öhman 等开发了专门适用于 Sf9 细胞的无血清培养基 KDM-10。SF-1 培养基含有 Primatone，它是动物组织的酶消化物，作为一种经济有效的补充剂，在无血清条件下通过延迟 Sf-9 和 High-Five 昆虫细胞的凋亡来延长生长期。

在过去的二十多年里，针对 Sf 和 Tn 细胞市场上已有了很多的商业化培养基。大多数目前的昆虫细胞培养基是无血清的，并且含有酵母、肉或大豆水解产物。这些培养基虽然能够支持高细胞密度和蛋白滴度，但是它们价格昂贵，具有细胞系特异性和倾向性组合。

尽管所有鳞翅目昆虫细胞系的培养条件都不相同，但存在相似之处。昆虫细胞培养基通常用于独特的细胞系或细胞系的狭窄范围（如 Sf 细胞系）。即使鳞翅目昆虫细胞可以在非特异性培养基中保持活力，但它们通常需要一种适合于其生理和代谢的特定培养基以维持高密度并始终达到高生产水平。针对 High-Five 细胞开发的培养基通常比 Sf9 细胞富集。通常，Sf9 细胞能够在针对 High-Five 细胞开发的培养基中生长，但是会产生更多的副产物。相反，在针对 Sf9 细胞开发的培养基（如 Sf900-Ⅱ）中培养的 High-Five 细胞生长速率降低，副产物产量升高，基因产物水平下降。

三、影响昆虫细胞培养的因素

1. 温度对昆虫细胞的影响

昆虫细胞系可以在 25～30℃ 的温度内培养。但是，根据生长速率和最终细胞密度，细胞培养的最佳温度为 27℃。然而，Gerbal 等（2000）将 Sf9 细胞在 37℃ 下长时间传代培养，从而表明昆虫细胞具有一定的耐热性。在 25℃ 培养时，比生长速率（μ）降低。而在 30℃ 培养时，细胞活力和最大细胞密度降低。

已知培养温度从 22℃升高到 30℃可以增加 Sf9 细胞的生长速度、氧消耗量和葡萄糖生成量，而在 35℃下培养会降低这些参数。据报道，将温度从 22℃提高到 27℃也增加了 Sf9 细胞产生的 β-半乳糖苷酶（β-gal）量，并增加了在细胞外释放的产物的比例，但是在高于 27℃时生产力下降。25～31℃的温度升高导致 Bm5 细胞的活力下降、r 蛋白在更早期产生。温度影响 IC-BEVS 中的糖基化潜能也有人报道，因为将感染温度从 28℃降至 24℃甚至 20℃导致 High-Five 细胞里 r 蛋白更完全的糖基化。

2. pH 及渗透压对昆虫细胞的影响

关于 pH，各种昆虫细胞系的生长需要在 pH 6.0～6.8。因此一般使用磷酸盐缓冲液控制，并且不需要使用通常用于哺乳动物细胞培养的二氧化碳/碳酸氢盐缓冲系统。

研究发现，家蚕 Bm5 细胞的最适 pH 为 6.1～6.3，High-Five 细胞的 pH 为 6.2～6.3，Sf9 细胞 pH 为 6.2～6.4，对于 Tn368 细胞，pH 在 6.0～6.25 都适合生长。在较低或较高的 pH（低于 6.0 或高于 6.8）下培养细胞，细胞的滞后期会延长，且生长速率及最大细胞密度会降低。对于生长和感染阶段，受控生物反应器中的昆虫细胞通常在 pH 为 6.2 的环境下生长。然而，中度 pH 对 r 蛋白生产的影响尚未得到详细研究。

昆虫细胞系对渗透压的变化或增加的敏感性较哺乳动物细胞的低。它们能够在分子渗透压浓度从 250mOsm/kg 到 450mOsm/kg 的培养基中保持活力。然而，与用于哺乳动物的细胞系相比，适用于悬浮培养的 Bm、Sf 和 Tn 细胞系的典型培养基渗透压在 320～385mOsm/kg。

3. 溶解二氧化碳对昆虫细胞的影响

如前所述，与需要二氧化碳/碳酸氢盐缓冲液的哺乳动物培养基相反，昆虫细胞培养基通常用磷酸盐缓冲液缓冲并且不需要二氧化碳培养箱。然而，当选择用于昆虫细胞培养的培养箱时需要注意一点，因为许多孵化器保持的最低温度比环境温度高 5℃，在工业中，非常小的纯氧气泡通常用于大规模哺乳动物和昆虫细胞培养，以改善氧气转运效率。这样的小气泡使得氧气能几乎完全溶解，被代谢转化为二氧化碳（每摩尔消耗的氧气产生 1 摩尔二氧化碳）。然而，它们不能防止生物反应器中二氧化碳的积累，特别是在高密度细胞培养物中。Mitchell-Logean 和 Murhammer（1997）显示，除非生物反应器顶部空间被清除，否则二氧化碳可以在实验室规模的生物反应器中的 Sf9 和 Tn5 细胞培养物中累积至生长抑制水平（约 24mmol/L）。在固定床反应器中培养的 High-Five 细胞对二氧化碳积累非常敏感。近来，Bapat 和 Murhammer（2011）报道了高浓度二氧化碳对培养基中未感染和杆状病毒感染了的昆虫细胞有很大影响，并提示细胞内 pH 在抑制机制中的重要性。

4. 溶氧量对昆虫细胞的影响

昆虫细胞具有比哺乳动物细胞更高的比消耗速率，具有更高的乳酸盐生产比例。虽然昆虫细胞比哺乳动物细胞需要更多的氧气，但是它们可以在具有类似气体过程控制的相同类型生物反应器中培养。

各种研究已经报道了溶解氧（DO）水平对细胞生长的影响，但是关于细胞生长和生产的最佳 DO 范围的公开报告之间存在相当大的差异。在早期研究中，Hink 和 Strauss（1979）及 Hink（1982）发现，Tn368 细胞的比生长速率（μ）在所有 DO 水平是相似的。然而，1991 年 Jain 等证明 DO 水平对 Sf9 细胞的比生长速率具有显著影响。Gotoh 等（2004）表明，Sf9 细胞的比耗氧速率（QO2）随着温度和 DO 而变化，可以通过 Monod 方程来描述。在生长阶段，昆虫细胞对 DO 浓度的变化不是非常敏感，并且可以在 30%～100%浓度下最佳地生长。

相反，在感染阶段，昆虫细胞对 DO 更敏感。事实上，感染的 Bm5（Zhang et al.，1994）、Sf21 和 Tn368 细胞比 Sf9 和 High-Five 细胞系较敏感。此外，在此阶段，昆虫细胞具有比未感染细胞更高的摄氧率（OUR）。感染的 High-Five 细胞以病毒感染的 Sf9 细胞的 2～5 倍的特定比例消耗氧（Rhiel et al.，1997）。感染后，对于这两种细胞系，可以观察到这个 OUR 的升高。Palomares 等（2004）表明，Sf9 细胞中这种最大 OUR 的检测可用于估计 r 蛋白的最佳收获时间（最大 OUR 后 24～36h）。感染细胞往往需要低 DO 以维持高生产率。Blanchard 和 Ferguson（1992）发现，用 50% DO 的杆状病毒感染的 Sf9 细胞获得了最高的重组外源蛋白滴度。Reuveny 等（1993）发现 Sf9 细胞在 DO 不受限制的条件下产生更多的 β-gal。与上述研究相反，Hensler 和 Agathos（1994）观察到在宽范围的 DO 水平（5%～100%）下，Sf9 细胞产生的 β-gal 没有明显影响。1996 年，Schmid 总结了以前关于 DO 对昆虫细胞的影响的知识，发现 Sf9 细胞在 10%～30%的 DO 下具有最高的 IFN-γ 表达（120h 约为 10μg/ml）。在所有研究 DO 水平对 r 蛋白生产的影响方面，已经观察到产品产量的显著差异。鉴于不同报告中使用的媒介、细胞系和方法不同，产品产量具有一定的差异是存在的。

关于 r 蛋白质量，有实验已经证明，感染的 Sf9 和 High-Five 细胞在 DO 等于空气饱和度的 50%时比在空气饱和度的 10%或 190%中产生相对更高的糖基化分泌型碱性磷酸酶（secreted alkaline phosphatase，seALP）。总之，DO 对产生的重组外源蛋白的质量和数量的影响取决于细胞系、病毒及重组外源蛋白，但仍然缺乏完整了解此过程参数的影响。目前，尝试通过物质流分析（MFA）对杆状病毒感染细胞的能量代谢进行更系统地了解，开发更合理地控制 DO 水平以优化异源生产的方式。

5. 剪切应力对昆虫细胞的影响

在生物反应器中培养的昆虫细胞经受相对较高的剪切应力。细胞损伤是由搅动和鼓泡引起的流体动力的类型、持续时间和大小的函数。研究发现通常在摇瓶中需要高搅拌速度以维持氧合（100～150r/min）的昆虫细胞对哺乳动物细胞的剪切应力敏感性较差，已经发现昆虫细胞易碎层流剪切力大于 $0.59N/m^2$，能量耗散率高于 $2.25\times10^4W/m^3$，高于典型搅拌釜（$2\times10^3\sim3.5\times10^3W/m^3$）或气泡塔 $0.2\times10^3\sim2\times10^3W/m^3$。细胞在高水平流体动力学压力下不可逆地坏死。相反，中等程度的压力意味着可以引发细胞凋亡的生理作用。

四、昆虫细胞系未来展望

昆虫细胞培养领域正在迅速扩展到生物学各个领域，如免疫学、内分泌学、毒理学、生物化学和共同演化学。未来对于信号机制、内分泌学和毒理学及昆虫细胞生物学的其他几个方面的研究工作将继续深入。该研究最大的潜力取决于我们将这种新知识转化为可以应用于解决严重昆虫问题的新颖产品的研发和策略的能力。这方面的工作需要结合昆虫细胞培养与现代生物技术工具的进步。随着新的可能性的发展，我们预计使用传统杀虫剂的方式将会减少。对新发现的受体和途径的开发，如昆虫免疫中的类花生酸系统，以及对其他关键系统如甲壳素代谢的新认识。通过细胞培养系统推进昆虫科学将成为现代农业科学先锋队的一部分，更安全地生产更健康的食物，以满足人口迅速增长的需求。

第二节　杆状病毒表达载体系统构建方法

一、杆状病毒表达载体系统

1983 年，Smith 等利用苜蓿银纹夜蛾核型多角体病毒（AcMNPV）构建了一个杆状病毒表达载体系统，在 Sf9 细胞中成功表达出人-β 干扰素基因，这是通过杆状病毒表达系统来进行外源蛋白表达的第一次成功尝试。它具备的一些真核系统所特有的蛋白加工修饰系统及高效的外源蛋白表达能力，使得它越来越受到研究者的重视。

随着近现代分子生物学的发展及各种重要技术手段的开发，杆状病毒表达系统也取得了重要进展。相应地，对杆状病毒分子生物学的基础研究探索，也因为有了这个系统而更为便利。

目前部分报道的已构建成功杆状病毒表达系统总结如表 5-1 所示。

表 5-1　部分已构建成功的杆状病毒表达系统

杆状病毒名称	作者	年份
AcMNPV	Luckow et al.	1993
SeMNPV	Pijlman et al.	2002
HearNPV	Hou et al.	2002
HearNPV	Wang et al.	2003
BmNPV	Motohashi et al.	2005
CpGV	Hilton and Winstanley	2007

杆状病毒表达载体系统（baculovirus expression vector system，BEVS）具有其他载体系统和其他真核系统所不同的特点，如其生物学和分子生物学特性，使其得以广泛应用，成为一个优秀的表达外源基因的载体。

具体来说，首先得益于它的基因组特征。如前所述，杆状病毒的基因组大小为 80～180kb，在病毒中属大病毒基因组范畴，基因组容量很大，所以可以利用它同时表达不同的外源蛋白。这一点使得杆状病毒占了很大的优势。

另外，杆状病毒基因组中存在着大量的限制性内切核酸酶酶切位点，由于这些酶切位点的存在，研究者们可以很容易地对杆状病毒进行基因工程操作，由此更深入地研究杆状病毒的分子生物学。

再从杆状病毒的复制转录来说，首先杆状病毒具有的一个非常特别的双相复制周期，病毒感染细胞后，首先通过芽殖产生芽生型病毒（BV），BV 的产量遵循一步生长曲线，当 BV 的量达到一定的程度时不再增长。BV 产生后就继续感染周围的细胞，在细胞内产生多角体，多角体的形成是核型多角体病毒感染昆虫细胞最明显的标志。从转录上说，杆状病毒基因组具有能够高效表达的启动子，如多角体蛋白启动子，它是一个极晚期启动子，在病毒感染的极晚期，它可以高效地启动多角体蛋白的表达，在大部分宿主或者病毒基因都停止翻译的时候，它仍可以高效的表达，最终多角体蛋白的产量可达整个细胞蛋白量的 25%以上。高效表达的启动子的存在为利用杆状病毒高水平表达外源蛋白提供了可能。

最重要的一点，杆状病毒是一类专一针对昆虫尤其是鳞翅目昆虫的病毒，它只针对无脊椎动物，对大多数体内环境为酸性 pH 的哺乳动物特别是人来说是非常安全的，作为一个表达载体系统来说这一点至关重要。

二、杆状病毒表达载体系统的构建原理

杆状病毒表达载体系统构建的目的，就是将杆状病毒作为一个载体，插入到病毒基因组的外源基因中，如重要的蛋白基因、重要疫苗基因等，使其能够在病毒基因的启动子控制下在昆虫细胞中成功得到表达，从而使外源基因和病毒的基

因组发生重组，产生重组的杆状病毒。

为了确保插入到杆状病毒基因组里的基因可以高水平的表达，构建的重组杆状病毒必须具备的条件有以下几个。

插入的外源基因必须是连续的，必须包含着要表达基因的整个可读框，即外源基因内部不具有内含子。

外源基因的插入不能破坏杆状病毒必需基因的正常表达，不能影响病毒正常的复制与增殖。所以在选择外源基因的插入位置时一般为病毒的非必需基因片段的位置。常用的外源基因的插入位置有多角体蛋白基因、*p10* 基因、*p6.9* 基因和 *egt* 基因等多个基因的位置。

为了使外源基因得到高水平的表达，一个关键的因素是启动该基因表达的元件，所以将外源基因置于高强度启动子之下，如多角体蛋白基因和 *p10* 基因的启动子下，提高它的表达效率。

重组病毒的筛选曾经是阻碍 BEVS 系统发展的一个关键技术。传统的病毒空斑纯化方法需要研究者操作技术水平高之外，纯化效率低，而且耗时较长，成为 BEVS 系统发展的一个瓶颈。一个更为简便的易于操作的重组病毒筛选方法成为研究者们越来越关心的问题。近年来，研究者们针对这个课题进行了很多探索，如将外源基因插入到多角体基因内部，破坏多角体蛋白的表达，从而改变了重组病毒的表型，由此通过多角体的有无来筛选重组病毒。另外，也有研究者往杆状病毒基因组里引入了抗性基因，通过在细胞培养基里加入相应的抗性成分，以此提高筛选效率。

转移载体是构建 BEVS 系统过程中一个很重要的角色。转移载体含有待插入到杆状病毒基因组的基因座，该基因座上下游包含着待替换的基因组目的基因上下游的序列，以此作为同源臂。当转移载体和基因组一起共转染到昆虫细胞中，由于昆虫细胞中它们两者都可以进行复制，且由于同源臂的存在，它们发生了同源重组，使得转移载体上载有的外源基因替换掉基因组上的目的基因。

重组杆状病毒的构建技术已逐渐完善，特别是基于多角体蛋白基因的重组技术和由此构建的重组方法更是趋于成熟。

第三节 杆状病毒表达载体系统的用途和发展前景

一、杆状病毒表达载体系统的研究现状

早期使用 BEVS 系统来对其表达外源蛋白的能力做研究时，发现传统的空斑纯化方法不仅效率低，而且对带有外源基因的重组病毒筛选的效果很不理想。为此研究者对优化重组病毒的筛选进行了一系列的探索。例如，将病毒基因组 DNA

线性化，排除细胞内生成的野生型病毒的干扰，从而提高了重组病毒的获得量。又例如，往基因组里引入一些促进病毒基因组与转移载体重组的体外的酶，在基因组进行表达的同时表达出促进重组的酶，提高重组率。另外通过构建一些穿梭载体，使得重组病毒可以在酵母—昆虫细胞或者是大肠杆菌—昆虫细胞中进行穿梭操作，将酵母或者细菌中的高效复制与昆虫细胞中的蛋白表达后期修饰加工有效结合起来。其中重组效率较高的一个尝试是 Kitts 等（1990），他们往基因组里引入了一个酶切位点 Bsu36I，这是 AcMNPV 基因组所没有的限制性内切核酸酶酶切位点。通过拯救可线性化重组使得重组病毒的效率达到了 80%。这种方法因其重组率很高所以具有重要的应用价值。

BmNPV 表达系统就是在其基础上发展起来的。易咏竹等（2002）和吴祥甫等（1998）就是参照这个方法成功构建了高效的家蚕的杆状病毒表达载体系统。他们在上述方法的基础上，通过重组病毒的多代筛选，将重组病毒在家蚕细胞中的获得率更是提高到了 90%。

现在通用的为 Bac-to-Bac 表达载体系统，它是效率很高的杆状病毒表达系统。Bac-to-Bac 意指从细菌（bacterium，简称 Bac）到杆状病毒（baculovirus，也简称 Bac），其原理为，先构建一个供体质粒，通过供体质粒与含有基因组 DNA 的杆状病毒质粒（baculovirus plasmid，Bacmid）在大肠杆菌中进行转座后生成重组 Bacmid，重组 Bacmid 在细菌中高效复制后，再从大肠杆菌中提取，进而用于转染昆虫细胞，大大缩短了时间也提高了重组病毒的获得量。2003 年，王汉中等构建的 HearNPV 表达系统就是基于 Bac-to-Bac 表达载体系统的基本原理。在此基础上，他还将多角体蛋白基因重新引入了基因组，由此 Bacmid 在细胞中感染后，细胞内有多角体蛋白基因的表达从而形成了包涵体，这可作为一种标志使得重组病毒更易于筛选，这是商品化的 AcMNPV Bac-to-Bac 表达载体系统所不具备的。

为了进一步提高 BEVS 系统表达外源蛋白的能力，一些影响外源蛋白产量及表达产物活性的因素也有了一定的进展。2001 年，Petricevich 等在研究轮状病毒的重组蛋白 VP4 时，发现病毒与宿主细胞相互作用的阶段，病毒吸附宿主细胞时的一些动力学参数的改变，如胎牛血清浓度的变化影响着病毒感染细胞的效率及外源蛋白的产量。另外在对影响杆状病毒存活时间进行研究时，研究表明杆状病毒易被紫外光所钝化，所以近来一项重要的技术——在杆状病毒表面结合纳米材料，可以提高杆状病毒抗紫外光的能力。除此之外，一些细胞培养环境，如渗透压的变化，也影响着重组蛋白的产量。

因为杆状病毒表达系统具有其他真核表达系统如酵母表达系统和哺乳动物细胞表达系统所没有的一些特点，所以越来越多的疫苗开发及用常规手段难以表达的蛋白质都在杆状病毒表达系统上进行了尝试。

例如，新近报道的 Akkari 等（2003）利用杆状病毒表达系统表达的 α-辅肌动蛋白，在此之前该蛋白只能从动物体内获得，这样蛋白质的生产成本就很高。Akkari 等的成功尝试为通过分子生物学手段对 α-辅肌动蛋白在昆虫细胞内进行大量生产纯化提供了可能，这无论在基础研究上还是临床应用上都有着广阔的发展前景。又例如，利用 BEVS 系统成功表达纯化的蛋白质——钙运转调节肽（caltrin），该蛋白在临床上具有很重要的意义，这无疑是一项重大的突破。

二、杆状病毒表达载体系统的应用

Bac-to-Bac 表达载体系统的研究大大拓宽了昆虫杆状病毒的用途。现对于杆状病毒表达载体的应用主要集中在以下三个部分。

1. 基础研究领域中的应用

在基础研究领域中，一般利用昆虫杆状病毒 Bac-to-Bac 表达载体系统来高水平表达有活性的蛋白质，或者利用杆状病毒表面展示技术，将外源蛋白与多角体囊膜蛋白相融合，以此来研究蛋白质与蛋白质之间、蛋白质与基因之间的相互关系，同时也利于蛋白质及其结构的关系研究。

2. 医药、检疫领域中的应用

利用昆虫杆状病毒 Bac-to-Bac 表达载体系统来生产疫苗或者一些药用蛋白已经成为一种趋势。因为杆状病毒表达载体系统具有较为完备的蛋白质后期加工修饰系统，所以由该系统生产出来的蛋白质具有较高的活性，从而为开发更为高效的有活性的疫苗提供了便利。例如，生长因子、酶、干扰素等都已成功利用杆状病毒表达载体系统获得。

在医学检验领域方面，根据 BEVS 对一些寄生虫进行其抗体的研究，可以在一定程度上控制疾病的暴发与传播。对于一些寄生虫疫苗，研究者采取的方法是利用多个基因疫苗来对该寄生虫进行免疫，通过杆状病毒表达的多基因疫苗，可以突破寄生虫免疫的障碍，从而有效降低寄生虫的危害。然而针对细菌感染的基因工程疫苗研究报道较少，利用 BEVS 表达的细菌疫苗也相对较少，目前还没有有效的重组细菌疫苗供人类使用。

杆状病毒表达载体系统也被用于基因治疗。现报道对杆状病毒敏感的哺乳动物细胞系主要集中在肝细胞上，无论是人、鼠或是兔肝细胞都能被杆状病毒所感染。

例如，在 CMV 启动子控制下的 *egfp* 基因的重组杆状病毒，其转导效率和表达效率因哺乳动物细胞系的不同而不同。

3. 农林业中的应用

在农业害虫治理上，化学农药由于其对环境的伤害及病毒对其的耐药性已渐渐减少了使用。越来越多的 NPV 已应用于保护农作物和森林，但市场报告研究却显示出了与这不太相符的比例：NPV 生物农药在国际农药市场的 200 亿美元市场中仅占 0.2%份额，这与杆状病毒的杀虫速度慢、宿主范围不够广不无关系，这些因素限制了 NPV 生物农药的大范围应用。

为了提高病毒的杀虫活力和速度，研究者进行了大量研究。例如，在病毒基因组中插入 2 种以色列黄蝎（*Leiurus quinquestriatus* hebraeus）昆虫毒素 LqhIT2 和 LqhIT1，缩短了 AcMNPV 的杀虫时间（Beek et al.，2003）。又例如，杆状病毒蜕皮甾体尿苷二磷酸葡萄糖基转移酶基因（*egt*）的缺失和在基因组中整合各种增效蛋白基因，这些操作都可以提高杀虫效果，提高病毒杀虫速度的研究也取得了相当大的进展。

第四节　甘蓝夜蛾核型多角体病毒表达载体系统的构建

目前，能在多种昆虫细胞上进行遗传工程操作的杆状病毒载体是甲型杆状病毒组 I 的 AcMNPV Bac-to-Bac 表达载体系统。MbMNPV 属甲型杆状病毒组 II，由于甲型杆状病毒组 II 与组 I 在基因结构和编码蛋白上都有明显不同，MbMNPV 的 Bac-to-Bac 表达载体系统的建立不仅能作为一个完善的真核细胞表达系统，而且为研究甲型杆状病毒组 II 基因功能提供了便利工具。构建能在 Tn368 和 Sf9 细胞中进行基因工程操作的 Bac-to-Bac 表达载体系统，将为甘蓝夜蛾核型多角体病毒的基因功能研究、重组高效杀虫活性提供便利工具。

本章利用细胞内同源重组的方法，将含有一个 *Mini-F* 复制子、*Kanamycin* 抗性基因、*LacZ* 基因及 *attTn7* 转座插入位点的 8.6kb 的 DNA 片段置换到 MbMNPV 基因组中的多角体基因位点，构建能在大肠杆菌中稳定遗传的杆状病毒质粒 MbMNPV Bacmid（简称为 MbBacmid；在构建的各种质粒中，进一步简称为 MbBac）。将多角体基因（*polh*，在质粒中简称为 *ph*）回复到 MbBacmid 上构成重组病毒 MbBacmid-*ph*⁺，研究了重组病毒对细胞及昆虫的感染性。另外，通过插入绿色荧光蛋白基因（*egfp*）构成 MbBacmid-*egfp*，研究了 MbMNPV Bac-to-Bac 表达载体系统表达外源蛋白的能力。

一、研究中使用的菌株、质粒、细胞系和主要 PCR 引物

1. 使用的菌株和质粒

研究使用大肠杆菌菌株主要是 DH5α 和 DH10B 等。使用的质粒包括：①pUC18、pBluescript II KS−：氨苄青霉素（ampicillin，Amp）抗性，用于常规的基因克隆。②pMON7124：四环素抗性，带有编码转座酶的基因。③BAC-*Bsu*36 I：庆大霉素

（gentamicin）抗性，含 *Mini-F* 复制子和 *LacZ* 基因（β-半乳糖苷酶基因，用作报告基因），在 *LacZ* 基因中插有 *attTn7* 转座插入位点，具有内切酶 *Bsu*36I 酶切位点。
④pFastBac™Dual，带有多克隆位点（MCS），在构建重组病毒供体质粒中应用。其中，pBluescript II KS–和 pFastBac™Dual 质粒示意图如图 5-1 所示。

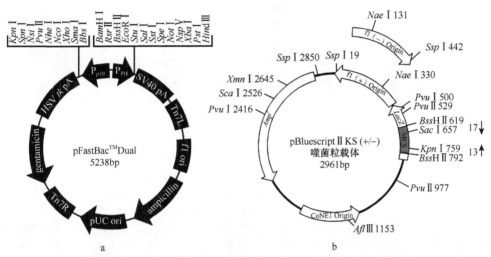

图 5-1　质粒 pFastBac™Dual（a）和 pBluescript II KS（b）结构示意图

a. P$_{p10}$ 为 *p10* 蛋白基因启动子；P$_{PH}$ 为多角体蛋白基因启动子；SV40pA 为猴病毒 40 型加尾信号；Tn7L 为转座子 Tn7 左臂；Tn7R 为转座子 Tn7 右臂；f1 ori 复制子 1 启动子；ampicillin 为氨苄青霉素抗性基因；pUC ori 为 pUC 启动子；gentamicin 为庆大霉素抗性基因；HSV*tk* pA 为单纯疱疹病毒蛋白激酶基因启动子；最上一排为两个多克隆位点中的限制性内切核酸酶位点。b. Origin 为启动子；*LacZ* 为报告基因，可与 X-gal 反应显色；MCS 为多克隆位点；*Amp^r* 为氨苄青霉素抗性基因；内切酶符号表示内切酶位点及其在质粒中的位置

2. 使用的细胞系

Tn368 细胞系：粉纹夜蛾卵巢细胞系，是 MbMNPV 的受纳细胞系。Sf9 细胞系：草地贪夜蛾卵巢细胞系 IPLB-Sf21-AE 的克隆株 Sf9，也是 MbMNPV 的受纳细胞系。

3. 使用的主要 PCR 引物

研究中使用的主要 PCR 引物名称、引物序列和对应的分子大小列于表 5-2。

表 5-2　研究中使用的主要 PCR 引物

DNA 名称[a]	引物名称[b]	引物序列[c]（5′→3′）	对应片段分子大小（bp）
Mb Up	P1	GCTCTAGAATATTCCTTCGCTCG（*Xba*I）	1773
	P2	CGCGGATCCTATATTTTATTTTTCACAAT（*Bam*HI）	
Mb Down	P3	TCCCCCGGGCCTGAGGATAATTAAAACACAAAAATGAT（*Sma*I）	1599
	P4	CGGGGTACCTGTAAGAGGTCTGTCCAG（*Kpn*I）	

续表

DNA 名称[a]	引物名称[b]	引物序列[c]（5′→3′）	对应片段分子大小（bp）
Mb ph	Mb ph F	CGC<u>GGATCC</u>ATGTATACCCGTTACAGTTACA（BamHI）	741
	Mb ph R	CCG<u>GAATTC</u>TTAATAGGCGGGTCCGTTGTA（EcoRI）	
egfp	egfp F	TCC<u>CCCGGG</u>CGCCACCATGGTGAGCA（SmaI）	724
	egfp R	CGG<u>GGTACC</u>TTATTTGTATAGTTCATCC（KpnI）	
Mb iap3	Mb iap3 F	ATGGAATCGGGTAACGATACA	857
	Mb iap3 R	AAAAACAGCTTTACAATCGTGGT	
Mb vp39	Mb vp39 F	ATGGCACTAACACCTCTCGGTTCTA	989
	Mb vp39 R	TTAAGCATTAGCAGGAACAACAAC	
Kana	Kana F	TAGGTGGACCAGTTGGTGA	1120
	Kana R	GCCACGTTGTGTCTCAAAATCTCT	
LacZ	LacZ F	AATTAAGTCTTCGAACCAATACGC	805
	LacZ R	ACAACATTTTGCGCACGGTTATGTGGACA	
enhacin1	en1 F	CGGAATTC ATGTCTAATTTAACTATTCCTATTCC	1191
	en1 R	GCTCTAGATTAGCTAGGTCTAATCATAAAATC	

a. Mb 为甘蓝夜蛾核型多角体病毒 MbMNPV 的缩写；Mb Up 为 MbMNPV 多角体蛋白基因上游序列；Mb Down 为 MbMNPV 多角体蛋白基因下游序列；ph 为多角体蛋白基因[polyhedrin（polh）] 的缩写；egfp 为绿色荧光蛋白基因；Mb iap3 为甘蓝夜蛾核型多角体病毒凋亡抑制蛋白基因3；Mb vp39 为甘蓝夜蛾核型多角体病毒 VP39 蛋白基因；Kana 为卡那霉素抗性基因；LacZ 为报告基因；enhancin 为增效蛋白基因，缩写为 en

b. F 为正向引物，R 为反向引物

c. 限制性内切酶名称在括号中，酶切位点以下划线标注

二、甘蓝夜蛾核型多角体病毒转移载体质粒（pMb TV）的构建

以野生型 MbMNPV 基因组 DNA 为模板，用 P1 和 P2 引物扩增多角体蛋白基因的上游片段，得到分子大小为 1773bp 的 Up 片段（图 5-2 第 1 和第 2 泳道）；

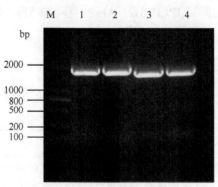

图 5-2　上游同源臂 Up 和下游同源臂 Down PCR 产物鉴定

M：标准分子量 DNA DL2000；泳道 1、2：上游同源臂片段 Up；泳道 3、4：下游同源臂片段 Down

用 P3 和 P4 引物扩增多角体基因的下游片段，得到分子大小为 1599bp 的 Down 片段（图 5-2 第 3 和第 4 泳道）。在 0.8%的琼脂糖凝胶电泳检测结果显示，扩增出来的条带大小均与预期相符，经测序证实目的片段序列正确。

用 *Xba*Ⅰ和 *Bam*HⅠ限制性内切核酸酶上游同源臂 Up 的 PCR 产物和载体 pBluescript KS+进行双酶切，回收酶切片段后利用 T4 连接酶对目的片段和载体进行连接，连接产物通过热激法转化 DH5α 感受态细胞，在氨苄青霉素抗性 LB 平板上筛选出阳性克隆 pKS-Up。下游同源臂 Down 的 PCR 条带回收产物与 pBluescript KS 分别双酶切后，T4 连接酶连接后构建成质粒 pKS-Down。构建的两种质粒分别使用限制性内切核酸酶双酶切验证，结果见图 5-3。pKS-Up 质粒双酶切后，获得了约 1773bp 的 Up 目的片段及载体片段的两个条带（图 5-3 泳道 1 和 2）。pKS-Down 质粒经双酶切后获得约 1599bp 的 Down 目的片段和约 2961bp 的载体序列片段两个条带（图 5-3 泳道 3 和 4）。另外，下游同源臂 Down 的 PCR 条带产物与 pKS-Up 分别用 *Sma*Ⅰ和 *Kpn*Ⅰ限制性内切核酸酶双酶切后，将下游序列连接到 pKS-Up 质粒上，构建成质粒 pKS-Up-Down，分子大小约为 6333bp。所有鉴定正确的质粒片段都通过测序进一步确定。

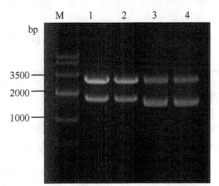

图 5-3　pKS-Up 和 pKS-Down 质粒的酶切鉴定

M：标准分子量 DNA Ⅳ；泳道 1 和 2：酶切 pKS-Up 的结果；泳道 3 和 4：酶切 pKS-Down 的结果

将 pKS-Up-Down 用 *Bsu*36I 限制性内切核酸酶酶切后，用虾碱性磷酸酶（shrimp alkaline phosphatase，SAP）去磷酸化，另外用 *Bsu*36I 酶从质粒 pBAC-*Bsu*36I 切下 8.6kb 的带有 *Kanamycin* 抗性基因、*Mini*-F 复制子、*attTn7* 和 *SV40* 元件的片段，将二者连接起来进行克隆，利用 *Bsu*36Ⅰ（即 *Eco*81Ⅰ酶）酶切鉴定（图 5-4），出现约 8.6kb 的目的片段和约 6333bp 的 pKS-Up-Down 载体片段的两个目的条带。挑选出正确的克隆，即转移载体 pMb TV，其组成在图 5-5 中显示。

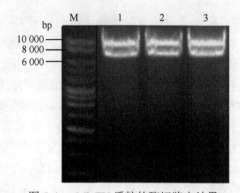

图 5-4　pMb TV 质粒的酶切鉴定结果

M：1kb DNA 分子量梯度标准；泳道 1、2、3 分别是三个阳性菌落提取 pMb TV 的酶切结果

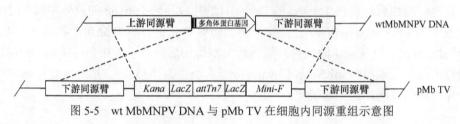

图 5-5　wt MbMNPV DNA 与 pMb TV 在细胞内同源重组示意图

三、甘蓝夜蛾核型多角体病毒杆状病毒质粒（MbBacmid）的构建

1. 通过昆虫细胞进行同源重组获得重组甘蓝夜蛾核型多角体病毒（MbMNPV）芽生型病毒粒子

首先准备 Tn368 培养细胞，然后取一定量转移载体 pMb TV、野生型甘蓝夜蛾核型多角体病毒（wt MbMNPV）DNA 及 Cellfectin 转染试剂分别用无血清培养基稀释至 100μL，将三者混合。静置 15～40min 后，脂质体和 DNA 的混合液中加入 800μL 培养基，同时每隔 5min 轻轻振荡。从 Tn368 细胞中移走培养基。加入 800μL Grace's 培养基到转染液中。27℃孵育 6h。移去转染液，添加 2mL 含 10% 血清的培养基，混匀，27℃培养箱培养 3d，让 pMbTV 和 wt MbMNPV DNA 两者在细胞内发生如图 5-5 所示的同源重组，获得重组的甘蓝夜蛾核型多角体病毒的芽生型病毒粒子（MbMNPV BV）。

2. 重组 MbMNPV BV DNA 的提取

收集 wt MbMNPV DNA 与 pMb TV 共转染 Tn368 细胞 72h 后的细胞培养上清（包含重组 MbMNPV BV），按 1：1 的比例加入 PEG8000（20% PEG8000+1mol/L NaCl），置于室温 30min 后，4℃下 10 000g 离心 15min。取沉淀溶于 20μL ddH₂O，80μL 病毒裂解液，再加入 5μL 20mg/uL 的蛋白酶 K，该体系置 50℃水浴中 1h 以上，

每隔几分钟轻轻用手指弹 EP 管底部。然后抽提 DNA，获得 MbMNPV BV 的 DNA。

3. 通过电转化感受态细胞获得 MbMNPV 的甘蓝夜蛾核型多角体病毒杆状病毒质粒（MbBacmid）

首先制备 DH10B 感受态细胞，将其与电转化仪样品池一起置于冰上。以 1～2μL 体积向每个 EP 管中加入 10pg 到 25ng 的待转化 MbMNPV BV DNA，置于冰上 30～60s（包括所有阳性对照和阴性对照）。调节电转化仪，使电脉冲为 25μF，电压为 2.5kV，电阻为 200Ω，进行电转化。电击脉冲结束后，尽快地取出样品池，室温下加入 1mL SOC 培养液。37℃轻柔振荡培养 1h。取不同体积的电击转化细胞，涂于含有卡那霉素抗性、X-gal 和 IPTG 的固体 LB 培养基上，37℃过夜培养。

4. 杆状病毒质粒 MbBacmid 的小量提取

从上述平板上挑取蓝色单菌落，接入 5mL LB 培养基中，37℃过夜培养。10 000g 离心 1min，尽可能除去培养基。然后进行质粒 DNA 的提取，小量提取的杆状病毒质粒（MbBacmid）沉淀置于室温下自然干燥 10min，每管加入 30～50μL 无菌水溶解 30min。MbBacmid 质粒 DNA 较长期保存置于−80℃，短期保存可置于 4℃。

四、甘蓝夜蛾核型多角体病毒杆状病毒质粒中既含转移载体又含其病毒基因组的鉴定

1. 杆状病毒质粒（MbBacmid）包含转移载体 *Kana* 抗性基因和 *LacZ* 基因的鉴定

运用 *Kana* F/*Kana* R 引物对，分别对 MbBacmid 和 pMb TV 进行 PCR 鉴定，结果见图 5-6。图 5-6 中显示，以构建质粒 MbBacmid 和 pMb TV 为模板进行 PCR

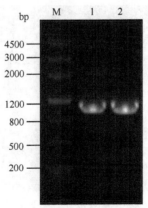

图 5-6　用 *Kana* F/*Kana* R 引物对 PCR 验证 MbBacmid 结果

M：标准分子 DNA Ⅲ；泳道 1：以 pMb TV 为模板的 PCR 结果；泳道 2：以 MbBacmid 为模板的 PCR 结果

扩增，都可得到分子大小约 1120bp 的目的片段（图 5-6），证明 MbBacmid 中包含着 *Kana* 基因。

运用 *LacZ* F/*LacZ* R 引物对进行杆状病毒质粒 MbBacmid 中 *LacZ* 基因组分鉴定时，以 pMb TV 和 MbBacmid 为模板，都可以获得分子大小为 800bp 左右的目的基因片段（图 5-7），证明 MbBacmid 中成功插入了 *LacZ* 基因片段。

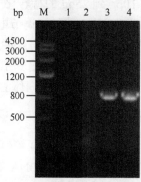

图 5-7 用 *LacZ* F/*LacZ* R 引物对 PCR 验证 MbBacmid 结果

M：标准分子量 DNA Ⅳ；泳道 1：ddH₂O 阴性对照；泳道 2：以 wt MbMNPV DNA 为模板的 PCR 结果；泳道 3：
以 pMb TV DNA 为模板的 PCR 结果；泳道 4：以 MbBacmid 为模板的 PCR 结果

PCR 鉴定正确片段进一步测序确认，表明构建的 MbBacmid 中成功地导入了甘蓝夜蛾核型多角体病毒转移载体 pMb TV。

2. 杆状病毒质粒（MbBacmid）包含 MbNNPV 基因组特征性基因的鉴定

运用 *en1* F/*en1* R 引物对进行病毒关键基因增效蛋白基因的 PCR 鉴定，以野生型 MbMNPV 基因组 DNA 和杆状病毒质粒（MbBacmid）为模板，PCR 扩增都可得到分子大小约为 1191bp 的目的片段（图 5-8 泳道 3 和泳道 4、5），而以只含

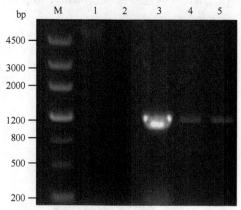

图 5-8 用 *en1* F/*en1* R 引物对 PCR 验证 MbBacmid 结果

M：标准分子量 DNA Ⅲ；泳道 1：ddH₂O 阴性对照；泳道 2：以 pMb TV DNA 为模板的 PCR 结果；泳道 3：以
wt MbMNPV DNA 为模板的 PCR 结果；泳道 4、5：以 MbBacmid 为模板的 PCR 结果

病毒多角体蛋白基因的 pMb TV 转移载体为模板，PCR 扩增不出这一条带（图 5-8 泳道 2）。证明 MbBacmid 已包含杆状病毒质粒 MbMNPV 基因组中增效蛋白基因的截短片段 en1。

运用 Mb *vp39* F/Mb *vp39* R 引物对进行 PCR 鉴定，以杆状病毒质粒 MbBacmid 为模板，PCR 扩增获得大小约为 989bp 的目的基因片段（图 5-9 泳道 3、4），证明杆状病毒质粒 MbBacmid 包含 MbMNPV 基因组中的 *vp39* 基因。

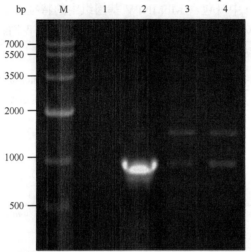

图 5-9　用 Mb *vp39* F/Mb *vp39* R 引物对 PCR 验证 MbBacmid 结果

M：标准分子量 DNA Ⅳ；泳道 1：以 pMb TV DNA 为模板的 PCR 结果；泳道 2：以 wt MbMNPV DNA 为模板的 PCR 结果；泳道 3、4：以 MbBacmid 为模板的 PCR 结果

运用 Mb *iap3* F/Mb *iap3* R 引物对进行 PCR，验证杆状病毒质粒（MbBacmid）中是否包含病毒基因组关键基因，结果见图 5-10。图 5-10 中显示，以 MbBacmid 为模板，PCR 扩增得到分子大小约为 857bp 的目的条带（图 5-10），证明 MbBacmid

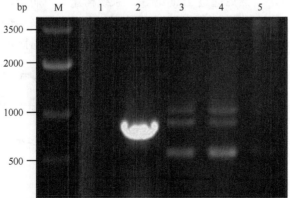

图 5-10　用 Mb *iap3* F/Mb *iap3* R 引物对 PCR 验证 MbBacmid 结果

M：标准分子量 DNA Ⅲ；泳道 1：ddH₂O 阴性对照；泳道 2：以 wt MbMNPV DNA 为模板的 PCR 结果；泳道 3、4：以 MbBacmid 为模板的 PCR 结果；泳道 5：以 pMb TV 为模板的 PCR 结果

包含着 MbMNPV 基因组的 *iap3* 基因片段。

PCR 鉴定正确片段进一步测序确认，表明构建的 MbBacmid 中成功地导入了甘蓝夜蛾核型多角体病毒的部分特征性基因。

3. 新构建的杆状病毒质粒（MbBacmid）既含转移载体又含 MbNNPV 基因组

将图 5-6～图 5-10 的结果汇总如表 5-3 所示。由表 5-3 中统计结果来看，杆状病毒质粒 MbBacmid 中既包含 MbMNPV 基因组中的特征性基因 *en1*、*vp39*、*iap3* 等，又包含 pMb TV 中的标志性基因。这些结果表明，我们新构建的杆状病毒质粒 MbBacmid 已成功导入转移载体和 MbNNPV 基因组。

表 5-3　不同模板及不同引物的组合验证 MbBacmid 结果

引物	ddH₂O	wt MbMNPV	MbBacmid	pMb TV
kana	-	-	+	+
LacZ	-	-	+	+
en1	-	+	+	-
vp39	-	+	+	-
iap3	-	+	+	-

注：*kana* 代表卡那霉素抗性基因，*LacZ* 代表 *LacZ* 基因，*en1*、*vp39* 和 *iap3* 分别代表甘蓝夜蛾核型多角体病毒的基因

五、利用甘蓝夜蛾核型多角体病毒 Bac-to-Bac 系统构建重组病毒

1. 利用 Bac-to-Bac 系统构建重组病毒的途径

利用前面得到的 MbBacmid 构建能表达外源蛋白或回复多角体蛋白的重组病毒，首先构建含外源蛋白基因或 MbMNPV 多角体蛋白基因的 pFastBacDual-*egfp* 或 pFastBacDual-*ph⁺*，然后通过 Bac-to-Bac 系统构建重组病毒，其构建途径示意图如图 5-11 所示，其中利用苜蓿银纹夜蛾核型多角体病毒（AcMNPV）的杆状病毒质粒（AcBacmid）构建的重组 AcBacmid-*egfp* 作为阳性对照。

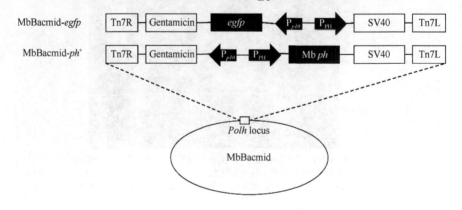

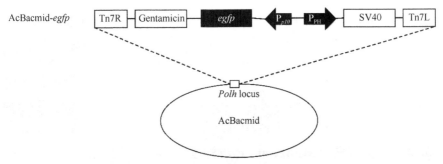

图 5-11 杆状病毒质粒 MbBacmid-*ph*+、MbBacmid-*egfp* 和 AcBacmid-*egfp* 构建的示意图

2. 回复多角体蛋白基因的 MbBacmid-*ph*+构建

以 Mb *ph* F 和 Mb *ph* R 为引物，以 wt MbMNPV 基因组 DNA 为模板，扩增 *polyhedrin* 基因序列。然后将扩增出的 *polyhedrin* 片段与 pFastBacDual 载体分别进行 *Bam*HⅠ 和 *Eco*RⅠ 双酶切，切胶回收载体和目的片段，16℃连接 3h，转化 DH5α 感受态细胞，经 LA 平板（含 100μg/mL Amp 和 100μg/mL Gm）筛选后，挑取阳性单克隆菌落，接菌并提取质粒，经过限制性内切核酸酶酶切和 PCR 验证（图 5-12a，b），然后经过测序验证后，正确的克隆子命名为 pFastBacDual-*ph*+。

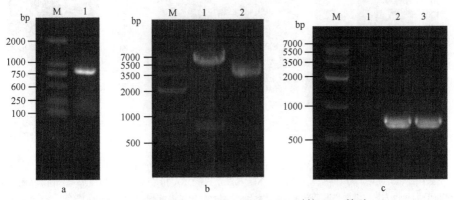

图 5-12 pFastBacDual-*ph* 和 MbBacmid-*ph*+的 PCR 检验

a. pFastBacDual-*ph* 质粒中 *ph* 基因的鉴定；M：标准分子量 DNA DL2000；泳道 1：使用 *ph* 基因两端引物，以 pFastBacDual-*ph* 为模板进行 PCR 的结果。b. pFastBacDual-*ph* 中原始 pFastBacDual-*ph* 的鉴定；M：标准分子量 DNA Ⅳ；泳道 1：pFastBacDual-*ph* 单酶切结果；泳道 2：使用 pFastBacDual 两端引物，以 pFastBacDual-*ph* 为模板进行 PCR 的结果。c. MbBacmid-*ph*+成功回复 *ph* 基因的鉴定；M：标准分子量 DNA Ⅲ；泳道 1：阴性对照；泳道 2：使用 *ph* 基因两端序列引物，以 wt MbMNPV DNA 为模板进行 PCR 的结果，为阳性对照；泳道 3：使用 *ph* 基因两端序列引物，以 MbBacmid-*ph*+为模板进行 PCR 的结果

使用 pFastBacDual-*ph*+转化预先准备的既含有 MbBacmid 又含有辅助质粒 helper 的 DH10B 感受态菌，在 LA 培养平板（含 50μg/mL Kana，7μg/mL Gm，10μg/mL Tetra，70μL X-gal 和 20μL IPTG）培养筛选，白斑为 *polyhedrin* 基因成功

转座到 MbBacmid 上的菌落。挑取白色菌落重新画线在新的 LA 培养平板上，蓝白斑筛选。挑取白色菌落接入 LB 液体培养基（含有 50 μg/mL Kana，7μg/mL Gm，10μg/mL Tetra）中，37℃，220r/min 摇床上培养 15h。提取 Mb-Bacmid-*ph*⁺进行 PCR 验证，结果见图 5-12c。

通过 PCR 扩增鉴定正确的片段（图 5-12）经序列测定，确定 MbBacmid-*ph*⁺成功构建，构建的 Bacmid 中回复了病毒的多角体蛋白基因。

3. 表达荧光蛋白的 MbBacmid-*egfp* 构建

通过 PCR 扩增出荧光蛋白基因 *egfp*，通过 Bac-to-Bac 系统将 *egfp* 基因导入 MbBacmid 的 *ph* 基因启动子下，构建成能表达外源蛋白的 MbBacmid-*egfp*，图 5-13 是 *egfp*（a）、pFastBacDual-*egfp*（b）和 MbBacmid-*egfp*（c）的 PCR 验证结果，验证正确的片段经测序进一步确认，表明构建的 Bacmid 成功地插入了 *egfp* 基因。

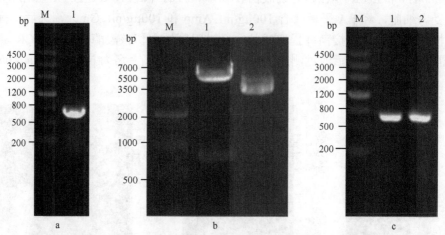

图 5-13　pFastBacDual-*egfp* 和 MbBacmid-*egfp* 的 PCR 检验

a. pFastBacDual-*egfp* 质粒中 *egfp* 基因的鉴定；M：标准分子量 DNA Ⅲ；泳道 1：使用 *egfp* 基因两端引物，以 pFastBacDual-*egfp* 为模板进行 PCR 的结果。b. pFastBacDual-*egfp* 中原始 pFastBacDual-*egfp* 质粒的鉴定；M：标准分子量 DNA Ⅳ；泳道 1：pFastBacDual-*egfp* 单酶切结果；泳道 2：使用 pFastBacDual 两端序列引物，以 pFastBacDual-*egfp* 为模板进行 PCR 的结果。c. MbBacmid-*egfp* 成功插入 *egfp* 基因的鉴定；M：标准分子量 DNA Ⅲ；泳道 1：使用 *egfp* 基因两端序列引物，以 AcBacmid-*egfp* 为模板进行 PCR 的结果，为阳性对照；泳道 2：使用 AcBacmid-*egfp* 两端序列引物，以 MbBacmid-*egfp* 为模板进行 PCR 的结果

六、回复多角体蛋白基因的杆状病毒质粒 MbBacmid-*ph*⁺转染和杆状病毒 vMb-*ph*⁺感染体外细胞的结果

首先用杆状病毒质粒 MbBacmid-*ph*⁺ DNA 转染细胞，提取鉴定正确重组 MbBacmid-*ph*⁺的 DNA，与相应量脂质体混匀之后，转染昆虫细胞 Tn368 细胞系。

转染后 0～120h 通过倒置显微镜观察细胞病变和细胞内是否生成病毒多角体。以提取的 wt MbMNPV BV 感染细胞作为阳性对照。观察结果见图 5-14。图 5-14 中结果显示，与阳性对照 wt MbMNPV BV 感染昆虫细胞的细胞病变效应（图 5-14b）一样，MbBacmid-*ph*⁺转染 Tn368 细胞中也出现类似细胞病变，且在转染后 96h 和 120h 出现病毒多角体。MbBacmid-*ph*⁺ DNA 转染细胞产生多角体的时间比野生型病毒感染要晚两天（图 5-14），但两者产生多角体的形态大小无明显差异。图 5-14 结果表明，MbBacmid-*ph*⁺ DNA 可以成功转染体外培养细胞，并可产生病毒多角体。

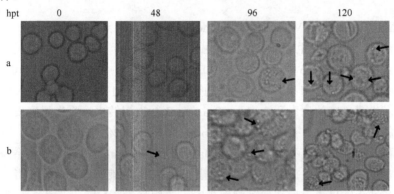

图 5-14　重组病毒 DNA 转染 Tn368 细胞后显微镜观察结果

a. MbBacmid-*ph*⁺ DNA 转染 Tn368 细胞的结果；b. wt MbMNPV BV 感染 Tn368 细胞的结果。hpt 为 hours post transfection 的缩写，表示转染后时间

从 MbBacmid-*ph*⁺ DNA 转染细胞中收集 BV 称为回复多角体蛋白基因的甘蓝夜蛾核型多角体病毒重组病毒，用 vMb-*ph*⁺表示。以重组病毒 vMb-*ph*⁺感染昆虫细胞 Tn368 细胞系，72h 后置细胞样品于显微镜下观察，结果见图 5-15a。vMb-*ph*⁺感染

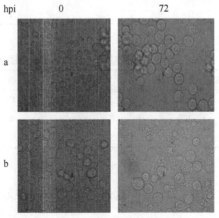

图 5-15　重组病毒 vMb-*ph*⁺感染 Tn368 细胞后 72h 显微镜观察结果

a. 重组病毒 vMb-*ph*⁺ BV 感染 Tn368 细胞后 72h 的结果；b. 阳性对照 wt MbMNPV 感染 Tn368 细胞后 72h 的结果。hpi 是 hours post infection 的缩写，表示转染后时间

细胞内出现了大量的病毒多角体，其细胞病变效应与野生型 wt MbMNPV BV 感染细胞的结果（图 5-15b）一致。

MbBacmid-ph^+转染和 vMb-ph^+感染细胞的结果表明，用甘蓝夜蛾核型多角体病毒质粒 MbBacmid 的 Bac-to-Bac 系统可成功构建重组病毒，回复多角体蛋白基因的重组病毒 vMb-ph^+可表达多角体蛋白，并可在其感染细胞中成功地产生病毒多角体。

七、回复多角体蛋白基因重组病毒 vMb-ph^+感染活体昆虫的结果

以野生型 MbMNPV 为阳性对照，ddH$_2$O 为阴性对照，利用 Droplet 法对重组病毒对活体昆虫棉铃虫和甜菜夜蛾幼虫的感染性进行了研究，结果见表 5-4 和表 5-5。从表 5-4 和表 5-5 中结果看，使用 Droplet 法感染，病毒浓度为 1×10^6OB/mL，野生型病毒感染 3 龄末甜菜夜蛾幼虫的病毒死亡率为 19%，重组病毒 vMb-ph^+与对 3 龄末甜菜夜蛾的病毒死亡率是 18%；对 3 龄末棉铃虫，野生型病毒感染可引发 50%的病毒死亡率，而重组病毒 vMb-ph^+可引发 21%的病毒死亡率。这些结果表明，利用甘蓝夜蛾核型多角体病毒 Bacmid 的 Bac-to-Bac 表达载体系统，构建的回复多角体蛋白重组病毒 vMb-ph^+与野生型甘蓝夜蛾核型多角体病毒一样，都能感染多种活体昆虫，但在感染棉铃虫时，重组病毒 vMb-ph^+的毒力比野生型病毒较弱，可能这一新的 Bac-to-Bac 系统还需要进一步改进提高。

表 5-4　野生型 wt MbMNPV 对不同昆虫的毒力测定实验数据

昆虫类型	浓度（OB/mL）	供试虫数（头）	死亡虫数（头）	死亡率（%）
3 龄末甜菜夜蛾	1×10^6	72	14	19
3 龄末棉铃虫	1×10^6	72	36	50
对照	0	72	0	0

表 5-5　重组病毒 vMb-ph^+对不同昆虫的毒力测定实验数据

昆虫类型	浓度（OB/mL）	供试虫数（头）	死亡虫数（头）	死亡率（%）
3 龄末甜菜夜蛾	1×10^6	72	13	18
3 龄末棉铃虫	1×10^6	38	8	21
对照	0	72	0	0

八、通过 Bac-to-Bac 系统构建的甘蓝夜蛾核型多角体病毒表达载体表达外源蛋白的结果

通过 Bac-to-Bac 系统构建插入外源 egfp 基因的甘蓝夜蛾核型多角体病毒表达

载体 MbBacmid-*egfp*，并构建苜蓿银纹夜蛾核型多角体病毒表达载体 AcBacmid-*egfp* 作为阳性对照，两种载体经 PCR 扩增和部分基因序列测定鉴定后，分别转染 Tn368 细胞，转染后 72h，在荧光显微镜下观察并拍照记录，结果见图 5-16。图 5-16 中显示，两种表达载体转染细胞，外源绿色荧光蛋白都可成功表达，两种载体转化细胞中都观察到 *egfp* 基因表达产生的绿色荧光，阴性对照细胞中未观察到任何荧光（结果未显示）。在观察到的结果中，MbBacmid-*egfp* 转染细胞样品在荧光显微镜视野下只观察到少量的荧光（图 5-16a），而阳性对照 AcBacmid-*egfp* 转染细胞中观察到的荧光量较多（图 5-16b），表明新构建表达载体的表达能力比成熟表达载体 AcBacmid 还有差距。

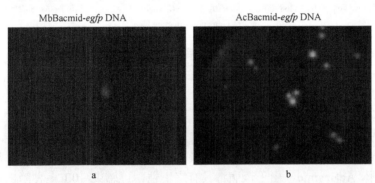

图 5-16　MbBacmid-*egfp* DNA 和 AcBacmid-*egfp* DNA 转染 Tn368 细胞 72h 后的荧光显微镜观察结果（彩图请扫封底二维码）

a. MbBacmid-*egfp* DNA 转染 Tn368 细胞后 72h 的结果；b. AcBacmid-*egfp* DNA 转染 Tn368 细胞后 72h 的结果

　　分别收集两种重组 Bacmid 转染的细胞上清，提取病毒粒子 BV，分别命名为 vMb-*egfp* 和 vAc-*egfp*。用这两种重组病毒感染昆虫细胞，感染后 48h 和 96h 在倒置荧光显微镜下观察并拍照记录，结果显示于图 5-17 中。从图 5-17 中结果看，两种重组病毒 BV 感染细胞后 48h，重组病毒 vMb-*egfp* 和 vAc-*egfp* 感染 Tn368 细胞内都可观察到绿色荧光表达，但重组病毒 vMb-*egfp* 不如阳性对照 vAc-*egfp* 表达能力强（图 5-17a）。到感染后 96h，两者表达的荧光量基本相同（图 5-17b）。用无菌水处理的阴性对照细胞在处理后 48h 和 96h 都没有任何荧光显示。这些结果表

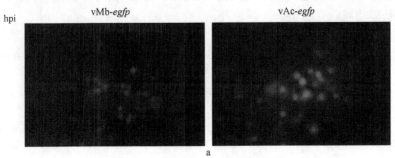

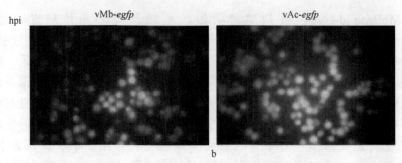

图 5-17　vMb-*egfp* 和 vAc-*egfp* 病毒感染 Tn368 细胞后的荧光显微镜观察结果（彩图请扫封底二维码）

a. vMb-*egfp* 和 vAc-*egfp* 感染 Tn368 细胞后 48h 的结果；b. vMb-*egfp* 和 vAc-*egfp* 感染 Tn368 细胞后 96h 的结果。
hpi 是 hours post infection 的缩写

明，利用新构建的甘蓝夜蛾核型多角体病毒表达载体，可成功表达外源蛋白绿色荧光蛋白。这为利用该系统表达其他蛋白质奠定了基础。

结　　语

目前，世界上应用的杆状病毒表达载体主要是苜蓿银纹夜蛾核型多角体病毒的表达载体 AcBacmid，由于该病毒具有广谱性，可感染 100 多种鳞翅目昆虫，AcBacmid 可以在多种商业化细胞系中进行表达，该表达系统已发展成最成熟的昆虫病毒表达系统，但其在表达容量和表达产物后的处理上还存在一些局限，需要开发新的昆虫病毒表达系统。甘蓝夜蛾核型多角体病毒也具有广谱性，且病毒编码基因更多，构建表达系统可能容量更大，病毒也可感染 Tn368 和 Sf9 等商业化细胞。本章利用甘蓝夜蛾核型多角体病毒基因组和以前病毒表达载体的 8.6kb DNA 片段，构建成甘蓝夜蛾核型多角体病毒的 Bacmid。利用该 Bacmid，通过 Bac-to-Bac 方法，构建成能表达外源蛋白 EGFP 的重组表达载体和能回复表达病毒多角体蛋白的重组表达载体，并进行了成功的应用。甘蓝夜蛾核型多角体病毒表达载体已获国家发明专利授权（张忠信等，2015）。本章的研究结果经进一步完善，将为杆状病毒表达载体系统提供一个新的工具，也为甘蓝夜蛾核型多角体病毒编码基因功能研究提供一条新途径。

（编写人：吴柳柳、张忠信）

参 考 文 献

吴祥甫, 杨冠珍, 胡建新. 1998. 重组救活可线性化家蚕核多角体病毒基因工程载体: 中国, ZL98110963.2.
易咏竹, 陈寅, 张志芳, 等. 2002. 宿主域扩大的重组救活昆虫杆状病毒表达载体的构建及外源基因的表达. 蚕业科学, 28(4): 304-307.

张忠信, 吴柳柳, 类承凤, 等. 2015. 一种在多种昆虫细胞上表达外源蛋白的 II 组甲型杆状病毒 Bacmid 及应用: 中国, ZL201510513049.1.

Akkari P A, Nowak K J, Beckman K, et al. 2003. Production of human skeletal α-actin proteins by the baculovirus expression system. Biochemical and Biophysical Research Communications, 307(1): 74-79.

Bapat B, Murhammer D W. 2011. Carbon dioxide inhibitory effect on uninfected and baculovirus-infected insect cells and the role of intracellular pH. Abstracts of Papers of the American Chemical Society (ACS), 241: Abstract 275-BIOT.

Beek N, Lu A, Presnail J, et al. 2003. Effect of signal sequence and promoter on the speed of action of a genetically modified *Autographa californica nucleopolyhedrovirus* expressing the scorpion toxin LqhIT2. Biol Cont, 27(1): 53-64.

Blanchard J H, Ferguson C H R. 1992. The effect of different levels of dissolved oxygen on recombinant protein production in Sf-9 cells. *In*: Vlak J M, Schlaeger E J, Bernard A R. Baculovirus and Recombinant Protein Production Processes. Basel: Editiones Roche: 247-254.

Boublik Y, Di Bonito P, Jones I M. 1995. Eukaryotic virus display: engineering the major surface glycoprotein of the *Autographa californica nuclear polyhedrosis virus* (AcNPV) for the presentation of foreign proteins on the virus surface. Biotechnology(N Y), 13: 1079-1084.

Doyle C J, Hirst M L, Cory J S, et al. 1990. Risk assessment studies: detailed host range testing of wild-type cabbage moth, *Mamestra brassicae* (Lepidoptera: Noctuidae), nuclear polyhedrosis virus. Applied and Environmental Microbiology, 56(9): 2704-2710.

Gerbal M, Fournier P, Barry P, et al. 2000. Adaptation of an insect cell line of *Spodoptera frugiperda* to grow at 37℃, characterization of an endodiploid clone. In Vitro Cellular & Developmental Biology-Animal, 2000(2): 117-124.

Gotoh T, Chiba K, Kikuchi K I. 2004. Oxygen consumption profiles of Sf-9 insect cells and their culture at low temperature to circumvent oxygen starvation. Biochem Eng J, 17: 71-78.

Granados R R. 1994. Trichoplusia ni cell line which supports replication of baculoviruses: United States, US005300435A.

Hensler W T, Agathos S N. 1994. Evaluation of monitoring approaches and effects of culture conditions on recombinant protein production in baculovirus-infected insect cells. Cytotechnology, 15: 177-186.

Hilton S, Winstanley D. 2007. Identification and functional analysis of the origins of DNA replication in the *Cydia pomonella granulovirus* genome. Journal of General Virology, 88: 1496-1504.

Hink W F, Strauss E M. 1979. Plaque assay of alfalfa looper nuclear polyhedrosis virus on the TN-368 cell line. Tissue Culture Association Manual, 1979, 5(1): 1033-1035.

Hink W F. 1982. Production of *Autographa californica nuclear polyhedrosis virus* in cells from large-scale suspension cultures. *In*: Kurstak E. Microbial and Viral Pesticides. New York: Marcel Dekker.

Hink W F. 1991. A serum-free medium for the culture of insect cells and production of recombinant proteins. In Vitro Cellular & Developmental Biology - Animal, 27(5): 397-401.

Hofmann C, Sandig V, Jennings G, et al. 1995. Efficient gene transfer into human hepatocytes by baculovirus vectors. Proceedings of the National Academy of Sciences of the United States of America, 92(22): 10099-10103.

Hou S, Chen X, Wang H, et al. 2002. Efficient method to generate homologous recombinant baculovirus genomes in E-coli. Biotechniques, 32: 783-788.

Kitts P A, Ayres M D, Possee R D. 1990. Linearization of baculovirus DNA enhances the recovery of recombinant virus expression vectors. Nucleic Acids Res, 18(19): 5667-5672.

Luckow V A, Lee S C, Barry G F, et al. 1993. Efficient generation of infectious recombinant baculoviruses by site-specific transposon-mediated insertion of foreign genes into a baculovirus genome propagated in Escherichia coli. Journal of Virology, 67(8): 4566-4579.

Merrington C L, Bailey M J, Possee R D. 1997. Manipulation of baculovirus vectors. Mol Biotechnol, 8(3): 283-297.

Mitchell-Logean C, Murhammer D W. 1997. Bioreactor headspace purging reduces dissolved carbon dioxide accumulation in insect cell cultures and enhances cell growth. Biotechnol Prog, 13: 875-877.

Monsma S A, Oomens A G, Blissard G W. 1996. The GP64 envelope fusion protein is an essential baculovirus protein required for cell-to-cell transmission of infection. Journal of Virology, 70: 4607-4616.

Motohashi T, Shimojima T, Fukagawa T, et al. 2005. Efficient large-scale protein production of larvae and pupae of silkworm by *Bombyx mori nuclear polyhedrosis virus* bacmid system. Biochemical and Biophysical Research, 326: 564-569.

Öhman L, Ljunggren J, Häggström L. 1995. Induction of a metabolic switch in insect cells by substrate-limited fed batch cultures. Appl Microbiol Biotechnol, 43: 1006-1013.

Palomares L A, Lopez S, Ramirez O T. 2004. Utilization of oxygen uptake rate to assess the role of glucose and glutamine in the metabolism of infected cell cultures. Biochem Eng J, 19: 87-93.

Pijlman G P, Dortmans J C, Vermeesch A M, et al. 2002. Pivotal role of the non-hr origin of DNA replication in the genesis of defective interfering baculoviruses. Journal of Virology, 76: 5605-5611.

Possee R D, Hitchman R B, Richards K S, et al. 2008. Generation of baculovirus vectors for the high-throughput production of proteins in insect cells. Biotechnology and Bioengineering, 101(6): 1115-1122.

Reuveny S, Kim Y J, Kemp C W, et al. 1993. Shiloach J. Effect of temperature and oxygen on cell growth and recombinant protein production in insect cell cultures. Appl Microbiol Biotechnol, 38: 619-623.

Rhiel M, Mitchell-Logean C M, Murhammer D W. 1997. Comparison of Trichoplusia ni BTI-Tn-5B1-4 (High Five™) and Spodoptera frugiperda Sf-9 insect cell line metabolism in suspension cultures. Biotechnol Bioeng, 55: 909-920.

Schlaeger E J, Foggetta M, Vonach J M, et al. 1993. SF-1, a low cost culture medium for the production of recombinant proteins in baculovirus infected insect cells. Biotechnol Tech, 7: 183-188.

Smith G E, Summers M D, Fraser M J. 1983. Production of human beta interferon in insect cells infected with a baculovirus expression vector. Molecular and Cellular Biology, 3(12): 2156-2165.

Sun X. 2015. History and current status of development and use of viral insecticides in China. Viruses, 7: 306-319.

Wang H Z, Deng F, Pijlman G P, et al. 2003. Cloning of biologically active genomes from a *Helicoverpa armigera single-nucleocapsid nucleopolyhedrovirus* isolate by using a bacterial artificial chromosome. Virus Research, 97: 57-63.

Wilkie G E I, Stockdale H, Pirt S V. 1980. Chemically-defined media for production of insect cells and viruses. In Vitro Cell Dev Biol, 46: 29-37.

Zhang J, Kalogerakis N, Behie L A. 1994. Optimization of the physiochemical parameters for the culture of *Bombyx mori* insect cells used in recombinant protein expression. J Biotechnol, 33: 249-258.

第六章 甘蓝夜蛾核型多角体病毒生物农药商业化生产工艺和产品标准制定

昆虫病毒生物农药是对人类安全的生物制剂,是我国生物农药的优势产业之一,我国昆虫病毒生物农药的研究、生产和应用都处于世界前列。

广谱甘蓝夜蛾核型多角体病毒生物农药突破一种昆虫病毒只能防治一种害虫的传统概念,一种昆虫病毒制剂对多种害虫都有很好的控制作用,包括小菜蛾、棉铃虫、甜菜夜蛾、甘蓝夜蛾、小地老虎、黄地老虎、烟青虫、黏虫、稻纵卷叶螟、豆野螟、榆尺蠖、茶尺蠖等重要农林害虫。广谱昆虫病毒生物农药对多种目标害虫杀虫效果好,不污染环境,不伤害膜翅目和鞘翅目的昆虫天敌,对家蚕等益虫没有致病性,长期应用不易导致害虫产生抗性,是生态治理抗性害虫的重要生物制剂。中国科学院武汉病毒研究所与企业合作,利用我国生物资源优势,采用现代生物技术,完成广谱高效昆虫病毒生物农药产业化,在江西新龙生物科技股份有限公司(江西宜春市)建成国内外最大的昆虫病毒生产线,年产量2000t,年销售额1亿多元,使昆虫病毒生物农药在治理抗性害虫和化学农药减量增效中占据重要地位,为促进绿色防控发展、维护生态平衡提供了商业化产品。

第一节 昆虫病毒生物农药生产概况

杆状病毒只能通过敏感昆虫种类的活宿主细胞繁殖生产(Shapiro,1986;Eberle et al.,2012a)。这些细胞可以是活体昆虫中生长的细胞(*in vivo*),或者是组织培养的细胞(*in vitro*)。每个杆状病毒分离株/宿主系统都有各自的要求,杆状病毒一般仅在单个昆虫物种中复制,但少数杆状病毒具有较宽的宿主范围,可以在多个宿主物种和细胞系中成功复制。杆状病毒生产不仅涉及病毒粒子的成功复制,而且需要大量生产包埋活性病毒粒子的病毒包涵体(OB)。杆状病毒作为生物农药的一个显著优势是它的包涵体稳定且坚硬,使它的贮存、加工和制剂化相对直接且简单。大多数杆状病毒包涵体在光学显微镜下可观察到,为昆虫病毒生物农药的包涵体含量计数和产品质量控制提供了方便。

目前,许多不同种类的杆状病毒已被商业化生产,全世界商业化杆状病毒产品超过80种(Kabaluk et al.,2010;Gwynn,2014;Sun,2015;Haase et al.,2015)。当前产品使用的杆状病毒是来自甲型杆状病毒属和丙型杆状病毒属的核型多角体病毒(NPV)及来自乙型杆状病毒属的颗粒体病毒。病毒生产主要使用活体昆虫生产和培养细胞生产。尽管不同活体昆虫体内生产系统难易和复杂程度不同（Eberle et al.，2012a；Grzywacz et al.，2014；Lacey et al.，2015），但商业化生产仍主要依赖这种方式生产，而培养细胞生产系统被认为具有更高的潜在价值，有可能作为活体生产的替代方法得到更大的发展。

一、利用培养细胞生产杆状病毒生物农药

活体昆虫体内大规模生产杆状病毒生物农药产品是目前唯一的可行手段（Szewcyk et al.，2006；Reid et al.，2014；Grzywacz and Moore，2017），但在长期的生产过程中，人们认识到它具有很大的局限性，并且开发了基于培养细胞的实用大规模生产系统（Black et al.，1997；Moscardi，1999）。然而，尽管几十年来进行了很大的努力，目前仍没有开发出大规模生产昆虫细胞所需的适宜生物反应器，也没有开发出足够低成本的细胞培养基（Claus et al.，2012；Reid et al.，2014）。利用培养细胞生产杆状病毒的病毒活性降低问题仍是一个挑战，培养细胞低病毒产量问题也难以应对（Nguyen et al.，2011）。

采用组织培养细胞生产杆状病毒，从理论上讲可使生产系统更廉价、更灵活，因为依靠一组不同的冷冻细胞系支持的单个生物反应器原则上可根据需要生产许多不同的杆状病毒，而不需要花费更多资金，在害虫变迁和市场变化时去养殖多种昆虫生产多种靶病毒产品（Reid et al.，2014）。

发展培养细胞生产杆状病毒的另一个依据是，它是生产基因修饰（GM）杆状病毒的唯一选择（Black et al.，1997；Inceoglu et al.，2006），能较快杀灭宿主昆虫的转基因杆状病毒，不可避免地干扰杆状病毒在宿主细胞中的复制，转基因杆状病毒用活体昆虫生产的产量比野生型病毒产量低10%以上。因此，发展适宜的大规模生物反应器，利用培养细胞生产基因修饰杆状病毒生物农药，对研究者一直具有巨大的吸引力（Black et al.，1997；Granados et al.，2007；Claus et al.，2012；Reid et al.，2014）。

培养细胞大规模生产杆状病毒的基本要素是，支持病毒复制的昆虫细胞系、支持培养细胞生长繁殖的细胞培养基及能用于大规模细胞培养的适宜生物反应器。可以在体外稳定复制的病毒株及细胞和病毒复制体系的优化也需要。

1. 生产病毒的昆虫细胞系

自从 20 世纪 60 年代第一个昆虫细胞系问世以来，许多能够支持病毒复制的鳞翅目昆虫细胞系已被开发出来（Lynn，2007）。能大规模生产杆状病毒细胞系需要的关键特性包括复制时间短（<24h）和单个细胞病毒生产量（>200 OB）（Reid et al.，2014）。目前已有一些符合这些特征的昆虫细胞系用于杆状病毒中的苜蓿银纹夜蛾核型多角体病毒（AcMNPV）、草地贪夜蛾核型多角体病毒（SfMNPV）和

棉铃虫核型多角体病毒（HearNPV）等的研究，但苹果蠹蛾颗粒体病毒（CpGV）和其他大多数商业上感兴趣的病毒都还没有这样特征的细胞系。

2. 能满足昆虫细胞生长需求的细胞培养基

能够支持昆虫细胞生长营养需求的培养基最初是根据昆虫血淋巴组分模拟出来的。为了达到模拟目的，必须使用含简单化学成分盐、氨基酸、维生素和碳水化合物的混合物，并补充复杂的天然成分，如胎牛血清（FBS）等（Reid et al.，2014）。这种培养基的缺点是，FBS 在化学组成上不确定，每批次之间可能都有变化，这可能影响后续处理的蛋白质，以及在反应器中泡沫化蛋白质的含量（Claus et al.，2012）。但更主要的问题是 FBS 成本太高，达到培养基总成本的 90%，高昂的培养基成本使利用培养细胞大规模生产杆状病毒生物农药在经济上无法承受。开发无血清培养基使这一问题得到部分解决，这类培养基使用 21 种以上纯化氨基酸取代 FBS 和其他天然成分。但这类培养基成本仍然太高，不适合作为商业化生产生物农药的细胞培养基。若培养基的成本能降到每升 1～2.5 美元，即现在成本的 1/30，才可能达到利用其剂型大规模生产杆状病毒生物农药的需求（Grzywacz and Moore，2017）。

3. 昆虫细胞大规模增殖的生物反应器

开发昆虫细胞大规模增殖生物反应器的关键问题是昆虫细胞的高氧气需求（最大需要 40%～70%的溶解氧）及与细菌细胞相比较昆虫细胞形态太大和过于脆弱。昆虫细胞适合在标准静态悬浮培养系统中进行小规模培养，但这样培养细胞成本太昂贵，不可能用其大规模生产杆状病毒生物农药。为满足工业化生产杆状病毒生物农药的需求，生物反应器最小容积应达到 10～20 000L（Black et al.，1997）。昆虫细胞生物反应器主要包括搅拌槽反应器和气升式反应器。不管使用哪一类反应器，都需要既满足细胞生长的需求，又要避免物理压力破坏脆弱的昆虫细胞。使用搅拌槽反应器，涡轮机或叶轮可产生剪切应力破坏细胞，而使用气升式反应器，产生气泡和气泡破裂可能使细胞致死（Claus et al.，2012）。搅拌槽反应器容积目前可达到 600L，但要满足工业生产要求，生物反应器在容量上还必须实现大的飞跃（Reid et al.，2014）。

4. 昆虫细胞大规模生产病毒的管理

目前，利用培养昆虫细胞小规模多批次生产高活性包涵体已经实现（Lua and Reid，2003），但大规模连续培养中，包涵体的产量和毒力都严重下降。在长期的培养细胞中，BV 表型就可在细胞间传播复制，不需要功能性 ODV 表型来保证病毒的持续复制。因此，病毒就可能缺乏对感染至关重要的蛋白或产生不含包涵体的突变病毒株（Eberle et al.，2012a）。这样，病毒的毒性可能下降（Chakraborty et al.，1999），杀虫速度可能降低（Bonning and Hammock，1996）。为了利用培养细胞培养生产稳定和有效的包涵体，需要开发能避免包涵体丧失活性的增殖系统和操作规程，并加强生产中接种病毒的筛选和检测，及时去除缺陷性突变体。

二、利用活体昆虫生产杆状病毒

利用活体昆虫商业化生产杆状病毒的详细描述很少（Grzywacz et al.，2014），但一些有关生产和生产系统的综述也提供了一些有价值信息（Shapiro et al.，1981；Shapiro，1986；Shieh，1989；Hunter-Fujita et al.，1998；Grzywacz et al.，2004；van Beek and Davis，2009；Grzywacz et al.，2014）。而本章我们将对甘蓝夜蛾核型多角体病毒的生产系统进行详细的介绍。

第二节 甘蓝夜蛾核型多角体病毒生物农药的生产流程

一、生产流程简介

甘蓝夜蛾核型多角体病毒生物农药的生产是通过大规模人工饲养宿主昆虫，然后用病毒毒种感染 4 龄幼虫，使每个感染幼虫都成为小型生物反应器来快速大量复制病毒，感染后 5～7d 感染幼虫体内充满病毒粒子而死亡，收集病毒致死虫尸，生产加工成昆虫病毒生物农药，其生产流程如图 6-1 所示。

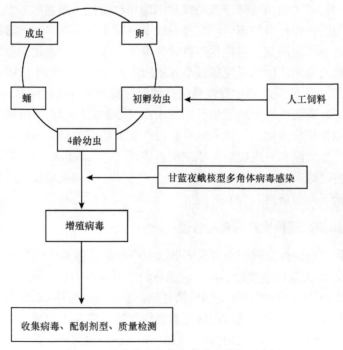

图 6-1 昆虫病毒生物农药生产流程示意图

二、主要生产车间布局和技术要求

广谱性昆虫病毒生物农药生产可分为 7 个生产车间，分别是昆虫检疫车间、健康昆虫保种车间、棉铃虫幼虫生产车间、甜菜夜蛾幼虫生产车间、甘蓝夜蛾核型多角体病毒感染增殖车间、产品分装包装车间和养虫器具清洗车间，总面积约 15 000m²。图 6-2 显示了甘蓝夜蛾核型多角体病毒生产工厂的生产车间外貌。

图 6-2　昆虫病毒生物农药生产车间外貌

图片由中国科学院武汉病毒研究所张忠信提供

1. 昆虫检疫车间

在长期昆虫饲养过程中，昆虫多次传代后可能出现退化，为了使种群复壮，需要补充新来源的昆虫种群（虫种）。在新的昆虫种群进入之时，需要在昆虫检疫车间进行检疫，确定没有病毒和微生物污染的昆虫种群才能引进，引进的昆虫种群可单独成新的健康种群，或者与原来的健康种群杂交，形成复壮的健康种群。昆虫检疫车间处于生产布局的最顶端，独立运行，与其他部分相隔离。当不需要引入新种群时，检疫车间可封闭消毒；当在检疫时发现可能的病毒污染，要将污染物彻底清除，将当时使用的检疫小场所进行彻底灭菌消毒处理。

2. 健康昆虫保种车间

通过检疫的健康昆虫种群进入健康昆虫保种车间，该车间中保有昆虫的 4 个虫态（成虫、卵、幼虫和蛹），保持与其他车间隔离，人员进入都需要更换工作服，保证清洁无菌。一方面该车间保证健康昆虫种群的持续维持，另一方面向后面的幼虫生产车间持续不断地提供昆虫蛹。由于甘蓝夜蛾核型多角体病毒的生产利用两种幼虫交替生产，以保持杆状病毒的基因多样性和广谱杀虫活性

（张忠信等，2007，2016），健康昆虫保种车间同时保有棉铃虫和甜菜夜蛾两种昆虫的种群。

3. 棉铃虫幼虫生产车间

健康昆虫保种车间提供的棉铃虫蛹进入棉铃虫幼虫生产车间，然后在车间中羽化、产卵和孵化幼虫，孵化出的幼虫在人工饲料上取食生长，1～4 龄幼虫群体饲养。幼虫到 4 龄初提供给病毒感染车间进行病毒生产。棉铃虫幼虫饲养室保持洁净和无病毒污染环境，也与其他有污染车间隔离，隔离距离 50m 以上。

4. 甜菜夜蛾幼虫生产车间

健康昆虫保种车间提供的甜菜夜蛾蛹进入甜菜夜蛾幼虫生产车间，车间的操作和技术要求与棉铃虫幼虫生产的相似。由于甜菜夜蛾和棉铃虫生产要求的环境相似，这两个车间在一个大区域内分开，每个车间的面积可根据生产需要适当调整。

5. 甘蓝夜蛾核型多角体病毒感染增殖车间

4 龄初幼虫进入病毒感染增殖车间，接种病毒后恒温培养昆虫增殖病毒。甘蓝夜蛾核型多角体病毒用两种替代宿主生产，但棉铃虫生产病毒产量比甜菜夜蛾较高，交替生产时用棉铃虫的数量较多，两种昆虫的数量比大约为 10∶1。

6. 产品分装包装车间

甘蓝夜蛾核型多角体病毒生产的剂型主要为悬浮剂、可湿性粉剂和颗粒剂，产品加工主要包括病毒虫尸研磨、过滤、剂型制备，产品分装利用现有农药生产的自动分装机械完成（图 6-3）。由于病毒是活体生物农药，在加工过程中需控制温度，不能出现超过 70℃的高温，以免伤害病毒活性。在病毒虫尸研磨后，也应立即置于预冷的器皿中降温，使研磨后的病毒混合液迅速降低温度，尽量保证病毒活性。

图 6-3　昆虫病毒生物农药产品分装包装车间

图片由中国科学院武汉病毒研究所张忠信提供

7. 养虫器具清洗车间

由于部分昆虫饲养器具需要在不同生产车间周转，因养虫器具而给健康幼虫饲养带来的污染成为病毒生产中的一大隐患。因此，昆虫生产器具一般都是从健康昆虫饲养车间向有病毒污染的车间单向周转。个别需要反向周转的器具，需进行两次以上的严格消毒，保证被周转的器具上没有病毒污染。

第三节　替代宿主棉铃虫的工厂化饲养

甘蓝夜蛾核型多角体病毒的生产主要通过活体增殖的方式进行，即首先大规模工厂化饲养宿主昆虫，然后通过病毒感染宿主幼虫生产病毒。由于甘蓝夜蛾人工饲料研究滞后，大规模人工饲养较为困难，甘蓝夜蛾核型多角体病毒生产通过感染人工饲养的棉铃虫或甜菜夜蛾幼虫进行，下面先对棉铃虫大规模人工饲养进行。

一、棉铃虫人工饲料配方

昆虫人工饲料报道始于 1908 年 Bogdanow 的反吐丽蝇（*Calliphora vomitoria*）人工饲料（王延年，1990），20 世纪 70～80 年代，国外 Singh 和 Moore 等（1985）收集了 100 多种昆虫的饲料配方和饲养方法，国内忻介六和苏德明（1979）、忻介六和邱益三（1986）对多种昆虫、螨类及蜘蛛的人工饲料配方进行介绍。昆虫人工饲料可分为全纯饲料、半纯饲料和实用饲料 3 种类型。昆虫病毒生产中大规模饲养宿主幼虫主要使用实用饲料。

国外最早报道的棉铃虫人工饲料配方是 Vanderzant 等（1962a）和 Vanderzant（1967）的麦胚-酪蛋白人工饲料配方，国内报道的饲料配方有卓乐姒等（1981）、吴坤君（1985）、杨益众等（1997）、范贤林等（1998，2003）等的实用饲料配方，配方组成主要包括基础成分和辅助成分。

基础成分是指昆虫生长发育所需的基本成分，主要包括麦胚（全麦）粉、大豆粉、玉米粉、酵母粉等。

在已知的棉铃虫人工饲料中，麦胚都是最主要成分（姜兴印等，2000），它含有昆虫需要的 18 种常见氨基酸、糖类、脂肪酸、甾醇、多种矿物质和 B 族维生素（李文谷等，1990），还含有刺激某些昆虫取食的物质（Chippendale and Mann，1972；Gothilf and Beck，1967）。而直接将粉碎的大（小）麦，作为人工饲料中常用的主要成分之一（卓乐姒等，1981），饲养的种群也可连续传代 90 代以上仍保持昆虫活力（王晓蓉等，1998）。

由于麦胚粉或全麦粉中昆虫所必需的赖氨酸含量较低，还有色氨酸、蛋氨酸及脂类的含量也偏低（吴坤君，1985），大豆粉成为棉铃虫人工饲料中的另一个基础成分。大豆不但富含蛋白质，提供足够的赖氨酸、色氨酸、蛋氨酸以弥补小麦粉的缺陷，而且在提供的脂肪酸中还含有丰富的不饱和脂肪酸——亚油酸。在昆虫人工饲料中，不饱和脂肪酸往往是一种不可缺少的成分（忻介六和苏德明，1979；Vanderzant et al.，1962b；Vanderzant，1974）。例如，不饱和脂肪酸对美洲棉铃虫成虫的正常羽化有重要影响，亚油酸缺乏或用量不足会降低茶卷叶蛾的化蛹率和羽化率（秦启联，2015）。在早期研究中，Vanderzant 等（1962b）曾用过酪蛋白调节饲料蛋白质水平，但营养生态学的研究表明，酪蛋白并不能很好地促进幼虫的生长和发育，以此作为棉铃虫人工饲料的附加蛋白源是不合适的（吴坤君和李明辉，1993）。

玉米籽粒中糖类的含量较丰富（胡昌浩和潘子龙，1982），对棉铃虫的生长发育具有良好的促进作用（秦启联，2015），是昆虫人工饲料的基本成分之一。另外，用酵母粉作为饲料附加蛋白源，能大幅度增加雌蛹的蛋白质含量，提高成虫的繁殖力（吴坤君和李明辉，1993）。

人工饲料的辅助成分主要包括琼脂、维生素和防腐剂等。琼脂在棉铃虫人工饲料中广泛应用，对饲料起到成形和保湿作用。为了降低人工饲料成本，国外曾用玉米穗轴粉代替部分琼脂吸收过剩的水分，固化饲料。卓乐姒等（1981）也曾将琼脂用量减少 30%～50%，在饲料配方中增加淀粉组分，仍能使饲料成形并在养虫过程中保持水分含量，不影响饲养效果。但在工厂化昆虫饲养中，这些方法难以操作且极易霉变，目前棉铃虫人工饲料仍使用琼脂为成形剂。维生素主要使用维生素 C 和复合维生素 B。维生素 C 是棉铃虫人工饲料中不可缺少的维生素。缺少维生素 C，棉铃虫幼虫的生长发育受到影响。维生素 C 可能有促进幼虫取食、提高成虫生殖能力的作用（忻介六和苏德明，1979）。复合维生素 B 可提高成虫的寿命和产卵量

棉铃虫幼虫要在人工饲料上取食约 12d，而人工饲料成分离不开防腐剂。人工饲料使用的防腐剂主要包括山梨酸、甲醛、尼泊金乙酯、苯甲酸钠、抗生素等，在已报道的人工饲料配方中，大多数使用其中的 2 种或 3 种，少数使用 4 种以上，但每种防腐剂的使用剂量不尽相同。防腐剂总用量不超过饲料质量的 0.1%。毕富春（1983）在研究不同的防腐剂在不同剂量下对黏虫生长发育的影响时发现，尼泊金乙酯对黏虫比较安全，山梨酸的毒性较大，甲醛对黏虫的毒性虽不大，但饲料中含量过多会使幼虫期延长，蛹重下降。另外，卓乐姒等（1981）在饲料中加入乙酸，起到了一定防腐作用；秦启联（2015）饲养中发现，在饲料中加入一定量的链霉素，可有效控制细菌的污染，在高温、高湿的夏季作用尤其明显。在病毒生产过程中，由于甲醛具有很强的广谱抗病毒作用，一般人工饲料中不添加甲醛。抗生素大量使用容易造成污染，不建议大规模使用。

在植食性昆虫的人工饲料中，通常需要加入叶因子。例如，黏虫的人工饲料中加入了叶因子；早期玉米螟人工饲料中加入玉米叶热水抽取物的浓缩液，幼虫发育正常，否则，幼虫虽能发育，但化蛹率不高，羽化率也甚低（忻介六和苏德明，1979）。在早期棉铃虫人工饲料中也加入干制（风干）嫩棉叶和一定量的棉籽油以提高幼虫的生长发育和成虫的羽化及产卵。但随着产业化发展，棉铃虫人工饲料中的叶因子已剔除。我们在工厂化饲养棉铃虫的人工饲料配方主要有两种。

棉铃虫人工饲料配方 1 的组分：

小麦粉 60g　　　　大豆粉 60g

玉米粉 60g　　　　酵母粉 15g

琼脂条 12g　　　　山梨酸 0.5g

尼泊金乙酯 0.5g　　维生素 C 1.0g

复合维生素 B 1.0g　无菌水 800mL

棉铃虫人工饲料配方 2 的组分：

小麦粉 90g　　　　大豆粉 90g

酵母粉 12g　　　　琼脂条 13g

山梨酸 0.5g　　　　尼泊金乙酯 0.5g

维生素 C 1.0g　　　复合维生素 B 1.0g

无菌水 800mL

人工饲料配制时，先将琼脂在水中高温溶化，然后将防腐剂、酵母粉和预先高温处理过的小麦粉、大豆粉、玉米粉依次加入溶化琼脂的水中搅拌均匀，待温度降到60℃时加入维生素，趁热分装到饲料盘或养虫盘中凝固。在冬季气温较低时，饲料加入维生素后要在保温条件下继续搅拌，防止饲料在分装前凝固。

这两种人工饲料配方简单、营养全面、适口性好，都可以获得健康、发育速度快、整齐度高的棉铃虫群体，为昆虫传代和广谱杆状病毒生物农药产业化生产提供虫源。

二、棉铃虫幼虫饲养

棉铃虫幼虫饲养主要用一种便捷式养虫盘饲养，养虫盘包括盘体和盘盖，盘体上平均分布着小格，盘盖上设有透气孔。盘体上小格为正四方形，边长 3.5cm，高 3.5cm。盘盖上的透气孔，能保证良好通气和昆虫生长必需的环境湿度，同时防止幼虫逃出。养虫盘用 PVC 塑料制成，可以高温灭菌，重复使用，已获得外观设计专利授权（胡秀筠，2013）。

根据棉铃虫幼虫取食特点和昆虫病毒生产中的实际需要，棉铃虫幼虫饲养分为低龄幼虫（1～3 龄）和高龄幼虫（4～6 龄）两个阶段，都使用养虫盘饲养。

　　低龄幼虫饲养是在棉铃虫幼虫生产车间，车间的室内走廊和低龄幼虫饲养车间见图6-4和图6-5。幼虫饲养前，将即将孵化的棉铃虫卵消毒处理，放入塑料自封袋中孵化，每个自封袋中放入约1500粒卵，且产卵时间一致。待大部分虫卵孵化后（始见孵化后约6h），打开袋口，将自封袋中和纱布上的初孵幼虫直接抖入养虫盘中（图6-6）。养虫盘中每格预先放入约2.5g人工饲料块，根据每个自封袋中目测估计出虫量，每盘接入幼虫约1500头，每养虫格中的初孵幼虫7～15头。接入幼虫后，封好盘盖，在温度27℃、相对湿度50%～80%的幼虫饲养室饲养。在养虫盘中饲养4d的棉铃虫幼虫见图6-7。

图6-4　幼虫生产车间室内走廊　　　　　　图6-5　低龄幼虫饲养车间
图片由中国科学院武汉病毒研究所张忠信提供　图片由江西新龙生物科技股份有限公司胡秀筠提供

图6-6　将自封袋中的初孵幼虫　　　　　图6-7　饲养4d的棉铃虫幼虫
　　　　分装到养虫盘中　　　　　　　　图片由中国科学院武汉病毒研究所张忠信提供
图片由中国科学院武汉病毒研究所张忠信提供

　　养虫盘中的棉铃虫长到3龄末期时（孵化后约6d），由于高龄幼虫相互残杀习性增强，需要进行分装，变成每格一头幼虫饲养。分装前，将人工饲料切成3.5g左右的小块，放入养虫盒小格中。然后将3龄末期的幼虫接入养虫盒，每小格1头，每盘饲养100头。盖上盒盖，在温度27℃、相对湿度40%～70%的饲养室饲养。

　　3龄末期的棉铃虫处于皮层溶离（apolysis）期，已经停止取食，大部分幼虫白天离开饲料，在养虫盘小格的内壁静伏，等待蜕皮。此时虫体大小合适，便于挑选整齐度高的群体进行进一步的饲养或者在4龄初进行病毒感染。高龄幼虫的培养实际上分别在健康昆虫保种车间和病毒感染增殖车间进行。在昆虫保种车间，3 龄末幼虫分装成单独饲养后，培养 5～6d，幼虫进入 5 龄或 6 龄老熟阶段，在残余饲料和粪便中制作蛹室，准备化蛹。而高龄幼虫送入病毒感染增殖车间，感染病毒高龄幼虫历期将延长 1～3d。

三、棉铃虫成虫管理和产卵

成虫产卵笼为长方体框架，长方体框架底面和侧面为细孔隔网，侧面底部设有小方口，安装有取食盒，长方体框架顶面为开口，放置纱布供成虫产卵。这种框架式简易产卵笼结构简单、轻便，还透光，便于观察和采集虫卵，细孔隔网可防止成虫爬出，取食盒的设计方便成虫取食，提高其产卵量，延长其寿命。成虫产卵笼大小为 85cm×55cm×45cm，可放置 200～400 头蛹进行羽化产卵。

棉铃虫幼虫初化蛹时为乳白色到绿色，蛹体较软，不宜进行取蛹操作。化蛹 2～3d，蛹体壁充分硬化，颜色为金黄色，可用平头镊将蛹从养虫盘中取出，用 4%甲醛溶液（10%福尔马林溶液）浸泡 10min，进行体表消毒。消毒后的棉铃虫蛹用无菌水漂洗干净，室温晾干。放入 26℃、70%相对湿度的养虫室。待蛹头胸部变黑将要羽化时（26℃下，约为化蛹后第 6d）（图 6-8），放入成虫产卵笼，每笼约 400 头。

图 6-8　待羽化的棉铃虫蛹图
图片由中国科学院武汉病毒研究所张忠信提供

成虫羽化后，在产卵笼的取食盒中放入加了浸透 10%蜂蜜水脱脂棉，供成虫取食，并及时更换蜂蜜水脱脂棉，保证蜂蜜水充足、新鲜。

在棉铃虫的整个饲养阶段中，成虫产卵期湿度要求最高，相对湿度为 70%～90%。成虫产卵房间容易出现鳞毛、鳞片飞扬，对工人身体有害，需要管控处理。为了提高成虫产卵房间湿度和减少飞扬鳞毛，每天早晨和黄昏时应向笼内喷水，尽量减少飞扬的鳞毛，降低处理难度。成虫产卵期间，产卵室温度保持 24～25℃，相对湿度 90%，并保持清洁无霉菌污染。

棉铃虫成虫的卵产于覆盖在产卵笼上的纱布上（图6-9），根据卵量多少，每天更换一次或多次纱布。每头雌成虫产卵量400～600粒。带卵纱布用4%甲醛溶液浸泡进行卵面消毒，之后无菌水漂洗干净，在通风干燥处晾干，放入塑料自封袋中，封上袋口，进行孵化。

图6-9　刚更换产卵纱布的棉铃虫成虫产卵室一角

图片由中国科学院武汉病毒研究所张忠信提供

第四节　替代宿主甜菜夜蛾人工大规模饲养

一、甜菜夜蛾人工饲料配方

甜菜夜蛾饲养方法与棉铃虫饲养方法相似，饲料的主要成分仍然为大豆粉、小麦粉和酵母粉，具体组成和制作方法如下。

人工饲料的原材料黄豆和小麦经140℃、1.0～1.5h烘烤后粉碎，经干热灭菌后密封，置于4℃冰箱中待用，酵母粉、琼脂、维生素及防腐剂分别从不同的公司购置备用。饲料配置时，先将琼脂40g在水中煮沸溶化，加入用少量水拌湿的黄豆粉和小麦粉，并搅拌均匀，当冷却到60～70℃时加入维生素和防腐剂，然后摊成一定的厚度（约2cm），室温冷却，凝固后用保鲜膜覆盖并放置4℃条件下待用。

二、甜菜夜蛾饲养过程

甜菜夜蛾成虫饲养在产卵笼中进行，用脱脂纱布覆盖，笼内放置折叠的纸条以供产卵。产卵期间饲喂10%蜂蜜水，且每天更换。收取昆虫卵后，将产卵纱布和白纸浸泡于1%甲醛溶液中消毒15min，然后清水冲洗以去除甲醛。将纱布和产卵纸片晾干后置于自封袋中，28℃环境下进行孵化。

初孵幼虫用毛笔挑取放入100孔（10×10）养虫盘内，养虫盘以保鲜膜覆盖保湿，保持温度28℃，相对湿度50%～60%。在甜菜夜蛾幼虫生长到3龄时，将幼虫分为单头饲养，给予足够的饲料，直至化蛹。

　　甜菜夜蛾成虫适宜的发育和产卵温度是（25±1）℃，适合卵孵化的温度是28℃，适合幼虫生长发育的温度是28℃，适合蛹发育的温度是（25±2）℃。甜菜夜蛾整个生活史的环境湿度都应控制在50%～70%。湿度高于70%时会诱发幼虫小环境内滋生真菌，同时也会降低成虫的产卵量及卵的孵化率。

　　在人工饲养条件下，甜菜夜蛾卵期为44～50h，幼虫期为9～11d，蛹期为5～6d，成虫期5～7d，整个生活史的历期为22～25d。甜菜夜蛾的生活历期、幼虫成活率、单个蛹平均体重、化蛹率及成虫羽化率在传代过程中都显现良好态势，连续饲养传代100代仍保持种群活力。

第五节　养虫器具清洗消毒及虫卵表面消毒

一、养虫器具的清洗消毒

　　长期大规模工厂化饲养昆虫，难免会有各种病原物的污染，特别是核型多角体病毒，对鳞翅目昆虫的人工饲养会造成非常严重的不良后果。因而在可能的情况下，所有接触虫体的器具和材料都要进行高压灭菌。养虫盘使用前，要清洗干净后经消毒灭菌处理。成虫产卵笼可以用5%的次氯酸钠溶液浸泡2h以上，清洗晾干后使用。

　　昆虫养虫盘在生产幼虫过程中用量多，每年要使用数千个盘子，包括盘盖和其他物件，养虫盘的清洗消毒费力费时，还容易出现遗漏。为了减少劳力成本，我们在幼虫生产车间和病毒感染增殖车间分别使用养虫盘清洗消毒机（邓方坤，2014），使养虫盘清洗消毒机械化，并在清洗过程中加入消毒灭菌措施，使清洗消毒一并完成，大大减少了人力投入（图6-10）。

图6-10　养虫盘清洗消毒机

图片由中国科学院武汉病毒研究所张忠信提供

二、昆虫卵面消毒

在鳞翅目昆虫的 4 个虫态中，蛹和卵是适合消毒的 2 个虫态。由于杆状病毒可以通过卵面带毒传播到下一代，昆虫卵面消毒就是保证健康昆虫生产的关键步骤。目前进行卵面消毒的试剂有多种，但甲醛是杀灭病毒最彻底的药剂。在卵面消毒时，临近孵化的卵与其载体（纱布）一同置于 4%甲醛溶液（10%福尔马林溶液）中浸泡 15min，然后将卵和纱布在无菌水中漂洗两次后晾干。经过这样处理，即可达到灭活核型多角体病毒和其他多种病原物的目的，对虫体的活性也不会产生不利影响，非常适合生产中对昆虫活体进行消毒处理。

使用甲醛进行卵面消毒虽然效果较好，但甲醛对操作人员身体有害，消毒操作必须在通风橱中进行，并需要进行有效的防护（图 6-11）。另外，卵面消毒间必须保持清洁无毒，避免消毒卵在晾干时被环境中的病毒污染。

图 6-11　昆虫卵面消毒
图片由中国科学院武汉病毒研究所张忠信提供

第六节　甘蓝夜蛾核型多角体病毒的生产及病毒高产技术研究

一、甘蓝夜蛾核型多角体病毒高效生产毒株的筛选和监测

1. 生产病毒株的筛选

甘蓝夜蛾核型多角体病毒具有多种分离株（见本书第三章），从理论上讲，对于利用多种鳞翅目昆虫进行的生产，同种病毒的许多分离株都可以使用。我们对甘蓝夜蛾核型多角体病毒 CHb1 分离株进行了全基因组分析和生物活性比较，在生产中主要使用该病毒株作为生产毒株。

室内生物活性测定是筛选毒株的主要方法。然而，在野外，宿主昆虫田间种群间的基因异质性可能导致病毒对不同宿主群体的毒力出现差异（Opoku-Debrah et al.，2014），这意味着病原对宿主的毒力程度，不能简单地以室内测定的病原能力决定。实验室生物测定中检测到的毒力差异不大可能真正转化成田间可检测到的功效差异。因此，最终选择的生产毒株必须总是基于代表性田间试验的数据结果。根据我们的田间试验结果（见本书第八章），并结合大规模生产中病毒产量的评估，确认生产中使用 MbMNPV-CHb1 分离株病毒。

2. 病毒毒种贮藏液的制备

尽管生产中每天都要接种大量昆虫，但病毒毒种并不是每天都更换，这就需要制备毒种贮藏液，每批贮藏液应能满足 15d 生产的需要。制备毒种贮藏液时，病毒按标准程序纯化（Hunter-Fujita et al.，1998；Eberle et al.，2012b），每批次病毒的遗传特征都需要核查，发现有问题的毒种立即更换。在制备的贮藏液中，含有部分昆虫源氨基酸成分和其他保护剂，并不要求将贮藏液的包涵体提取的十分纯净，但一定不含致病菌，并加入终浓度为 200U/mL 的抗生素抑制杂菌生长。这样的贮藏液置于 4℃下保存，保证在 15d 内病毒活性不明显下降。另外，每批贮藏液中取少量毒种在−20℃下单独保存，作为产品参考和在生产设施发生事故时的备用（Grzywacz et al.，2004）。

3. 毒种稳定性监测

甘蓝夜蛾核型多角体病毒的生产使用两种替代宿主棉铃虫和甜菜夜蛾交替生产，尽管我们通过分子生物学研究证明利用这种方法可保证病毒基因的稳定性，但毕竟是在替代宿主中复制，必须保证毒种病毒基因组多样性的稳定，保证其广谱杀虫活性。毒种检测每年进行两次，主要进行病毒包涵体切片电镜观察，病毒增效蛋白基因完整性分子检测，病毒 *polh*、*lef8* 和 *lef9* 等基因检测。在 8 年多的连续大规模生产中，通过病毒形态和分子生物学监测，确保使用毒种的稳定性、广谱性和高效性。

二、甘蓝夜蛾核型多角体病毒感染和增殖生产

1. 病毒接种

病毒生产就是用适量的昆虫病毒口服感染宿主幼虫，然后将活体幼虫作为生物反应器，使病毒通过幼虫快速复制而生产病毒。病毒接种感染是病毒生产的第一步。从理论上讲，病毒生产必须建立最适接种量、最适接种幼虫龄期、最适繁殖培养期和最适饲养条件。许多研究认为，合适的幼虫龄期和体重是昆虫病毒生产量的关键（Cherry et al.，1997；Grzywacz et al.，1998；Senthil Kumar et al.，2005）；

孵育温度影响生产病毒的产量和质量（Subramanian et al.，2006）；病毒毒种是掺入到饲料中还是简单地喷洒到饲料表面也影响感染效率（Shapiro et al.，1981）。然而，昆虫病毒大规模生产不是实验室的小型试验，实验室研究数据可作为生产中的参考。甘蓝夜蛾核型多角体病毒工厂化生产，供感染幼虫按 5 天龄、6 天龄和 7 天龄划分，每天根据幼虫生产车间提供幼虫的虫龄调整接种病毒浓度，病毒贮藏液在 4℃下保存时间的长短也可能影响接种病毒浓度。病毒悬液用病毒接种机自动喷洒到人工饲料上接种，棉铃虫和甜菜夜蛾幼虫分别在各自的适宜条件下培育繁殖病毒。饲料表面接种比病毒掺入饲料接种使用病毒量少，获得的单虫平均病毒产量较高，这和 Shapiro 的早期报道结果相一致（Shapiro et al.，1981）。

2. 幼虫分拣感染

病毒感染时，需要将群体饲养的幼虫分拣到养虫盘的孔中单头感染培养。棉铃虫 3 龄末处于皮层溶离期，这时的幼虫从幼虫生产车间送到病毒感染车间，容易进行分拣。4 龄初幼虫（孵化后 5d、6d 和 7d 的幼虫）进行病毒感染。病毒感染过程中，养虫盘中需要添加饲料和接种病毒。饲料分装和病毒感染都需要消耗大量人力，劳动力成本较高。为了节省成本，我们设计了饲料分装和病毒感染一体机，与幼虫的人工分拣形成一条生产线。在这条生产线上，饲料定量分装和病毒感染液定量添加由机械完成，然后添加病毒的养虫盘通过生产线推送到工人前进行幼虫分拣，养虫盘中每孔加入一头幼虫。幼虫分拣好后，再由生产线推送到封盖工人前，由工人封盖后送入培养增殖间生产病毒。图 6-12 是自动生产线分装饲料和接种病毒后，由工人将 4 龄初幼虫分拣到养虫盘中单头独立进行培养。

图 6-12　人工饲料定量分装和病毒感染液定量添加生产线
图片由中国科学院武汉病毒研究所张忠信提供

3. 病毒增殖

病毒感染后即送到病毒增殖间继续培养，病毒增殖间分成若干个小间，每个小间 20m²，放置 500 个养虫盘。使用棉铃虫幼虫进行病毒增殖时，房间温度 26～28℃，相对湿度 60%～70%。昆虫养虫盘在病毒增殖间可重叠摞起，底层空起（图 6-13），既可在一定的空间里放置更多的养虫盘，也可使底层和高层温度差降到最小。由于昆虫饲养和病毒增殖车间都需要用空调控温，这种在较小空间放置更多养虫盘的方法大大节省了能源，也保证了病毒增殖所需要的环境条件。

图 6-13　昆虫病毒增殖车间一角

图片由中国科学院武汉病毒研究所张忠信提供

4. 病毒致死虫尸收集和保存

昆虫病毒感染后，宿主昆虫幼虫历期延长。在健康幼虫饲养车间（如在昆虫保种车间），棉铃虫从 4 龄初算起，仅过 5d 就有幼虫开始预蛹。而 4 龄初感染病毒的幼虫，从感染到幼虫死亡或预蛹，时间可延长到 7d 以上。病毒感染后 6～7d 是病毒致死幼虫的死亡高峰期，将感染病毒幼虫的养虫盘送到病毒收集间收集病毒致死幼虫，感染后第 6d 没有死亡的病虫放到培养增殖间继续培养，第 7d 继续收集。在收集病毒致死虫尸时，收集的是死虫还是濒死幼虫影响收集病毒的活性，已有研究报道表明，从完全死亡幼虫中收获的包涵体生物活性较高（Ignoffo and Shapiro，1978；Bell，1991），因此，生产中只收集完全死亡幼虫，且在死亡后及时收集，尽量避免病死虫在收集前液化。

病毒收集间也分为若干小间，房间放置试验台和装病毒致死虫尸的器皿，不需要加温保湿。由于病毒致死虫尸有臭味，房间需通风换气。操作人员要做好防护，每次收集完毕后要对房间进行清洁消毒处理，使用的器具每天也要进行清洗和消毒处理。病毒感染车间也要防止杂菌污染，操作人员要有无菌概念，其他人员不能进入。同时还必须防止病毒向其他车间扩散。病毒感染和收集操作人员需有专门的通道进入,操作人员的工作服和使用器具不经严格消毒不能带出车间,且操作人员不能随便进入其他车间。

由于生物农药应用具有一定的季节性,病毒致死虫尸收集后并不一定立即就去制备病毒生物农药产品,往往要放置一段时间才一起制备。由于在低温下病毒活性保持得更好,且低温更能抑制杂菌的繁殖,收集的病毒致死虫尸一般低温保存。病毒冷藏间 $10\sim15m^2$,温度保持在 $10℃$ 以下。病毒致死虫尸中的昆虫组织成分,是昆虫病毒的最好保护剂,在这样的环境下,病毒致死虫尸保存 3 个月也不明显影响病毒的杀虫活力。

5. 病毒污染养虫盘的清洗消毒

昆虫病毒致死虫尸收集后,部分养虫盘要反复使用,需进行彻底清洗消毒。尽管在健康幼虫生产车间也配置清洗消毒间,但病毒感染车间的养虫盘清洗消毒间面积最大。养虫盘消毒和初清洗间面积 $200m^2$,内设三个大水池,每个水池面积 $20m^2$,池深 1m。其中两个水池内为 1%的氢氧化钠,另一个池内盛清水。房间内安装一台前面所讲的养虫盘清洗消毒机,放置若干个养虫盘架。病毒污染的养虫盘先在碱水池中浸泡,然后经清水漂洗,机械清洗消毒,在烘干消毒间烘干养虫盘上的水分。烘干消毒间面积 $15m^2$,工作时温度应达到 $65℃$,烘干消毒 1h 后,养虫盘及养虫盘盖密封好后转移到适当的车间重复使用。

三、甘蓝夜蛾核型多角体病毒高产技术研究

利用活体昆虫生产杆状病毒,每头幼虫生产量因宿主/病毒系统不同而有变化。商品化生产 NPV 时,每头幼虫病毒产量为 $1\times10^9\sim5\times10^9OB$(Evans, 1986; Ignoffo, 1999; Grzywacz et al., 2014)。在已报道的 NPV 商品化生产的宿主/病毒系统中,使用甜菜夜蛾(*Spodoptera exigua*)、莎草黏虫(*Spodoptera exempta*)和海灰翅夜蛾(*Spodoptera littoralis*)分别生产各自的 NPV,每头幼虫平均产量为 2×10^9OB(Smits and Vlak, 1988; Cherry et al., 1997; Grzywacz et al., 1998);利用棉铃虫生产 HearNPV 和 HzNPV,每头幼虫平均产量为$(2\sim5)\times10^9OB$(Shieh, 1989; Ignoffo, 1999; Arrizubieta et al., 2014)。

由于 GV 比 NPV 个体小得多,商品化生产 GV 时,每头幼虫生产的包涵体数量通常比 NPV 高,在不同宿主/病毒系统中,每头幼虫的 GV 产量为 $4.5\times10^9\sim1.1\times10^{11}OB$(Evans, 1986; Grzywacz et al., 2004; Moore, 2002)。其中,小菜蛾 GV 在小菜蛾(*P. xylostella*)中的产量为每头幼虫 $4\times10^{10}OB$(Grzywacz et al., 2004),苹果蠹蛾 GV 在苹果蠹蛾(*C. pomonella*)和苹果异形小卷蛾(*Cryptophlebia leucotreta*）中的产量分别为每头幼虫 9×10^9OB、8×10^{10}OB（Glen and Payne，1984；Chambers，2015），马铃薯块茎蛾 GV（*Phthorimaea operculella* GV，PhopGV）每头幼虫产量为 2.3×10^{10}OB（Arthurs et al.，2008；Cuartas et al.，2014），苹果异形小卷蛾 GV（CrleGV）感染同源昆虫（*C. leucotreta*）时，每头幼虫 GV 产量可高达 1.1×10^{11}OB（Moore，2002）。

甘蓝夜蛾核型多角体病毒的生产是一个特殊的生产系统，由于甘蓝夜蛾人工饲养技术不完善，病毒生产不是利用原始宿主进行，而是利用两种替代宿主增殖，需要在两种昆虫中都获得最高的生产量。

在病毒工厂化生产中，为提高每头幼虫的病毒产量，我们首先从两个方面着手，一方面是掌握适当的病毒感染剂量，另一方面是筛选优良的人工饲料。通过长期研究，我们使用孵化后 5d、6d、7d 龄的幼虫，感染病毒液浓度相应地为 1×10^6OB/mL、1×10^6OB/mL、4×10^6OB/mL。这样获得的病毒产量最大，棉铃虫平均每头幼虫病毒产量由 4.8×10^9OB 提高到 7.136×10^9OB。甜菜夜蛾平均每头幼虫病毒产量由 1.8×10^9OB 提高到 2.595×10^9OB。而在国际上，前面讲述的利用棉铃虫和甜菜夜蛾的最高 NPV 病毒产量分别为每头幼虫 5×10^9OB 和 2×10^9OB。

为了进一步提高每头幼虫的病毒产量，我们筛选能同时饲养两种替代宿主的人工饲料，并在饲料配方中添加微量抗病毒药物和保幼激素类似物，使病毒感染幼虫后幼虫历期进一步延长，幼虫在感染前就生长整齐、大小一致，病毒感染后幼虫个体增长更大，每头幼虫病毒产量进一步提高，棉铃虫每头幼虫平均病毒产量达到 1.351×10^{10}OB，甜菜夜蛾每头幼虫平均病毒产量达到 3.888×10^9OB（表 6-1）（张忠信等，2016b）。通过病毒高产技术研究，病毒感染后 6d、7d、8d 都可收集病毒致死幼虫，每头幼虫病毒产量大幅提高，与国际上的同类研究相比较，使用棉铃虫生产 MbMNPV，每头幼虫平均病毒产量是国外报道最高水平的 2.7 倍（135 亿/50 亿）；使用甜菜夜蛾生产，每头幼虫病毒产量也达到国外报道水平的 1.944 倍（38.88 亿/20 亿）。通过提高每头幼虫病毒生产量，减少了生产成本，提高了病毒生物农药在市场上的竞争力。

表 6-1　人工饲料中添加抗病毒药物对每头幼虫病毒产量的影响

饲料	生产用昆虫	每头幼虫平均病毒产量（OB）
原棉铃虫人工饲料	棉铃虫	7.136×10^9
原甜菜夜蛾人工饲料	甜菜夜蛾	2.595×10^9
调整后的人工饲料	棉铃虫	1.351×10^{10}
	甜菜夜蛾	3.888×10^9

注：OB 是病毒蛋白质包涵体的英文缩写

第七节　甘蓝夜蛾核型多角体病毒生物农药增效剂、光保护剂和诱食剂研究

一、甘蓝夜蛾核型多角体病毒生物农药增效剂的研究

昆虫杆状病毒对目标害虫杀虫效果好，可在昆虫体内系统感染，形成害虫的"癌症"，使幼虫全身液化死亡。但在实际应用中，由于昆虫病毒生物农药市场的竞争对手是高毒速效的化学农药，病毒生物农药杀虫速度慢成了它产业化、市场化发展的一个瓶颈。为了提高病毒生物农药的市场竞争能力，需要在病毒生产制剂中添加一些物质，以提高病毒的杀虫效力和杀虫速度。

提高杆状病毒效力的手段主要是在病毒农药产品中加入增效剂（synergist）。在这一方面，作为增效剂的荧光增白剂研究较多，在室内试验中，杆状病毒中添加荧光增白剂可增强病毒杀虫活性（Shapiro and Robertson，1992；Caballero et al.，2009），其作用机制可能是通过阻断中肠病毒感染靶细胞的脱落而发挥作用（Washburn et al.，1998）。通过抑制中肠感染细胞凋亡（Dougherty et al.，2006），使中肠感染细胞产生更多的子代，以利于后续的感染，提高病毒杀虫效果和杀虫速度。然而，尽管实验室的结果很完美，但这美好的室内试验结果并没有转化为田间应用效果的显著提高（McGuire et al.，2001）。到现在为止，没有商业杆状病毒产品应用它作为增效剂。

少数杆状病毒产品中添加其他增效剂，如舞毒蛾核型多角体病毒（LdMNPV）产品 Gypchek 中应用了杨柳素（杨树叶中的酚苷）（Cook et al.，2003）；SfMNPV制剂中加入硼酸（boric acid）和助食素（phagostimulant）（Cisneros et al.，2002）。CpGV 产品中添加从苹果蠹蛾幼虫中分离的共生酵母（mutualistic yeast），在室内或田间试验都可显著增加初孵幼虫死亡率，共生酵母和褐色蔗糖同时添加，效果更明显（Knight et al.，2015）。但这些增效剂并没有确切的机制研究，也没有在其他商业化产品中应用

在甘蓝夜蛾核型多角体病毒制剂的增效剂研究中，中国科学院武汉病毒研究所和江西新龙生物科技股份有限公司先后筛选 Bt 等生物农药和几丁质合成抑制剂等生化农药作为昆虫病毒增效剂。昆虫杆状病毒基因组中都编码一个蜕皮甾体尿苷二磷酸葡萄糖基转移酶基因（egt），病毒感染幼虫后，egt 基因表达，宿主体内蜕皮激素含量下降，幼虫历期延长；当在病毒制剂中加入微量（ppm[①]级）的几丁质合成抑制剂氟啶脲或氟虫脲，病毒感染幼虫后，病毒表达的 EGT 酶使昆虫体内缺少蜕皮激素，外源加入的几丁质合成抑制剂也使昆虫缺少蜕皮和变

---

① 1ppm = 1×10^{-6}

态的几丁质，在两者共同作用下，幼虫不能蜕皮而提前死亡，病毒杀虫时间由原来的 6d 缩短到 3d，基本满足昆虫病毒生物农药在田间应用的需要，使甘蓝夜蛾核型多角体病毒生物农药在市场上能够生存、发展（张忠信，2006；张忠信等，2007，2016）。

二、甘蓝夜蛾核型多角体病毒生物农药诱食剂研究

为了提高病毒生物农药的杀虫效果，可以在产品制剂或制剂应用前添加助食剂或诱食剂（Hunter-Fujita et al.，1998；Burges and Jones，1998）。最成功的助食素剂可能是糖蜜。Ballard 等（2000）证明，CpGV 产品在应用前稀释时加入 10%或 15%的糖浆，可显著降低苹果蠹蛾对苹果的危害，并显著降低单位面积应用的病毒量。Moore 等（2015）报道，苹果异形小卷蛾颗粒体病毒（CrleGV）产品喷施液中添加0.5%甚至 0.25%的糖浆，也能明显提高对柑橘上苹果异形小卷蛾的防治效果。

昆虫病毒生物农药诱食剂的研究中，我国早期主要使用植物油，如棉籽油、芝麻油等，但效果并不理想。甘蓝夜蛾核型多角体病毒可防治一些地下害虫和钻蛀性害虫，诱食剂对产品的功效更为重要。我们建立新的工艺从生产废物中提取引诱物质，与植物油等混合应用作为诱食剂，在应用中取得了明显效果。

在工厂化活体生产甘蓝夜蛾核型多角体病毒时，有 3%~8%的幼虫不能致死而进入化蛹。这些经病毒感染而没有在幼虫期死亡而化的蛹体内病毒含量极低，只能作为废物。在成虫产卵室每天数万头蛾子交配产卵后死亡成为污染物。为了处理这些废料并提取有用物质在病毒生物农药中应用，每天将死亡蛾子和废弃蛹分别收集，85~88℃浸煮 5~10min，捞出后 40~50℃晾干表面水分后将两者混合，粉碎成糊糊状，按 1：4 质量比（死蛾废弃蛹：盐酸）加入 5mol/L 盐酸溶液，在88~87℃反应缸中反应 13~17h，加氢氧化钠调节溶液 pH 至 6.5~7 终止反应。经网纱过滤，不能降解的渣子作为有机肥料组分使用，液体部分经测定总氨基酸含量作为昆虫源氨基酸在病毒生物农药中使用。液体中含有昆虫源短肽，并含有昆虫源油脂，在制备病毒生物农药时，这些短肽及油脂随昆虫源氨基酸一并加入，昆虫源油脂和短肽的特殊气味对害虫幼虫具有引诱作用。在钻蛀性害虫防治时，这些引诱物质可引诱幼虫从隐蔽植物部位出来取食喷施在植株表面的昆虫病毒。在地下害虫防治时，由于施用在土壤中的昆虫病毒对土壤而言占比甚微，地下害虫很难接触到病毒而取食感染，病毒制剂中添加具有特殊气味的引诱剂，可引诱地下害虫主动向含病毒的制剂聚集，取食感病，明显提高了病毒杀虫效果（张忠信等，2016）。

三、甘蓝夜蛾核型多角体病毒生物农药光保护剂的研究

昆虫杆状病毒粒子由一个硕大的蛋白质晶体包裹，使其在环境中能较长时间

存活，这种结构也是杆状病毒能在环境中释放来防治各种害虫的物质基础。然而，病毒包涵体在阳光直射下可被降解，阳光是破坏杆状病毒的最强环境因子（Shapiro，1995），对杆状病毒产品功效在田间持续保持影响最大。

为了提高杆状病毒产品对阳光的防护能力，从 20 世纪 70 年代开始，就对多种光保护剂进行了研究（Burges and Jones，1998；Hunter-Fujita et al.，1998）。这些光保护剂的光保护能力从高到低依次为：黑色素（melanin）、昆虫残骸（insect remains）、荧光增白剂（optical bleaching agent）、木质素磺酸盐（lignosulfonate）、糖蜜（molasses）、黏土（clay）、面粉载体（flour carrier）和木质素（lignin）。但它们都没有显著效果，难以在商业化产品中应用，而昆虫残骸（未纯化的杆状病毒悬液）是最有效的紫外光保护剂，未纯化海灰翅夜蛾 NPV（*S. littoralis* NPV）中的虫尸碎片的保护作用比上述的其他 8 种光保护剂更有效（Burges and Jones，1988）。Shapiro 和 Robertson（1992）在室内生物测定中证明，大剂量（1%）的荧光增白剂对舞毒蛾核型多角体病毒（LdMNPV）有保护能力。Tamez-Guerra 等（2000）、McGuire 等（2001）及 Arthurs 等（2006）发现，木质素可延长杆状病毒在田间的持续作用时间。但由于多种原因，这些光保护剂还没有在商品化产品中应用。

在甘蓝夜蛾核型多角体病毒产业化研究中，为了研制高抗紫外光的病毒生物农药，我们对多种光保护剂进行了筛选，发明芳香族氨基酸、纳米级二氧化硅等作为光保护剂的广谱杆状病毒生物农药，产品中加入微量芳香族氨基酸和其他昆虫源物质，抗紫外能力加强，货架寿命 2 年，常温贮存 2 年产品效价可达标准产品活性的 70%以上，而国外建议的最低货架期（保质期）为 18 个月（Jones and Burges，1998）。产品田间应用后，在作物上的持效作用时间 10d 以上，比对照持效时间延长了 1 倍。

第八节　甘蓝夜蛾核型多角体病毒生物农药产品剂型

昆虫病毒生物农药的剂型有多种，由于能较好地防护紫外线对病毒的伤害，微胶囊剂曾被认为是最明智的选择剂型。然而，Gómez 等（2013）在温室中的试验结果显示，与未胶囊化病毒相比，胶囊化制剂病毒杀虫性能并没有改善。因此，在目前已知的商业化杆状病毒产品中，没有微胶囊化的制剂。甘蓝夜蛾核型多角体病毒产品为悬浮剂、可湿性粉剂和颗粒剂。

一、甘蓝夜蛾核型多角体病毒悬浮剂

由于使用方便，悬浮剂比固体制剂更受用户的青睐。然而，为了使它们的保

质期与干制剂相竞争或甚至取代干制剂，需调节 pH 到理想水平，并需添加抑菌剂（Hunter-Fujita et al.，1998）。尽管抑制微生物复制的理想 pH<4.0，但这样低的 pH 对病毒有害，所以产品选择接近中性的 pH。甘蓝夜蛾核型多角体病毒杀虫悬浮剂中主要成分为病毒，同时添加增效剂、光保护剂、诱食剂和其他微量生物物质，病毒制剂主要成分按质量比的百分比为：

200 亿 OB/mL 病毒悬液	2.5%～15%
60nm 二氧化硅	0.1%～0.5%
芳香族氨基酸	0.1%～0.15%
精制荧光增白剂	0.5%～1%
木质素磺酸钠	0.1%～1%
氟啶脲	0.01%～0.1%
甘油	1.0%～2.0%
无菌水	余量

病毒悬浮剂制备前，先将病毒致死虫尸常温机械研磨，去除虫皮，制备成 200 亿 OB/mL 原药。病毒原药中含有大量昆虫源生物成分，用其制备的病毒产品中含有丰富的氨基酸和短肽。这些生物成分具有保护剂和诱食剂的功能。悬浮剂的制备在反应釜中自动完成，然后用自动分装机分装到避光塑料瓶中（图 6-14），每天的分装能力可达 20t 制剂。

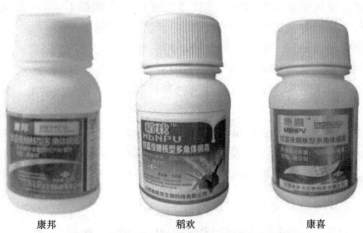

康邦　　　　　　　稻欢　　　　　　　康喜
图 6-14　甘蓝夜蛾核型多角体病毒悬浮剂产品
图片由江西新龙生物科技股份有限公司胡秀筠提供

二、甘蓝夜蛾核型多角体病毒可湿性粉剂和颗粒剂

昆虫病毒可湿性粉剂（图 6-15a）按常规方法制备，填充剂主要为高岭土。制

备时不用高温处理，尽可能保持昆虫病毒活性。填充物质研磨成细粉，不含大颗粒，产品贮藏时不板结，使用时容易稀释，不堵喷头，使用方便。

图 6-15　甘蓝夜蛾核型多角体病毒可湿性粉剂（a）和颗粒剂（b）产品

图片由江西新龙生物科技股份有限公司胡秀筠提供

甘蓝夜蛾核型多角体病毒颗粒剂（图 6-15b）主要用于地下害虫的防治，也是利用生产中剩余废材生产的产品。昆虫病毒活体生产需要用人工饲料大量饲养宿主昆虫，但养虫盘中加入的饲料幼虫在 5～7d 的取食期都不一定能吃完，生产车间每天都有大量的剩余饲料作为废物进行处理，病毒感染增殖车间的剩余饲料更是沾有大量病毒包涵体。利用这些废物饲料，经科学配比，制备成病毒与生物肥料相结合的生物防虫颗粒剂（胡秀筠，2013；张忠信等，2016c）。颗粒剂是目前国内外唯一能用于防治地下害虫的昆虫病毒制剂，并兼有肥料功能。颗粒剂在田间施用时，每亩①仅施用数千克，为了吸引土壤中的害虫主动寻找到颗粒剂中的病毒和杀虫菌取食感染，产品中加入微量昆虫源引诱剂（见本章第六节）。颗粒剂中的昆虫饲料具有特殊气味，可吸引地下害虫向施有颗粒剂的地方聚集，取食昆虫病毒致死，或者由感染病毒的地老虎将杀虫病毒从地下带到植株上，使昆虫病毒辗转流行。

第九节　甘蓝夜蛾核型多角体病毒生物农药产品标准和质量控制

一、甘蓝夜蛾核型多角体病毒生物农药标准制定

标准是产品登记的前提，也是保证产业持续稳定发展的关键。我国标准制定

---

① 1 亩≈667m²

和发布，由国家标准化管理委员会管理。标准分为企业标准、地方（行业）标准、国家标准和国际标准等。1992 年，中国科学院武汉病毒研究所与企业合作，制定了我国第一个杆状病毒企业标准，完成了我国第一个昆虫病毒产品的登记，并于 1995 年制定了第一个杆状病毒悬浮剂企业标准。然而，20 多年来，我国昆虫病毒产品一直使用企业标准，没有更高级别标准的制定。

2014 年，中国科学院武汉病毒研究所在湖北省质量技术监督局（湖北省质监局）支持下，启动杆状病毒地方标准的制定，2017 年发布甘蓝夜蛾核型多角体病毒悬浮剂省级地方标准，在国家标准化管理委员会的编号为：DB/T 1299—2017，备案号：57759—2018（图 6-16）。同时，中国科学院武汉病毒研究所还协助国家农药管理部门制定农业部（现为农业农村部）的行业标准，为杆状病毒国家标准制定奠定了很好的基础。甘蓝夜蛾核型多角体病毒母药、悬浮剂和可湿性粉剂标准提出的质量控制指标分别列于表 6-2～表 6-4。

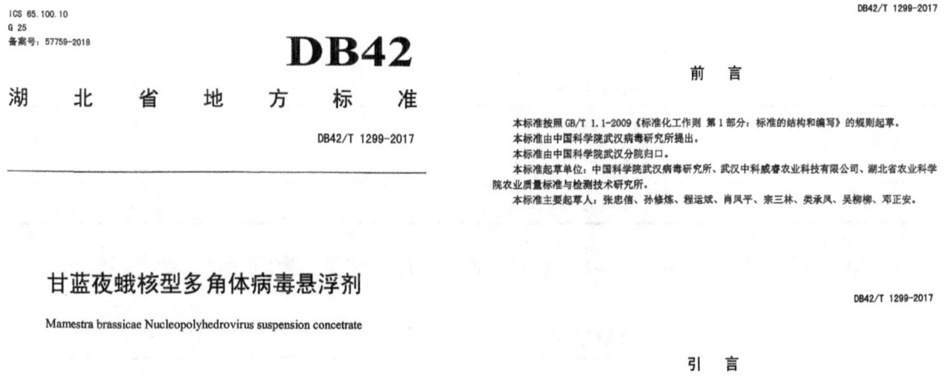
ICS 65.100.10
G 25
备案号：57759-2018

DB42

湖　北　省　地　方　标　准

DB42/T 1299-2017

甘蓝夜蛾核型多角体病毒悬浮剂

Mamestra brassicae Nucleopolyhedrovirus suspension concetrate

2017-10-20 发布　　2018-01-01 实施

湖北省质量技术监督局　发布

DB42/T 1299-2017

前　言

本标准按照 GB/T 1.1-2009《标准化工作则 第 1 部分：标准的结构和编写》的规则起草。

本标准由中国科学院武汉病毒研究所提出。

本标准由中国科学院武汉分院归口。

本标准起草单位：中国科学院武汉病毒研究所、武汉中科威睿农业科技有限公司、湖北省农业科学院农业质量标准与检测技术研究所。

本标准主要起草人：张忠信、孙修炼、程运斌、肖凤平、宗三林、类承凤、吴柳柳、邓正安。

DB42/T 1299-2017

引　言

甘蓝夜蛾核型多角体病毒悬浮剂是一种广谱昆虫病毒杀虫剂，是我国目前年产量和年应用面积最大的昆虫病毒杀虫剂。建立和完善甘蓝夜蛾核型多角体病毒杀虫剂的质量评价标准和检测方法，是我省和全国生物农药产业发展的形势所需。

本标准旨在建立一套切实可行的甘蓝夜蛾核型多角体病毒悬浮剂的定性及其定量检测方法，并对产品的理化性质、抽样、包装、运输和贮存等做出了规范要求，以期提高甘蓝夜蛾核型多角体病毒生物农药的市场竞争力，推动该产业的健康快速发展。

发明专利名称：一种用替代宿主生产的广谱杆状病毒杀虫剂，专利号：ZL200710168528.X，专利权人：中国科学院武汉病毒研究所，专利发明人：张忠信、姚立、刘海良、孙修炼、彭辉银。

本文件的发布机构提请注意，声明符合本文件时，可能涉及到《一种用替代宿主生产的广谱杆状病毒杀虫剂》相关的专利的使用。

本文件的发布机构对该专利的真实性、有效性和范围无任何立场。

该专利的持有人已向本文件的发布机构保证，他愿意同任何申请人在合理且无歧视的条款和条件下，就专利授权许可进行谈判，该专利持有人的声明已在本文件的发布机构备案。相关信息可以通过以下联系方式获得：

专利持有人姓名：张忠信

地址：湖北省武汉市武昌小洪山中区44号，中国科学院武汉病毒研究所

请注意除上述专利外，本文件的某些内容仍可能涉及专利，本文件的发布机构不承担识别这些专利的责任。

图 6-16　甘蓝夜蛾核型多角体病毒悬浮剂地方标准封面、前言和引言

表 6-2　甘蓝夜蛾核型多角体病毒母药质量控制指标

项目	指标
病毒包涵体含量[a]（OB/ g）	≥100 亿
生测效价比（标准品 LC_{50}/待测样品 LC_{50}）（%）	≥80.0

项目	指标
细菌杂菌数[b]（CFU/g）	≤1.0×10^7
pH	5.0～7.5
干燥减量（%）	≤5.0
细度（通过 75μm 标准筛）（%）	≥95.0

a. OB 为病毒包涵体；
b. CFU 为菌落形成单位，指单位体积中检测的细菌、霉菌、酵母等微生物群落总数

表 6-3　甘蓝夜蛾核型多角体病毒悬浮剂质量控制指标

项目		指标
病毒包涵体含量[a]（OB/mL）		≥标示值
生测效价比（标准品 LC$_{50}$/待测样品 LC$_{50}$）（%）		≥80
细菌杂菌数[b]（CFU/mL）		≤1.0×10^7
pH		5.0～7.5
悬浮率（%）		≥80
细度（通过 75μm 试验筛）（%）		≥95
倾倒性	倾倒后残余物（%）	≤5.0
	洗涤后残余物（%）	≤0.5
持久起泡量（1min 后）（mL）		≤30

a. OB 为病毒包涵体；
b. CFU 为菌落形成单位，指单位体积中检测的细菌、霉菌、酵母等微生物群落总数

表 6-4　甘蓝夜蛾核型多角体病毒可湿性粉剂质量控制指标

项目	指标
病毒包涵体含量[a]（OB/g）	≥标示值
生测效价比（标准品 LC$_{50}$/待测样品 LC$_{50}$）（%）	≥80
细菌杂菌数[b]（CFU/g）	≤10^5
pH	6.0～8.0
悬浮率（%）	≥80
干燥减量（%）	≤5
细度（通过 75μm 试验筛）（%）	≥95
润湿时间（s）	≤120

a. OB 为病毒包涵体；
b. CFU 为菌落形成单位，指单位体积中检测的细菌、霉菌、酵母等微生物群落总数

二、甘蓝夜蛾核型多角体病毒生物农药质量控制检测

在传统上，人们普遍认为杆状病毒和其他生物农药在田间应用时表现不稳定，这种观念极大地限制了杆状病毒的广泛应用（Lisansky，1997）。在大规模生产的

昆虫病毒产品中，不论是国营单位还是私营企业，都还存在产品质量不一致或产品质量未能达到产品质量标准水平的问题（Moscardi，2007）。一般情况下，扩大生产量和减少成本是企业高度优先的事项，而投入在质量监控上的资源实在太少（Jenkins and Grzywacz，2003）。甘蓝夜蛾核型多角体病毒生产中投入了大量资源，建立了完善的质量控制系统，从接种的毒种监测开始，对产品质量进行全程监控。

1. 健康宿主种群监测和接种毒种的鉴定

杆状病毒生产的质量控制首先从原材料开始，活体生产中的原材料首先是健康活宿主昆虫健康。为了保持宿主种群稳定健康发展，需要详细记录饲养种群的产卵量、孵化率、蛹大小、幼虫/蛹死亡率及畸形蛹率等特征信息，以便及时发现问题并及时纠正（Moore et al.，1985）。在健康昆虫饲养车间发现任何"病态"昆虫都需要进行显微镜检查，以确定是否存在昆虫病原体，尤其是一些慢性病原体，如 GV、微孢子虫和质型多角体病毒。这些慢性病原体开始存在时并没有引起明显问题，但其一旦失控，会在健康昆虫生产车间的昆虫中传播产生严重污染，健康昆虫种群崩溃，最终导致杆状病毒生产系统停止运转。

除保证宿主种群健康外，保证接种毒种的可靠性也同样重要。为了保证接种病毒是广谱高效的原病毒中，需要定期对接种病毒进行毒种鉴定。

病毒的分类鉴定主要依据病毒的基因组序列，过去杆状病毒种的区分主要依据限制性内切核酸酶图谱等（Hunter-Fujita et al.，1998；Grzywacz et al.，2004），但内切核酸酶图谱分析操作麻烦，且容易出现误判。近来，国际病毒分类委员会（ICTV）提出甲型杆状病毒属内区分种的新标准，以杆状病毒 38 个核心基因中的 *polh* 基因、*lef8* 基因及 *lef9* 基因序列作为分"种"的依据（Harrison et al.，2018；Jehle et al.，2006）。选择保守的核酸序列设计这 3 个基因的简并性引物，用这 3 对简并性引物对未知的杆状病毒基因组进行 PCR 扩增并测序，将测序结果与已报道的杆状病毒基因组序列比对，根据比对结果判定病毒"种"。

在生产毒种鉴定中，我们根据需要设计出三对简并性 PCR 引物+*m13* 通用引物兼并引物，引物序列如下。

polh 上游引物：<u>AGGGTTTTCCCAGTCACG</u>NRCNGARGAYCCNTT

polh 下游引物：<u>GAGCGGATAACAATTTCACAC</u>DGGNGCRAAYTCYTT

lef8 上游引物：<u>AGGGTTTTCCCAGTCACG</u>CAYGGHGARATGAC

lef8 下游引物：<u>GAGCGGATAACAATTTCACAC</u>AYRTASGGRTCYTCSGC

lef9 上游引物：<u>AGGGTTTTCCCAGTCACG</u>AARAAYGGYTAYGCBG

lef9 下游引物：<u>GAGCGGATAACAATTTCACAC</u>TTGTCDCCRTCRCARTC

其中，B = C、G 或者 T；D = A、G 或者 T；H = A、C 或者 T；N = C、A、T 或者 G；R = A 或者 G；S = C 或者 G；Y = C 或者 T；单下划线部分指 *m13* 上

游通用引物序列，双下划线部分指 *m13* 下游通用引物序列。

引物合成后，利用简并性引物对病毒基因组进行扩增，分别扩增出 *polh* 基因内部的 513bp 片段、*lef8* 基因内部的 708bp 片段和 *lef9* 基因内部的 273bp 片段，将扩增区域 DNA 序列与 NCBI 上已知杆状病毒的序列进行 BLAST 分析，发现其 *polh* 基因、*lef8* 基因及 *lef9* 基因与已报道的甘蓝夜蛾核型多角体病毒分离株的这 3 个基因的核苷酸一致性均大于 98%，与其他病毒同类基因的核苷酸一致性都低于 95%，确定接种使用的毒种为甘蓝夜蛾核型多角体病毒。

2. 病毒包涵体含量的测定

病毒包涵体含量的测定只需要显微镜和血细胞计数板就可进行。NPV 的包涵体直径大小为 2～15μm，在 400× 的相差显微镜下，可清晰地识别为明亮的折射体。杆状病毒悬液显微镜计数基本方法在前人（Jones，2000；Grzywacz et al.，2004；Eberle et al.，2012b）的研究中都有报道。当然，从事杆状病毒计数的工作人员应在从业前先对纯样品进行计数，然后再对半纯样品进行计数，最后对他们主要需要面对的含粗杂质样品进行计数。通过培训，确保达到令人满意的标准。病毒包涵体计数及其含量计算方法在本书第三章中已详细表述。

3. 生物活性的测定

在定量杆状病毒活性方面，生物活性测定仍然是确定产品是否达到质量标准的主要工具（Jones，2000；Eberle et al.，2012b）。尽管显微镜可以定量包涵体数量，但这并不等于感染性。包涵体数量与感染活性不一致的原因可能包括包涵体是否含有足够的病毒粒子和包涵体是否在具有完全感染性之前收获等，也可能是该批次包涵体被错误处理而丧失部分活性。

根据国内外文献报道及我们长期从事核型多角体病毒生物农药工作的经验，甘蓝夜蛾核型多角体病毒使用生测效价比确定产品中病毒活性。甘蓝夜蛾核型多角体病毒 CHb-1 分离株是目前生产应用最多的病毒，且其基因组序列（JX138237）已经在 NCBI 上公布。因此，我们确定 CHb-1 分离株为甘蓝夜蛾核型多角体病毒标样，并测定试样和标样的半致死浓度（LC_{50}），计算比值。由于生物测定的实验对象为活体，具有一定的不确定性，应允许一定误差范围。故确定生测效价比（标样 LC_{50}/试样 LC_{50}）≥80% 作为产品活性合格的指标，并规范生测中试虫、环境、操作方法的一致性。

4. 污染菌的控制

任何登记、销售和田间应用或释放的生物农药产品都必须经过微生物安全检验（Podgewaite et al.，1983；United States Environmental Protection Agency，1996）。

昆虫病毒活体生产系统受到一定程度的微生物污染似乎不可避免，因为微生物通常作为共生菌生活在幼虫体表或幼虫肠道中，在生产加工过程中不需要费时费力地去除这些微生物。杆状病毒活体生产收获虫尸中含有的微生物水平一般为每头幼虫高于 2×10^8 菌落形成单位（colony forming unit，CFU），这些微生物主要由是共生的肠球菌，还包括少量酵母和大肠杆菌组成（Podgewaite et al.，1983；Grzywacz et al.，1997；Lasa et al.，2008）。但如果幼虫死亡后 24h 才收获病死虫，由于腐生芽孢杆菌在虫尸上繁殖，杂菌含量可达 10^9CFU/头以上（Grzywacz et al.，1997；Jenkins and Gryzwacz，2003）。国外昆虫病毒产品中杂菌控制指标为悬浮剂 1×10^8CFU/mL 或干粉剂 5×10^8CFU/g（Jenkins and Grzywacz，2003）。甘蓝夜蛾核型多角体病毒产品中的杂菌计数也采用平皿菌落计数法，控制杂菌数≤1.0×10^7 CFU/g（mL）。

三、甘蓝夜蛾核型多角体病毒生物农药产品登记

按照国家农药管理条例，杆状病毒生物农药纳入农药管理，产品实行登记证制度。一个杆状病毒在确定对目标害虫有杀虫活性后，试制产品须申请田间试验。经过两年 8 地田间试验确定杆状病毒对靶害虫的控制效果后，进入申请登记证程序。登记申请经同行专家审议一致同意后，在农业农村部完成批准程序，由职能部门签发农药登记证。每个农药登记证一般针对一种药剂对一种害虫的防治，或者一种药剂对某几种害虫的防治。甘蓝夜蛾核型多角体病毒生物农药于 2007 年申请国家发明专利（张忠信等，2007），2009 年获得授权，2010 年开始进行开发，2011 年获得针对蔬菜小菜蛾的悬浮剂登记证，2013 年获得母药登记证，2016 年在产品出口过程中获得秘鲁的农药登记证。由于甘蓝夜蛾核型多角体病毒是杆状病毒中的特例，具有较广谱的杀虫活性，对夜蛾科、菜蛾科、尺蛾科和螟蛾科的一些重要害虫都有杀虫活性，目前，该病毒生物农药已完成对 7 种害虫的农药登记，这在国内外还没有先例。图 6-17 是甘蓝夜蛾核型多角体病毒母药和悬浮剂的农药登记证。

图 6-17　甘蓝夜蛾核型多角体病毒母药和悬浮剂登记证

结　语

更大规模的室内昆虫病毒生产不仅要增加生产自动化，而且还要增加新的发明创造，如利用异源宿主中的活体增殖生产，这可能会在饲养上更便宜和更容易，有利于获得更大的生产能力。但需要可靠和快速确定生产的病毒就是接种病毒本体的技术突破，或者需要根除室内种群中隐性感染病毒的方法，从而清除产品中其他病毒的污染（Grzywacz and Moore，2017）。本章应用两种替代宿主交替生产广谱甘蓝夜蛾核型多角体病毒，保证生产的病毒不受其他病毒的污染，同时利用快速的 PCR 技术可靠检测产品中的病毒，保证生产的病毒接种的一直是广谱甘蓝夜蛾核型多角体病毒，在国际上首次完成利用替代宿主生产杆状病毒的技术突破，解决了生产中的瓶颈问题，使单虫病毒产量比国际上同类昆虫的提高一倍以上。

甘蓝夜蛾核型多角体病毒生物农药产品在增效剂、光保护剂和引诱剂方面也取得了突破，产品的标准化也取得了重要进展。

（编写人：张忠信、胡秀筠、邓正安、邓方坤、肖衍华、丁伟）

参 考 文 献

毕富春. 1983. 黏虫的简易人工饲料及防腐剂对其生长发育的影响. 昆虫知识, 30(6): 260-263.

邓方坤. 2014. 一种自动昆虫养虫盘消毒洗盘机: 中国, 201420653101.4.

范贤林, 李军, 魏岑. 1998. 一种新型棉铃虫饲养盒的设计与应用. 植物保护, 24(4): 41-42.

范贤林, 卢美光, 孟香清, 等. 2003. 棉铃虫室内饲养技术的改进. 昆虫知识, 40(1): 85-87.

胡昌浩, 潘子龙. 1982. 夏玉米同化产物积累与养分吸收分配规律的研究 I.干物质积累与可溶性糖和氨基酸的变化规律. 中国农业科学, (1): 56-64.

胡秀筠. 2013. 一种新型饲料分装机: 中国, 201220522559.7.

姜兴印, 王开运, 仪美芹. 2000. 棉铃虫人工饲料概述. 昆虫知识, 37(3): 183-184.

李文谷, 郦一平, 黄昌本. 1990. 棉红铃虫人工饲养研究(II). 麦胚饲料群养技术. 植物保护, 16(6): 9-11.

秦启联. 2015. 棉铃虫饲养技术与流程. 应用昆虫学报, 52(2): 486-491.

王晓蓉, 刘润忠, 黄素青, 等. 1998. 棉铃虫经 90 代饲养的蛹重与生殖能力. 仲恺农业技术学院学报, 11(1): 15-18.

王延年. 1990. 昆虫人工饲料的发展、应用和前途. 昆虫知识, 27(5): 310-312.

吴坤君, 李明辉. 1993. 棉铃虫营养生态学研究: 取食不同蛋白质含量饲料时的种群生命. 昆虫学报, 36(1): 21-28.

吴坤君. 1985. 棉铃虫的紫云英-麦胚人工饲料. 昆虫学报, 28(1): 22-29.

忻介六, 邱益三. 1986. 昆虫、螨类和蜘蛛的人工饲养(续篇). 北京: 科学出版社: 211.

忻介六, 苏德明. 1979. 昆虫、螨类和蜘蛛的人工饲养. 北京: 科学出版社: 211.

杨益众, 戴志一, 黄东林, 等. 1997. 棉铃虫饲养中的几点经验体会. 昆虫知识, 34(6): 351-352.

张忠信, 孙修炼, 类承凤, 等. 2016. 一种防治蟑虫广谱杆状病毒生物农药及制备方法: 中国, ZL201610654415.X.

张忠信, 姚立, 刘海良, 等. 2007. 一种用替代宿主生产的广谱杆状病毒杀虫剂: 中国, ZL200710168528.X.

张忠信. 2006. 昆虫病毒分子生态学及其应用. In: 张素琴, 张忠信, 刘海舟. 微生物分子生态学. 北京: 科学出版社: 245-267.

卓乐拟, 黄月兰, 杨家荣. 1981. 棉铃虫人工饲料的研究. 昆虫学报, 24(1): 108-110.

Arrizubieta M, Williams T, Caballero P, et al. 2014. Selection of a nucleopolyhedrovirus isolate from *Helicoverpa armigera* as the basis for a biological insecticide. Pest Manag Sci, 70: 967-976.

Arthurs S P, Lacey L A, Behle R W. 2006. Evaluation of spray-dried lignin-based formulations and adjuvants as solar protectants for the granulovirus of the codling moth, *Cydia pomonella* (L). J Invertebr Pathol, 93: 88-95.

Arthurs S P, Lacey L A, Pruneda J N, et al. 2008. Semi-field evaluation of a granulovirus and Bacillus thuringiensis ssp. Kurstaki for season-long control of the potato tuber moth, *Phthorimaea operculella*. Entomol Exp Appl, 129: 276-285.

Ballard J, Ellis D J, Payne C C. 2000. The role of formulation additives in increasing the potency of *Cydia pomonella granulovirus* for codling moth larvae, in laboratory and field experiments. Biocontrol Sci Technol, 10: 627-640.

Bell M R. 1991. In vivo production of a nuclear polyhedrosis virus utilizing tobacco budworm and a multicellular larval rearing container. J Entomol Sci, 26: 69-75.

Black B C, Brennan L A, Dierks P M, et al. 1997. Commercialization of baculovirus insecticides. *In*: Miller L K. The Baculoviruses. New York: Plenum Press: 341-387.

Bonning B C, Hammock B D. 1996. Development of recombinant baculoviruses for insect control. Annu Rev Entomol, 41: 191-210.

Burges H D, Jones K A. 1998. Formulation of bacteria, viruses and protozoa to control insects. *In*: Burges H D. Formulation of Microbial Biopesticides. Dordrecht, The Netherlands: Kluwer Academic Publishers: 33-127.

Caballero P, Murillo R, Munoz D, et al. 2009. The nucleopolyhedrovirus of *Spodoptera exigua* (Lepidoptera: Noctuidae) as a biopesticide: analysis of recent advances in Spain. Rev Colomb Entomol, 35: 105-115.

Chakraborty S, Monsour C, Teakle R, et al. 1999. Yield, biological activity, and field performance of a wild-type Helicoverpa nucleopolyhedrovirus produced in *H. zea* cell cultures. J Invertebr Pathol, 73: 199-205.

Chambers C. 2015. Production of *Cydia pomonella granulovirus* (CpGV) in a Heterologous Host, *Thaumatotibia leucotreta* (Meyrick) (False Codling Moth) (Ph.D. thesis). Grahamstown, South Africa: Rhodes University: 222.

Cherry A J, Parnell M A, Grzywacz D, et al. 1997. The optimization of *in vivo* nuclear polyhedrosis virus production in *Spodoptera exempta* (Walker) and *Spodoptera exigua* (Hübner). J Invertebr Pathol, 70: 50-58.

Chippendale G M, Mann R A. 1972. Feeding behaviour of Angoumois grain moth larvae. J Insect Physiol, 18: 87-94.

Cisneros J, Pérez J A, Penagos D I, et al. 2002. Formulation of a nucleopolyhedrovirus with boric acid for control of *Spodoptera frugiperda* (Lepidoptera: Noctuidae) in maize. Biol Control, 23: 87-95.

Claus, J D, Gioria, V V, Micheloud, G A, et al. 2012. Production of insecticidal baculoviruses in insect cell cultures: potential and limitations. *In*: Soloneski S, Larramendy M. Insecticides—Basic and Other Applications. Rijeka: InTech: 127-152.

Cook S P, Webb R E, Podgwaite J D, et al. 2003. Increased mortality of gypsy moth *Lymantria dispar* (L.) (Lepidoptera: Lymantriidae) exposed to gypsy moth nuclear polyhedrosis virus in combination with the phenolic gycoside salicin. J Econ Entomol, 96: 1662-1667.

Cuartas P, Barrera G, Barreto E, et al. 2014. Characterisation of a Colombian granulovirus (*Baculoviridae*: *Betabaculovirus*) isolated from *Spodoptera frugiperda* (Lepidoptera: Noctuidae) larvae. Biocontrol Sci Technol, 24: 1265-1285.

Dougherty E M, Narang N, Loeb M, et al. 2006. Fluorescent brightener inhibits apoptosis in baculovirus-infected gypsy moth larval midgut cells *in vitro*. Biocontrol Sci Technol, 16: 157-168.

Eberle K E, Jehle J A, Hüber J, 2012a. Microbial control of crop pests using insect viruses. *In*: Abrol D P, Shankar U. Integrated Pest Management: Principles and Practice. Wallingford: CAB International: 281-298.

Eberle K E, Wennmann J T, Kleespies R G, et al. 2012b. Basic techniques in insect virology. *In*: Lacey L A.Manual of Techniques in Invertebrate Pathology. San Diego: Academic Press: 16-75.

Evans H F, Shapiro M. 1997. Viruses. *In*: Lacey L A. Manual of Techniques in Insect Pathology. San Diego: Academic Press: 17-53.

Evans H F. 1986. Ecology and epizootiology of baculoviruses. *In*: Granados R, Federici B A. Biology of Baculoviruses. Practical Application for Insect Pest Control, Vol. 2. Boca Raton: CRC Press: 89-132.

Glen D M, Payne C C. 1984. Production and field evaluation of codling moth granulosis virus for control of Cydia pomonella in the United Kingdom. Ann Appl Biol, 104: 87-98.

Gómez J, Guevara J, Cuartas P, et al. 2013. Microencapsulated Spodoptera frugiperda nucleopolyhedrovirus: insecticidal activity and effect on arthropod populations in maize. Biocontrol Sci Technol, 23: 829-846.

Gothilf S, Beck S D. 1967. Larval feeding behaviour of the cabbage looper, *Trichoplusia ni*. J Insect physiol, 13: 1039-1053.

Granados R R, Li G, Blissard G W. 2007. Insect cell culture and biotechnology. Virol Sin, 22: 83-93.

Grzywacz D, Jones K A, Moawad G, et al. 1998. The *in vivo* production of *Spodoptera littoralis* nuclear polyhedrosis virus. J Virol Methods, 71: 115-122.

Grzywacz D, McKinley D, Jones K A, et al. 1997. Microbial contamination in *Spodoptera littoralis* nuclear polyhedrosis virus produced in insects in Egypt. J Invertebr Pathol, 69: 151-156.

Grzywacz D, Moore D, Rabindra R J. 2014. Mass production of entomopathogens in less industrialized countries. *In*: Morales-Ramos J A, Rojas M G, Shapiro-Ilan D I. Mass Production of Beneficial Organisms. Amsterdam: Elsevier: 519-553.

Grzywacz D, Moore S. 2017. Production, Formulation, and Bioassay of Baculoviruses for Pest Control. *In*: Lacey L A. Microbial Control of Insect and Mite Pests: From Theory to Practice. London: Academic Press: 109-125.

Grzywacz D, Rabindra R J, Brown M, et al. 2004. Helicoverpa armigera NPV Production Manual. London: Natural Resources Institute: 107.

Gwynn R. 2014. Manual of Biocontrol Agents. 5th. Alton: British Crop Protection Council: 520.

Haase S, Sciocco-Cap A, Romanowski V. 2015. Baculovirus insecticides in Latin America: historical overview, current status and future perspectives. Viruses, 7: 2230-2267.

Harrison R L, Herniou E A, Jelhe J A, et al. 2018. ICTV virus taxonomy profile: *Baculoviridae*. J Gen Virol, 99: 1185-1186.

Hunter-Fujita F R, Entwistle P F, Evans H F, et al. 1998. Insect Viruses and Pest Management. Chichester: John Wiley & Sons Ltd: 620.

Ignoffo C M, Shapiro M. 1978. Characteristics of baculovirus preparations processed from living and dead larvae. J Eco Entomol, 71: 186-188.

Ignoffo C M. 1999. The first viral pesticide: past present and future. J Ind Microbiol Biotechnol, 22: 407-417.

Inceoglu A B, Kamita S G, Hammock B. D. 2006. Genetically modified baculoviruses: a historical overview and future outlook. Adv Virus Res, 68: 323-360.

Jehle J A, Lange M, Wang H, et al. 2006. Molecular identification and phylogenetic analysis of baculoviruses from Lepidoptera. Virology, 346: 180-193

Jenkins N, Grzywacz D. 2003. Towards the standardization of quality control of fungal and viral biocontrol agents. *In*: van Lenteren J C. Quality Control and Production of Biological Control Agents: Theory and Testing Procedures. Wallingford: CAB International: 247-263.

Jones K A. 2000. Bioassays of entomopathogenic viruses. *In*: Navon A, Ascher K R S. Bioassays of Entomopathogenic Microbe and Nematodes. Wallingford, Oxon: CABI Publishing: 95-140.

Kabaluk J T, Svircev A M, Goettel M S, et al. 2010. The Use and Regulation of Microbial Pesticides in Representative Jurisdictions Worldwide. IOBC Global: 99.

Knight A L, Basoalto E, Witzgall P. 2015. Improving the performance of the granulosis virus of codling moth (Lepidoptera: Tortricidae) by adding the yeast *Saccharomyces cerevisiae* with sugar. Environ Entomol, 44: 252-259.

Lacey L A, Grzywacz D, Shapiro-Ilan D I, et al. 2015. Insect pathogens as biological control agents: back to the future. J Invertebr Pathol, 132: 1-41.

Lasa R, Williams T, Caballero P. 2008. Insecticidal properties and microbial contaminants in a *Spodoptera exigua multiple nucleopolyhedrovirus (Baculoviroidae)* formulation stored at different temperatures. J Econ Entomol, 101: 42-49.

Lisansky S. 1997. Microbial biopesticides. *In*: Evans H F. Microbial Insecticides; Novelty or Necessity. BCPC Symposium Proceedings No. 68. Farnham: British Crop Protection Council: 3-11.

Lua L H, Reid S. 2003. Growth, viral production and metabolism of a Helicoverpa zea cell line in serum-free culture. Cytotechnology, 42, 109-120.

Lynn D E. 2007. Available lepidopteran insect cell lines. *In*: Murhammer D W. Baculovirus and Insect Cell Expression Protocols. Methods in Molecular Biology, vol. 338. Towata: Humana Press Inc.: 117-137.

McGuire M R, Tamez-Guerra P, Behle R W, et al. 2001. Comparative field stability of selected entomopathogenic virus formulations. J Econ Entomol, 94: 1037-1044.

Moore R F, Odell T M, Calkins C O. 1985. Quality assessment in laboratory reared insects. *In*: Singh P, Moore R F. Handbook of Insect Rearing. Amsterdam: Elsevier: 107-135.

Moore S D, Kirkman W, Richards G I, et al. 2015. The Cryptophlebia leucotreta granulovirus - 10 years of commercial field use. Viruses, 7: 1284-1312.

Moore S D. 2002. The Development and Evaluation of *Cryptophlebia leucotreta Granulovirus* (CrleGV) as a Biological Control Agent for the Management of False Codling Moth, *Cryptophlebia leucotreta*, on Citrus (Ph.D. thesis). Grahamstown: Rhodes University: 311.

Moscardi F. 1999. Assessment of the application of baculoviruses for the control of Lepidoptera. Annu Rev Entomol, 44: 257-289.

Moscardi F. 2007. A Nucleopolyhedrovirus for control of the velvetbean caterpillar in Brazilian Soybeans. *In:* Vincent C, Goethel M S, Lazarovits G. Biological Control: A Global Perspective. Oxfordshire, UK, Cambridge, USA: CAB International: 344-352.

Nguyen Q, Qi Y M, Wu Y, et al. 2011. *In vitro* production of Helicoverpa baculovirus biopesticides—automated selection of insect cell clones for manufacturing and systems biology studies. J Virol Methods, 175: 197-205.

Opoku-Debrah J K, Hill M P, Knox C, et al. 2014. Comparison of the biology of geographically distinct populations of the citrus pest, Thaumatotibia leucotreta (Meyrick) (Lepidoptera: Tortricidae), in South Africa. Afr Entomol, 22: 530-537.

Podgewaite J D, Bruen R B, Shapiro M. 1983. Micro-organisms associated with production lots of the nuclear polyhedrosis virus of the gypsy moth Lymantria dispar. Entomophaga, 28: 9-16.

Reid S, Chan L, van Oers M, 2014. Production of entomopathogenic viruses. *In*: Morales-Ramos J A, Guadalupe Rojas M,

Shapiro-Ilan D I. Mass Production of Beneficial Organisms. Amsterdam: Elsevier: 437-482.

Senthil Kumar C M, Sathiah N, Rabindra R J. 2005. Optimizing the time of harvest of nucleopolyhedrovirus infected *Spodoptera litura* (Fabricius) larvae under *in vivo* production systems. Curr Sci, 88: 1682-1684.

Shapiro M, Bell R A, Owens C D. 1981. *In vivo* mass production of gypsy moth nucleopolyhedrovirus. *In*: Doane C C, McManus M L. The Gypsy Moth: Research Towards Pest Management. Forest Service Technical Bulletin 1584. Washington: United States Department of Agriculture: 633-655.

Shapiro M, Robertson J L. 1992. Enhancement of gypsy moth (Lepidoptera: Lymantriidae) baculovirus activity by optical brighteners. J Econ Entomol, 85: 1120-1124.

Shapiro M. 1986. *In vivo* production of baculoviruses. *In*: Granados R R, Federici B A. The Biology of Baculoviruses Volume II: Practical Application for Insect Control. Boca Raton: CRC Press, Inc.: 32-61.

Shapiro M. 1995. Radiation protection and activity enhancement of viruses. *In*: Hall F R, Barry J W. Biorational Pest Control Agents: Formulation and Delivery. Washington, DC: American Chemical Society: 153-164.

Shieh T R. 1989. Industrial production of viral pesticides. Adv Virus Res, 36: 315-343.

Singh P, Moore R F. 1985. Handbook of Insect Rearing. New York: Elsevier Science Ltd: 522.

Smits P H, Vlak J M. 1988. Quantitative and qualitative aspects in the production of a nuclear polyhedrosis virus in *Spodoptera exigua* larvae. Ann Appl Biol, 112: 249-257.

Subramanian S, Santharam G, Sathiah N, et al. 2006. Influence of incubation temperature on productivity and quality of *Spodoptera litura* nucleopolyhedrovirus. Biol Control, 37: 367-374.

Sun X. 2015. History and current status of development and use of viral insecticides in China. Viruses, 7: 306-319.

Szewcyk B, Hoyos-Carvajal L, Paluszek M, et al. 2006. Baculoviruses re-emerging biopesticides. Biotechnol Adv, 24: 143-160.

Tamez-Guerra P, McGuire M R, Behle R W, et al. 2000. Sunlight persistence and rainfastness of spray-dried formulations of baculovirus isolated from *Anagrapha falcifera* (Lepidoptera: Noctuidae). J Econ Entomol, 93: 210-218.

United States Environmental Protection Agency. 1996. Microbial Pesticide Test Guidelines: OPPTS 885.1300 Discussion of Formation of Unintentional Ingredients [EPA 712-C-96-294]. Environmental Protection Agency, United States. http://www.epa.gov/ocspp/pubs/frs/publications/Test_Guidelines/series885.htm[2019-3-20].

van Beek N, Davis D C. 2009. Baculovirus production in insect larvae. *In*: Murhammer D W. Baculovirus and Insect Cell Expression Protocols. Methods in Molecular Biology, vol. 338. Towata: Humana Press: 367-378.

Vanderzant E S, Pool M C, Richardson C D. 1962b. The role of ascorbic acid in the nutrition of three cotton insects. J Insect Physiol, 8(3): 287-297.

Vanderzant E S, Richardson C D, Fort S W. 1962a. Rearing the bollworm on artificial diet. J Econ Ent, 55: 140.

Vanderzant E S. 1967. Wheatgemr diets for insects: Rearing the bollweevil and the salt-marsh caterpillar. Ann Ent Soc Am, 60: 1062-1066.

Vanderzant E S. 1974. Development, signification, and application of artificial diets for insects. Annual Review of Entomology, 19: 139-160.

Washburn J O, Kirkpatrick B A, Haas-Stapleton E, et al. 1998. Evidence that the stilbene-derived optical brightener M2R enhances *Autographa californica* M nucleopolyhedrovirus infection of *Trichoplusia ni* and *Heliothis virescens* by preventing sloughing of infected midgut epithelial cells. Biol Control, 11: 58-69.

第七章 甘蓝夜蛾核型多角体病毒生物农药田间应用效果评估和大规模推广应用

第一节 甘蓝夜蛾核型多角体病毒生物农药应用概况

甘蓝夜蛾核型多角体病毒（MbMNPV）原始宿主是甘蓝夜蛾，Aruga 等于 1960 年首次在日本发现，国内蔡秀玉等（1978）初次报道（刘岱岳，1985），随后，孙发仁（1983，1984）对该病毒的形态结构和生物活性进行了研究，东北农业大学在病毒生产应用上进行了多年的持续工作（李长友等，2000；倪艳松和张履鸿，1991；王爽等，2008）。在欧洲，发现了 MbMNPV 的英国（牛津）、德国、法国、荷兰和丹麦（Oxford，Germany，France，Netherlands and Danmark）等多个国家/地区的分离株（Brown et al.，1981），法国还利用 MbMNPV 制成商品制剂用于生产应用（Burgerjon et al.，1979；李长友等，2000）。然而，早期的研究和应用受限于"一种杆状病毒只能防治一种害虫"的传统观念，认为甘蓝夜蛾核型多角体病毒只能感染甘蓝夜蛾幼虫。受当时的技术和研究者所处的条件所限，孙发仁（1984）用甘蓝夜蛾核型多角体病毒感染其他 7 种异体昆虫，其中 6 种昆虫都有幼虫死亡，他根据经验判断其都是非病毒致死，因此确定甘蓝夜蛾核型多角体病毒是专一性感染甘蓝夜蛾幼虫的杆状病毒，没有广谱杀虫活性。这样，数十年来，国内外甘蓝夜蛾核型多角体病毒的生产都是通过人工饲养甘蓝夜蛾幼虫来进行活体生产，或通过培养宿主细胞进行体外生产。由于甘蓝夜蛾人工饲养技术不完善，不能满足利用其进行工厂化活体生产的要求，而利用培养细胞生产代价太高，因此，国内外甘蓝夜蛾核型多角体病毒生产一直没有实现产业化。另外，由于认为该病毒只防治甘蓝夜蛾一种害虫，而甘蓝夜蛾具有间歇性发生的特性，每年发生的区域也较小，甘蓝夜蛾取食叶片，一般化学农药可容易控制，因此甘蓝夜蛾核型多角体病毒在只防治一种害虫的情况下市场需求较小，也一直没有实现商业化和市场化。

20 世纪末和 21 世纪初，中国科学院武汉病毒研究所对前期分离的甘蓝夜蛾核型多角体病毒进行进一步研究，对虫体克隆获得 4 个病毒株的杀虫谱特性进行了研究，发现我们分离的 MbMNPV-CHb1 病毒株与国外报道的 MbMNPV 德国株一样，具有较广的杀虫谱，对我国的重要害虫棉铃虫、甜菜夜蛾和小菜蛾等都有较好的杀虫活性（见本书第三章）。随后，经过一系列的系统研究和小规模的试验示范，我们于 2007 年申报了国家发明专利"一种用替代宿主生产的广谱杆状病毒杀虫剂"（张忠信等，2007），2009 年获得国家知识产权局的授权。2010 年，中国科学院武汉病毒研究所专利技术开始在江西宜春市进行转化。经过试验和田间药效评价，2011 年，该杆状病毒生物农药获得农业部（现为农业农村部）的农药登记证与工业和信息化部（工信部）的生产批准证书，甘蓝夜蛾核型多角体病毒生物农药在我国首次成为商品，获准进入市场化经营。

2012 年，经过对扩大生产关键技术的研究和改善，建成国内外最大的昆虫病毒生产线，年产广谱甘蓝夜蛾核型多角体病毒制剂能力 2000t，可应用 2000 万亩以上，预留年产 5000t 生产能力。在生产中使用两种替代宿主交替生产，既解决了难以利用原始宿主进行生产的问题，又保持了杆状病毒的基因稳定，保证接种和生产收获的都是广谱甘蓝夜蛾核型多角体病毒，且单头病毒产量高，降低生产成本，有利于提高杆状病毒产品的市场竞争力。同时，广谱甘蓝夜蛾核型多角体病毒具有较广的杀虫谱，可以防治多种作物上的多种重要害虫，市场范围比只能防治一种害虫的产品要广得多，为市场发展提供了很好的前景。广谱杆状病毒产品生产后，市场从无到有，从小到大。2001 年和 2002 年进行小规模示范，该产品应用面积数万亩。2013 年开始大规模推广应用，在江西、安徽、海南、广东、广西、湖南、湖北、辽宁、新疆、上海等 21 个省（自治市、直辖区）该产品推广应用面积 400 万亩，2014 年应用 600 万亩，2015 年应用 800 万亩，2016～2018 年，每年应用面积超过 1000 万亩，2019 年达到年应用 2000 万亩，成为国内外年应用面积最大的昆虫病毒生物农药，在我国农药减量增效发展计划中发挥着重要作用，并为我国乃至世界昆虫病毒生物农药的发展起到了促进作用。

昆虫病毒生物农药具有杀虫效果好、不污染环境、不伤害天敌等优点，可替代或减少高毒化学农药的使用，保护环境，保护生态平衡，减少蔬菜、水果和其他食品上的农药残留，保护人类健康，具有很好的生态效益和社会效益。然而，在现实社会中，农民对经济效益比生态效益更为重视。广谱杆状病毒产品虽然有较广的杀虫谱，杀虫速度和田间持效作用时间都有一定提高，但和化学农药相比，杆状病毒还是存在杀虫速度不理想和避免在强阳光下施用的使用时间限制，其大面积推广应用还具有一定难度。为了迅速扩大市场范围，大面积推广广谱杆状病毒生物农药，生产企业和中国科学院武汉病毒研究所采用建立营销团队、培训营销人员、进行现场示范、寻求政府支持及宣传杆状病毒可降低害虫抗药性、减少农药使用次数、减少成本提高综合效益等优势的方法，促进广谱杆状病毒的推广。这些推广措施可能对其他生物农药的扩大应用具有借鉴作用。

一、连续召开五届全国昆虫病毒杀虫剂产业高峰论坛，培训杆状病毒产品营销人员

江西新龙生物科技股份有限公司的前身是化工有限公司，过去主要进行化学

农药的生产和销售，分布于全国各地的营销队伍都是进行化学农药销售，对生物农药认识不足，对昆虫病毒生物农药特性知之甚少。当广谱杆状病毒生物农药规模化生产开始后，亟需组建新的营销团队，进行知识培训，促进杆状病毒生物农药在全国的大面积应用。为此，我们连续召开五届全国昆虫病毒杀虫剂产业高峰论坛。

1. 首届全国昆虫病毒杀虫剂产业高峰论坛

2012 年 11 月 8 日，在广谱甘蓝夜蛾核型多角体病毒生物农药产品大规模生产正式投产之时，首届中国昆虫病毒杀虫剂产业高峰论坛在江西省宜春市举办（图 7-1）。论坛由中国科学院农业项目办公室、中国科学院武汉病毒研究所共同主办，江西新龙生物科技股份有限公司承办，来自国内外昆虫病毒杀虫剂领域与植保领域的专家在论坛上宣讲，进行昆虫病毒生产和应用的经验交流；国内主要昆虫病毒杀虫剂生产企业代表和农药推广一线科技人员及营销人员等 100余人参加了论坛，接受培训。

图 7-1　广谱杆状病毒正式投产和首届昆虫病毒杀虫剂产业高峰论坛召开
图片由中国科学院武汉病毒研究所张忠信提供

国际知名昆虫病毒专家、加拿大北美五大湖森林研究中心研究员 Arif M Basil 做了论坛 D 的开题学术报告，由陪同博士生进行现场翻译。Basil 结合加拿大几十年来应用昆虫杆状病毒持续控制森林红头松叶蜂和云杉卷蛾的经历，介绍北美杆状病毒的产业发展和应用，指出国际昆虫病毒产业具有很好前景。我国昆虫病毒专家、2018 年当选为国际无脊椎动物病理学会主席的胡志红研究员紧接着报告，对国际上 100 年昆虫病毒产业发展的 10 件大事进行总结，对昆虫病毒生物农药特性和应用技术进行了深入浅出的讲解，对我国昆虫病毒产业的发展进行了点评。随后，时任农业部农药检定所副所长的顾宝根就农药管理政策，特别是国家对生物农药的特殊支持政策进行报告。最后，全国农业技术推广服务中心（全国农技推广中心）研究员李永平和新疆生产建设兵团（新疆建设兵团）农业技术推广总站植保站站长赵冰梅就广谱甘蓝夜蛾核型多角体病毒生物农药的应用效果和应用技术进行了培训。首届高峰论坛中的这些报告，既有昆虫病毒特性的理论报告，又有生产应用第一线的实际结果和经验，使农药推广和营销人员对昆虫病毒有了一定认识，对广谱甘蓝夜蛾核型多角体病毒生物农药的优势有所了解，初步打消了社会上流传的昆虫病毒叫好不叫座、难以推广的顾虑。经过对营销人员的培训和其他有效推广措施，2013 年，广谱甘蓝夜蛾核型多角体病毒生物农药大面积应用从无到有，正式大规模投产应用第一年就达到 400 万亩。

2. 第二届至第五届全国昆虫病毒杀虫剂产业高峰论坛

首届全国昆虫病毒杀虫剂产业高峰论坛后，我们于 2013 年、2014 年、2015 年和 2018 年，分别在宜春、武汉、北京和宜春举办了第二届至第五届昆虫病毒杀虫剂产业发展论坛。其中，2015 年 11 月 16 日在北京清华园举办的第四届昆虫病毒产业高峰论坛上（图 7-2），将昆虫病毒生物农药推广与国家农药减量规划相结合进行研讨和培训。中国农药发展与应用协会会长刘坚在报告中认为，在全国范围内实施化肥、农药使用量零增长行动过程中，昆虫病毒杀虫剂等生物农药可发挥重要作用。应该加大生物农药推广力度，构建一个生物防治、农业防治、物理防治和化学防治互为补充、结构合理的综合防治体系。我国著名生物防治专家、中国农业科学院植物保护研究所副所长邱德文研究员提出，应进行绿色防控配套综合技术集成及应用研究，利用土壤修复技术、植物免疫技术、昆虫信息素、昆虫病毒杀虫剂、微生物杀菌剂、植物源农药和天敌昆虫等相关技术，根据其作用优势与作用特点进行综合技术集成，针对中国主要农作物病虫害的发生发展特点，开展综合治理的研究与集成，根据国内农业生产的需求，研究适合农业生产的主要病虫害防控的综合技术集成体系和解决方案，为中国农业生产服务。

图 7-2　第四届昆虫病毒杀虫剂高峰论坛会场和第五届昆虫病毒杀虫剂高峰论坛代表合影
图片由江西新龙生物科技股份有限公司胡修筠提供

在 2018 年 11 月举办的第五届昆虫病毒杀虫剂高峰论坛上（图 7-2），江西婺源植保站站长推广研究员汪锐辉、湖北监利县植保站站长高振坤、桂林果友园农业服务有限公司总经理唐甜这些来自基层的推广人员，分别对茶叶、水稻、柑橘、生姜绿色防控技术和生物农药在每种作物上的突出表现做出了详细展示与介绍，使用甘蓝夜蛾核型多角体病毒为主的绿色防控套餐，大姜增产 41.8%，预防为主效果明显、见效快、投入产出比最大化、品质好、收益空前的高。甘蓝夜蛾核型多角体病毒产品和赤眼蜂一起对水稻害虫的防治效果达 82.8%，含害虫引诱剂的淡紫拟青霉在柑橘上杀线虫防效久、好推广，做成套餐使用得到市场的一致认可。这些基层推广人员，他们既是技术专家也是生物农药的营销人员和合伙人，在论坛会上，每个人都对甘蓝夜蛾核型多角体病毒和其他生物农药产品的效果赞不绝口。他们也真正把第四次昆虫病毒杀虫剂高峰论坛上专家提出的绿色防控体系部分变为了现实。

二、建立推广示范现场，展示综合增产增收效益，促进推广应用

昆虫杆状病毒产品的推广应用，是一种市场行为，最终面对的是千家万户的普通农民。由于长期习惯使用高毒化学农药，人们总是希望看到施药后害虫立即死亡。尽管广谱甘蓝夜蛾核型多角体杀虫剂产品在杀虫广谱性、杀虫速度和光保护方面都得到改善，比其他昆虫病毒具有优势，但在杀虫速度上仍逊于高毒化学农药。因此，广谱昆虫病毒生物农药在每个省的推广应用，几乎都要建立现场示范区。我们在上海、新疆、山东等省（自治区、直辖市）先后建立多个示范区，展示昆虫病毒杀虫剂的杀虫效果和杀虫速度，促进该生物农药的推广应用。

广谱杆状病毒现场示范，不仅要展示其具有控制害虫的能力，更要依据实际情况，展示它具有综合增收的效益，这样才能使农民自愿使用广谱昆虫病毒杀虫剂。

在广东、广西和海南的豇豆和其他蔬菜地块，由于当地气温高，害虫繁殖快，在蔬菜生长季节，菜农每隔 2～3 天就喷施一次化学农药。由于施药次数多，害虫的抗药性发展极快，形成药打得越多害虫抗药性越强，需要更大剂量更多次数喷施农药的恶性循环局面。广谱甘蓝夜蛾核型多角体病毒杀虫机制与化学农药不同，是通过在宿主体内复制病毒使其化脓死亡。经病毒感染未死亡的残留子代害虫，其对化学农药的抗性迅速降低或消除。没有或降低了抗药性的害虫种群，即使使用很低的化学农药用量和较少的用药次数就能被很好控制。在这样的蔬菜地建立现场示范，就是要使农民看到，广谱甘蓝夜蛾核型多角体病毒生物农药的应用，不仅有保护生态的社会效益，更有实实在在的经济利益。通过降低害虫抗药性，

用药次数由每个生长季（约 3 个月）的 15 次以上减少到 10 次以下。通过减少防治害虫费用与提高产品品质和质量，综合经济收益提高 20% 以上。农民一旦在示范现场看到这种效益，将促进生物农药的应用迅速扩大。

在稻蟹混养或稻虾混养区，由于一旦使用化学农药，将使混养的虾和蟹产量大幅下降，而使用广谱甘蓝夜蛾核型多角体病毒生物农药，因为杆状病毒只感染鳞翅目中的一些重要害虫，所以施用后的稻田蛙照叫、虾照游、蟹照爬，综合收益大幅提高。在棉花水稻田建立示范田，由于病毒感染后残留害虫的取食量降低和生物农药中加入微量氨基酸和蛋白质成分可能产生的刺激作用，可使棉花或水稻的产量提高 10%。

三、宣传产品环保，争取政府支持

目前，各省（自治区、直辖市）一般都建立农药准入制度。也就是说，拿到农业农村部农药登记证的产品，并不是在全国各地都普遍应用，还必须经过省级农业部门的审查，符合当地环保和产业政策才能准入。少数省市为了鼓励绿色农产品的应用，还采用政府采购和部分补贴使用农户的政策。广谱甘蓝夜蛾核型多角体病毒生物农药是安全和环保的产品，理应得到政府支持，但目前还主要是市场化经营。该生物农药在示范应用的基础上，已多次获得全国农业技术推广服务中心的重点推荐产品证书及上海、山东、安徽、江苏、新疆等省（自治区、直辖市）的农药重点推荐品种证书。这些宣传使各级政府农业部门开始认识到，广谱杆状病毒防治目标害虫效果好，具有减少化学农药用量、减少食品有害残留的作用，其逐步获得一些政府支持，约有 5% 的生物农药产品进入政府采购渠道。随着人们对环境保护和食品安全的认识提高，杆状病毒生物农药将会受到政府的更多支持。

四、开发飞行机器人，完善绿色防控配套技术

甘蓝夜蛾核型多角体病毒生物农药虽然具有较宽的杀虫谱，但并不能防治田间的所有害虫，还需和其他防治技术相结合。为了更好地推广该病毒生物农药，生产企业还开发了香菇多糖、木霉、淡紫拟青霉、捕食性螨、赤眼蜂、小花蝽等产品，与其他生物或物理防治产品相结合，构建和完善绿色防控配套技术，促进昆虫病毒生物农药应用快速发展。目前田间害虫防治，已经结束了使用背扛农药桶人工防治的时代，但目前喷施农药的无人机都是根据化学农药的施用技术要求设计。企业根据昆虫病毒应用的技术特点，开发飞行无人机，组建飞防队伍，使昆虫病毒生物农药施用更方便、效果更理想（图 7-3）。

图 7-3　利用无人机喷施甘蓝夜蛾核型多角体病毒生物农药防治蔬菜小菜蛾

五、创办绿色防控体验店，实现绿色"套餐"市场化

有了多样性的生物农药产品，为了实现"让环境更美好，让食品更安全"的理念，还必须把这些产品推向广大用户，实现市场化。在实际推广应用时，不同生物产品推销的难易程度不同，利润也不同，普通营销人员就只愿意推销容易推广和利润较高的产品，而对于天敌昆虫等推广难度较大和活体远程运输困难的生物产品就不愿经营。为了实现"套餐"化服务，在推广应用中创办 20 多家绿色防控体验店，由生产企业和推广人员共同经营。生产企业不断推出更符合市场需求的生物农药，提供较全面的丰富产品体系；绿色防控体验店提升绿色农化服务水平，产品营销从"卖单一产品"向"卖系列产品"和"提供定制解决方案"的方向转型升级。渠道是营销的核心要素，生物农药绿色防控体验店选择懂技术、懂政策、有客户、同理念的优秀人员作为合伙人，生产企业与他们深度合作，共同培育品牌，共同经营市场，共享利益共担风险，共同提升盈利，实现绿色"套餐"市场化，提高了甘蓝夜蛾核型多角体病毒在农药销售市场上的份额。

第二节　利用甘蓝夜蛾核型多角体病毒生物农药防治小菜蛾

一、小菜蛾基本特征和抗药性发展

小菜蛾（*Plutella xylostella*）在分类上属鳞翅目菜蛾科，又称小青虫、两头尖等，是世界性迁飞害虫，主要为害甘蓝、紫甘蓝、青花菜、菜苔、芥菜、花椰菜、白菜、油菜、萝卜等十字花科植物。在世界各地，几乎凡有十字花科植物生长的地方，都有小菜蛾的为害（柯礼道和方菊莲，1979）。

小菜蛾是完全变态昆虫，具有完整的成虫、卵、幼虫和蛹 4 种虫态。小菜蛾成虫体长 6～7mm，翅展 12～16mm。雌虫较雄虫肥大，腹部末端圆筒状，雄虫腹末圆锥形，抱握器微张开。

虫卵为椭圆形，稍扁平，长约 0.5mm，宽约 0.3mm，初产时淡黄色，有光泽，卵壳表面光滑。

幼虫初孵时深褐色，后变为绿色。末龄幼虫体长 10～12mm，体型纺锤形，体节明显，体上生稀疏长而黑的刚毛。头部黄褐色，前胸背板上有淡褐色无毛的小点组成两个"U"字形纹。初龄幼虫仅取食叶肉，留下表皮，在菜叶上形成一个个透明的斑，称为"开天窗"，3～4 龄幼虫可将菜叶食成孔洞和缺刻，严重时可将全叶吃成网状。

虫蛹长 5～8mm，黄绿至灰褐色，有细薄如网丝茧，两端通透。

小菜蛾在全国各地普遍发生，1 年发生 4～19 代。在北方每年发生 4～5 代，长江流域 9～14 代，华南 17 代，台湾 18～19 代。在北方以蛹越冬，南方终年可见各虫态，无越冬现象。东北、华北地区每年 5～6 月和 8～9 月为害严重；新疆7～8 月为害最重；南方 3～6 月和 8～11 月是危害发生盛期，且秋季重于春季。成虫昼伏夜出，白昼多隐藏在植株丛内，日落后开始活动。成虫羽化后很快即能交配，交配雌蛾当晚即产卵。每头雌虫平均产卵 200 余粒，多的可达约 600 粒。卵散产，偶尔 3～5 粒在一起。幼虫性活泼，受惊扰时可扭曲身体后退；或吐丝下垂，待惊动后再爬至叶上。小菜蛾发育最适温度为 20～30℃，喜干厌湿，适宜条件下，卵期 3～11d，幼虫期 12～27d，蛹期 8～14d。

小菜蛾具有 5 个特征，使其繁殖迅速、为害严重、难于防治。①虫体个体小，易于躲避敌害。②生活周期短，28～30℃时，完成一代最快只需 10d。③繁殖能力强，每雌虫产卵量平均 220 粒。④生态适应性强，冬天能挺过短期–15℃的严寒，在–1.4℃的环境中还能取食活动。夏天能熬过 35℃以上酷暑。⑤抗药性强，由于长年使用化学农药防治，其很快对各类化学农药产生极高水平抗性，从 20 世纪90 年代到 21 世纪初，我国许多地方面对小菜蛾猖獗，无药可治。由于发生面积大、为害时间长、防治困难，在农业部的害虫防治榜单上，小菜蛾曾多年被列为第 1 号害虫。

二、上海市利用甘蓝夜蛾核型多角体病毒生物农药防治小菜蛾效果

2012 年和 2013 年，利用甘蓝夜蛾核型多角体病毒悬浮剂在上海连续进行两年的示范试验，均取得了良好的控制效果。试验示范由上海市农业技术推广服务中心彭震高级农艺师团队负责完成。

试验设在上海市松江区云间大自然农业科技示范基地的露地内进行，为常年蔬菜生产基地，试验地块土壤土质为青紫泥，中等肥力水平，试验田总面积为

19.866 7m²，种植株行距为 50cm×40cm，密度为 50 000 株/hm²。甘蓝于 2012 年 8 月 20 日播种，于 2012 年 9 月 19 日移栽，按常规生产管理。试验药剂为 20 亿 OB/mL 甘蓝夜蛾核型多角体病毒悬浮剂(江西新龙生物科技股份有限公司)。对照药剂为 10 亿 OB/mL 苜蓿银纹夜蛾核型多角体病毒悬浮剂（市售）。

2012 年 10 月 12 日调查田间小菜蛾幼虫基数，此时为 1～3 龄幼虫发生盛期。当天施药开始试验，分别于施药后 3d、7d 和 10d 调查试验田中小菜蛾存活的幼虫数量，计算防治效果，结果见图 7-4。图 7-4 中显示，每 667m² 施用 80mL 20 亿 OB/mL 甘蓝夜蛾核型多角体病毒悬浮剂，施药后 3d、7d 和 10d 对小菜蛾的防效分别为 77.9%、70.8%和 63.5%；每 667m² 施用 100mL，施药后 3d、7d 和 10d 对小菜蛾的防效分别为 84.8%、80.6%和 69.0%；每 667m² 施用 120mL，施药后 3d、7d 和 10d 对小菜蛾的防效分别为 86.2%、83.0%和 77.2%（图 7-4）。

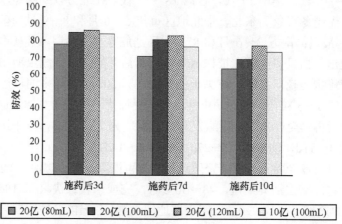

图 7-4　2012 年上海市利用甘蓝夜蛾核型多角体病毒悬浮剂防治蔬菜小菜蛾试验结果

2013 年 5 月在上海的试验结果见图 7-5，每 667m² 施用 50mL 20 亿 OB/mL 广谱甘蓝夜蛾核型多角体病毒杀虫剂，施药后 3d、7d 和 10d 对小菜蛾的防治效果效分别为 65.18%、69.91%和 73.47%；每 667m² 施用 90mL，施药后 3d、7d 和 10d 对小菜蛾的防效分别为 82.45%、81.52%和 79.47%；每 667m² 施用 120mL，施药后 3d、7d 和 10d 对小菜蛾的防效分别为 83.79%、85.60%和 85.78%。甘蓝夜蛾核型多角体病毒悬浮剂可有效控制蔬菜上的抗性小菜蛾危害（图 7-5）。

连续两年在上海进行试验示范，结果表明甘蓝夜蛾核型多角体病毒悬浮剂对长三角地区的抗性小菜蛾防治效果良好，并对甘蓝生长没有影响，无药害，无超标农药残留，可间隔 7～10d 施药一次，改变了化学农药间隔 2～3d 就施药一次的习惯，减少了田间施药次数。

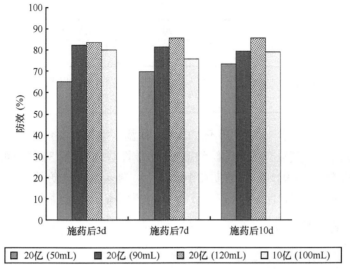

图 7-5　2013 年上海市利用甘蓝夜蛾核型多角体病毒悬浮剂防治蔬菜小菜蛾试验结果

三、海南省和广东省利用甘蓝夜蛾核型多角体病毒生物农药防治小菜蛾效果

2011 年分别在海南省和广东省蔬菜上，利用甘蓝夜蛾核型多角体病毒悬浮剂防治抗性小菜蛾，也取得了显著的防治效果。

1. 海南省试验结果

海南省试验作物为甘蓝，栽培品种明丰甘蓝。试验地肥力中等，各试验小区作物的植期、长势、肥水管理等条件基本一致，小菜蛾发生为害，虫口密度较为一致。

试验使用药剂是 20 亿 OB/mL 甘蓝夜蛾核型多角体病毒悬浮剂，由江西宜春新龙生物科技股份有限公司生产。对照药剂为 5%甲氨基阿维菌素苯甲酸盐水分散粒剂，是北京东方圣邦生物技术有限公司产品。

农药喷施使用 Model HD300 Jacto 手动背负式喷雾器喷雾进行叶面喷雾，每 $667m^2$ 喷药液 50L。施药在 2011 年 10 月 29 日下午 5:00 后进行，施药时幼虫处于低龄期。

施药前（即 2011 年 10 月 29 日）进行虫口基数调查，施药后 3d、7d、10d（即 2011 年 11 月 1 日、5 日、8 日）进行药效调查，共查 4 次。结果见表 7-1。

表 7-1　20 亿 OB/mL 甘蓝夜蛾核型多角体病毒悬浮剂在海南防治蔬菜小菜蛾试验结果

药剂处理	虫口基数（头）	施药后 3d		施药后 7d		施药后 10d	
		百株虫数（头）	防效（%）	百株虫数（头）	防效（%）	百株虫数（头）	防效（%）
20 亿 OB/mL 甘蓝夜蛾核型多角体病毒悬浮剂 120mL/667m²	92	11	88.30	2	97.94	3	97.06

续表

药剂处理	虫口基数（头）	施药后 3d		施药后 7d		施药后 10d	
		百株虫数（头）	防效（%）	百株虫数（头）	防效（%）	百株虫数（头）	防效（%）
5%甲氨基阿维菌素苯甲酸盐水分散粒剂 2.625g/667m²	89	16	82.41	8	91.48	12	87.85
CK	91	93		96		101	

表 7-1 中结果显示，使用 20 亿 OB/mL 甘蓝夜蛾核型多角体病毒悬浮剂，对海南省甘蓝抗性小菜蛾有很好的防治效果。速效性好，施药后 3d 防效可达 88.30%；施药后 7d 防效为 97.94%；持效期在 10d 以上，施药后 10d 防效仍达 97.06%。其比对照药剂的防效好，且对作物安全，可以在海南省防治抗性小菜蛾中推广应用。

2. 广东省试验结果

广东省试验作物是紫甘蓝，试验地常年种植蔬菜，供试蔬菜于 2011 年 10 月 16 日移栽，长势较好。试验各小区肥水管理、作物长势等条件一致。试验施药时小菜蛾发生较重，以 1～3 龄幼虫为主。试验药剂为 20 亿 OB/mL 甘蓝夜蛾核型多角体病毒悬浮剂（江西新龙生物科技股份有限公司产品），对照药剂是 5%氯虫苯甲酰胺悬浮剂（SC）（普尊）（杜邦公司产品）。

施药使用利农牌 HD-400 手摇式压缩喷雾器，喷嘴 1 个、流量 0.066L/min。在小菜蛾低龄幼虫发生高峰期施药一次，药液用量为 50L/667m²。施药时间为 2011 年 11 月 26 日，试验期间不施用其他药剂。

施药前调查虫口基数（11 月 26 日），施药后 3d（11 月 29 日）、7d（12 月 3 日）和 10d（12 月 6 日）各调查一次，全期共调查 4 次，结果见表 7-2。

表 7-2　20 亿 OB/mL 甘蓝夜蛾核型多角体病毒悬浮剂在广东防治蔬菜小菜蛾试验结果

药剂处理	虫口基数（头）*	施药后 3d		施药后 7d		施药后 10d	
		百株虫数（头）*	防效（%）*	百株虫数（头）*	防效（%）*	百株虫数（头）*	防效（%）
20 亿 OB/mL 甘蓝夜蛾核型多角体病毒悬浮剂 90mL/667m²	7.4	6.3	38.99	7.7	60.05	8.4	69.87
20 亿 OB/mL 甘蓝夜蛾核型多角体病毒悬浮剂 120mL/667m²	6.6	5.1	44.62	3.4	80.22	3.5	85.92
5%氯虫苯甲酰胺悬浮剂 40mL/667m²	6.6	3.8	58.74	5.8	66.26	7.4	70.24
CK	4.3	6.0		11.2		16.2	

*数据为多次采样平均值

结果显示，使用 20 亿 OB/mL 甘蓝夜蛾核型多角体病毒悬浮剂，施药后 3d，每 667m² 用量 90mL 和 120mL，防治小菜蛾效果分别为 38.99%、44.62%，使用对照药剂 5%氯虫苯甲酰胺 SC 的防治效果是 58.74%；施药后 7d，三者的防效分别为 60.05%、80.22% 和 66.26%；施药后 10d 防效，防效分别为 69.87%、85.92%、和 70.24%（表 7-2）。这些试验数据显示，使用较低剂量（90mL/667m²）甘蓝夜蛾核型多角体病毒悬浮剂防治小菜蛾的速效性低于化学农药对照药剂，使用较高剂量（120mL/667m²）甘蓝夜蛾核型多角体病毒悬浮剂的防治效果和持效期较好，优于较低剂量（90mL/667m²）的昆虫病毒杀虫剂，也优于化学农药对照药剂。建议在应用时使用较高剂量的甘蓝夜蛾核型多角体病毒杀虫剂。

试验结果表明，20 亿 OB/mL 甘蓝夜蛾核型多角体病毒悬浮剂对蔬菜小菜蛾有较好的防效，对蔬菜无药害。建议在小菜蛾低龄幼虫（1～3 龄）始盛期施药，用量以 120mL/667m² 为宜。

四、辽宁省利用甘蓝夜蛾核型多角体病毒生物农药防治小菜蛾效果

辽宁省的试验在瓦房店市复州城镇大河村进行，试验作物甘蓝，品种碧绿一号。甘蓝为露地栽培，土壤为壤土，pH 为 7.2，上茬作物马铃薯，有机质含量 1.1%。

试验药剂为 20 亿 OB/mL 甘蓝夜蛾核型多角体病毒悬浮剂，由江西新龙生物科技股份有限公司生产，对照药剂为 1.1% 甲氨基阿维菌素苯甲酸盐乳油，由河北威远生物化工股份有限公司生产。施药器械为 HX-16C 型背负式行动电动喷雾器（台州市节路桥奇勇农业机械有限公司生产）。按 30L/667m² 药液量进行全株喷雾。

试验施药时间为 2013 年 9 月 3 日。施药前（9 月 3 日）调查虫口基数，施药后 3d（9 月 6 日）、施药后 7d（9 月 10 日）、施药后 10d（9 月 13 日）分别调查虫口残留数，评价对产量和品质的影响，计算防治效果，结果见表 7-3。

表 7-3　20 亿 OB/mL 甘蓝夜蛾核型多角体病毒在辽宁瓦房店防治小菜蛾试验结果

处理	虫口密度（头）	施药后 3d			施药后 7d			施药后 10d		
		虫口密度（头）	虫口减退率（%）	防治效果（%）	虫口密度（头）	虫口减退率（%）	防治效果（%）	虫口密度（头）	虫口减退率（%）	防治效果（%）
20 亿 OB/mL MbMNPV 悬浮剂（50mL/667m²）	41	2	95.12	97.15	9	78.05	90.68	14	65.85	88.00
20 亿 OB/mL MbMNPV 悬浮剂（90mL/667m²）	81	3	96.30	97.84	6	92.59	96.86	7	91.36	96.96
1.1% 甲氨基阿维菌素苯甲酸盐乳油（15mL/667m²）	60	5	91.67	95.13	25	58.33	82.31	43	28.33	74.80
CK	45	77	−71.11		106	−135.56		128	−184.44	

用 90mL/667m^2 20 亿 OB/mL 甘蓝夜蛾核型多角体病毒悬浮剂防治甘蓝小菜蛾幼虫，施药后 3d、7d 和 10d 的防效分别为 97.84%、96.86% 和 96.96%；用 50mL/667m^2 甘蓝夜蛾核型多角体病毒悬浮剂防治甘蓝小菜蛾幼虫，施药后 3d、7d 和 10d 防效分别为 97.15%、90.68% 和 88.00%；而用 15mL/667m^2 对照药剂 1.1% 甲氨基阿维菌素苯甲酸盐乳油防治甘蓝小菜蛾幼虫，施药后 3d、7d 和 10d 的防效分别为 95.13%、82.31% 和 74.80%。甘蓝夜蛾核型多角体病毒悬浮剂喷雾对甘蓝小菜蛾具有良好的防治效果，供试剂量下随用药量增加防效提高，90mL/667m^2 处理防治效果最佳，防效明显优于其他处理。

药效持效性结果比较显示，20 亿 OB/mL 甘蓝夜蛾核型多角体病毒悬浮剂具有较长的持效期。其用量 90mL/667m^2 的持效期长达 10d 以上；用量为 50mL/667m^2 的持效期也达 7d 左右。试验剂量下持效期都优于 1.1% 甲氨基阿维菌素苯甲酸盐乳油。

在辽宁的示范试验表明，20 亿 OB/mL 甘蓝夜蛾核型多角体病毒悬浮剂施药适期为小菜蛾低龄幼虫期。推荐应用剂量为（50～90）mL/667m^2。喷液量为 30L/667m^2。

五、江苏省利用甘蓝夜蛾核型多角体病毒生物农药防治小菜蛾效果

江苏省试验示范在淮安市淮阴区丁集镇几户农民自家蔬菜田内，2013 年 8 月 20 日播种，9 月 10 日移栽，示范田为砂壤土，pH 为 7.6，肥力中等，供试大白菜品种为大狮头。

试验药剂为 20 亿 OB/mL 甘蓝夜蛾核型多角体病毒悬浮剂，由江西新龙生物科技股份有限公司生产，对照药剂为 8% 毒死蜱乳油，由江苏丰山集团股份有限公司生产（市售）。

试验设 5 个处理，分别为：

（A）20 亿 OB/mL 甘蓝夜蛾核型多角体病毒悬浮剂 1350mL/hm^2。

（B）20 亿 OB/mL 甘蓝夜蛾核型多角体病毒悬浮剂 1500mL/hm^2。

（C）20 亿 OB/mL 甘蓝夜蛾核型多角体病毒悬浮剂 1800mL/hm^2。

（D）48% 毒死蜱乳油 1500mL/hm^2。

（CK）清水对照。

试验于 2013 年 10 月 2 日开始进行，采用合利牌背负式电动喷雾器均匀喷雾。施药前（10 月 2 日上午）查虫口基数，施药后 3d（10 月 5 日）、7d（10 月 9 日）、15d（10 月 17 日）查残存活虫数，计算虫口减退率和防效，结果见表 7-4。

表 7-4   20 亿 OB/mL 甘蓝夜蛾核型多角体病毒悬浮剂在江苏淮阴防治小菜蛾试验结果

处理	虫口基数（头）	施药后 3d			施药后 7d			施药后 15d		
		虫口（头）	虫口减退率（%）	防效（%）	虫口（头）	虫口减退率(%)	防效（%）	虫口（头）	虫口减退率（%）	防效（%）
A	360	362	−0.56	2.5	45	87.50	89.3	78	78.33	82.6
B	351	355	−1.14	1.9	28	92.02	93.2	57	83.76	87.0
C	348	352	−1.15	1.9	24	93.10	94.1	56	83.91	87.1
D	352	69	80.40	81.0	124	64.77	69.8	175	50.28	60.1
CK	349	360	−3.15		407	−16.62		435	−24.6	

试验结果表明，使用 20 亿 OB/mL 甘蓝夜蛾核型多角体病毒悬浮剂防治小菜蛾，使用剂量增加与防治效果成正比。昆虫病毒生物农药杀虫速效性较差。生物农药处理 A、B、C，施药后 3d 防效仅为 2.5%、1.9%、1.9%，防治效果远低于化学农药处理 D 的防治效果（81.0%）；施药后 7d，昆虫病毒生物农药的防效达到最佳，三种使用剂量防治效果分别为 89.3%、93.2%、94.1%，优于对比化学农药处理 D 的防治效果（69.8%）；施药后 15d，处理 A、B、C 防效分别为 82.6%、87.0%、87.1%，处理 D 的防治效果仅为 60.1%。处理 B 与处理 C 在施药后 15d 的防治效果相当（表 7-4），表明使用广谱甘蓝夜蛾核型多角体病毒剂量 1500mL/hm^2 和 1800mL/hm^2，在长效控制上，较低使用剂量就可达到很好的防治效果。

在江苏防治小菜蛾的应用中，根据施药后不同时期的观察，发现广谱甘蓝夜蛾核型多角体病毒药剂处理区白菜生长正常，其叶色、株型、株高等性状与对照无差别，安全性很好。施用广谱甘蓝夜蛾核型多角体病毒生物农药后，田间有益生物没有变化，蜘蛛等生物反应正常。江苏的试验结果表明，甘蓝夜蛾核型多角体病毒悬浮剂对小菜蛾具有良好的防治效果，从田间不定期观察来看，施药后 5～7d 是害虫发病死亡高峰期，施药后 15d，广谱杆状病毒表现比化学农药有更优异的持效性。从防治效果结合经济效益来看，使用 20 亿 OB/mL 甘蓝夜蛾核型多角体病毒悬浮剂，以 1500mL/hm^2 使用剂量效果最佳。

第三节   利用甘蓝夜蛾核型多角体病毒生物农药
防治稻纵卷叶螟

一、稻纵卷叶螟的基本特征和防治时机

稻纵卷叶螟（*Cnaphalocrocis medinalis*）分类上属鳞翅目螟蛾科，俗称卷叶虫。在我国的分布，北起江淮，南至台湾和海南的水稻种植区。该虫主要为害水稻，

有时也为害小麦、甘蔗、粟、禾本科杂草。该虫是食叶类害虫，具有迁飞性，为害重，防治难。

稻纵卷叶螟一年发生代数各地不一。长江流域一年发生 4～5 代，珠江流域一年发生 5～6 代。每年 5～7 月，成虫从南方随气流下沉和雨水拖带而降落，大量迁入江淮地区成为初始虫源。

江淮地区各代幼虫为害盛期，一代为 6 月上中旬，二代为 7 月上中旬，三代为 8 月上中旬，四代在 9 月上中旬，五代在 10 月中旬。秋季，江淮地区的成虫随季风回迁到南方进行繁殖，以幼虫和蛹越冬。

稻纵卷叶螟喜温暖、高湿的气候条件。气温 22～28℃，相对湿度 80%利于成虫卵巢发育、交配、产卵和卵的孵化及初孵幼虫的存活。在雨水多、温度不高的季节（5～9 月份在大雨过后），稻纵卷叶螟的发生为害特别严重。高温干燥天气下，即使成虫很多，但产卵少，幼虫少，危害较轻。而在雨水多的天气条件下，该虫发生量大，危害严重。每年 5～9 月，稻纵卷叶螟可随台风频繁迁入，这样造成大量成虫不断迁入，持续时间长，世代重叠严重，防治极度困难。

正常情况下，稻纵卷叶螟完成一个世代时间大约 30d（经历成虫、卵、幼虫、蛹），幼虫分 5 个龄期（1～5 龄）（图 7-6），一个龄期 3～5d，幼虫期 15～20d。

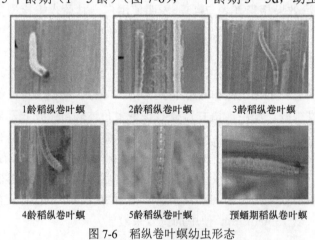

图 7-6　稻纵卷叶螟幼虫形态
图片由江西省植保植检局舒宽义提供

初孵幼虫取食心叶，出现针头状小点，随着虫龄增大，吐丝缀稻叶两边叶缘，纵卷叶片成圆筒状虫苞，幼虫藏身其内啃食叶肉，留下表皮白色条斑。严重时"虫苞累累，白叶满田"。以孕穗期、抽穗期受害损失最大，导致稻谷千粒重降低，秕粒增加。一般减产 10%～20%，重者达 50%以上，严重者甚至颗粒无收。

水稻穗期不同受害部位对产量的影响，总的趋势是由上到下依次递减，以剑叶及倒二叶、倒三叶受害对产量影响较大，抽穗期施用农药防治是保剑叶、增粒重的关键。

　　稻纵卷叶螟喜欢嫩绿、生长茂密的田块产卵，顶部 2～3 片嫩叶着卵量多。田间灌水过深，施肥偏晚或过多，引起水稻徒长，为害重。单双季混栽地区为幼虫提供充足的食料，发生重。此外，水稻不同品种受害程度也有差异，一般叶质软、叶片宽大的品种产卵多，受害重；而叶质硬、叶片窄的品种，受害则轻。

　　一般在分蘖期采用的防治指标较宽，穗期稍窄，当穗期有效虫量达到 20 头/100 丛，分蘖期 40 头/100 丛时为防治适期，蛾峰后 7～10d，卵盛孵期至 2 龄幼虫期是防治稻纵卷叶螟的最佳时期。

二、江西省利用甘蓝夜蛾核型多角体病毒生物农药防治稻纵卷叶螟的试验示范

　　2011～2012 年，江西省植保植检局使用甘蓝夜蛾核型多角体病毒生物农药在水稻上开展了大量的试验示范，通过多地的试验证明：30 亿 OB/mL 甘蓝夜蛾核型多角体病毒悬浮剂对水稻稻纵卷叶蛾具有较好的防效。试验示范分别在吉州区、泰和县、上饶县、乐平市、都昌县、南昌县、新建区、宁都县、万安县、上高县等地开展。

1. 泰和县防治效果

　　2011 年 8 月 26 日开始，在江西省吉安市泰和县冠朝镇冠朝村陈杰生农户晚稻田进行防治试验，试验田施肥水平较高，常年种植水稻田，周围种植都为水稻田，各试验小区的水肥条件和管理条件均一致。施药时水稻处于分蘖盛期，长势良好，试验时稻纵卷叶螟为卵孵化盛期至 2 龄幼虫高峰期。

　　试验药剂为 30 亿 OB/mL 甘蓝夜蛾核型多角体病毒悬浮剂，对照药剂为 5% 阿维菌素乳油和 16 000IU/mg 苏云金杆菌，空白对照喷洒清水。施药后 7d 和 14d，分别调查各处理的残留虫数和危害卷叶数，计算对害虫的防治效果，结果见表 7-5。

　　试验结果显示，施用 30 亿 OB/mL 甘蓝夜蛾核型多角体病毒悬浮剂，每 667m^2 施用 30mL 和 50mL，对水稻稻纵卷叶螟都有较好的防治效果。每 667m^2 施用 30mL，施药后 7d 的防治效果达 92.81%，施药后 14d 的防治效果为 94.41%；每 667m^2 施用制剂 50mL，施药后 7d 的防效达 95.53%；施药后 14d，防治效果达 95.00%。与对照药剂相比较，施药后 7d，广谱杆状病毒 30mL、50mL 防效优于对照药剂 2.2% 阿维菌素乳油和苏云金杆菌可湿性粉剂（WP），施药后 14d，这种优势更为明显（表 7-5），表明甘蓝夜蛾核型多角体病毒控制害虫的持效期更好。

表 7-5　30 亿 OB/mL 甘蓝夜蛾核型多角体病毒悬浮剂在江西泰和防治稻纵卷叶螟试验结果

2011 年 8 月

处理	施药后 7d					施药后 14d				
	残存虫量（头）	调查总叶数	卷叶数	卷叶率(%)	防效(%)	残存虫量（头）	调查总叶数	卷叶数	卷叶率(%)	防效(%)
16 000IU/mg 苏云金杆菌，100g	17	253	33	13.04	44.49	14	249	68	27.31	38.49
30 亿 OB/mL 甘蓝夜蛾核型多角体病毒 SC，30mL	0	295	5	1.69	92.81	1	242	6	2.48	94.41
30 亿 OB/mL 甘蓝夜蛾核型多角体病毒 SC, 50mL	0	287	3	1.05	95.53	0	225	5	2.22	95.00
5%阿维菌素乳油，40mL	3	258	8	3.10	86.80	4	272	28	10.29	76.82
清水空白对照	9	281	66	23.49		18	241	107	44.40	

2. 万安县防治效果

2011 年 6 月 17 日开始，在江西省万安县芙蓉镇光明村早稻上进行试验，早稻品种为协优洲 156，水稻管理较好，土壤为泥壤土，各试验小区的水肥条件和管理条件均一致，且符合当地科学的农业实践。施药时水稻处于分蘖盛期，长势良好，施药时稻纵卷叶螟为卵孵化盛期至 2 龄幼虫高峰期。

试验药剂为 30 亿 OB/mL 甘蓝夜蛾核型多角体病毒悬浮剂，对照药剂为 48%毒死蜱乳油（EC）和 16 000IU/mg 苏云金杆菌，空白对照喷洒清水。施药后 7d 和 14d，分别调查各处理的残留虫数和危害卷叶数，计算对害虫的防治效果和降低水稻卷叶率的防治效果和保叶效果，结果见表 7-6。

表 7-6　30 亿 OB/mL 甘蓝夜蛾核型多角体病毒悬浮剂在江西万安防治稻纵卷叶螟试验结果

2011 年 6 月

处理	试验药剂	制剂用量（mL/667m²）	施药后 7d		施药后 14d	
			保叶效果(%)	杀虫防效(%)	保叶效果(%)	杀虫防效(%)
1	30 亿 OB/mL 甘蓝夜蛾核型多角体病毒 SC	30	84.92	81.25	84.37	83.33
2	30 亿 OB/mL 甘蓝夜蛾核型多角体病毒 SC	50	88.7	87.50	87.25	88.89
3	48%毒死蜱 EC	100	88.97	87.50	82.14	83.33
4	16 000IU/mg 苏云金杆菌	100*	75.45	75.0	74.32	72.22
5	清水空白对照					

* 苏云金杆菌用量计算单位为 g/667m²

　　试验结果表明，30 亿 OB/mL 甘蓝夜蛾核型多角体病毒悬浮剂对水稻稻纵卷叶螟有较好的防治效果，每 667m² 施用 30mL 广谱甘蓝夜蛾核型多角体病毒 SC，施药后 7d，杀虫防效为 81.25%，保叶效果为 84.92%；施药后 14d 杀虫防效为 83.33%，保叶效果为 84.37%。每 667m² 施用 50mL 甘蓝夜蛾核型多角体病毒 SC，施药后 7d 杀虫防效为 87.50%，保叶效果为 88.7%；施药后 14d 杀虫防效为 88.89%，保叶效果为 87.25%。与对照药剂相比较，甘蓝夜蛾核型多角体病毒 SC 每 667m² 施药 30mL 剂量时，施药后 7d 防治效果、保叶效果比对照化学农药 48%毒死蜱 EC 均稍低，施药后 14d 防效和保叶效果与化学农药相当。而每 667m² 施用 50mL 甘蓝夜蛾核型多角体病毒悬浮剂时，施药后 7d 与对照化学农药防效和保叶效果相当，施药后 14d 防治效果和保叶效果优于对照化学农药。甘蓝夜蛾核型多角体病毒与生物农药苏云金杆菌制剂比较，在施药后 7d 和 14d，甘蓝夜蛾核型多角体病毒悬浮剂的防治效果和保叶效果都优于苏云金杆菌制剂（表 7-6）。这些结果表明，在稻纵卷叶螟的防治中，施用 30 亿 OB/mL 甘蓝夜蛾核型多角体病毒悬浮剂，不仅有很好的杀虫防效和减少水稻卷叶防效，而且持效性好，持续控制害虫时间达 14d 以上。

3. 吉安市吉州区的防治效果

　　2012 年 8 月 7 日开始，江西省吉州区白塘街道吉南村南岸组毛成生晚稻田进行试验示范，品种为岳优 9113。所选试验田为传统连片水稻种植区，土质较好，灌溉便利，耕作水平中等，试验田水稻为 7 月中旬抛栽，水稻抛栽后 7d 施用过大田除草剂，施药时水稻处于分蘖盛期，叶色浓绿，长势良好，试验时稻纵卷叶螟为卵孵化盛期至 2 龄幼虫高峰期。各示范区的肥水管理等条件均一致。

　　试验药剂为 30 亿 OB/mL 甘蓝夜蛾核型多角体病毒悬浮剂，对照药剂为 48%毒死蜱 EC 和 16 000IU/mg 苏云金杆菌，空白对照喷洒清水。施药后 7d 和 14d，分别调查各处理的残留虫数和危害卷叶数，计算对害虫的防治效果和降低水稻卷叶率的防卷叶效果，结果见表 7-7。

表 7-7　30 亿 OB/mL 甘蓝夜蛾核型多角体病毒悬浮剂在江西吉州防治稻纵卷叶螟试验结果

2012 年 8 月

处理	药剂名称	制剂用量 (mL/667m²)	施药后 7d		施药后 14d	
			保叶效果(%)	杀虫防效(%)	保叶效果(%)	杀虫防效(%)
1	30 亿 OB/mL 甘蓝夜蛾核型多角体病毒 SC	50	82.48	83.78	86.13	82.72

续表

处理	药剂名称	制剂用量 (mL/667m²)	施药后 7d		施药后 14d	
			保叶效果 (%)	杀虫防效 (%)	保叶效果 (%)	杀虫防效 (%)
2	480g/L 毒死蜱 EC	150	82.61	85.52	85.77	83.32
3	16 000IU/mg 苏云金杆菌	300*	85.24	85.52	84.76	81.82
4	清水空白对照					

*苏云金杆菌用量计算单位为 g/667m²

试验结果表明,使用 30 亿 OB/mL 甘蓝夜蛾核型多角体病毒悬浮剂,每 667m² 施用 50mL 制剂量对水稻稻纵卷叶螟有较好的防治效果,施药后 7d,杀虫防效为 83.78%,保叶效果为 82.48%;施药后 14d,杀虫防效为 82.72%,保叶效果为 86.13%。与对照药剂 480g/L 毒死蜱 EC 的防治效果和保叶效果相当,与苏云金杆菌的防效和保叶效果也无明显差异。甘蓝夜蛾核型多角体病毒杀虫剂可以用于防治水稻稻纵卷叶螟害虫。

江西各地试验示范结果表明,30 亿 OB/mL 甘蓝夜蛾核型多角体病毒悬浮剂在试验过程中,使用不同剂量对试验作物(水稻)的各生育期都安全。防治水稻稻纵卷叶螟时,应于稻纵卷叶螟卵孵化高峰期至低龄幼虫高峰期均匀喷雾防治一次为宜,注意稻株叶片上均要喷透,每 667m² 使用制剂量 50mL。若稻纵卷叶螟严重发生时,田间虫口基数大,世代重叠严重,或 3 龄以上幼虫为主要虫龄时,需加大昆虫病毒施药剂量或与其他农药混用效果更佳。

甘蓝夜蛾核型多角体病毒杀虫剂施药时间一般安排在下午 4 点以后为宜,针对虫期一般为多雨天气,要抓住阴天或雨天空隙用药,施药后 6h 内遇雨,注意及时补治。施药时的用水量至少保证 30～45kg,采用细水喷雾,用足水量,以提高防治效果,用弥雾机施药效果更好;施药时田间要保持 3～5cm 浅水层,保水 5～7d。

三、安徽省利用甘蓝夜蛾核型多角体病毒生物农药防治稻纵卷叶螟效果

2015 年 7 月 28 日开始,在宁国市中溪镇狮桥村石牌组大畈进行,示范地土壤肥力中等偏上。水稻品种为两优 378。

试验药剂为 30 亿 OB/mL 甘蓝夜蛾 NPV 悬浮剂,由江西新龙生物科技股份有限公司生产;对照药剂为 20%氯虫苯甲酰胺,由美国杜邦公司生产;增效药剂为苏云金杆菌,由武汉天惠生物工程有限公司生产。

试验示范共设 5 个处理,分别为:

(1) 30 亿 OB/mL 甘蓝夜蛾 NPV 悬浮剂,施用剂量 50mL/667m²。

(2) 30 亿 OB/mL 甘蓝夜蛾 NPV 悬浮剂,施用剂量 80mL/667m²。

（3）30 亿 OB/mL 甘蓝夜蛾 NPV 悬浮剂（50mL/667m^2）+苏云金杆菌（150g/667m^2）。

（4）对照药剂，20%氯虫苯甲酰胺，施用剂量 10g/667m^2。

（5）空白对照（CK），喷施清水。

药剂处理每小区面积 2001m^2，空白对照 333.5m^2。各处理水稻栽插期、肥水管理一致。施药时为稻纵卷叶螟卵孵化盛期，或稻纵卷叶螟 1 龄幼虫高峰期。采用 3WBS-16 型背负式手动喷雾器常规茎叶喷雾，每 667m^2 药液量 35L。施药期间均为晴朗天气，气温 25～37℃，相对湿度 80%；施药后至数据采集前均为晴到多云天气。

试验调查方法是，各小区平行跳跃法 10 点取样，每点 5 丛，共查 50 丛。分别于施药前、施药后 10d 调查 2 次，记录总丛数、总株数、叶片数、卷叶数和活虫数，观察记录稻纵卷叶螟被昆虫病毒和其他昆虫病原体侵染后的虫体症状表现。同时，观察记录示范药剂对水稻生长的影响，是否出现药害及症状等情况。

防治效果的计算公式如下：

卷叶率（%）=（卷叶数/调查总叶数）×100

幼虫死亡率（%）=（1–剥查活虫数/剥查总虫数）×100

保叶效果（%）=（对照区卷叶率–防治区卷叶率）/对照区卷叶率×100

杀虫效果（%）=（对照区施药后虫口数–处理区施药后虫口数）/对照区施药后虫口数×100

经过对施药 10d 后（2015 年 8 月 8 日）调查的数据进行处理，得到的结果见表 7-8。表 7-8 中结果表明，比较各处理的卷叶率，各药剂处理卷叶率均≤2.8%，不同处理的卷叶率从小到大依次为处理 3＜处理 4＜处理 2＜处理 1＜CK，其中以处理 3 即甘蓝夜蛾 NPV 悬浮剂 50mL+苏云金杆菌 100g/667m^2 的卷叶率最低，为 1.2%。

表 7-8　安徽省利用 30 亿 OB/mL 甘蓝夜蛾核型多角体病毒悬浮剂防治稻纵卷叶螟试验结果

处理	卷叶率（%）	杀虫效果（%）	保叶效果（%）
1	2.8	81.7	80.8
2	1.6	93.3	89.0
3	1.2	86.3	91.8
4	1.56	94.1	89.3
CK	14.6		

比较杀虫效果，不同药剂处理小区内的杀虫效果均达到了 81%以上（表 7-8），侵染死亡虫体发黑。其中杀虫效果最低的为处理 1，平均防效为 81.7%；处理 3

的平均杀虫效果为 86.3%；以处理 2 和处理 4 对稻纵卷叶螟的杀虫效果最高且效果相当，平均防效分别为 93.3%和 94.1%，即甘蓝夜蛾 NPV 悬浮剂 80mL/667m² 与 20%氯虫苯甲酰胺 10g/667m² 杀虫效果相当。

比较保叶效果，各药剂处理保叶效果均良好，以处理 1 保叶效果最低，为 80.8%；处理 2～4 的保叶效果分别为 89.0%、91.8%、89.3%（表 7-8）。

施药后观察各处理小区水稻在药剂使用期间均生长正常，无明显药害症状，对水稻田内各种有益生物也无不良影响。

这些结果表明，30 亿 OB/mL 甘蓝夜蛾核型多角体病毒悬浮剂对水稻稻纵卷叶螟有良好的防治效果，且对作物安全，在防治效果上考虑施用药剂量 80mL/667m²，药液量 35～45kg/667m² 为宜，其杀虫效果与 20%氯虫苯甲酰胺 10g/667m² 杀虫效果相当。

第四节 利用甘蓝夜蛾核型多角体病毒生物农药防治棉铃虫

一、棉铃虫的基本特征及危害

棉铃虫（*Helicoverpa armigera*）分类上属鳞翅目夜蛾科，广泛分布在中国及世界各地，中国棉区和蔬菜种植区均有发生。黄河流域棉区、长江流域棉区受害较重。近年来，新疆棉区也时有发生。寄主植物有 30 多科 200 余种。棉铃虫是棉花蕾铃期重要钻蛀性害虫，主要蛀食蕾、花、铃，也取食嫩叶。

棉铃虫也有成虫、卵、幼虫、蛹 4 个虫态，这在本书第七章已详细讲述。

棉铃虫在我国各棉区的年发生代数和主要为害世代各不相同。在辽河流域棉区和新疆大部分棉区年发生 3 代，以第 2 代为害为主；在黄河流域棉区和部分长江流域棉区年发生 4 代，以第 2 代最重，3 代次之；在长江流域大部分棉区每年发生 5 代，以第 3、4 代最重；在北纬 25°以南地区每年可发生 6～7 代，以第 3、4、5 代为害严重。各地一般均以蛹在土中越冬。

棉铃成虫昼伏夜出，晚上活动、觅食、交尾、产卵。成虫有取食补充营养的习性，羽化后吸食花蜜或蚜虫分泌的蜜露。雌成虫有多次交配习性，羽化当晚即可交尾，2～3d 后开始产卵，产卵历期 6～8d。产卵多在黄昏和夜间进行，喜欢产卵于嫩尖、嫩叶等幼嫩部分。

棉铃虫幼虫一般有 6 个龄期。初孵幼虫先吃卵壳，后爬行到心叶或叶片背面栖息，第 2 天集中在生长点或果枝嫩尖处取食嫩叶，但为害状不明显。2 龄幼虫除取食嫩叶外，还开始取食幼蕾。3 龄以上的幼虫具有自相残杀的习性。5～6 龄幼虫进入暴食期，每头幼虫一生可取食蕾、花、铃 10 个左右，多者达 18 个。幼虫有转株为害习性，转移时间多在 9 时和 17 时。老熟幼虫在入土化蛹前数小时停止取食，多从棉株上滚落地面。在原落地处 1m 范围内寻找较为疏松干燥的土壤钻入化蛹。棉铃虫各虫态历期为：卵 3～6d，幼虫 12～23d，蛹 10～14d，成虫寿命 7～12d。

棉铃虫为害棉花时，主要以幼虫蛀食棉花的蕾、花、铃。蕾被蛀食后苞叶张开发黄，2～3d 后脱落；花的柱头和花药被害后，不能授粉结铃；青铃被蛀成空洞后，常诱发病菌侵染，造成烂铃。幼虫也食害棉花嫩尖和嫩叶，形成孔洞和缺刻，造成无头棉，影响棉花的正常发育。

棉铃虫分布于北纬 50°至南纬 50°的亚洲、大洋洲、非洲及欧洲各地。我国各棉区普遍发生，其中黄河流域棉区、辽河流域棉区和西北内陆棉区为常发区，长江流域棉区为间歇性发生区。20 世纪 90 年代，我国主要棉区棉铃虫大暴发，给棉花生产造成极其严重的损失，使我国华北和华中的棉花产区极度萎缩，目前我国的主要棉花产区已转移到新疆。2018 年，新疆棉花产量约占全国的 85%。从 20 世纪末开始，转基因抗虫棉在我国逐渐普及，棉铃虫危害已不再是棉花生产的主要问题，但它在瓜果、蔬菜和玉米等其他作物上的危害趋于严重，将是以后生物防治需关注的问题。

二、河南省利用甘蓝夜蛾核型多角体病毒生物农药防治棉铃虫效果

2012 年 6 月 18 日开始，在河南安阳中国农业科学院棉花研究所试验农场进行 20 亿 OB/mL 甘蓝夜蛾核型多角体病毒悬浮剂防治棉铃虫的田间药效试验。试验地为一熟春棉田，地块平整，肥力水平中等，有配套沟渠灌溉，4 月 30 日播种，行距 0.8m，种植密度 5.5 万株/hm²，棉花长势和田间管理均匀一致。

试验药剂为 20 亿 OB/mL 甘蓝夜蛾核型多角体病毒悬浮剂（SC），江西新龙生物科技股份有限公司生产；对照药剂为 20 亿 OB/mL 棉铃虫核型多角体病毒 SC，湖北省天门市生物农药厂生产。试验共设 5 个处理，20 亿 OB/mL 甘蓝夜蛾核型多角体病毒 SC 每 667m² 制剂用量 40mL、50mL、60mL，20 亿 OB/mL 棉铃虫核型多角体病毒 SC 每 667m² 用量为 50mL，以及清水对照为每 667m² 喷雾 40kg 药液。试验药剂用量与名称如表 7-9 所示。

表 7-9　供试药剂试验设计

处理名称	药剂	施药制剂量（mL/hm²）	施药制剂量（mL/666.7m²）
MbMNPV 40mL	20 亿 OB/mL 甘蓝夜蛾核型多角体病毒 SC	600	40
MbMNPV 50mL	20 亿 OB/mL 甘蓝夜蛾核型多角体病毒 SC	750	50
MbMNPV 60mL	20 亿 OB/mL 甘蓝夜蛾核型多角体病毒 SC	900	60
HearNPV 50mL	20 亿 OB/mL 棉铃虫核型多角体病毒 SC	750	50
CK	空白对照		

试验分别于 2012 年 6 月 18 日和 6 月 21 日各施一次药，共施药两次，此时为棉花蕾期，棉花平均株高 0.41m，果枝 3~4 个。6 月 18 日（药前虫口基数）、6 月 21 日（第一次施药后 3d）、6 月 24 日（第二次施药后 3d）、6 月 28 日（第二次施药后 7d）、7 月 1 日（第二次施药后 10d），共调查 5 次。

调查时，每小区 5 点取样，每点标记 5 株，共调查 25 株棉花，施药前虫口基数调查时详细调查每株棉花上幼虫数（分龄期记载）和卵量；第一次施药后 3d分别调查各小区的残存幼虫数、新落卵数和被害花蕾数并摘去（如其上有幼虫，则接到同株幼蕾或棉叶上）；调查结束后进行第二次施药，接着在第二次施药后3d、7d、10d 进行调查，详细记载各小区残存幼虫数；施药后 10d 调查被害花蕾数、花蕾总数。施药前在试验区内未标记的棉株上采集 100 粒棉铃虫卵，带回实验室在室温下保湿培育，观测其不同时间的孵化率，其中第 1 天的孵化率为 23.0%，第 3 天孵化率为 89.0%。

根据调查结果，分别计算出各小区不同时间的虫口减退率、保顶效果和保蕾效果，并利用 SPSS13.0 统计分析软件对试验结果进行 Duncan 差异显著性分析，评价供试药剂各处理对棉铃虫的防治效果，结果见表 7-10。

表 7-10　河南安阳 20 亿 OB/mL 甘蓝夜蛾核型多角体病毒 SC 防治棉铃虫试验结果

2012 年 8 月 18~31 日

处理名称及用量 (mL/667m²)	第一次施药		第二次施药									
	施药后 3d		施药后 3d		施药后 7d		施药后 10d					
	防效 (%)	差异显著性	防效 (%)	差异显著性	防效 (%)	差异显著性	防效 (%)	差异显著性	保顶效果 (%)	差异显著性	保蕾效果 (%)	差异显著性
MbMNPV 40	38.7	a A	60.2	b A	77.9	a A	81.5	a A	47.8	b A	59.5	a A
MbMNPV 50	44.3	a A	66.6	ab A	84.6	a A	86.4	a A	62.9	a A	64.0	a A
MbMNPV 60	48.2	a A	72.9	a A	84.5	a A	89.4	a A	65.5	a A	68.1	a A
HearNPV 50	42.2	a A	69.1	ab A	83.0	a A	85.2	a A	64.0	a A	69.3	a A

注：小写字母表示各处理间在 0.05 水平上的差异，大写字母表示各处理间在 0.01 水平上的差异

试验结果表明，20 亿 OB/mL 甘蓝夜蛾核型多角体病毒 SC 对棉铃虫的速效性较差。田间按照每公顷制剂量 600~900mL 处理，第一次施药后 3d 的防效仅达到 38.7%~48.2%，与对照药剂 20 亿 OB/mL 棉铃虫核型多角体病毒 SC 相当，不能有效控制虫口基数；经过第二次施药后，各处理区的防效有所上升，到药后 3d 其三个剂量处理的防效上升到 60.2%~72.9%，此后药效持续上升，到药后10d 其防效达到最高，为 81.5%~89.4%，其三个剂量处理以每公顷按照 750~900mL 处理的防效较高，在同等制剂量处理下，其各天的防效与对照药剂相当，差异不显著。

河南安阳的试验结果显示，20 亿 OB/mL 甘蓝夜蛾核型多角体病毒悬浮剂对

棉花棉铃虫有较好的防治效果,并有一定的保蕾作用,可以在防治棉铃虫中推广应用。但在 8 月中下旬时,河南棉田植株较大,棉铃虫世代重叠严重,间隔 3d 连续喷施两次昆虫病毒农药,能取得更好防治效果。

三、陕西省利用甘蓝夜蛾核型多角体病毒生物农药防治棉铃虫效果

陕西省的田间药效试验于 2012 年 6 月 22 日至 7 月 5 日在渭南市临渭区辛市镇布王村进行,试验药剂为 20 亿 OB/mL 甘蓝夜蛾核型多角体病毒(MbMNPV)悬浮剂,由江西新龙生物科技股份有限公司生产,每 $667m^2$ 用量设 40mL、50mL、60mL 三个处理;对照药剂为 20 亿 OB/mL 棉铃虫核型多角体病毒(HearNPV)悬浮剂(市售),由上海宜邦生物工程(信阳)有限公司生产,每 $667m^2$ 用量为 50mL;另设清水对照(CK)。

田间施药采用人工背负式喷雾器喷雾,工作压力 0.3~0.4MPa,喷孔直径 0.7mm。喷雾器为 Agrolex Sprayer 新加坡利农喷雾器。于 6 月 22 日施 1 次药,每 $667m^2$ 用液量 50L。

施药前调查虫口基数,施药后 3d、7d、14d 分别调查各小区的残留虫数。并在最后一次调查时,随机调查 100 个蕾铃,统计蕾铃被害率和保蕾效果。根据调查数据,分别计算各处理不同时间的虫口减退率和保铃效果,并进行显著性差异分析,结果见表 7-11。

表 7-11 陕西渭南 20 亿 OB/mL 甘蓝夜蛾核型多角体病毒 SC 防治棉铃虫试验结果

2012 年 6 月 22 日至 7 月 5 日

处理名称及用量(mL/667m²)	施药后 3d		施药后 7d		施药后 14d			
	防效(%)	差异显著性	防效(%)	差异显著性	防效(%)	差异显著性	保铃效果	差异显著性
MbMNPV 40	57.70	a	78.45	a	89.81	a	79.76	a
MbMNPV 50	62.19	a	83.96	a	91.73	a	82.60	a
MbMNPV 60	60.08	a	83.86	a	96.96	a	88.86	a
HearNPV 50	57.26	a	84.07	a	91.86	a	79.47	a

注:小写字母表示各处理间在 0.05 水平上的差异,大写字母表示处理间在 0.01 水平上的差异

从表 7-11 可看出,20 亿 OB/mL 甘蓝夜蛾核型多角体病毒悬浮剂施用 $40mL/667m^2$、$50mL/667m^2$ 和 $60mL/667m^2$ 三种剂量及对照药剂 20 亿 OB/mL 棉铃虫核型多角体病毒悬浮剂施用 $50mL/667m^2$ 剂量,4 个处理在施药后 3d 的防效分别为 57.70%、62.19%、60.08%、57.26%;施药后 7d,防效分别为 78.45%、83.96%、83.86%、84.07%;施药后 14d,防效分别为 89.81%、91.73%、96.96%、91.86%,保蕾效果分别为 79.76%、82.60%、88.86% 和 79.47%。

对试验结果进行方差分析表明，施药后 3d、7d、14d 各处理的防效及施药后 14d 各处理保蕾效果在 0.05 和 0.01 水平上均无显著差异，表明 20 亿 OB/mL 甘蓝夜蛾核型多角体病毒悬浮剂不同用量处理与对照药剂处理间无明显差异，防效相当。在陕西渭南的试验结果表明，20 亿 OB/mL 甘蓝夜蛾核型多角体病毒悬浮剂不同用量处理对棉铃虫都有较好的防治效果，施药后 7d、14d 各处理与对照药剂处理防效相当，因此，建议田间防治棉铃虫时，可在其幼虫 3 龄前喷雾，推荐剂量为制剂 40～50mL /667m²。另外，在试验中还发现，供试药剂对天敌较安全。

四、新疆维吾尔自治区利用甘蓝夜蛾核型多角体病毒生物农药防治棉铃虫效果

试验在新疆生产建设兵团农六师五家渠市共青团农场五连轧花厂东条田进行，试验地为膜下滴灌条田，一膜两管。前一年秋季进行茬灌，前茬为棉花。深施肥量为磷酸二铵 15kg/667m²、硫酸钾 5kg/667m²；土壤质地为砂壤偏黏土，土壤肥力中等偏上。作物长势正常，为历年棉花棉铃虫发生较重条田。棉花播种方式为三膜十二行，播幅 4.55m，平均行距.38m，株距 0.095m，每 667m² 理论保苗株数 18 463 株。播种日期为 4 月 18 日。

试验药剂为 20 亿 OB/mL 甘蓝夜蛾核型多角体病毒（MbMNPV）悬浮剂，由江西新龙生物科技股份有限公司生产，每 667m² 用量设 40mL、50mL、60mL 三个处理；对照药剂为 300 亿 OB/g 棉铃虫核型多角体病毒（HearNPV）水分散粒剂，由河南省济源白云实业有限公司生产，每 667m² 用量为 2g；另设清水对照（CK）。

施药使用卫生牌 WS-16 型背负式手动喷雾器。施药时间为 2012 年 7 月 19 日，此时为棉花棉铃虫卵孵化高峰期至低龄幼虫期，共施药 1 次。每 667m² 施用药液量为 30kg（450L/hm²）。施药当天晴，平均气温 27.5℃，相对湿度 39%。整个试验期间无大风和冰雹等自然灾害。

施药前（7 月 19 日当日）调查虫口基数，施药后 1d（7 月 20 日）、3d（7 月 22 日）和 7d（7 月 26 日）分别调查残留幼虫数，并于施药后 7d 同时调查蕾铃被害率。根据调查数据，分别计算各处理不同时段的虫口减退率、防效和保蕾铃效果，并进行差异显著性分析，结果见表 7-12 和表 7-13。

表 7-12 中数据显示，供试药剂 20 亿 OB/mL 甘蓝夜蛾核型多角体病毒悬浮剂在施药后 1d，各浓度处理防效均达到 30.13% 以上；随着施药天数的增加，防效逐渐增强。施药后 7d 达到最高防治效果，以处理 60mL/667m² 防效最高，达到 85.21%，其次为处理 50mL/667m²，达到 82.93%，说明供试药剂 20 亿 OB/mL 甘

蓝夜蛾核型多角体病毒悬浮剂防治棉花铃虫的持效性较好。对各处理防效使用 DPS 统计软件进行差异性分析结果显示，在施药后 1～7d 供试药剂各处理及对照药剂在防效上均无显著差异。

从表 7-13 中可以看出，供试药剂中高剂量（≥50mL/667m²）的保蕾（铃）率均在 84.41% 以上，保蕾（铃）效果较为明显。

表 7-12　新疆五家渠 20 亿 OB/mL 甘蓝夜蛾核型多角体病毒 SC 防治棉铃虫田间试验结果

2012 年 7 月 19～26 日

处理	施药后 1d		施药后 3d		施药后 7d	
	防效（%）	差异显著性	防效（%）	差异显著性	防效（%）	差异显著性
20 亿 OB/mL MbMNPV 40mL/667m²	30.13	a	55.80	a	79.90	a
20 亿 OB/mL MbMNPV 50mL/667m²	32.71	a	57.06	a	82.93	a
20 亿 OB/mL MbMNPV 60mL/667m²	33.51	a	58.47	a	85.21	a
600 亿 OB/g HeraNPV 2g/667m²	32.38	a	58.33	a	84.01	a

注：试验数据采用 DPS 统计软件检验防效差异性，小写字母表示各处理间在 0.05 水平上的差异

表 7-13　新疆五家渠 20 亿 OB/mL 甘蓝夜蛾核型多角体病毒 SC 防治棉铃虫田间试验结果

2012 年 7 月 19～26 日

处理	总蕾铃数（个）*	为害数（个）*	被害率（%）	保蕾（铃）率（%）
20 亿 OB/mL MbMNPV 40mL/667m²	273.50	5.75	2.11	78.92
20 亿 OB/mL MbMNPV 50mL/667m²	274.50	4.25	1.56	84.41
20 亿 OB/mL MbMNPV 60mL/667m²	295.75	3.25	1.10	89.01
600 亿 OB/g HeraNPV 2g/667m²	276.50	3.25	1.17	88.31
空白对照	279.75	28	10.01	

*数据为多次试验的平均值

根据这些试验结果，试验结论为，20 亿 OB/mL 甘蓝夜蛾核型多角体病毒悬浮剂对棉花棉铃虫具有较好的防治效果，持效期较长，且对棉花无药害，中高剂量保蕾（铃）效果较为明显，并且对天敌安全，可以在新疆棉铃虫防治中大规模推广应用。

第五节　利用甘蓝夜蛾核型多角体病毒生物农药防治地老虎和豆野螟

一、贵州省利用甘蓝夜蛾核型多角体病毒生物农药防治地老虎试验效果

地老虎属鳞翅目夜蛾科，又称土蚕、切根虫等，是各类农作物苗期的重要地

下害虫。我国记载的地老虎有 170 余种，已知为害农作物大约有 20 种。其中小地老虎、黄地老虎、大地老虎、白边地老虎和警纹地老虎等危害比较严重。甘蓝夜蛾核型多角体病毒对黄地老虎、小地老虎等具有感染作用。

甘蓝夜蛾核型多角体病毒防治玉米地老虎的试验在江西省吉安市吉州区樟山镇清湖蔬菜基地进行（谢晶等，2018），地老虎是当地最重要虫害之一，其分布广、为害重、发生普遍，主要为害玉米及茄科植物等。试验田之前未施用任何农药，前茬为蔬菜。玉米于 2017 年 4 月上旬播种，株行距 35cm×40cm。各试验小区的栽培及肥水管理等条件均一致，且符合当地科学的农业实践。试验田间玉米地老虎处于发生期，害虫种类主要是小地老虎（*Agrotis ipsilon*），虫口数量达到试验要求。玉米品种为超甜 76 号。

试验药剂为 5 亿 OB/g 甘蓝夜蛾核型多角体病毒颗粒剂，由江西新龙生物科技股份有限公司生产，施用剂量为 800g/667m²、1000g/667m² 和 1200g/667m²；对照药剂为 3%辛硫磷颗粒剂，由江苏连云港立本农药化工有限公司生产，施用剂量为 5000g/667m²；另设空白对照。

施药方法为土壤沟施法，药剂在塑料桶中拌干细土均匀沟施，与本地农业生产实践相符。每 1kg 药剂拌干细土 10kg。施药时间为 2017 年 5 月 26 日，是地老虎发生期和玉米播种期。

观察施药效果需分别进行作物受害调查和虫口密度调查。作物受害调查在出苗后定苗前调查 1 次，定苗后半个月内再查 1 次，每小区调查 50 株，记录受害株数；虫口密度调查在害虫当代末期，即施药后 10～15d 调查，采用挖土取样，每小区内 Z 字形 5 点取样，每点 50cm×50cm，深度 30cm，记录活虫数。根据作物受害调查结果计算保苗效果，依据虫口调查数据计算防虫效果，计算数据经差异显著性分析，结果见表 7-14。

表 7-14　5 亿 OB/g 甘蓝夜蛾核型多角体病毒颗粒剂防治玉米地老虎结果

处理及编号	作物受害调查			虫口密度调查		
	保苗效果（%）	差异显著性		防虫效果（%）	差异显著性	
		5%	1%		5%	1%
A1 5 亿 OB/g 甘蓝夜蛾 NPV 颗粒剂，用量 800g/667m²	75.81	c	C	81.50	b	B
A2 5 亿 OB/g 甘蓝夜蛾 NPV 颗粒剂，用量 1000g/667m²	85.63	b	B	90.97	a	AB
A3 5 亿 OB/g 甘蓝夜蛾 NPV 颗粒剂，用量 1200g/667m²	92.96	a	A	96.88	a	A
B 3%辛硫磷颗粒剂，用量 5000g/667m²	82.86	b	B	90.18	a	AB
CK 空白对照						

从表 7-14 可以看出,试验药剂 5 亿 OB/g 甘蓝夜蛾核型多角体病毒颗粒剂对玉米地老虎有较好的防治效果,每 $667m^2$ 用 800～1200g 颗粒剂处理 1 次,施药后 15d 的保苗防效为 75.81%～92.96%。不同剂量(A1、A2、A3)之间的保苗效果存在差异。昆虫病毒颗粒剂 1000g/$667m^2$ 处理(A2)与化学农药 3%辛硫磷颗粒剂 5000g/$667m^2$ 处理的防效相当,不存在显著性差异,但病毒制剂田间用量只是化学农药颗粒剂用量的 1/5。

施药后 15d,甘蓝夜蛾核型多角体病毒颗粒剂三种剂量处理的防虫效果为 81.50%～96.88%。3 种剂量之间的防虫效果同样存在差异,甘蓝夜蛾核型多角体病毒颗粒剂 1000g/$667m^2$ 处理也与化学农药 3%辛硫磷颗粒剂 5000g/$667m^2$ 处理的防虫效果相当,不存在显著性差异;但甘蓝夜蛾核型多角体病毒颗粒剂 800g/$667m^2$ 处理的防虫效果低于对照化学农药颗粒剂的防虫效果。

从以上试验结果可以看出,5 亿 OB/g 甘蓝夜蛾核型多角体病毒颗粒剂对玉米地老虎有较好的防治效果,且对玉米生长安全。与对照化学农药相比,它在田间应用 1/5 的剂量就可达到相同的防治效果,这可能是昆虫病毒颗粒剂中的引诱剂发挥作用,引诱地下害虫向病毒颗粒剂聚集,取食病原体感染食物,使昆虫病毒颗粒剂施用较小剂量就可取得很好的防虫和保苗效果。

二、河南省利用甘蓝夜蛾核型多角体病毒生物农药防治豆野螟效果

豆野螟(*Maruca vitrata*)在分类上属鳞翅目螟蛾科豆野螟属,主要为害豇豆、菜豆、扁豆、四季豆、豌豆、蚕豆、菜用大豆等,是海南蔬菜上的主要害虫之一。2012 年,使用 20 亿 OB/mL 甘蓝夜蛾核型多角体病毒悬浮剂防治豇豆豆野螟,结果见表 7-15(李永平等,2013)。试验结果显示,20 亿 OB/mL 甘蓝夜蛾核型多角体病毒悬浮剂使用昆虫病毒剂量为 30 000 亿 OB/hm^2 时,末次施药后平均防效为 86.54%,防治效果显著优于对照药剂 2%甲氨基阿维菌素乳油 30mL/hm^2 和 20%氯虫苯甲酰胺悬浮剂 180mL/hm^2 处理(表 7-15),且没有药害、保护环境、保护天敌和有益生物,具有很好的推广应用前景。

表 7-15　广谱甘蓝夜蛾核型多角体病毒对蔬菜豆野螟的防治效果(2012,海南)

药剂处理	有效成分用量	末次施药后平均防效(%)	差异显著性	
			5%	1%
20 亿 OB/mL 甘蓝夜蛾核型多角体病毒悬浮剂(康邦)	30 000 亿 OB/hm^2	86.54	a	A
2%甲维盐 EC+20 亿 OB/mL 甘蓝夜蛾核型多角体病毒悬浮剂	15mL+15 000 亿 OB/hm^2	84.13	b	AB
2%甲氨基阿维菌素乳油	30mL/hm^2	80.20	c	C
20%氯虫苯甲酰胺悬浮剂	180mL/hm^2	81.37	c	BC

第六节　利用甘蓝夜蛾核型多角体病毒生物农药防治外来入侵害虫草地贪夜蛾

一、草地贪夜蛾的基本特征及其对我国的入侵

草地贪夜蛾（*Spodoptera frugiperda*）俗称秋黏虫（fall armyworm），在分类上归昆虫纲（Insecta）、鳞翅目（Lepidoptera）、夜蛾科（Noctuidae）、灰翅夜蛾属（*Spodoptera*），与甜菜夜蛾（贪夜蛾）和斜纹夜蛾（斜纹夜盗蛾）同为一个属。

草地贪夜蛾起源于美洲热带和亚热带地区，1797 年美国科学家 Smith 和 Abbot 首次记录该虫在佐治亚州谷草上大发生，随后，Luginbill（1928）记录了其在美国的多年大发生。后来的研究发现，草地贪夜蛾在美洲从加拿大南部到阿根廷均有分布（Johnson，1987）（图 7-7），但在其他大洲都不存在。

图 7-7　草地贪夜蛾在美洲的分布及迁飞扩散

草地贪夜蛾在南北美洲的热带地区定殖，在秘鲁、巴西和墨西哥（图 7-7 中斜线部分地区）等地周年繁殖，为扩散迁飞储备大量虫源。每年夏季开始，这些虫源通过迁飞往北扩散到墨西哥、美国和加拿大南部，往南扩散到玻利维亚、巴拉圭和阿根廷北部等地（图 7-7 中方点所示地区）。数百年来，草地贪夜蛾一直在

北美洲的加拿大、墨西哥、美国与整个中美洲和加勒比群岛及南美洲南纬 36°左右以南的大部分地区扩散危害。但直到 21 世纪初，该虫在世界其他地区都没有发现，是典型的美洲"原住民"。

2016 年 1 月，草地贪夜蛾突然进入非洲，首次在西非的尼日利亚发现（进入的途径和方法不详，推测是由商贸货运从美洲大陆带至非洲）；2017 年 4 月 28 日入侵到 12 个非洲国家，2018 年 1 月侵占撒哈拉沙漠以南的 44 个非洲国家。

2018 年 7 月，草地贪夜蛾从非洲进入南亚的印度，3 个月蔓延至全印度；2018 年 12 月中旬入侵缅甸；2019 年 1 月 11 日从缅甸入侵到我国，2019 年 3 月，在云南、广西、贵州三个省份危害，2019 年 7 月 26 日，入侵我国 21 个省份（图 7-8），危害面积超过 1000 万亩，并对我国华北和东北的玉米主产区构成严重威胁。

> ➢ 1 月 11 日从缅甸进入我国云南省；
> ➢ 4 月份入侵广西壮族自治区、广东省、贵州省、湖南省、海南省；
> ➢ 5 月份入侵福建省、湖北省、江西省、浙江省、四川省、重庆市、河南省、安徽省、上海市、江苏省、西藏自治区、陕西省；
> ➢ 6 月份入侵山东省；
> ➢ 7 月份入侵甘肃省、山西省；
> ➢ 据全国农业技术推广服务中心 7 月 26 日简报，已有 21 个省份的 1246 个县域发现草地贪夜蛾害虫，发生面积 1188 万亩。

图 7-8　草地贪夜蛾 2019 年入侵我国各地的时间

草地贪夜蛾具有多食性，寄主多达 76 科 353 种植物，嗜好禾本科，最易危害玉米（最喜甜玉米）、水稻、小麦、大麦、高粱、粟、甘蔗、黑麦草和苏丹草等作物；也为害十字花科、葫芦科、锦葵科、豆科、茄科、菊科作物等，如棉花、花生、苜蓿、甜菜、洋葱、大豆、菜豆、马铃薯、甘薯、苜蓿、荞麦、燕麦、烟草、番茄、辣椒、洋葱、草莓等，以及菊花、康乃馨、天竺葵、海棠、三叶草等多种观赏植物，甚至对苹果、葡萄、橘子、橙子、木瓜、桃子等果树造成为害。

该虫危害玉米最为严重。在美国佛罗里达州可使玉米减产 20%，在中美洲洪都拉斯科减产 40%，南美的阿根廷和巴西也可分别减产 72%和 34%。2017～2018 年，该虫的危害使非洲埃塞俄比亚、赞比亚等国减产 30%左右，造成经济损失数十亿美元。

草地贪夜蛾通过迁飞快速扩散，成虫室内吊飞平均速度 3km/h，可在 600m 的高空中借助风力进行远距离定向迁飞，产卵前，性成熟雌蛾每晚可飞行 100km，如果风向风速适宜，迁飞距离会更长。该虫适宜发育温度为 11～30℃（32℃），在 28℃条件下，30d 左右可完成一个世代，较低温下需要 60～90d。没有滞育现象，在美国只能在气候温和的南佛罗里达州和得克萨斯州越冬存活，而在气候、寄主条件适合的中南美洲及新入侵的非洲大部分地区周年繁殖。雌成虫一生可多次交配产卵，一般产卵 900～1000 粒，在温暖的条件下，可产 6～10 块卵，每块 100～200 粒卵，最多可产卵 1500～2000 粒。

二、利用甘蓝夜蛾核型多角体病毒生物农药防治南美的草地贪夜蛾

甘蓝夜蛾核型多角体病毒悬浮剂 2015 年开始在秘鲁进行试验，2016 年获得农药登记（图 7-9），登记的防治对象主要是洋蓟、蓝莓和辣椒上的烟芽夜蛾（*Heliothis virescens*），辣椒上的亚热带黏虫（*Spodoptrera eridania*），鳄梨树上的蓑蛾（*Oiketicus kirbyi*），花椰菜上的小菜蛾（*Plutella xylostella*），芦笋和玉米上的草地贪夜蛾（*Spodoptera frugiperda*）。图 7-10 是甘蓝夜蛾核型多角体病毒悬浮剂的西班牙文标签，详细标明了它的防治对象和施用方法。

图 7-9　秘鲁杆状病毒农药登记证

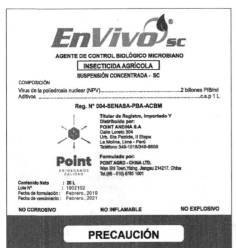

图 7-10　秘鲁杆状病毒农药使用说明标签

该病毒制剂在南美的应用，2016 年开始主要用于防治芦笋上的草地贪夜蛾，随后扩展到玉米上的草地贪夜蛾，2019 年 1～5 月，根据出口剂型量和单位面积应用剂量估算，甘蓝夜蛾核型多角体病毒生物农药用于防治南美的草地贪夜蛾的应用面积已超过 100 万亩。近期，该病毒制剂开始在墨西哥登记，用于防治北美洲玉米上的草地贪夜蛾。

三、利用甘蓝夜蛾核型多角体病毒生物农药防治入侵我国的草地贪夜蛾

我国农药登记制度是针对每种作物上的每种害虫进行登记，作为外来入侵害虫，草地贪夜蛾在国内没有登记的农药，2019 年 6 月，农业农村部提出 25 种单剂作为防治外来入侵害虫的应急药剂，甘蓝夜蛾核型多角体病毒悬浮剂作为生物农药列入其中（图 7-11）。

图 7-11　农业农村部办公厅关于草地贪夜蛾应急防治用药的通知

上海市甘蓝夜蛾核型多角体病毒防治草地贪夜蛾的试验在位于崇明区东平镇的上海市鼎瀛农业有限公司进行，供试作物为玉米，作青贮饲料用。试验田玉米于 2019 年 4 月播种，试验期间处于拔节期到抽雄期。

试验设 8 种药剂进行对比，以 30%茚虫威水分散粒剂作为常规对照（表 7-16）。

表 7-16 供试药剂试验设计

编号	药剂名称	厂家	亩用量（mL/g）	登记作物	备注
1	200g/L 氯虫苯甲酰胺悬浮剂	美国富美实生物科技公司	10	玉米二点委夜蛾、黏虫、玉米螟	绿色认证允许使用
2	35%氯虫苯甲酰胺水分散粒剂	美国富美实生物科技公司	6	苹果金纹细蛾、稻纵卷叶螟	绿色认证允许使用
3	10%溴氰虫酰胺悬浮剂	美国富美实生物科技公司	20	甘蓝甜菜夜蛾、小菜蛾	—
4	20 亿 OB/mL 甘蓝夜蛾核型多角体病毒悬浮剂	江西新龙生物科技股份有限公司	50	甘蓝小菜蛾、棉铃虫	绿色认证允许使用
5	32 000IU/mg 苏云金杆菌可湿性粉剂	武汉科诺科技股份农药有限公司	100	甘蓝小菜蛾	绿色认证允许使用
6	80 亿孢子/mL 金龟子绿僵菌可分散油悬浮剂	重庆聚立信生物工程有限公司	80	稻飞虱、稻纵卷叶螟、茎瘤芥菜青虫	绿色认证允许使用
7	60%乙基多杀菌素悬浮剂	美国陶氏益农公司	40	甘蓝甜菜夜蛾、小菜蛾	绿色认证允许使用
8	30 亿 OB/mL 甘蓝夜蛾核型多角体病毒悬浮剂	江西新龙生物科技股份有限公司	50	水稻稻纵卷叶螟	绿色认证允许使用
9	30%茚虫威水分散粒剂	江苏省南通施壮化工有限公司	12	稻纵卷叶螟	绿色认证允许使用
10	清水对照				

注："—"未获得认证

供试面积约 10 亩，共设 10 个处理，每个处理 3 个重复，共计 30 个小区。使用方法是在玉米叶片特别是心叶部位均匀喷雾。使用 15L 背负式手动喷雾器。于 2019 年 5 月 30 日施药 1 次。施药时草地贪夜蛾普遍发生，被害株率平均在 15% 以上。用药液量为 30L/亩。

药效评价的调查方法采取平行跳跃法调查，每小区统计 100 株玉米苗的被害株率，同时剥取 20 株被害玉米统计活虫数。药前调查虫口基数，施药后 3d、7d、14d 调查被害株率和残留活虫数。

药效计算方法为：防效=（1–处理区防治后百株虫量×对照区防治前百株虫量）/（对照区防治后百株虫量×处理区防治前百株虫量）×100%

试验结果见表 7-17。

表 7-17 各处理药效结果

序号	处理	施药后 3d 平均防效（%）	施药后 7d 平均防效（%）	施药后 14d 平均防效（%）
1	200g/L 氯虫苯甲酰胺悬浮剂	78.72（±0.39）e	100（±0）a	83.59（±0.73）a
2	35%氯虫苯甲酰胺水分散粒剂	92.32（±0.84）b	100（±0）a	81.84（±0.98）b

续表

序号	处理	施药后 3d 平均防效（%）	施药后 7d 平均防效（%）	施药后 14d 平均防效（%）
3	10%溴氰虫酰胺可悬浮剂	66.71（±0.63）g	100（±0）a	82.85（±0.95）ab
4	20 亿 OB/mL 甘蓝夜蛾核型多角体病毒悬浮剂	78.27（±0.87）e	63.01（±0.29）d	73.84（±0.55）d
5	32 000IU/mg 苏云金杆菌可湿性粉剂	81.62（±0.81）d	82.97（±0.44）c	71.41（±0.25）e
6	80 亿孢子/mL 金龟子绿僵菌	37.55（±0.73）h	51.75（±0.99）e	77.27（±0.17）c
7	60%乙基多杀菌素悬浮剂	74.45（±0.93）f	88.82（±0.58）b	69.49（±0.62）e
8	30 亿 OB/mL 甘蓝夜蛾核型多角体病毒悬浮剂	84.42（±0.66）c	82.91（±0.32）c	76.97（±0.27）c
9	30%茚虫威水分散粒剂	97.89（±0.35）a	82.36（±0.83）c	84.15（±0.82）ab

注：小写字母表示各处理间在 $P=0.05$ 水平上的差异显著性

通过表 7-17 可以看出，施药后 3d，生物药剂 30 亿 OB/mL 甘蓝夜蛾核型多角体病毒悬浮剂防效在 84.42%，速效性较好；施药后 7d 防效达 82.91%，施药后 14d 防效仍达到 76.97%，具有较理想的持效性。

2019 年，甘蓝夜蛾核型多角体病毒对草地贪夜蛾的室内生物活性测定完成（类承凤等，2019）。甘蓝夜蛾核型多角体病毒悬浮剂完成国内的一年八地田间药效试验，该病毒悬浮剂在云南、贵州、海南、广东、广西、湖南、江西等草地贪夜蛾发生为害地区推广应用 95 万亩，防治效果明显，为我国重大外来入侵害虫草地贪夜蛾的防控做出了贡献。由于甘蓝夜蛾核型多角体病毒可以随草地贪夜蛾迁飞到达害虫所为害地区，并可在害虫种群中逐渐定殖，发挥生态后效作用。甘蓝夜蛾核型多角体病毒生物农药在今后草地贪夜蛾的防治中将发挥重要作用。

第七节　甘蓝夜蛾核型多角体病毒生物农药应用的社会效应和发展前景

广谱高效甘蓝夜蛾核型多角体病毒生物农药自 2010 年开始进行产业化开发，2011 年获得防治蔬菜小菜蛾的剂型农药登记证，在蔬菜上进行小规模应用。为了满足市场需求，2012 年建成千吨级广谱高效昆虫病毒杀虫剂生产线，进行生产销售和应用推广，2013 年和 2014 年上半年推广应用 555 万亩。

2014 年，为进一步发展生物农药，中国科学院武汉病毒研究所参与组建生物科技股份有限公司，以生物农药等生物产品为企业的经营方向，迅速扩大广谱高效昆虫病毒的生产和推广应用。

通过生产企业与科研机构、各地植保部门及农技推广部门结合，每年在不同省份、不同地区针对不同作物防治召开现场推广会，培训基层技术人员，并利用企业拥有的传统营销渠道，2014年下半年应用540万亩，2015年、2016年、2017年分别应用810万亩、1130万亩和1036万亩。截止到2019年12月，甘蓝夜蛾核型多角体病毒生物农药在全国21个省区市防治蔬菜、棉花、水稻、烟草、茶叶、花卉等作物上的重要害虫，累计应用面积6995万亩，在抗性害虫防治中发挥了重要作用。

广谱高效杆状病毒生物农药已完成一种昆虫病毒对7种防治对象的农药登记。按照登记要求，每个登记都需完成两年八地试验，全国28个单位对该产品进行56次田间药效评价，其中，海南省农业科学院农业环境与植物保护研究所、新疆建设兵团农业技术推广总站等省级植保或推广部门参与完成评价。

广谱高效甘蓝夜蛾核型多角体病毒生物农药的应用具有很好的生态效应和社会效应，主要包括如下几个方面。

一、甘蓝夜蛾核型多角体病毒生物农药保护环境，保护生态平衡，促进农村绿水青山建设

甘蓝夜蛾核型多角体病毒具有选择性强的特征，在我国仅证实对十几种重要农业害虫有作用，对人、畜和各种有益生物（包括动物天敌、昆虫天敌、蜜蜂、传粉昆虫及鱼、虾等水生生物）安全，对非靶标生物没有影响。用甘蓝夜蛾核型多角体病毒生物农药防治稻田害虫后，稻田养鱼、养虾不受影响，天敌昆虫功能照常发挥，蜜蜂授粉常态进行。存在于害虫体外环境中的病毒被阳光分解，来于自然，归于自然，使用广谱杆状病毒生物农药，环境无污染，生态更优美。

二、甘蓝夜蛾核型多角体病毒生物农药可引发害虫流行病，并可垂直传播控制子代害虫，应用一次，长期受益

广谱杆状病毒具有水平传播和经卵垂直传播的能力，可使害虫发生"瘟疫"，在野外具有定殖、扩散和发展流行能力。该病毒在十几种害虫中辗转传播，扩散流行能力更强。该广谱甘蓝夜蛾核型多角体病毒生物农药不仅控制当年当代害虫，而且对后代或翌年害虫种群有抑制，具有明显后效作用。

三、甘蓝夜蛾核型多角体病毒生物农药可使害虫对化学农药抗药性降低或消除，减少高毒化学农药用量

甘蓝夜蛾核型多角体病毒通过系统感染害虫杀虫，作用机制特殊，作用位点